"十三五"普通高等教育本科系列教材

换热器原理与计算

张　利　李友荣　编

黄素逸　主审

中国电力出版社
CHINA ELECTRIC POWER PRESS

内 容 提 要

本书为"十三五"普通高等教育本科系列教材。

本书是为满足高等学校工科大类课程改革要求而编写的教材，力求既能满足高等学校工科类专业教学的需求，又能适应相关工程领域技术人员参考的需要。全书共8章，前两章主要介绍换热器的分类及热力计算方法；第3～7章主要介绍各种换热器的基本结构、主要特性及热力计算方法，包括管壳式换热器、板式换热器、蓄热式换热器、翅片管式换热器和热管换热器；第8章简要介绍了几种新型换热器，包括直接接触式换热器、流化床换热器、喷流式换热器和微型换热器等。

本书可作为普通高等学校能源动力类、化工类、机械类、材料类、航空航天类及土木类等专业的教材或教学参考书，也可供相关技术人员参考。

图书在版编目（CIP）数据

换热器原理与计算 / 张利，李友荣编 .—北京：中国电力出版社，2017.8（2023.2 重印）
"十三五"普通高等教育本科规划教材
ISBN 978-7-5198-0862-4

Ⅰ. ①换…　Ⅱ. ①张…②李…　Ⅲ. ①换热器－高等学校－教材　Ⅳ. ①TK172

中国版本图书馆 CIP 数据核字（2017）第 144883 号

出版发行：中国电力出版社
地　　址：北京市东城区北京站西街 19 号（邮政编码 100005）
网　　址：http://www.cepp.sgcc.com.cn
责任编辑：吴玉贤（010-63412540）
责任校对：王开云
装帧设计：左　铭
责任印制：钱兴根

印　　刷：北京雁林吉兆印刷有限公司
版　　次：2017 年 8 月第一版
印　　次：2023 年 2 月北京第六次印刷
开　　本：787 毫米 ×1092 毫米　16 开本
印　　张：16
字　　数：389 千字
定　　价：48.00 元

前　言

换热器作为一种通用设备，在能源动力、石油化工、暖通空调、航空航天及冶金机械等很多工业领域都得到了非常广泛的应用。由于使用条件和日的不同，换热器的形式很多，而且仍处于不断发展中，各种新型换热器不断涌现。特别是在可再生能源的开发和各种余热回收领域中，更是对换热器提出了非常苛刻的要求。

为了满足高等学校工科大类课程改革的需求，扩大工科学生的专业知识面，反映换热器的最新发展动态，编者在分析了现有换热器教材并总结了近三十年来换热器教学工作的基础上编写了本书。全书力求深入浅出，注重理论联系实际，强调培养学生分析和解决实际问题的能力。

在内容的选择上，力求与本科传热学教学内容有机衔接，并能反映换热技术的最新研究成果。第 1 章主要介绍换热器的分类方法；第 2 章主要介绍换热器的两种典型热力计算方法，即平均传热温差法和传热有效度-传热单元数法；第 3 章以 GB/T 151—2014《热交换器》为基础，详细介绍了管壳式换热器的组成、分类及主要特性，并以典型的水-水式换热器热力设计为例，阐述了换热器的热力设计计算流程；第 4～7 章主要介绍了板式换热器、蓄热式换热器、翅片管式换热器和热管换热器的基本结构、主要特性及热力计算方法；第 8 章简要介绍了几种新型换热器，包括直接接触式换热器、流化床换热器、喷流式换热器和微型换热器等。本书按 36～60 学时编写。

本书由重庆大学张利、李友荣教授编写，华中科技大学黄素逸教授仔细审阅了稿件，并提出了宝贵的建议，在此表示衷心的感谢！

鉴于编者知识水平所限，虽经努力，缺点和不足在所难免，恳请读者批评指正。

编　者

2017.5

符 号 说 明

主要变量

a 常数；流通面积，m^2

A 传热面积，m^2

b 间距，m；常数

B 宽度，m；折流板间距，m

c 声速，m/s；常数

c_p 比定压热容，J/(kg·K)

C 附加厚度，m；卡门力系数

d 管子直径，m

D 壳体直径，m

DN 公称直径，mm

e 布管圆距壳体内壁间隙，m；绝对粗糙度，m

E 传热有效度；弹性模量，Pa

f 频率，Hz；范宁摩擦系数；常数

F 作用力，N

F_g 漏流修正系数

F_{fh} 管形修正系数

G 质量流率，kg/(m^2·s)

h 表面传热系数，W/(m^2·K)；高度，m；比焓，J/kg

h_{fg} 汽化潜热，J/kg

H 翅片高度，m；距离，m

J 传热因子；截面惯性矩，m^4

K 传热系数，W/(m^2·K)

Kn 努森（Knudsen）数

l 特征尺寸，m

L 管长，m；宽度，m

LN 公称长度，mm

m 质量，kg；指数；翅片特征参数，1/m

n 交叉次数；换热管数；指数；驻波模态数

N 程数；管排数

NTU 传热单元数

Nu 努塞尔（Nusselt）数，$Nu=hl/\lambda$

p 压力，N/m^2

P 无因次温度；功率，W

Pr　普朗特（Prandtl）数，$Pr=\nu/a=\mu c_p/\lambda$

q　热流密度，W/m^2

q_m　质量流量，kg/s

q_V　体积流量，m^3/s

r　半径，m；弓形折流板圆缺部分流通面积与总面积之比；容积份额

R　热容量比；无因次温度；热阻，$m^2 \cdot K/W$

R_f　污垢热阻，$m^2 \cdot K/W$

Re　雷诺（Reynolds）数，$Re=wl/\nu$

s　管间距，m

St　斯特劳哈尔数

t　温度，℃

u　温度变量，℃

U　湿周长度，m

V　体积，m^3

w　流速，m/s

x　冲刷份额

X　管排修正系数

希腊字母

α　热扩散率，m^2/s；校正系数

β　翅化比；系数

δ　厚度，m；伸长量，m

ϕ　通过折流板圆缺部分修正系数；结垢校正系数

γ　比热容比

η　效率；保温系数

λ　导热系数，W/(m·K)；特征值，$1/m^2$；莫迪摩擦系数

ν　动量扩散率，m^2/s

μ　动力黏度，kg/(m·s)；常数，K/W

Φ　传热量，W；黏度校正系数；单位体积布置换热面积，m^2/m^3

ξ　热损失系数

ξ_h　旁流修正系数

θ　周向角度，°

ρ　密度，kg/m^3

σ　应力，N/m^2；表面张力，N/m；体积比

τ　时间，s

Ω　充液率

Ψ　温差修正系数

下标

0　光

1　热流体

2　　冷流体
a　　绝热
c　　中心；清洁；冷凝
e　　有效；蒸发
f　　翅片；流体
i　　内壁；任意次；中间
j　　交叉流
k　　空气
m　　平均值；质量
max　　最大值
min　　最小值
N　　逆流
o　　外壁
r　　原表面
s　　壳程；单的
S　　顺流
t　　管程；总的
w　　壁面
x　　任意位置
z　　折流

上标

$'$　　进口
$''$　　出口
p　　压力
t　　温度

目　录

第1章　概　　述

1.1　换热器的重要性

工程上，将某种流体的热量以一定的传热方式传递给另一种流体的设备称为换热器。又称热交换器。在这种设备内，一般是两种温度不同的流体参与传热，一种流体温度较高，放出热量，另一种流体温度较低，吸收热量。但是，在某些换热器中，也有多于两种具有不同温度流体参与传热的，例如，空分装置中的板翅式换热器等。

这里所讲的换热器是指以传热为其主要目的的设备。在工业生产中的有些设备，如制冷设备、干燥设备、精馏设备等，在其完成指定生产工艺过程的同时，都伴随着热量的交换，但传热并不是其主要目的，因此，就不属于换热器的范畴。

换热器在工业生产中的应用极为普遍，例如，在热力发电厂中，锅炉设备中的再热器、过热器、省煤器和空气预热器等，热力系统中的凝汽器、除氧器、给水加热器和冷水塔等，都属于典型的换热器。如图 1.1 所示，在电力生产过程中，主要的单元设备是换热器，其数量众多，形式各异，传热机理也不相同，见表 1.1。

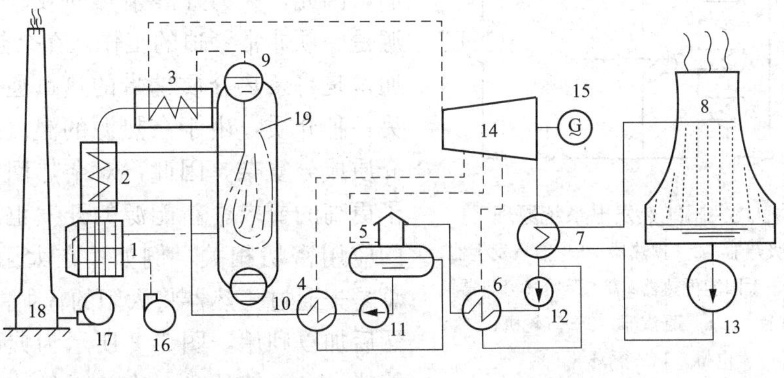

图 1.1　热力发电厂中的换热器

1—空气预热器；2—省煤器；3—过热器；4—高压加热器；5—除氧器；6—低压加热器；7—凝汽器；8—循环水冷却塔；9—汽包；10—下联箱；11—给水泵；12—凝结水泵；13—循环水泵；14—汽轮机；15—发电机；16—送风机；17—引风机；18—烟囱；19—锅炉炉膛

表 1.1　热力发电厂中主要换热器形式及传热机理

序号	名称	型式	传热机理
1	空气预热器	间壁式或蓄热式	对流→导热→对流 或：对流→蓄（放）热→对流
2	省煤器	间壁式	对流＋辐射→导热→对流
3	过热器	间壁式	对流＋辐射→导热→对流
4	高压加热器	间壁式	凝结→导热→对流

续表

序号	名称	型式	传热机理
5	除氧器	直接接触式	接触凝结传热
6	低压加热器	间壁式	凝结→导热→对流
7	凝汽器	间壁式	凝结→导热→对流
8	循环水冷却塔	直接接触式	接触传热＋蒸发传热传质

在石油、化工企业中，换热器数量一般占设备总数的40％左右，换热器投资占总投资的30％～45％。特别是近年来，随着节能技术的发展，新技术不断涌现，换热器的应用领域不断扩大。例如，温度高达550～780℃炼油装置燃气换热、680～1100℃化肥生产中合成气换热以及650～900℃乙烯裂解气换热等都采用了具有特殊结构的管壳式换热器。另外，进入20世纪90年代以来，随着装置大型化的发展，换热器的几何尺度也随之增大，最典型的例子就是炼油重整装置中的进料换热器，其直径已达2.4m，重量达120t，传热面积达3300m^2，高度达30m。大型换热器不仅制造难度大、安装精度高，而且使用要求也非常苛刻，同时，如何提高传热效率、减小换热器振动也是大型换热器使用过程中需要解决的两个难题。

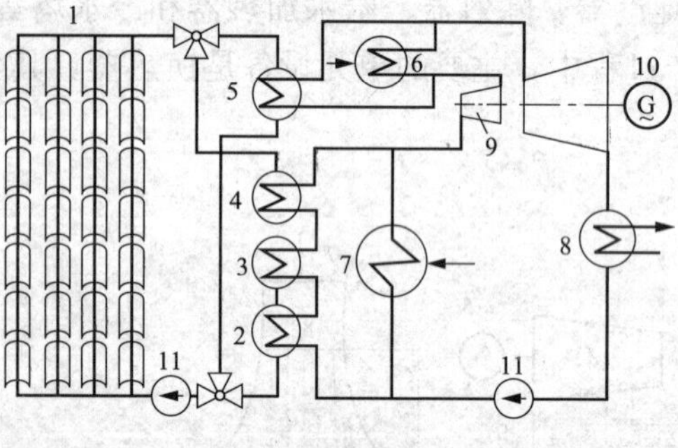

图1.2 槽式太阳能热发电系统原理

1—槽式太阳能吸热器；2—预热器；3—蒸汽发生器；4—过热器；5—太阳能再热器；6—天然气再热器；7—天然气锅炉；8—凝汽器；9—汽轮机；10—发电机；11—循环泵

换热器是高效利用现有能源、开发新能源的关键设备。由于世界上燃煤、石油、天然气等资源储量有限，都面临着能源短缺的困难局面，因此，大力开展余热回收、积极开发新能源是一项非常紧迫的工作。在余热回收过程中，通常是将余热介质携带的热量通过换热器传给另一种介质，由于余热源的温度范围广，余热介质成分复杂，因此，对余热回收换热器提出了更高的要求。新能源的开发也总是与换热器的应用密切相关，例如，在太阳能的利用中，总是先通过集热器将太阳的辐射能转化为热能，然后加以利用，图1.2所示为典型的槽式太阳能热发电系统原理，在该系统中，预热器、蒸汽发生器、过热器、再热器和凝汽器等都属于换热器。

此外，冶金工业中高炉的热风炉、炼钢和轧钢生产工艺中的空气或煤气预热器；制冷工业中蒸汽压缩式制冷机或吸收式制冷机中的蒸发器、冷凝器；制糖工业和造纸工业的糖液蒸发器和纸浆蒸发器等，都是换热器的应用实例。在航空航天工业中，为了及时取出发动机及辅助动力装置在运行时所产生的大量热量，换热器也是不可缺少的重要部件。

总之，换热器的应用遍及能源动力、石油化工、钢铁冶金、机械制造、食品医药及航空航天等各个工业部门，它不仅是一种广泛应用的通用设备，而且在某些工业生产中还占有非常重要的地位。

由于换热器种类繁多，用途各异，在实际生产中的作用和地位各不相同，因此，应满足的要求也多种多样。通常情况下，对所有换热器而言，应满足的基本要求包括：

（1）能完成工艺过程所提出的换热要求，传热强度高，热损失少，在有利的平均传热温差下工作。

(2) 工艺结构能满足相应的温度和压力要求，不易遭到破坏，同时制造简单、安装方便、安全可靠、成本低。

(3) 设备紧凑，占用的布置空间小。

(4) 流动阻力小，运行维护费用低。

1.2 换热器的分类及常用换热器简介

1.2.1 换热器的分类

换热器作为一种传热单元设备，在实际生产过程中得到了非常广泛的应用。随着节能技术的飞速发展及生产工艺的不断改进，换热器的种类越来越多，适用于不同介质、不同温度和不同压力的换热器结构和形式也不相同，因此，换热器的分类方法也很多，主要有三种，分述如下。

1. 按传热原理分类

按照换热器内的传热过程来分，可将换热器分成间壁式、直接接触式、蓄热式和热管换热器四大类，这种分类方法是换热器最主要的一种分类方法。

(1) 间壁式换热器。在间壁式换热器中，热流体和冷流体之间有一固体壁面，一种流体在壁的一侧流动，另一种流体在壁的另一侧流动，两种流体不直接接触，热量通过壁面进行传递。

间壁式换热器是应用最广、数量最多的一种换热器。例如，热力发电厂的省煤器、过热器、再热器、高（低）压加热器、凝汽器等都属于间壁式换热器。其主要优点是两种介质在换热中彼此不接触、不掺混，能够保证介质不被污染；缺点是传热效率低，流动阻力大。因此，目前关于间壁式换热器的各种强化传热技术层出不穷，从而为间壁式换热器的应用提供了广阔的前景。

(2) 直接接触式换热器。直接接触式换热器又称混合式换热器。在这种换热器内，主要依靠热流体与冷流体的直接接触进行传热。

如果冷、热流体是同一种介质，则两流体混合后，理论上应为同温同压的流体，两者不能分开，因此，换热效率高。例如，热力发电厂内的除氧器就属于这种情况。如果冷、热流体不是同一种介质，则两流体在直接接触过程中，接触面积大、传热强度高，换热也非常充分。例如，循环水冷却塔内水与空气间的换热过程。

(3) 蓄热式换热器。在蓄热式换热器中，热量的传递是借助于固体构件组成的蓄热体来完成的。其中，两种流体并非同时，而是轮流地流过蓄热体，当热流体流过时，对蓄热体进行加热，其温度逐渐升高，把热量储蓄于蓄热体内；当冷流体流过时，蓄热体放出热量，温度逐渐降低。如此反复进行，就可以达到换热的目的。蓄热体可以是运动的，也可以是静止的，例如，锅炉的回转式空气预热器和炼铁厂的热风炉等。

蓄热式换热器的最大特点是，蓄热体被周而复始地加热和冷却，温度不断变化，因此，流动和传热过程都是典型的非稳态过程。

(4) 热管换热器。严格来讲，热管换热器也属于间壁式换热器，但换热过程是通过热管进行的。由于热管传热能力强，其加热段和冷却段可以自由布置，便于强化传热。因此，热管换热器传热强度大，适应性强，得到了越来越广泛的应用。

2. 按制造材料分类

按制造材料来分类时，可以把换热器分成两大类，即金属换热器和非金属换热器。

(1) 金属换热器。金属换热器是使用最多的换热器，常用的金属材料包括：碳素钢，合金钢，铝、铜、镍及其合金等，在特殊条件下，也可用稀有金属材料来制造换热器。金属换热器的最大优点是加工方便、成本低、传热性能好。

(2) 非金属换热器。在能源、化工、石油和冶金等工业生产过程中，经常会面临高温、高压、高真空、剧毒等恶劣的换热条件，同时伴随着对壁面的强烈腐蚀和磨损，此时，常用的金属材料已不能满足要求，需要研制和开发各种非金属材料换热器。

常用的非金属材料换热器有石墨、塑料、玻璃和陶瓷换热器等。

石墨不仅化学性能稳定、耐腐蚀能力强，而且具有线膨胀系数小、不易结垢、机械加工性能好等优点，因此，石墨换热器特别适宜处理腐蚀性强的液体或气体的换热过程。其主要缺点是石墨为各向异性材料，且强度低，易脆、不抗拉、不抗弯。

塑料换热器可采用的材料很多，但以聚四氟乙烯为最佳，其不仅换热性能接近于金属换热器，而且具有特殊的耐腐蚀性能，同时，由于表面光滑、憎水，因此，也不容易结垢和堵塞。聚四氟乙烯换热器主要用于强酸、强碱的换热过程，具有较好的经济性。

玻璃管换热器主要用于解决烟气换热过程中的低温腐蚀和磨损问题，陶瓷换热器主要用于高温介质的换热过程，它们都是针对一些特殊换热要求开发出的新型换热器。

3. 按用途分类

按换热器实际用途分类是工程上一种习惯的分类方法。例如，预热器（或加热器)、冷却器、冷凝器、蒸发器、热风炉等就是按其用途分类时给出的名称。顾名思义，预热器是对介质进行预热、使其温度达到工艺规定值的换热器；冷凝器是使蒸汽冷凝、放出汽化潜热而凝结成液体的换热器等。事实上，这种分类方法并不十分严格，但工程上非常实用。

1.2.2 常用间壁式换热器简介

间壁式换热器是使用最多的一类换热器。按照传热壁面形状的不同，间壁式换热器又可分为管壳式换热器、板式换热器、套管式换热器以及各种异形传热面组成的特殊形式换热器等。这里对几种主要的间壁式换热器的基本结构和特点进行简单介绍。

(1) 管壳式换热器。管壳式换热器又称列管式换热器，是在一个圆筒形壳体内设置许多平行的换热管，让两种流体分别从管内空间和管外空间流过进行热量交换的换热器。通常将平行的换热管称为换热管束，把管内流体的流动空间称为管程，管外流体流动空间称为壳程。最简单管壳式换热器的基本结构如图 1.3 所示。

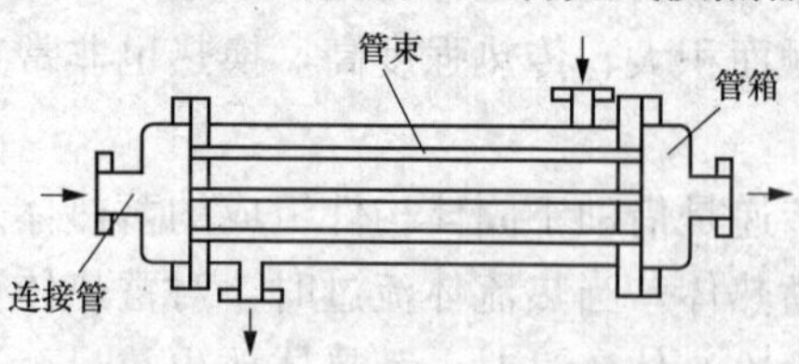

图 1.3 最简单的管壳式换热器

当管壳式换热器换热面积较大时，管子数量增多，从而使得壳体直径增大，壳程流体流通截面增加。这时如果流体的体积流量比较小，则流速很低，从而使得壳程流体表面传热系数降低。为了提高流体流速，可在管外空间装设与管束平行的纵向隔板或与管束垂直的折流板，从而使得壳程流体在壳体内曲折流动多次。加装纵向隔板后，壳程流体沿壳体轴向往返流动的次数称为壳程数。当加装折流板时，流体与换热管束多次往复交错流动，但其沿壳体轴向仅从一端流向另一端，因此，仍属于单壳程。

另外，若要提高管内流体的流速，也可在管箱内加装分程隔板，使进入的流体每次只流过部分管子，在另一端折返后再流过另一部分管子，这样也就把管内流体的流动分为了多程。图 1.4 为典型的壳程数为 1、管程数为 2 的折流换热器。为方便起见，可表示为<1-2>型管壳式换热器，其中，尖括号内第一个数字代表壳程数，后一个数字代表管程数。

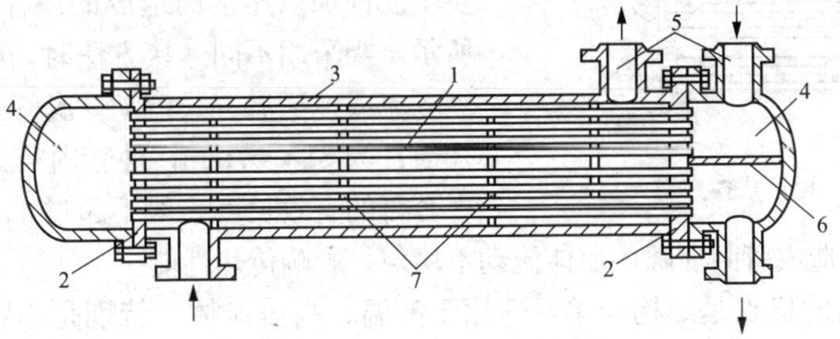

图 1.4　<1-2>型管壳式换热器

1—管束；2—管板；3—壳体；4—管箱；5—接管；6—分程隔板；7—折流板

管壳式换热器的主要优点是结构简单、造价较低、选材范围广、处理能力强，能满足高温高压的要求。虽然管壳式换热器传热性能较其他换热器差，但由于它的高度可靠性和广泛的适应性，至今仍然是使用最广泛的一种换热器。

（2）板式换热器。虽然管壳式换热器具有结构简单、适应范围广等优点，但由于传热间壁为管壁，因此，传热性能较差、体积较大，当在某些特定场合需要使用传热性能好、结构紧凑的换热器时，管壳式换热器就不再适用，此时各种板式换热器是一个比较好的选择。

板式换热器也属于间壁式换热器，其传热间壁为采用了各种强化传热技术的板式表面。根据传热表面形式的不同，板式换热器可分为螺旋板式、板式和板翅式换热器等形式。

螺旋板式换热器主要由螺旋传热板、接管、密封结构等组成，其结构简单，材料利用率高。由于两种流体都是在螺旋板间的螺旋流道内流动，可在较低的雷诺数（$Re>500$）下就达到湍流状态，因此，其传热效率高，通常比管壳式换热器高 1 倍以上。对两种换热介质而言，螺旋流道都只有一个，属于典型的单流道流动，因此，流体对流道具有自洁作用，流道不易结垢和堵塞。这种换热器的主要缺陷是焊缝较长，易泄漏、易产生应力腐蚀，同时，温度和压力都不能太高，最高工作温度为 300℃，最高工作压力为 2.5MPa。

板式换热器主要由板片、压紧板、密封材料、支架等组成，其传热表面是各种强化传热平板，因此，其传热效率高，结构紧凑，占地面积小，可适应于多种介质间的传热。另外，由于板片是通过压紧装置固定，无任何焊接件，因此，拆卸方便，可根据换热工况的变化调整换热面积。由于板式换热器中密封周边很长，因此，易泄漏，介质工作压力和温度都不能太高，最高工作压力为 2.0MPa，最高工作温度为 200℃。板式换热器特别适用于油冷器、水冷器、蒸发器和冷凝器等。

板翅式换热器主要由隔板、翅片、侧封条及进出口接管等构成，从总体结构上看与板式换热器类似，但其间壁为平隔板，两侧通过各种翅片对冷、热流体的传热过程进行强化。在这种形式的换热器中，所有的部件都通过钎焊固定在一起，因此，结构紧凑、强度高。由于翅片能有效地强化冷、热流体的对流传热过程，因此，传热效率高。这种换热器的主要缺点

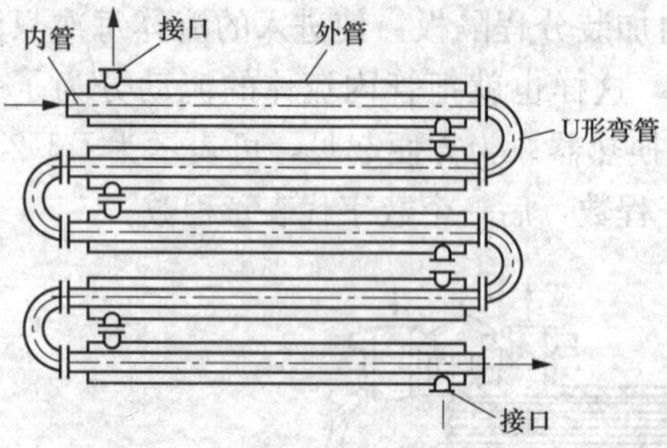

图 1.5 套管式换热器

是结构复杂、造价高，由于流道小，因此易堵塞，且清洗困难。

(3) 套管式换热器。套管式换热器是将直径不同的两根管子套成同心套管作为换热元件，然后把多个元件加以连接而组成的一种换热器，如图 1.5 所示。当采用不同连接方法时，可以使两种流体以纯顺流或纯逆流方式流动。套管式换热器的内管内径通常为 38～57mm，外管内径为 76～108mm。每根套管的有效长度一般不超过 4～6m，管子太长会使管子向下弯曲，造成管间环隙内流体流动不均匀，影响传热性能。

套管式换热器的优点是结构简单，适用于高温、高压流体，特别是小容量流体的换热过程。如果换热条件发生变化，可以改变套管数量，以适应换热器热负荷的变化。另外，如果制造成内管可以抽出的套管，还能方便地清除污垢，所以，它较适用于易结垢流体的换热。套管式换热器的主要缺点是流动阻力大，金属消耗量多，而且体积大，占地面积大，故多用于传热面积不大的换热器。

(4) 喷淋式换热器。喷淋式换热器是将冷却水直接喷淋到管外表面上，使管内的热流体冷却或冷凝，其常用结构如图 1.6 所示。在上、下排列着的管子之间，可借 U 形肘管连接在一起。为了分散喷淋水，在管组的上部装设了带锯齿形边缘的斜槽，也可用喷头直接向排管喷淋。在换热器的下面设有水池，用于收集流下来的水。

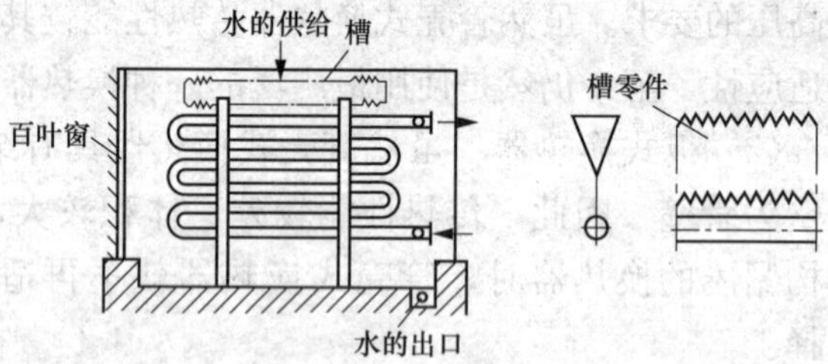

图 1.6 喷淋式换热器

当喷淋的水不够充分时，被喷淋的水会蒸发汽化，因此，喷淋式换热器最好安装在室外，为避免水被风吹失，在其周围需装设百叶窗式的护墙。

喷淋式换热器的主要优点是结构简单，易于制造和检修，便于清除污垢；由于水直接喷淋在管外，因此，表面传热系数大；同时，管外蒸发汽化也会吸收大量热量，所以，传热效果好。其主要缺点是当冷却水过分少时，下部的管子不能被润湿，几乎不参与换热过程，因此，对于容易发生意外事故的石油产品或有机物的冷却不宜采用这种换热器。

喷淋式换热器传热管可采用耐腐蚀的铸铁管，故它特别适用于冷却具有腐蚀性的流体，例如硫酸工业中浓硫酸的冷却等。

1.3 换热器技术发展概况

1.3.1 换热器发展历史

在漫长的历史长河中，如果把 12 世纪炼金术者所使用的蒸馏器看成是最早的换热器，那么，换热器发展到今天已足足经历了 9 个世纪。在这么长的发展过程中，从换热器的设计制造的改进到传热新技术的开发从没间断过。

在 20 世纪 70 年代以前，换热器的发展主要以开发各种强化传热元件、研制新型高效换热设备为重点，并取得了一系列重要进展；同时，在换热器的设计和大型化方面也取得了长足的进步。在强化传热管方面，Weiland公司开发出了T形翅片管（Gwea-T管）；日立公司开发出了机械加工表面多孔管（E管）；美国联合碳化物公司开发出了烧结型多孔管、锯齿管以及各种形式的波纹管、纵槽管、内外翅片管等。在设计计算方面，美国传热研究公司提出了一种新的管壳式换热器壳程流体流路分析方法，至今为止，这种方法仍然是最先进的工艺设计计算方法。在新型换热器的研制方面，开发出了折流杆换热器，有效地缓解了传热和压降的矛盾，可以在较低的压降下获得较好的传热性能。

从20世纪80年代以来，换热器技术得到了更快的发展。特别是随着能源的日趋紧张、环境保护要求的提高以及节能减排技术的发展更是给换热器提供了日益广阔的应用前景，促进了换热器技术的发展。这一时期换热器技术的主要进展和特点如下：

(1) 随着节能减排的深入，可以回收和利用的热能温度越来越低，为此，开发出了各种高性能的小温差换热器，其中，热管换热器是最典型的代表。

(2) 强化传热技术的开发从普适性向特殊性转化，即从寻找一种应用较为广泛、能适用于多种介质的强化传热方法，转向为针对某一特定条件和工况的强化传热技术。

(3) 主动强化传热技术得到了快速的发展。主动强化技术是指通过施加外部动力，如机械搅拌、振荡、电场和磁场等，使传热面附近的流体流动发生较大波动，从而破坏边界层结构，增大表面传热系数的强化传热技术。主动强化传热技术对于强化高黏度流体的对流传热过程非常有效。

(4) 计算流体动力学（computational fluid dynamics，CFD）得到了非常广泛的应用，它可以提供换热器内部速度场和温度场的准确信息，从而为换热器结构优化和性能改进提供指导。

(5) 各种新型、高效、紧凑式换热器层出不穷，进一步挑战管壳式换热器的统治地位。虽然目前管壳式换热器仍占据主导地位，但其市场份额在逐渐降低。

1.3.2　换热器的发展方向

随着生产规模的扩大和生产工艺的改进，换热器必须满足各种特殊而又苛刻的换热要求，因此，换热器技术的改进是一个永恒的研究主题。目前，换热器技术的发展方向主要在以下几个方面。

(1) 强化传热技术的研究。采用各种高效强化传热技术的换热器将取代现有常规产品。电磁场强化传热技术、气体搅拌强化传热技术、珠状凝结传热等将会得到进一步的研究和发展，喷流式换热器、微通道换热器、流化床换热器等的应用会越来越多。

(2) 新型余热回收装置的研制。工业余热的利用潜力很大，对生产过程具有重要的影响。目前，对中温余热的回收利用技术比较成熟，但对于石油化工行业经常遇到的温度为1000℃左右的高温余热的回收利用还存在很多亟待解决的问题，例如，换热器的整体结构布置、管板的结构设计、热补偿的方法等。温度为100～200℃的低温余热量大面广，因此，合理利用低温余热有着巨大的现实意义。在低温余热回收利用过程中的主要问题是传热温差小，所需换热面积大，因此，针对不同的余热源，寻找有效的强化传热方法、确定余热回收效益和投资成本的最佳平衡点将是一个长期的研究课题。

(3) 紧凑式换热器的改进。紧凑式换热器具有优良的传热性能，其形式很多，但一般都采用多流道布置。其中，板式换热器需要改进密封结构，增强板片刚度，同时，研究新的密封材料和密封结构、提高工作温度和工作压力也是今后一个重要的发展方向。板壳式换热器从结构上很好地解决了耐温、抗压和高效传热之间的矛盾，因而，在化工行业得到了很好的推广应用，但其制造工艺复杂，焊接要求高，因此，需要不断地优化结构，发展新的成型和焊接工艺。

（4）换热器自动设计系统的开发。利用计算机进行换热器自动设计不仅可以提高效率，而且可以对换热器进行最优化，使其达到最佳的技术经济性能。目前，美国传热研究公司开发的换热器设计软件最具代表性，其适应面广、计算精确度高。我国的研究院所和部分高校也开发出了针对不同换热过程和换热条件的换热器设计软件。

（5）控制结垢及高效运行。换热器传热表面的积灰和结垢是影响换热器性能的主要因素，因此，必须对污垢形成机理、生长速度及影响因素进行深入研究，从而为控制结垢速度、确定清洗周期提供理论依据。另外，发展换热器清洗技术也应引起足够的重视，需要针对不同的污垢研究不同的清洗方法。

（6）换热器振动的研究。为了适应装置大型化的要求，换热器的几何尺度也随之增大。在换热器的大型化过程中遇到的一个复杂问题就是换热管束的振动，尤其在高流速下更容易发生。换热管束的振动会使管子产生疲劳破裂，影响介质的流动和传热，同时产生比较严重的噪声。目前，对振动产生机理的认识还不是很充分，因此，为了避免振动，在设计中一般以实验和经验为基础来确定介质流速和管束的布置方式。

1.3.3 换热器主要研发机构

随着生产规模的扩大和工艺条件的改进，换热器必须能够满足各种特殊而又苛刻的换热条件，因而各国都很重视换热器的研究，并成立了专业的研究机构。例如，美国的传热研究公司（Heat Transfer Research Inc，HTRI），英国的传热及流体流动服务公司（Heat Transfer & Fluid Flow Service，HTFS），我国的兰州石油机械研究所、通用机械研究院等。

美国的传热研究公司是 1962 年发起组建的一个国际性非营利的合作研究机构，会员数百家，遍及全球。其研究工作涉及换热器内流动和传热的所有领域，包括无相变流动传热、两相流动与传热、相变传热、污垢形成机理与控制、换热器设计分析软件的开发等，取得了大量的研究成果，积累了换热器设计分析的丰富经验。特别是在计算机分析设计软件方面发展很快，所开发的网络优化软件、换热器设计软件不仅适应面广，而且计算精确度高。

英国的传热及流体流动服务公司成立于 1967 年，隶属于英国原子能管理局，其最大特点是与各大学和工业企业合作，共同进行专门课题的研究，并定期举行研究报告会，交流研究进展，因此，其研究成果不仅广泛应用于原子能工业，也用于一般的工业领域。主要研究方向包括深冷条件下的相变传热、两相流动与传热模型、壳程单相流动与传热、空冷器、火焰传热等。

兰州石油机械研究所主要从事换热器设备的研制工作，先后开发出了板式冷凝器、板式蒸发器、板壳式换热器、螺纹管换热器、折流杆换热器、表面蒸发空冷器等一批有实用价值的系列高效换热器。除此之外，国内的许多高校也在换热器传热强化及性能改进方面做出了非常出色的工作，华南理工大学相继开发出了烧结多孔管、螺旋槽管、波纹管等，西安交通大学对换热器内部的流动和传热进行了深入细致的数值模拟工作，重庆大学开发出了三维内肋管，天津大学在流路分析、振动控制等方面也是成效显著，这些工作对于促进换热器技术的进步起到了重要的作用。

第 2 章　换热器热力计算基础

换热器热力计算是换热器设计的基础。由于间壁式换热器是使用最为广泛的一类换热器，其热力计算过程具有代表性，因此，本章的分析对象是间壁式换热器，其分析计算方法对其他类型的换热器仍然适用。

换热器内冷、热流体表面传热系数的计算也是热力计算的内容，但是由于它们总是与换热器的形式联系在一起，因此，将在后面各章针对具体的换热器形式进行介绍。

2.1　传热过程分析

间壁式换热器内热量从一种介质通过间壁传给另一种介质的过程称为传热过程。在传热过程中，传热量 Φ 与热流体温度 t_1 和冷流体温度 t_2 之差成正比，与换热面积 A 成正比，即

$$\Phi = KA(t_1 - t_2) = KA\Delta t \tag{2.1}$$

式（2.1）称为传热方程。其中，比例系数 K 称为传热系数，其单位为 $W/(m^2 \cdot ℃)$ 或 $W/(m^2 \cdot K)$。下标“1”和“2”分别代表热流体和冷流体。

在实际换热过程中，热流体和冷流体的温度是不断变化的，热流体不断放出热量，温度逐渐降低；冷流体不断吸收热量，温度逐渐升高。因此，在换热器中沿传热面两种流体温差并不是一个常数，所以传热方程应表示为

$$\Phi = \int_0^A K\Delta t \mathrm{d}A_x \tag{2.2}$$

式中：x 为换热器中任意位置；A_x 为从换热器进口至 x 处的面积。

在工程计算中，式（2.2）也可简化为

$$\Phi = KA\Delta t_{\mathrm{m}} \tag{2.3}$$

式中：Δt_{m} 为两种流体之间的平均传热温差，℃或 K。

2.1.1　传热量

在间壁式换热器中，如果冷、热流体都无相变，则热流体在放出热量的同时，温度降低，即放出的是显热，冷流体吸收热量的同时温度升高，其吸收的也是显热。流体放出或吸收的显热量可按下式计算：

热流体放热量 Φ_1

$$\Phi_1 = q_{m1} c_{p1} (t_1' - t_1'') \tag{2.4}$$

冷流体吸热量 Φ_2

$$\Phi_2 = q_{m2} c_{p2} (t_2'' - t_2') \tag{2.5}$$

式中：q_m 为流体质量流量，kg/s；c_p 为流体比定压热容，J/(kg·K)。

右上角符号“′”代表流体在换热器进口处值，“″”代表出口处的值。

如果在换热过程中流体发生了相变，则必然存在伴随着相变的潜热传递，可按下式计算：

$$\Phi = q_m h_{\mathrm{fg}} \tag{2.6}$$

式中：h_{fg}为流体的汽化潜热，J/kg。

如果不考虑散至周围环境的热损失，则冷流体所吸收的热量就应该等于热流体所放出的热量，如果没有相变发生，则有

$$\Phi = \Phi_1 = \Phi_2 \tag{2.7a}$$

也可写为

$$\Phi = q_{m1}c_{p1}(t_1'-t_1'') = q_{m2}c_{p2}(t_2''-t_2') \tag{2.7b}$$

式（2.7）称为换热器的热平衡方程。当流体发生相变时，热平衡方程也可表示为

$$\Phi = q_{m1}(h_1'-h_1'') = q_{m2}(h_2''-h_2') \tag{2.8}$$

式中：h'、h''为流体进、出口焓，J/kg。

在换热器的实际运行过程中，不可能做到完全隔热，热流体放出的热量除传给冷流体而外，总有一部分会散失到周围环境中去。若无介质泄漏，换热器散向周围环境的热损失为Φ_L，则热平衡方程变为

$$\Phi_1 = \Phi_2 + \Phi_L \tag{2.9a}$$

或

$$\Phi_1(1-\zeta) = \Phi_2 \tag{2.9b}$$

式中：ζ为热损失系数。

ζ越小，即热损失越小，也就意味着对换热器保温材料的要求增加，或保温材质提高，投资增加；ζ越大，即热损失越大，经济性下降。因此，通过综合技术经济比较，建议取ζ=2%～3%。

式（2.9b）也可写为

$$\Phi_1\eta = \Phi_2 \tag{2.10}$$

式中：η为保温系数。与热损失系数类似，保温系数也反映了换热器热损失的大小，一般取η=0.97～0.98。

在后面的分析计算中，若不特别指明，均按理想情况处理，即ζ=0或η=1。

2.1.2 传热系数

换热器内的传热过程至少包含三个传热环节：①从热流体到高温壁面侧的对流传热；②从高温壁面侧到低温壁面侧的导热；③从低温壁面侧到冷流体的对流传热。如图2.1所示。

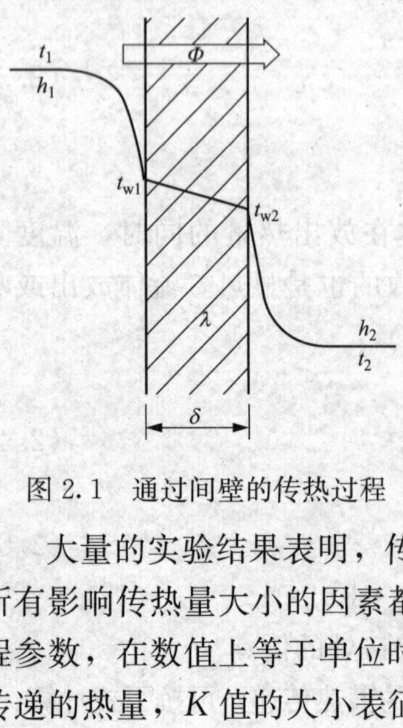

图2.1 通过间壁的传热过程

在稳态条件下，影响上述三个环节传热过程的所有因素都会影响总的换热量Φ的大小，即

$$\Phi = f(t_1, t_2, A, h_1, h_2, \delta, \lambda, \text{介质物性等})$$

式中：h为流体表面传热系数；δ为间壁厚度；λ为间壁导热系数。

大量的实验结果表明，传热量Φ与流体温差和换热面积成正比，除去这两个参数后的所有影响传热量大小的因素都归结到表面传热系数K中去。因此，传热系数K是一个过程参数，在数值上等于单位时间内、当热冷流体传热温差为1℃时、通过单位间壁面积所传递的热量，K值的大小表征了传热过程的强弱程度，因此，是评价换热器性能的一个重要指标。

2.1.3　传热温差

由于换热器内两种流体不断交换热量，温度不断发生变化，故换热温差也是随换热器面积变化的，因此，传热方程式（2.3）中的传热温差 Δt_m 为沿换热面的平均传热温差。

如果换热器内流体温度变化规律已知，则可以确定出在换热器内流体温度变化的平均值 t_{1m} 和 t_{2m}，此时，传热方程也可表示为

$$\Phi = KA\Delta t_m = KA(t_{1m} - t_{2m}) \tag{2.11}$$

2.2　传　热　系　数

传热系数是换热器的一个重要技术参数，其大小主要取决于冷热流体的对流传热过程。间壁式换热器传热系数的计算公式与间壁形状有关。

2.2.1　平壁

在板式换热器中，基本传热间壁均为平壁或近似为平壁。通过平壁传热过程的最大特点是所有传热环节的传热面积 A 相同，如图 2.1 所示。三个传热环节的传热量可分别表述为

$$\Phi = h_1 A(t_1 - t_{w1})$$

$$\Phi = \lambda A \frac{t_{w1} - t_{w2}}{\delta}$$

$$\Phi = h_2 A(t_{w2} - t_2)$$

上述三式也可改写成如下形式：

$$t_1 - t_{w1} = \frac{\Phi}{h_1 A}$$

$$t_{w1} - t_{w2} = \frac{\Phi}{\lambda A/\delta}$$

$$t_{w2} - t_2 = \frac{\Phi}{h_2 A}$$

将上面三式相加，消去壁面温度，整理后得

$$\Phi = \frac{A(t_1 - t_2)}{\dfrac{1}{h_1} + \dfrac{\delta}{\lambda} + \dfrac{1}{h_2}} \tag{2.12}$$

比较式（2.1）和式（2.12）可得传热系数 K 计算式为

$$K = \frac{1}{\dfrac{1}{h_1} + \dfrac{\delta}{\lambda} + \dfrac{1}{h_2}} \tag{2.13}$$

式（2.13）表明，传热系数的大小不仅与传热间壁特性有关，还与两侧的对流换热表面传热系数有关，因此，传热系数是一个过程参数，是一个表征传热过程强度的指标。传热系数越大，传热过程就越强，反之则越弱。

换热器在运行一段时间后，在间壁两侧不可避免地结垢或积灰，形成污垢热阻。假定冷热流体两侧的污垢热阻分别为 R_{f1} 和 R_{f2}，则传热系数计算式（2.13）变为

$$K = \frac{1}{\dfrac{1}{h_1} + R_{f1} + \dfrac{\delta}{\lambda} + \dfrac{1}{h_2} + R_{f2}} \tag{2.14}$$

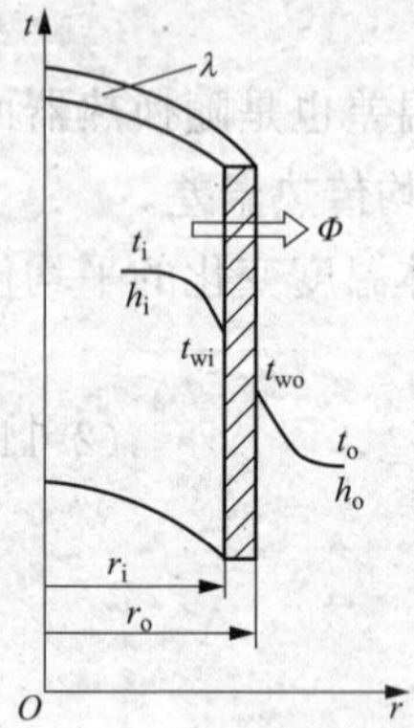

图 2.2 通过管壁的传热

式中：R_f 为污垢热阻，$m^2 \cdot ℃/W$ 或 $m^2 \cdot K/W$。

2.2.2 管壁

通过管壁的传热是换热器内最常见的传热过程，如图 2.2 所示。假定管壁内、外半径分别为 r_i 和 r_o，管内流体温度为 t_i，管外流体温度为 t_o，管壁材料导热系数为 λ，管壁两侧对流传热表面传热系数分别为 h_i 和 h_o，在稳态条件下，热流体传给内壁的热量、通过管壁的导热量和外壁传给冷流体的热量均相同，对长度为 L 的管壁，可分别表示为

$$\Phi = h_i A_i (t_i - t_{wi})$$

$$\Phi = \frac{t_{wi} - t_{wi}}{\dfrac{1}{2\pi\lambda L}\ln\dfrac{r_o}{r_i}}$$

$$\Phi = h_o A_o (t_{wo} - t_o)$$

式中，管壁内、外壁传热面积分别为 $A_i = 2\pi r_i L$ 和 $A_o = 2\pi r_o L$。上述三式也可改写为

$$\frac{1}{h_i A_i} = \frac{t_i - t_{wi}}{\Phi}$$

$$\frac{1}{2\pi\lambda L}\ln\frac{r_o}{r_i} = \frac{t_{wi} - t_{wo}}{\Phi}$$

$$\frac{1}{h_o A_o} = \frac{t_{wo} - t_o}{\Phi}$$

将上述三式相加后，整理可得通过长度为 L 的管壁传热计算式为

$$\Phi = \frac{t_i - t_o}{\dfrac{1}{h_i A_i} + \dfrac{1}{2\pi\lambda L}\ln\dfrac{r_o}{r_i} + \dfrac{1}{h_o A_o}} \tag{2.15}$$

与通过平壁的传热过程不同，管壁两侧的传热面积并不相同，因此，以不同的传热面积为基准，就会得到不同的传热系数。

当以管内壁传热面积 A_i 为基准时，传热方程变为

$$\Phi = K_i A_i (t_i - t_o) \tag{2.16}$$

联立式（2.15）和式（2.16），可得传热系数 K_i 计算式为

$$K_i = \frac{1}{\dfrac{1}{h_i} + \dfrac{d_i}{2\lambda}\ln\dfrac{d_o}{d_i} + \dfrac{1}{h_o}\dfrac{d_i}{d_o}} \tag{2.17}$$

式中：d_i 和 d_o 分别为管子内、外直径。

当以管外壁传热面积 A_o 为基准时，同理可得传热系数 K_o 计算式为

$$K_o = \frac{1}{\dfrac{1}{h_i}\dfrac{d_o}{d_i} + \dfrac{d_o}{2\lambda}\ln\dfrac{d_o}{d_i} + \dfrac{1}{h_o}} \tag{2.18}$$

当考虑管内、外壁面的污垢热阻时，传热系数计算式（2.17）和式（2.18）分别变为

$$K_i = \frac{1}{\dfrac{1}{h_i} + R_{fi} + \dfrac{d_i}{2\lambda}\ln\dfrac{d_o}{d_i} + \left(\dfrac{1}{h_o} + R_{fo}\right)\dfrac{d_i}{d_o}} \tag{2.17a}$$

$$K_o = \frac{1}{\left(\frac{1}{h_i} + R_{fi}\right)\frac{d_o}{d_i} + \frac{d_o}{2\lambda}\ln\frac{d_o}{d_i} + \frac{1}{h_o} + R_{fo}} \tag{2.18a}$$

由于以不同的管壁内、外表面积为基准时，会得到不同的传热系数，因此，为便于比较，在工程上通常以管外壁面积 A_o 为基准计算。

2.2.3　翅化壁

在工程上经常会遇到间壁两侧表面传热系数相差较大的传热过程，此时，在表面传热系数较小的一侧壁面上加装翅片可以有效强化传热过程。具有翅化表面的传热系数的计算比较复杂，分述如下。

1. 翅化平壁

对于某一通过平壁的传热过程，假定在冷流体侧表面传热系数较小，需要通过翅片进行强化，如图 2.3 所示。

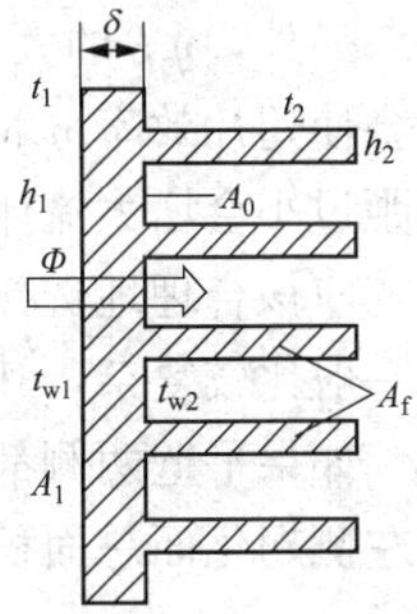

图 2.3　通过翅化平壁的传热

假定平壁厚度和导热系数分别为 δ 和 λ，左侧为热流体，温度为 t_1、表面传热系数为 h_1、对流传热面积为 A_1；平壁右侧为低温流体，温度为 t_2、表面传热系数为 h_2，加装翅片后翅基温度为 t_{w2}，总的对流换热面积为 A_2，包括原表面基部面积 A_o 和翅片扩展面积 A_f，即 $A_2=A_o+A_f$。

在通过翅化表面的传热过程中，传热量可以分为两部分，即通过翅基面积 A_o 的传热量 Φ_0 和翅化面积 A_f 的传热量 Φ_f，显然，$\Phi_0=h_2A_o(t_{w2}-t_2)$，$\Phi_f=h_2A_f\eta_f(t_{w2}-t_2)$，因此，翅化表面总传热量为

$$\Phi = h_2A_o(t_{w2}-t_2) + h_2A_f\eta_f(t_{w2}-t_2) = h_2A_2\eta_0(t_{w2}-t_2) \tag{2.19a}$$

式中：η_f 为翅片效率，η_0 为翅化面效率，$\eta_0=(A_o+\eta_fA_f)/A_2$，当翅化表面面积扩展程度很大时，即 $A_o \ll A_f$，可近似取 $A_2 \approx A_f$，则翅化面效率可由翅片效率代替，即 $\eta_0 \approx \eta_f$。

平壁另一侧的对流传热量和通过间壁的导热量为

$$\Phi = h_1A_1(t_1-t_{w1}) \tag{2.19b}$$

$$\Phi = \frac{\lambda}{\delta}A_1(t_{w1}-t_{w2}) \tag{2.19c}$$

联立式（2.19a）～式（2.19c），并消去未知的壁面温度 t_{w1} 和 t_{w2} 得

$$\Phi = \frac{t_1-t_2}{\frac{1}{h_1A_1} + \frac{\delta}{\lambda A_1} + \frac{1}{h_2A_2\eta_0}} \tag{2.19d}$$

通过翅化壁的传热量也可用传热方程表示，即

$$\Phi = K_1A_1(t_1-t_2) = K_2A_2(t_1-t_2) \tag{2.20}$$

由此可得，以左侧壁面积 A_1 为基准的传热系数为

$$K_1 = \frac{1}{\frac{1}{h_1} + \frac{\delta}{\lambda} + \frac{1}{h_2\beta\eta_0}} \tag{2.21a}$$

以右侧总面积 A_2 为基准的传热系数为

$$K_2 = \frac{1}{\frac{1}{h_1}\beta + \frac{\delta}{\lambda}\beta + \frac{1}{h_2\eta_0}} \tag{2.22a}$$

上两式中，$\beta=A_2/A_1$，称为翅化比，即加装翅片后的总面积 A_2 与没加装翅片前的原面积 A_1

之比，显然，β 值总是大于 1 的。工程上，在计算通过翅化壁的传热系数时通常以翅化面总面积 A_2 为基准。

比较有无翅片时右侧壁面表面传热热阻，有翅片时为 $1/(h_2\beta\eta_0)$，无翅片时为 $1/h_2$。通常情况下，翅化比 $\beta = A_2/A_1 \gg 1$，虽然翅化面面积效率 $\eta_0 < 1$，且 β 增大时 η_0 会减小，但两者的乘积 $\beta\eta_0$ 仍然会比 1 大得多。因此，平壁一侧翅化后，该侧的对流传热热阻将减小，从而使得传热系数增大，总传热量增加。需要指出的是，把翅化比 β 选得过大而使 $1/(h_2\beta\eta_0)$ 远小于 $1/h_1$ 是没有必要的，因为当 $1/(h_2\beta\eta_0) < 1/h_1$ 以后，传热的主要热阻位于没加翅片侧，即 $1/h_1$，此时再减小 $1/(h_2\beta\eta_0)$，对增加传热系数的效果不明显。

另外，$\eta_0\beta$ 的大小取决于翅片高度和翅片间距。增加翅片高度可以加大 β，但增加翅片高度会使翅片效率 η_f 降低，从而使翅化面总效率 η_0 降低。减小翅片间距也可以增大 β，但翅片间距过小会增大流体流动阻力，使翅片间流体的温度升高，降低传热温差，不利于传热。所以，应该合理地选择翅片高度和间距，使传热系数具有最佳值。此外，由于翅化侧的几何结构一般比较复杂，其表面传热系数的确定常常比较困难，多采用实验关联式计算。

如果平壁两侧都加装翅片，则传热系数计算式分别为

以左侧翅化面总面积 A_1 为基准的传热系数为

$$K_1 = \frac{1}{\dfrac{1}{h_1\eta_{01}} + \dfrac{\delta}{\lambda}\beta_1 + \dfrac{1}{h_2\eta_{02}}\dfrac{\beta_1}{\beta_2}} \tag{2.21b}$$

以右侧翅化面总面积 A_2 为基准的传热系数为

$$K_2 = \frac{1}{\dfrac{1}{h_1\eta_{01}}\dfrac{\beta_2}{\beta_1} + \dfrac{\delta}{\lambda}\beta_2 + \dfrac{1}{h_2\eta_{02}}} \tag{2.22b}$$

式中：β_1 和 β_2 分别为两侧翅化比；η_{01} 和 η_{02} 分别为两侧翅化表面面积效率。

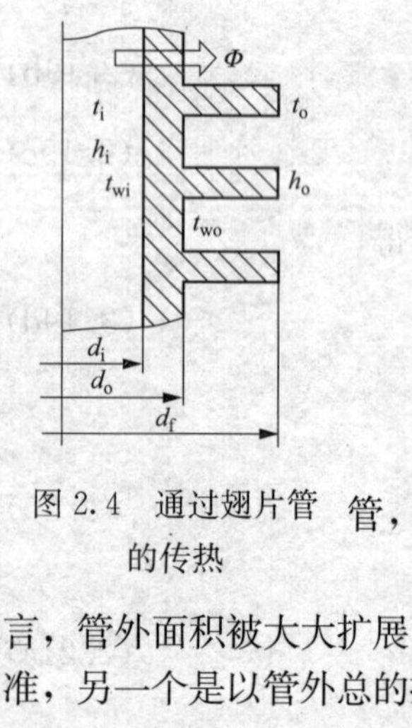

图 2.4 通过翅片管的传热

当考虑两侧翅化表面上的污垢热阻时，上述两式分别变为

$$K_1 = \frac{1}{\dfrac{1}{h_1\eta_{01}} + R_{f1} + \dfrac{\delta}{\lambda}\beta_1 + \left(\dfrac{1}{h_2\eta_{02}} + R_{f2}\right)\dfrac{\beta_1}{\beta_2}} \tag{2.21c}$$

$$K_2 = \frac{1}{\left(\dfrac{1}{h_1\eta_{01}} + R_{f1}\right)\dfrac{\beta_2}{\beta_1} + \dfrac{\delta}{\lambda}\beta_2 + \dfrac{1}{h_2\eta_{02}} + R_{f2}} \tag{2.22c}$$

2. 翅片管

目前，工程上使用最多的翅片管是翅片为环形或接近环形的翅片管，如图 2.4 所示，翅片被设置在圆管外壁上。

对光管而言，传热系数的计算都是以管外面积为基准，对翅片管而言，管外面积被大大扩展，因此，传热系数有两种计算方法，一个是以管外侧光管面积 A_o 为基准，另一个是以管外总的换热面积 A_t 为基准，如果考虑两侧的污垢热阻，则传热系数计算式为

$$K_o = \frac{1}{\left(\dfrac{1}{h_i} + R_{fi}\right)\dfrac{d_o}{d_i} + \dfrac{d_o}{2\lambda}\ln\dfrac{d_o}{d_i} + \left(\dfrac{1}{h_o\eta_0} + R_{fo}\right)\dfrac{1}{\beta}} \tag{2.23a}$$

$$K_t = \frac{1}{\left(\dfrac{1}{h_1} + R_{fi}\right)\beta\dfrac{d_o}{d_i} + \dfrac{\beta d_o}{2\lambda}\ln\dfrac{d_o}{d_i} + \dfrac{1}{h_o\eta_0} + R_{fo}} \tag{2.23b}$$

2.3 平均传热温差

基于传热方程引入的平均传热温差不仅与两种流体进、出口温度有关，还与换热器的流型有关。换热器流型指的是两种流体的相对流动方向和传热面的布置方式，常见的换热器流型如图 2.5 所示，主要包括：

（1）顺流。顺流又称并流，指两种流体平行地向着同一方向的流动，如图 2.5（a）所示。

（2）逆流。两种流体平行流动，但流动方向相反，如图 2.5（b）所示。

（3）折流。两种流体平行流动，但至少有一种流体沿流动方向至少折返一次，如图 2.5（c）所示。

（4）交叉流动。交叉流动也称错流，是指两种流体流动方向互相垂直的流动，又有一次交叉［见图 2.5（d）］和多次交叉之分。在多次交叉流动中，根据总流动趋势的不同，又分为总趋势为逆流的多次交叉和总趋势为顺流的多次交叉，分别如图 2.5（e）和（f）所示。当交叉次数在 4 次以上时，可根据两种流体的流动趋势将其看成逆流或顺流。

（5）混合流动。混合流动指两种流体在流动过程中既有顺流又有逆流，同时还有交叉流动，如锅炉过热器就是一种典型的混合流动，如图 2.5（g）所示。

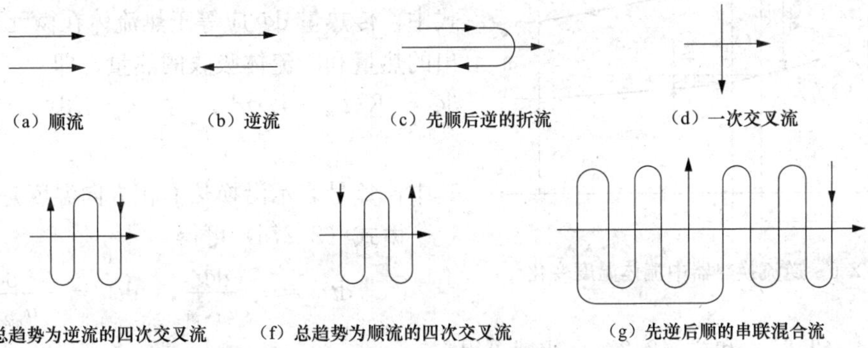

图 2.5　典型的换热器流型

为简化起见，计算各种流型换热器平均传热温差时，总是假定：

（1）两种流体的质量流量 q_m、比定压热容 c_p 和传热系数 K 都为常数；

（2）冷、热流体的温度均不随时间发生变化，流动和传热处于稳定状态；

（3）换热器保温、密封良好，不存在散热损失，无介质泄漏；

（4）沿管子轴向导热忽略不计；

（5）同一种流体从换热器进口到出口，不能既有相变传热又有单相对流传热。

当换热器内只存在单相介质对流传热时，热流体放出热量，温度逐渐降低，冷流体吸收热量，温度逐渐升高，因此，沿传热面 A_x 各处流体间传热温差 Δt_x 均不相同。在换热器内任意位置处取微元面积 $\mathrm{d}A_x$，则通过 $\mathrm{d}A_x$ 的传热量 $\mathrm{d}\Phi$ 为

$$\mathrm{d}\Phi = K(t_{1x} - t_{2x})\mathrm{d}A_x = K\Delta t_x \mathrm{d}A_x \tag{2.24a}$$

在整个换热面上积分上式得

$$\Phi = \int_0^A K(t_{1x} - t_{2x})\mathrm{d}A_x = \int_0^A K\Delta t_x \mathrm{d}A_x \tag{2.24b}$$

换热器内的总传热量也可根据传热方程计算，即

$$\Phi = KA\Delta t_{\mathrm{m}} \tag{2.25}$$

联立式（2.24b）和式（2.25）可得

$$\Delta t_{\mathrm{m}} = \frac{1}{A}\int_0^A (t_{1x} - t_{2x})\mathrm{d}A_x = \frac{1}{A}\int_0^A \Delta t_x \mathrm{d}A_x \tag{2.26a}$$

$$\Delta t_{\mathrm{m}} = \frac{1}{A}\int_0^A t_{1x}\mathrm{d}A_x - \frac{1}{A}\int_0^A t_{2x}\mathrm{d}A_x = t_{1\mathrm{m}} - t_{2\mathrm{m}} \tag{2.26b}$$

式（2.26a）和式（2.26b）表明，平均传热温差即为换热器内局部传热温差沿换热面的积分平均值，也可理解为冷、热流体在换热过程中的温度变化沿换热面的积分平均值之差。显然，不同的流型，换热流体温度变化规律不同，平均传热温差的计算方法也不一样，分述如下。

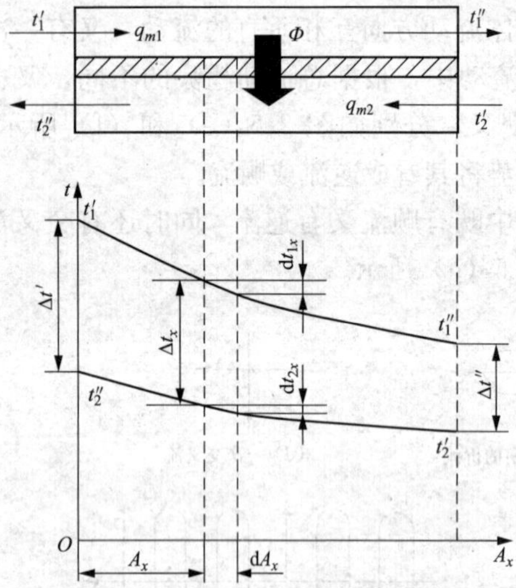

图 2.6 逆流换热器中流体温度变化

2.3.1 逆流和顺流

在逆流换热器中，冷热流体的温度变化如图 2.6 所示，其中，$\Delta t'$为进口处两流体传热温差，$\Delta t''$为出口处传热温差。在 A_x 处，通过微元换热面 $\mathrm{d}A_x$ 时热流体的温度变化为 $\mathrm{d}t_{1x}$，冷流体温度变化为 $\mathrm{d}t_{2x}$，通过微元换热面 $\mathrm{d}A_x$ 的传热方程为

$$\mathrm{d}\Phi = K(t_{1x} - t_{2x})\mathrm{d}A_x = K\Delta t_x \mathrm{d}A_x \tag{2.27}$$

式中，传热量 $\mathrm{d}\Phi$ 应等于热流体在微元面 $\mathrm{d}A_x$ 上放出的热量和冷流体吸收的热量，即

$$\mathrm{d}\Phi = K(t_{1x} - t_{2x})\mathrm{d}A_x = -q_{m1}c_{p1}\mathrm{d}t_{1x} = -q_{m2}c_{p2}\mathrm{d}t_{2x} \tag{2.27a}$$

其中，负号表示沿换热面积方向温度是降低的。

由式（2.27a）可得

$$\mathrm{d}t_{1x} = -\frac{\mathrm{d}\Phi}{q_{m1}c_{p1}},\quad \mathrm{d}t_{2x} = -\frac{\mathrm{d}\Phi}{q_{m2}c_{p2}}$$

将式（2.27）和式（2.27a）相减可得

$$\mathrm{d}t_{1x} - \mathrm{d}t_{2x} = \mathrm{d}(t_1 - t_2)_x = \mathrm{d}\Delta t_x = -\mathrm{d}\Phi\left(\frac{1}{q_{m1}c_{p1}} - \frac{1}{q_{m2}c_{p2}}\right) \tag{2.27b}$$

将式（2.27）代入式（2.27b）可得

$$\frac{\mathrm{d}\Delta t_x}{\Delta t_x} = -K\left(\frac{1}{q_{m1}c_{p1}} - \frac{1}{q_{m2}c_{p2}}\right)\mathrm{d}A_x \tag{2.27c}$$

令 $\mu = \frac{1}{q_{m1}c_{p1}} - \frac{1}{q_{m2}c_{p2}}$，则式（2.27c）可改写为

$$\frac{\mathrm{d}\Delta t_x}{\Delta t_x} = -K\mu\mathrm{d}A_x \tag{2.27d}$$

将式（2.27d）从 0 至 A_x 积分

$$\int_{\Delta t'}^{\Delta t_x} \frac{\mathrm{d}\Delta t_x}{\Delta t_x} = -K\mu\int_0^{A_x}\mathrm{d}A_x$$

由此可得

$$\ln\frac{\Delta t_x}{\Delta t'} = -K\mu A_x \tag{2.28a}$$

或者写为

$$\Delta t_x = \Delta t' e^{-K\mu A_x} \tag{2.28b}$$

由此可见，传热温差沿换热面按指数函数关系变化。将式（2.28b）代入式（2.26a）可得平均传热温差 Δt_m 为

$$\Delta t_m = \frac{1}{A}\int_0^A \Delta t_x \mathrm{d}A_x = -\frac{\Delta t'}{K\mu A}(e^{-K\mu A}-1) \tag{2.28c}$$

在式（2.28a）和式（2.28b）中，取 $A_x = A$，则 $\Delta t_x = \Delta t''$，因此有

$$\ln\frac{\Delta t''}{\Delta t'} = -K\mu A \tag{2.28d}$$

$$\Delta t'' = \Delta t' e^{-K\mu A} \tag{2.28e}$$

将上述两式代入式（2.28c），整理后得

$$\Delta t_m = \frac{\Delta t' - \Delta t''}{\ln\dfrac{\Delta t'}{\Delta t''}} \tag{2.29}$$

此式即为逆流平均传热温差计算式，由于在该式中出现了对数，故常称 Δt_m 为对数平均传热温差。这里，$\Delta t' = t_1' - t_2''$，$\Delta t'' = t_1'' - t_2'$。

需要特别指出的是，当冷、热流体的热容量相等，即 $q_{m1}c_{p1} = q_{m2}c_{p2}$ 时，逆流换热器内任意位置处的传热温差都相同，因此有 $\Delta t_m = \Delta t' = \Delta t''$。

对于顺流换热器，可以采用与上述类似的推导方法，得到与式（2.29）形式相同的平均传热温差计算式，但其中端差变为：$\Delta t' = t_1' - t_2'$，$\Delta t'' = t_1'' - t_2''$。如果用 Δt_{max} 表示 $\Delta t'$ 和 $\Delta t''$ 中的大者，用 Δt_{min} 表示 $\Delta t'$ 和 $\Delta t''$ 中的小者，则可以把顺、逆流平均传热温差计算式统一写为

$$\Delta t_m = \frac{\Delta t_{max} - \Delta t_{min}}{\ln\dfrac{\Delta t_{max}}{\Delta t_{min}}} \tag{2.30}$$

换热器内算术平均传热温差为

$$\Delta t_m = \frac{1}{2}(\Delta t' + \Delta t'') \tag{2.31}$$

由式（2.30）和式（2.31）可知，对数平均传热温差总是比算术平均传热温差小。但在工程上，为计算简便起见，在允许误差范围内，经常采用算术平均传热温差来代替对数平均传热温差。计算结果表明，当 $\Delta t_{max}/\Delta t_{min} \leqslant 2$ 时，算术平均传热温差与对数平均传热温差相差不到 4%，这在工程上是允许的。例如，在我国现行锅炉热力计算标准中规定，当 $\Delta t_{max}/\Delta t_{min} \leqslant 1.7$ 时，采用算术平均传热温差计算。

2.3.2　简单折流

当流体在换热器内先沿一个方向流动，然后再折返向相反方向流动的换热器称为折流式换热器。其中，若两种流体中只有一种流体折流称为简单折流，若两种流体都发生折流则称为复杂折流，这里，只讨论简单折流平均传热温差的计算。

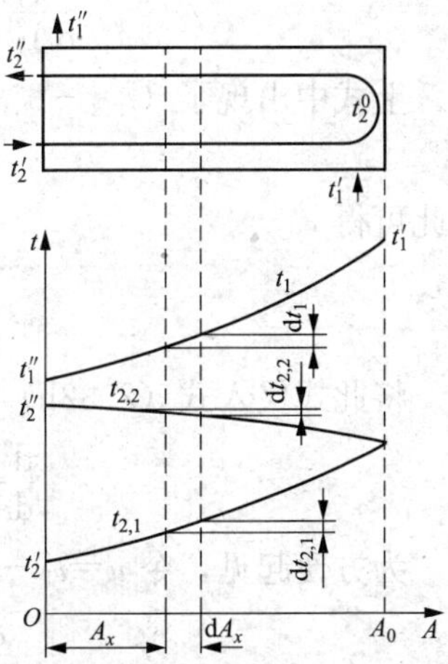

图 2.7　先逆后顺<1-2>型折流换热器及温度变化

对于只有一种流体折返一次的简单折流，又分为先逆流、后顺流和先顺流、后逆流两种情况。图 2.7 所示为先逆流、

后顺流的简单折流换热器内流体温度变化规律。为简单起见，假定管外流体在横向充分混合，横截面上温度均匀，同时，两程换热面积相等。

整个换热器热平衡方程为

$$q_{m1}c_{p1}(t_1'-t_1'')=q_{m2}c_{p2}(t_2''-t_2') \tag{2.32a}$$

取微元面积 dA_x，显然，冷流体两次流过该面积，吸收热流体放出的热量，即

$$d\Phi_1=d\Phi_{2,1}+d\Phi_{2,2} \tag{2.32b}$$

其中

$$d\Phi_1=q_{m1}c_{p1}dt_1 \tag{2.32c}$$

$$d\Phi_{2,1}=q_{m2}c_{p2}dt_{2,1}=\frac{1}{2}KdA_x(t_1-t_{2,1}) \tag{2.32d}$$

$$d\Phi_{2,2}=-q_{m2}c_{p2}dt_{2,2}=\frac{1}{2}KdA_x(t_1-t_{2,2}) \tag{2-32e}$$

将式（2.32c～e）代入式（2.32b）可得

$$q_{m1}c_{p1}dt_1=\frac{1}{2}KdA_x[(t_1-t_{2,1})+(t_1-t_{2,2})]$$

即

$$\frac{2q_{m1}c_{p1}}{K}\frac{dt_1}{dA_x}=2t_1-t_{2,1}-t_{2,2} \tag{2.32f}$$

对式（2.32f）微分一次可得

$$\frac{2q_{m1}c_{p1}}{K}\frac{d^2t_1}{dA_x^2}=2\frac{dt_1}{dA_x}-\frac{dt_{2,1}}{dA_x}-\frac{dt_{2,2}}{dA_x} \tag{2.32g}$$

由式（2.32d、e）可得

$$\frac{dt_{2,1}}{dA_x}=\frac{K}{2q_{m2}c_{p2}}(t_1-t_{2,1})$$

$$\frac{dt_{2,2}}{dA_x}=-\frac{K}{2q_{m2}c_{p2}}(t_1-t_{2,2})$$

将上两式代入式（2.32g）整理得

$$\frac{d^2t_1}{dA_x^2}=\frac{K}{q_{m1}c_{p1}}\frac{dt_1}{dA_x}-\frac{K^2}{4q_{m1}c_{p1}q_{m2}c_{p2}}(t_{2,2}-t_{2,1}) \tag{2.32h}$$

上式中出现了 $(t_{2,2}-t_{2,1})$ 项，为此，考察 A_x—A 传热面上的能量平衡关系，则有

$$q_{m1}c_{p1}(t_1'-t_1)=q_{m2}c_{p2}(t_{2,2}-t_{2,1})$$

由此可得

$$t_{2,2}-t_{2,1}=\frac{q_{m1}c_{p1}}{q_{m2}c_{p2}}(t_1'-t_1)$$

将此式代入式（2.32h）得

$$\frac{d^2t_1}{dA_x^2}=\frac{K}{q_{m1}c_{p1}}\frac{dt_1}{dA_x}-\left(\frac{K}{2q_{m2}c_{p2}}\right)^2(t_1'-t_1) \tag{2.32i}$$

为方便起见，令 $u=t_1'-t_1$，则式（2.32i）变为

$$\frac{d^2u}{dA_x^2}-\frac{K}{q_{m1}c_{p1}}\frac{du}{dA_x}-\left(\frac{K}{2q_{m2}c_{p2}}\right)^2u=0 \tag{2.32j}$$

此式为描述热流体温度沿传热面变化规律的常微分方程，其通解为

$$u = c_1 e^{\lambda_1 A_x} + c_2 e^{\lambda_2 A_x} \tag{2.32k}$$

式（2.32k）中，λ_1 和 λ_2 由下式确定：

$$\lambda_1 = \frac{K}{2q_{m1}c_{p1}}(1+\xi),\quad \lambda_2 = \frac{K}{2q_{m1}c_{p1}}(1-\xi),\quad \xi = \sqrt{1+\left(\frac{q_{m1}c_{p1}}{q_{m2}c_{p2}}\right)^2} \tag{2.32l}$$

式（2.32k）中，c_1 和 c_2 为积分常数，由如下边界条件确定：

$$A_x = 0,\quad u = t_1' - t_1'';\quad A_x = A,\quad u = t_1' - t_1' = 0$$

由此可得积分常数为

$$c_1 = -\frac{(t_1' - t_1'')e^{\lambda_2 A}}{e^{\lambda_1 A} - e^{\lambda_2 A}},\quad c_2 = \frac{(t_1' - t_1'')e^{\lambda_1 A}}{e^{\lambda_1 A} - e^{\lambda_2 A}}$$

代入式（2.32k）可得热流体温度变化规律为

$$\frac{t_1' - t_1}{t_1' - t_1''} = -\frac{e^{\lambda_1 A + \lambda_2 A_x} - e^{\lambda_2 A + \lambda_1 A_x}}{e^{\lambda_1 A} - e^{\lambda_2 A}} \tag{2.32m}$$

为了引入平均传热温差，根据换热器整体热平衡方程有

$$KA\Delta t_{\mathrm{m,z}} = q_{m1}c_{p1}(t_1' - t_1'')$$

由此可得，折流平均传热温差 $\Delta t_{\mathrm{m,z}}$ 可表示为

$$\Delta t_{\mathrm{m,z}} = \frac{q_{m1}c_{p1}}{KA}(t_1' - t_1'')$$

又由式（2.32l）可得，$\lambda_1 - \lambda_2 = \dfrac{K\xi}{q_{m1}c_{p1}}$，因此，上式也可改写为

$$\Delta t_{\mathrm{m,z}} = \frac{\xi}{(\lambda_1 - \lambda_2)A}(t_1' - t_1'') \tag{2.32n}$$

式中，$\xi = \sqrt{1+(q_{m1}c_{p1}/q_{m2}c_{p2})^2}$ 可以用两种流体的进、出口温度表述。因此，为了确定平均传热温差，必须确定 $(\lambda_1 - \lambda_2)A$ 与流体进、出口温度间的关系。

对通解式（2.32k）求导可得

$$\frac{\mathrm{d}u}{\mathrm{d}A_x} = c_1\lambda_1 e^{\lambda_1 A_x} + c_2\lambda_2 e^{\lambda_2 A_x} = -\frac{\mathrm{d}t_1}{\mathrm{d}A_x} \tag{2.32o}$$

联立式（2.32f）和（2.32o）可得

$$\frac{\mathrm{d}t_1}{\mathrm{d}A_x} = -c_1\lambda_1 e^{\lambda_1 A_x} - c_2\lambda_2 e^{\lambda_2 A_x} = \frac{K}{2q_{m1}c_{p1}}(2t_1 - t_{2,1} - t_{2,2})$$

令 $A_x=0$，可得

$$\frac{K}{2q_{m1}c_{p1}}(2t_1'' - t_2' - t_2'') = -c_1\lambda_1 - c_2\lambda_2$$

将 c_1 和 c_2、λ_1 和 λ_2 代入上式整理得

$$t_1'' - t_2' + t_1' - t_2'' = \xi(t_1' - t_1'')\frac{e^{\lambda_1 A} + e^{\lambda_2 A}}{e^{\lambda_1 A} - e^{\lambda_2 A}}$$

上式也可改写为

$$e^{(\lambda_1 - \lambda_2)A} = \frac{t_1'' - t_2' + t_1' - t_2'' + \xi(t_1' - t_1'')}{t_1'' - t_2' + t_1' - t_2'' - \xi(t_1' - t_1'')} = f$$

两边取对数得

$$(\lambda_1 - \lambda_2)A = \ln f$$

将上式代入式（2.32o）可得

$$\Delta t_{\mathrm{m,z}}=\frac{\xi}{\ln f}(t_1'-t_1'')$$

其中，$\xi=\sqrt{1+(q_{m1}c_{p1}/q_{m2}c_{p2})^2}=\sqrt{1+[(t_2''-t_2')/(t_1'-t_1'')]^2}$，代入上式可得用流体进、出口温度表示的折流平均传热温差计算式为

$$\Delta t_{\mathrm{m,z}}=\frac{\sqrt{(t_1'-t_1'')^2+(t_2''-t_2')^2}}{\ln\dfrac{t_1''-t_2'+t_1'-t_2''+\sqrt{(t_1'-t_1'')^2+(t_2''-t_2')^2}}{t_1''-t_2'+t_1'-t_2''-\sqrt{(t_1'-t_1'')^2+(t_2''-t_2')^2}}} \tag{2.33}$$

由此可知，即使对于先逆流、后顺流的<1-2>型简单折流而言，平均传热温差计算式都比较复杂。因此，为简化计算，引入温差修正系数ψ，其定义为任意流型换热器的平均传热温差与逆流平均传热温差之比，即

$$\psi=\frac{\Delta t_{\mathrm{m}}}{\Delta t_{\mathrm{m,N}}} \tag{2.34}$$

温差修正系数反映了各种流型平均传热温差偏离逆流的程度，是一个无因次参数，因此，其必与两个无因次温度参数有关。无因次温度参数常用P和R来表示，其定义形式有多种，最常用的定义为

$$P=\frac{t_2''-t_2'}{t_1'-t_2'},\quad R=\frac{t_1'-t_1''}{t_2''-t_2'} \tag{2.35a}$$

为了导出简单折流温差修正系数计算式，先用无因次温度参数P和R来表述逆流平均传热温差，即

$$\Delta t_{\mathrm{m,N}}=\frac{(t_1'-t_2'')-(t_1''-t_2')}{\ln\dfrac{t_1'-t_2''}{t_1''-t_2'}}=\frac{(t_2''-t_2')[(t_1'-t_1'')/(t_2''-t_2')-1]}{\ln\dfrac{(t_1'-t_2')-(t_2''-t_2')}{(t_1'-t_2')-(t_1'-t_1'')}}=\frac{(t_2''-t_2')[R-1]}{\ln\dfrac{1-P}{1-PR}} \tag{2.36}$$

折流平均传热温差计算式（2.33）中分母可改写为

$$\ln\frac{(t_1'-t_2'')+(t_1''-t_2')+(t_2''-t_2')\sqrt{R^2+1}}{(t_1'-t_2'')+(t_1''-t_2')-(t_2''-t_2')\sqrt{R^2+1^2}}=\ln\frac{\dfrac{t_1'-t_2''}{t_1'-t_2'}+\dfrac{t_1''-t_2'}{t_1'-t_2'}+\dfrac{t_2''-t_2'}{t_1'-t_2'}\sqrt{R^2+1}}{\dfrac{t_1'-t_2''}{t_1'-t_2'}+\dfrac{t_1''-t_2'}{t_1'-t_2'}-\dfrac{t_2''-t_2'}{t_1'-t_2'}\sqrt{R^2+1^2}}$$

将上式代入式（2.33）并利用无因次温度参数P和R的定义可得

$$\Delta t_{\mathrm{m,z}}=\frac{(t_2''-t_2')\sqrt{R^2+1}}{\ln\dfrac{2-P(R+1-\sqrt{R^2+1})}{2-P(R+1+\sqrt{R^2+1})}} \tag{2.37}$$

代入定义式（2.34）得

$$\psi=\frac{\Delta t_{\mathrm{m,z}}}{\Delta t_{\mathrm{m,N}}}=\frac{\sqrt{R^2+1}}{R-1}\,\frac{\ln[(1-P)/(1-PR)]}{\ln\dfrac{2-P(R+1-\sqrt{R^2+1})}{2-P(R+1+\sqrt{R^2+1})}} \tag{2.38}$$

对于先顺流、后逆流的<1-2>型简单折流而言，也可采用类似的方法导出完全相同的平均传热温差和温差修正系数计算式。

显然式（2.38）也过于复杂，因此，工程上为应用方便，常将计算结果绘制成线图。如图 2.8（a）所示，图中也给出了相应的无因次温度参数P和R的定义式。事实上，如果将

无因次温度参数 P 和 R 的定义变为

$$P=\frac{t_1'-t_1''}{t_1'-t_2'},\quad R=\frac{t_2''-t_2'}{t_1'-t_1''} \tag{2.35b}$$

则也可得到完全相同的温差修正系数计算式。根据式（2.35a）和（2.35b）可以看出，无论采用哪种定义方式，用 $1/R$ 代替 R、用 PR 代替 P 所得结果不变。

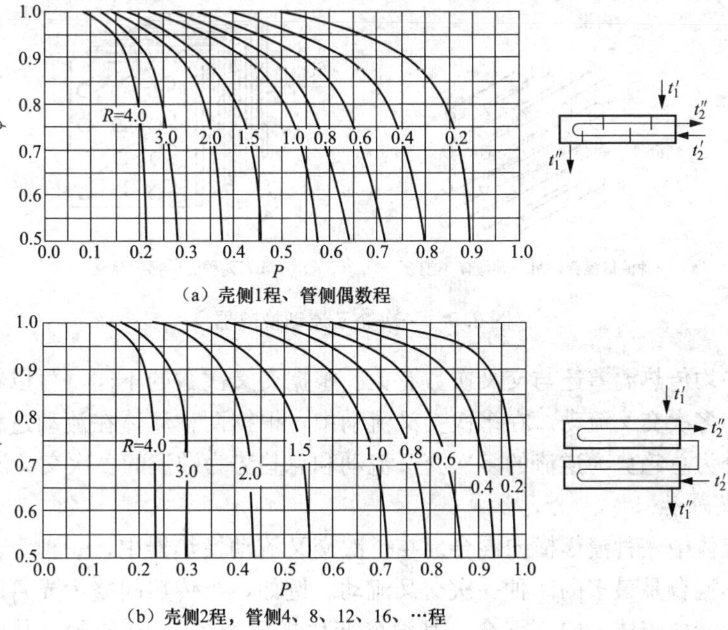

图 2.8　折流换热器温差修正系数

需要特别指出的是，对于管侧为偶数程的折流式换热器，如<1-4>型、<1-6>型、…，也可采用式（2.38）近似计算，所带来的温差修正系数的误差很小。

如果壳侧为 2 程、管侧为 4 程，也可导得温差修正系数 ψ 的计算式，即

$$\psi=\frac{\sqrt{R^2+1}}{2(R-1)}\frac{\ln[(1-P)/(1-PR)]}{\ln\dfrac{2[1+\sqrt{(1-P)(1-PR)}]-P(R+1-\sqrt{R^2+1})}{2[1+\sqrt{(1-P)(1-PR)}]-P(R+1+\sqrt{R^2+1})}} \tag{2.39}$$

此时的温差修正系数线算图如图 2.8（b）所示，同样，当管侧为 8、12、16 等程时，温差修正系数 ψ 的差异非常小，也可用式（2.39）计算，或查图 2.8（b）确定。

2.3.3　交叉流动

交叉流动是指两种流体的流动方向相互垂直的流动形式。在交叉流动中，影响平均传热温差大小的因素更多，除了冷、热流体的进出口温度外，还包括在交叉过程中流体在流动横向方向上的混合状况和交叉次数等。

流体混合状况是指流体在流动横向方向上是否存在自身混合以及混合是否充分，如果流体在横向是充分混合的，则意味着在流动横向方向上流体温度是均匀一致的。图 2.9 所示为一次交叉流动中两个具有不同混合状况的例子。在图 2.9（a）中，管内流体被管壁限定在管内流动，在流动的横向不可能发生混合，因此，属于不混合流动；管外的气流可以在流动的横向方向上自由地运动，发生自身混合过程，因此，称为混合流动。如果在管外加装整体翅

片，如图 2.9（b）所示，则管外流过的气体被限制在翅片之间形成的各自独立的通道内，在流动的横向方向上不能自由运动，因此，也不可能发生自身横向混合过程，此时管外气体流动也为非混合流动。在交叉流动换热器中，两种流体流动虽然简单，但对于不横向混合的流体而言，其温度在流动方向和垂直于流动的横向上都是变化的，从而使得平均传热温差的计算变得更加复杂。

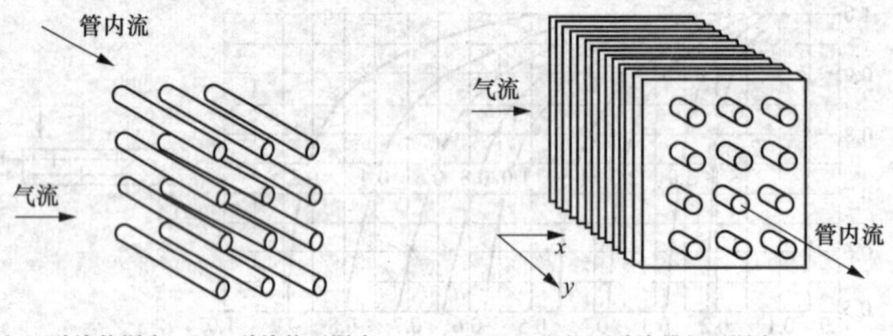

（a）一种流体混合，另一种流体不混合　　（b）两种流体都不混合

图 2.9　一次交叉流动换热器

交叉流动平均传热温差还与交叉次数有关。根据交叉次数的不同，可以将交叉流动分为一次交叉流动和多次交叉流动。在多次交叉流动中，根据两种流体在流动过程中的总的流动趋势不同，又分为总趋势为逆流的多次交叉流动和总趋势为顺流的多次交叉流动。

1. *一次交叉流动*

（1）两种流体中一种流体横向混合。在一次交叉流动换热器中，一种流体横向混合，另一种流体横向不混合是最多的一种一次交叉流动。例如，当传热间壁为光管时，管外流体是横向混合的，而管内流体横向不混合，其温度变化规律如图 2.10 所示。其中，热流体在流动横向充分混合，其温度变化只与流动方向有关；而冷流体横向不混合，其温度分布不仅与流动方向有关，还与流动的横向有关，即在热流体进口侧，由于热流体温度较高，传热温差大，冷流体吸收的热量多，因此，温升较大；而在热流体出口侧，由于热流体已放出热量，温度降低，与冷流体间传热温差减小，因此，冷流体吸收热量较少，温升较小。由此可知

$$t_1 = f_1(x), \quad t_2 = f_2(x,y)$$

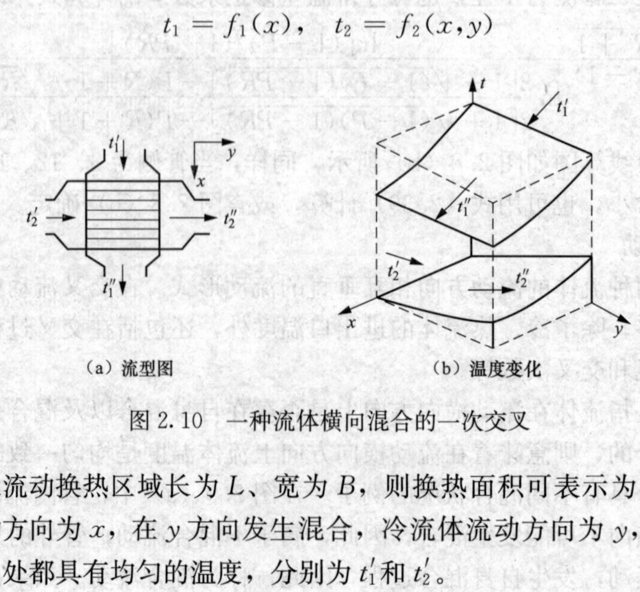

（a）流型图　　（b）温度变化

图 2.10　一种流体横向混合的一次交叉

假定一次交叉流动换热区域长为 L、宽为 B，则换热面积可表示为 $A=LB$，如图 2.11 所示。热流体流动方向为 x，在 y 方向发生混合，冷流体流动方向为 y，横向不混合，且两种流体在各自进口处都具有均匀的温度，分别为 t_1' 和 t_2'。

在换热区域，取任意微元面积 $dA=dxdy$，则经过该微元面积上的传热方程为

$$d\Phi = K(t_1 - t_2)dxdy \tag{2.40a}$$

冷流体流过该微元面积吸收的热量为

$$d\Phi = q_{m2}c_{p2}(dx/L)dt_2 \tag{2.40b}$$

联立上两式可得

$$\frac{q_{m2}c_{p2}}{L}dt_2 = K(t_1 - t_2)dy \tag{2.40c}$$

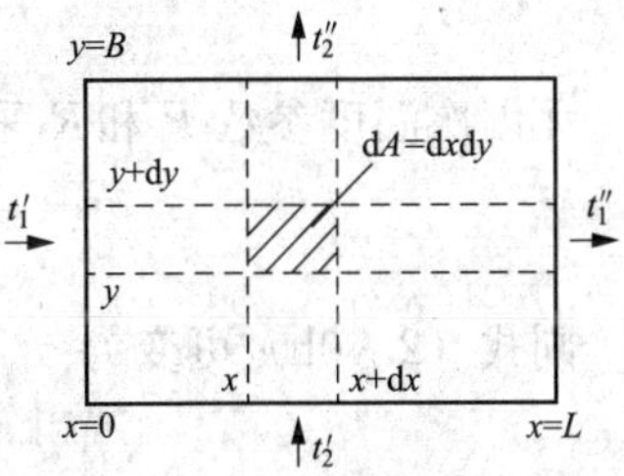

图 2.11　一种流体横向混合的一次交叉流动换热

因为热流体温度 t_1 与流动横向 y 无关，故式（2.40c）可改写为

$$\frac{d(t_1 - t_2)}{t_1 - t_2} = \frac{-KL}{q_{m2}c_{p2}}dy \tag{2.40d}$$

将式（2.40d）在 $y=0$ 至 $y=B$、$t_2=t_2'$ 至 $t_2=t_2(x, B)$ 区间积分得

$$\frac{t_1 - t_2(x,B)}{t_1 - t_2'} = \exp\left(-\frac{KLB}{q_{m2}c_{p2}}\right)$$

或者写为

$$t_2(x,B) = t_1 - (t_1 - t_2')\exp\left(-\frac{KLB}{q_{m2}c_{p2}}\right) \tag{2.40e}$$

式（2.40e）给出了冷流体出口温度 $t_2(x, B)$ 与 x 处热流体温度 t_1 之间的关系。

考察长为 B、宽为 dx 的窄条上的能量平衡关系

$$\Delta\Phi = -q_{m1}c_{p1}dt_1 = q_{m2}c_{p2}(dx/L)[t_2(x,B) - t_2']$$

将式（2.40e）代入并整理后可得

$$\frac{d(t_1 - t_2')}{t_1 - t_2'} = \frac{q_{m2}c_{p2}}{q_{m1}c_{p1}}\left[\exp\left(-\frac{KLB}{q_{m2}c_{p2}}\right) - 1\right]\frac{dx}{L} \tag{2.40f}$$

将式（2.40f）在 $x=0$ 至 $x=L$、$t_1=t_1'$ 至 $t_1=t_1''$ 进行积分得

$$\ln\frac{t_1'' - t_2'}{t_1' - t_2'} = \frac{q_{m2}c_{p2}}{q_{m1}c_{p1}}\left[\exp\left(-\frac{KLB}{q_{m2}c_{p2}}\right) - 1\right] \tag{2.40g}$$

又换热器整体能量平衡关系可表述为

$$\Phi = KLB\Delta t_{m,j} = q_{m2}c_{p2}(t_2'' - t_2') = q_{m1}c_{p1}(t_1' - t_1'')$$

由此可得

$$\frac{q_{m2}c_{p2}}{q_{m1}c_{p1}} = \frac{t_1' - t_1''}{t_2'' - t_2'},\quad \frac{KLB}{q_{m2}c_{p2}} = \frac{t_2'' - t_2'}{\Delta t_{m,j}}$$

将上述两式代入式（2.40g）整理可得平均传热温差计算式为

$$\Delta t_{m,j} = -\frac{t_2'' - t_2'}{\ln\left[1 + \left(\frac{t_2'' - t_2'}{t_1' - t_1''}\right)\ln\left(\frac{t_1'' - t_2'}{t_1' - t_2'}\right)\right]} \tag{2.40h}$$

需要说明的是，式（2.40h）中的冷流体出口温度 t_2'' 指在出口处的温度分布沿 x 方向的平均值，即

$$t_2'' = \frac{1}{L}\int_0^L t_2(x,B)dx$$

同样，一次交叉流动平均传热温差也可以按逆流平均传热温差乘以温差修正系数 ψ 来计算，即

$$\Delta t_{\mathrm{m,j}} = \Psi \, \Delta t_{\mathrm{m,N}}$$

无因次温度参数 P 和 R 采用式（2.35a）的形式定义，则有

$$\frac{t_2''-t_2'}{t_1'-t_1''}=\frac{1}{R}, \quad \frac{t_1''-t_2'}{t_1'-t_2'}=1-PR$$

则式（2.40h）可变为

$$\Delta t_{\mathrm{m,j}} = -\frac{t_2''-t_2'}{\ln\left[1+\frac{1}{R}\ln(1-PR)\right]}$$

由此可得温差修正系数为

$$\Psi=\frac{\Delta t_{\mathrm{m,j}}}{\Delta t_{\mathrm{m,N}}}=\frac{\ln\frac{1-P}{1-PR}}{(1-R)\ln\left[1+\frac{1}{R}\ln(1-PR)\right]} \tag{2.41}$$

如果是冷流体发生横向混合而热流体横向不混合，仍可利用式（2.41）进行计算，但无因次温度参数 P 和 R 应采用式（2.35b）的形式定义。基于此式计算得到的温差修正系数线图如图 2.12 所示。

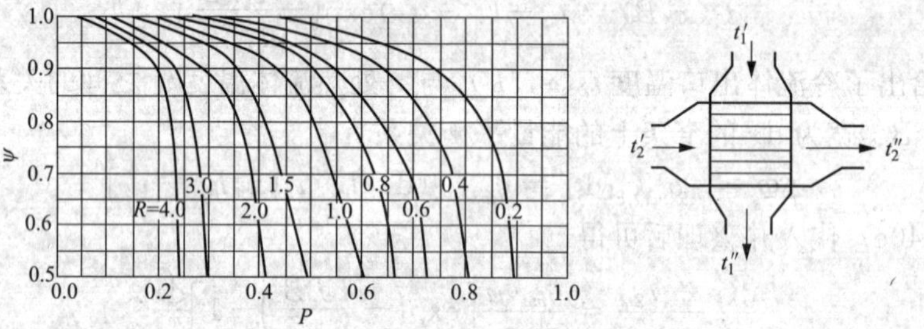

图 2.12　只有一种流体横向混合一次交叉流动温差修正系数

综合以上两种情况，对于只有一种流体横向混合的一次交叉流动，可将无因次温度参数 P 和 R 的定义归纳为

$$P=\frac{\text{无横向混合流体温度变化}}{\text{两流体进口温度差值}}, \quad R=\frac{\text{有横向混合流体温度变化}}{\text{无横向混合流体温度变化}}$$

（2）两种流体都横向混合。两种流体都发生横向混合的一次交叉流动流型的温度变化规律如图 2.13 所示，此时，冷热流体的温度都只与流动方向有关，即

$$t_1 = f_1(x), \quad t_2 = f_2(y)$$

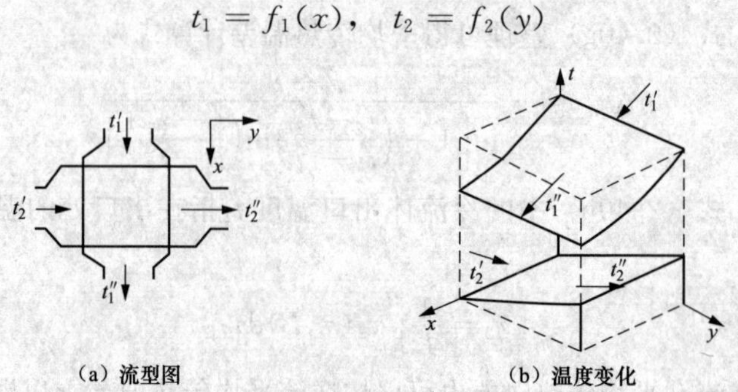

图 2.13　两种流体都横向混合的一次交叉

假定两种流体在各自进口处都具有均匀的温度，分别为 t_1' 和 t_2'，则在换热过程中的平均温度分别为

$$t_{1\mathrm{m}} = \frac{1}{L}\int_0^L t_1(x)\mathrm{d}x \tag{2.42a}$$

$$t_{2\mathrm{m}} = \frac{1}{B}\int_0^B t_2(y)\mathrm{d}y \tag{2.42b}$$

取任意微元面积 $\mathrm{d}A=\mathrm{d}x\mathrm{d}y$，如图 2.14 所示，则经过该微元面积上的传热方程为

$$\mathrm{d}\Phi = K(t_1 - t_2)\mathrm{d}x\mathrm{d}y \tag{2.42c}$$

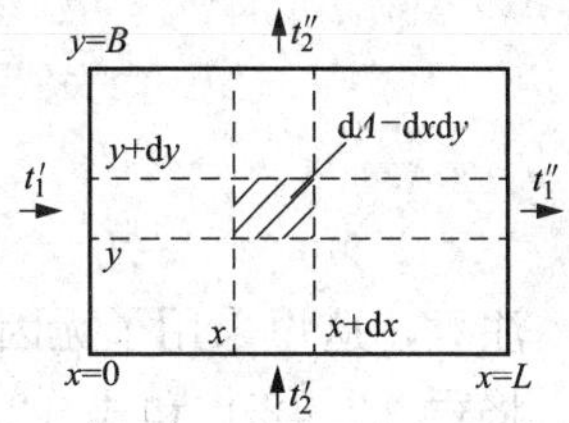

图 2.14　两种流体都横向混合的一次交叉流动换热

冷流体在 $L\cdot\mathrm{d}y$ 窄条上的吸热量应等于其传热量，即

$$q_{m2}c_{p2}\mathrm{d}t_2 = K\mathrm{d}y\int_0^L (t_1 - t_2)\mathrm{d}x$$

因为 t_2 与 x 无关，所以上式可变为

$$q_{m2}c_{p2}\mathrm{d}t_2 = K\mathrm{d}y\left(\int_0^L t_1\mathrm{d}x - Lt_2\right)$$

将式（2.42a）代入上式整理得

$$\frac{\mathrm{d}t_2}{t_{1\mathrm{m}} - t_2} = \frac{KL}{q_{m2}c_{p2}}\mathrm{d}y$$

或者写为

$$\frac{\mathrm{d}(t_{1\mathrm{m}} - t_2)}{t_{1\mathrm{m}} - t_2} = -\frac{KL}{q_{m2}c_{p2}}\mathrm{d}y \tag{2.42d}$$

将此式在 $y=0$ 至 $y=y$、$t_2=t_2'$ 至 $t_2=t_2$ 积分得

$$\ln\frac{t_{1\mathrm{m}} - t_2}{t_{1\mathrm{m}} - t_2'} = -\frac{KL}{q_{m2}c_{p2}}y$$

由此可得

$$t_{1\mathrm{m}} - t_2 = (t_{1\mathrm{m}} - t_2')\exp\left(-\frac{KL}{q_{m2}c_{p2}}y\right) \tag{2.42e}$$

在 $y=0$ 至 $y=B$ 区间积分上式

$$\int_0^B (t_{1\mathrm{m}} - t_2)\mathrm{d}y = (t_{1\mathrm{m}} - t_2')\int_0^B \exp\left(-\frac{KL}{q_{m2}c_{p2}}y\right)\mathrm{d}y$$

由此可得

$$Bt_{1\mathrm{m}} - \int_0^B t_2(y)\mathrm{d}y = -\frac{q_{m2}c_{p2}}{KL}(t_{1\mathrm{m}} - t_2')\left[\exp\left(-\frac{KLB}{q_{m2}c_{p2}}\right) - 1\right] \tag{2.42f}$$

将式（2.42b）代入整理可得

$$t_{1\mathrm{m}} - t_{2\mathrm{m}} = -\frac{q_{m2}c_{p2}}{KLB}(t_{1\mathrm{m}} - t_2')\left[\exp\left(-\frac{KLB}{q_{m2}c_{p2}}\right) - 1\right] \tag{2.42g}$$

采用类似方法，考察热流体在 $B\cdot\mathrm{d}x$ 窄条上的能量平衡关系可得

$$t_{1\mathrm{m}} - t_{2\mathrm{m}} = -\frac{q_{m1}c_{p1}}{KLB}(t_1' - t_{2\mathrm{m}})\left[\exp\left(-\frac{KLB}{q_{m1}c_{p1}}\right) - 1\right] \tag{2.42h}$$

按照平均传热温差的定义，$\Delta t_{\mathrm{m,j}}=t_{1\mathrm{m}}-t_{2\mathrm{m}}$，代入式（2.42g）和式（2.42h），整理后可得

$$t_{1\mathrm{m}} - t_2' = \left(\frac{KLB}{q_{m2}c_{p2}}\right)\Delta t_{\mathrm{m,j}}\Big/\left[1 - \exp\left(-\frac{KLB}{q_{m2}c_{p2}}\right)\right] \tag{2.42i}$$

$$t_1' - t_{2m} = \left(\frac{KLB}{q_{m1}c_{p1}}\right)\Delta t_{m,j} \Big/ \left[1 - \exp\left(-\frac{KLB}{q_{m1}c_{p1}}\right)\right] \tag{2.42j}$$

上两式中，包含有非温度参数 $KLB/q_{m2}c_{p2}$ 和 $KLB/q_{m1}c_{p1}$，其可以转化为与流体进出口温度及平均传热温差的关系。根据换热器整体能量平衡关系有

$$KLB\Delta t_{m,j} = q_{m1}c_{p1}(t_1' - t_1'') = q_{m2}c_{p2}(t_2'' - t_2') \tag{2.42k}$$

由此可得

$$\frac{KLB}{q_{m1}c_{p1}} = \frac{t_1' - t_1''}{\Delta t_{m,j}} = \alpha \tag{2.42l}$$

$$\frac{KLB}{q_{m2}c_{p2}} = \frac{t_2'' - t_2'}{\Delta t_{m,j}} = \beta = \alpha/R \tag{2.42m}$$

注意，这里采用了无因次温度参数 P 和 R 定义式（2.35a）。

将式（2.42i）和式（2.42j）相减并整理得

$$\Delta t_{m,j} = \frac{t_1' - t_2'}{\dfrac{\alpha}{1-\exp(-\alpha)} + \dfrac{\beta}{1-\exp(-\beta)} - 1} \tag{2.42n}$$

此式即为两种流体都横向混合时平均传热温差计算式。其中，包含的参数 α 和 β 由式（2.42l）和式（2.42m）确定，因此，式（2.42n）是一个关于平均传热温差的隐函数关系式。

如果根据传热温差修正系数 ψ 来计算，则有

$$\Delta t_{m,j} = \psi\Delta t_{m,N} = \psi\frac{(R-1)(t_2'' - t_2')}{\ln\dfrac{1-P}{1-PR}}$$

利用式（2.42m），上式也可改写为

$$\psi = \frac{\ln\dfrac{1-P}{1-PR}}{\beta(R-1)} \tag{2.43}$$

此式即为两种流体都横向混合时温差修正系数计算式，其中包含有待定参数 β，可按下述方法确定。

将式（2.42n）两边同时除以（$t_2'' - t_2'$），并利用定义式（2.35a）有

$$P = \frac{\beta}{\dfrac{\alpha}{1-\exp(-\alpha)} + \dfrac{\beta}{1-\exp(-\beta)} - 1} \tag{2.42o}$$

这样，给定了无因次温度参数 P 和 R，就可联立式（2.42m）和式（2.42o）计算出 β 值。两种流体都横向混合时温差修正系数线图如图 2.15 所示。

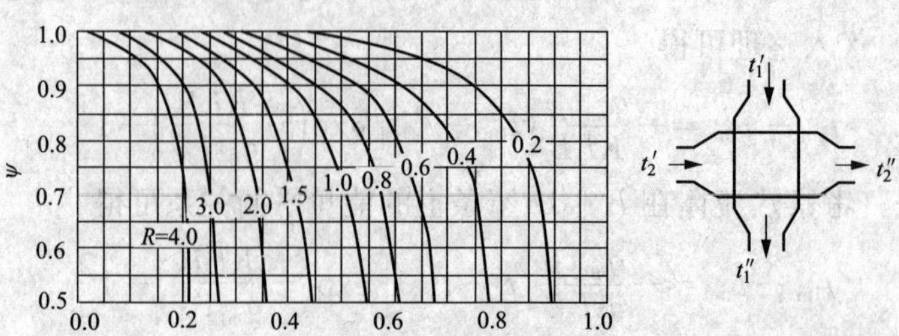

图 2.15 两种流体都横向混合一次交叉流动温差修正系数

（3）两种流体都横向不混合。当两种流体都横向不混合时，冷热流体的温度都不仅与流

动方向有关，在各自流动横向上的温度分布也是不均匀的（见图 2.16），即

$$t_1 = f_1(x,y),\quad t_2 = f_2(x,y)$$

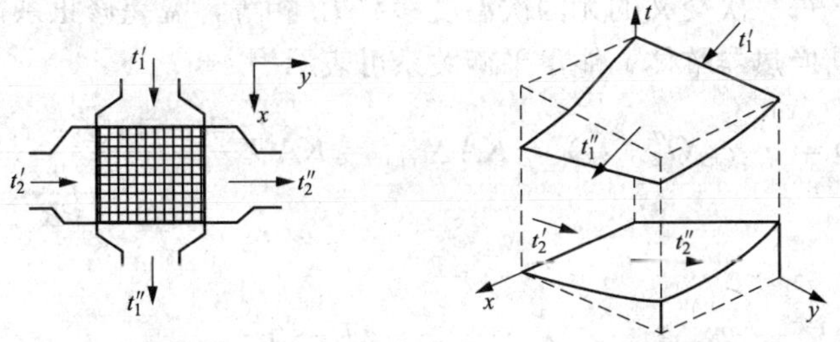

（a）流型图　　（b）温度变化

图 2.16　两种流体都横向不混合的一次交叉

假定两种流体在各自进口处都具有均匀温度分布，则对热流体而言，在沿流动方向与冷流体换热时，在冷流体进口侧，由于冷流体温度较低，两者传热温差大，热流体放出的热量较多，因此，温度下降速度较快；相反，在冷流体出口侧，冷流体温度较高，两者间传热温差较小，热流体放出的热量较少，温度下降速度较慢。这样一来，热流体在出口处的温度分布就沿冷流体流动方向逐渐升高。对冷流体而言，在沿流动方向与热流体换热时，在热流体进口侧，由于热流体温度较高，两者传热温差大，冷流体吸收的热量较多，因此，温度升高速度较快；相反，在热流体出口侧，热流体温度较低，两者间传热温差较小，冷流体吸收的热量较少，温度升高速度较慢。所以，冷流体在出口处的温度分布就沿热流体流动方向逐渐降低。

由于两种流体都横向不混合时，冷热流体的温度不仅与流动方向有关，还与流动横向有关，因此，平均传热温差的计算比较复杂。图 2.17 所示为两种流体都横向不混合时一次交叉流动温差修正系数 ψ 线图。

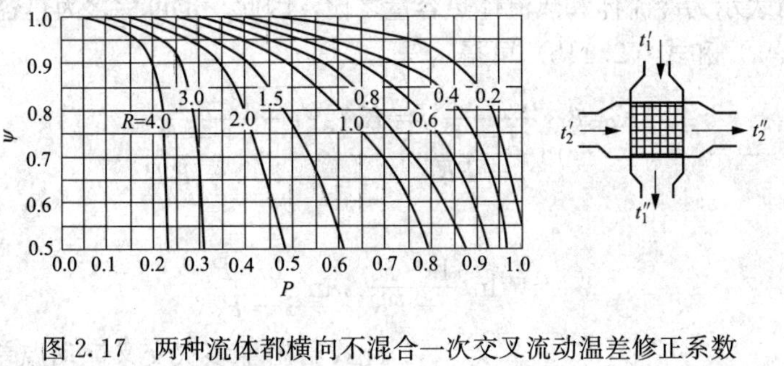

图 2.17　两种流体都横向不混合一次交叉流动温差修正系数

2. 多次交叉流动

多次交叉流动是工程上一种常见的流型，如锅炉的过热器、再热器等都属于多次交叉流动。在多次交叉流动过程中，一种流体为单程，另一种流体以串联的方式与前一种流体多次交叉的流型称为简单多次交叉。在简单多次交叉流动中，根据两种流体总的流动趋势的不同又可分为总趋势为逆流的多次交叉和总趋势为顺流的多次交叉，如图 2.18 所示。

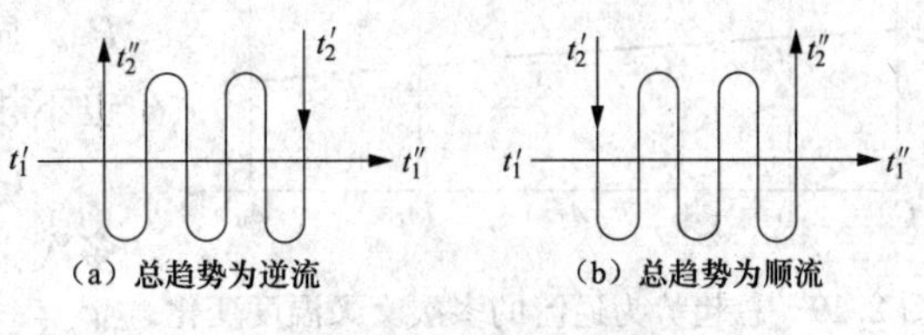

（a）总趋势为逆流　　（b）总趋势为顺流

图 2.18　简单多次交叉流型

为了简化计算，假定每一次交叉的换热面积 A_i 相等，若交叉次数为 n，则 $A=nA_i$；在每一次交叉换热中的传热系数也相同，即 $K_i=K$；在每一次交叉的进口处，两种流体温度分布均匀。这样一来，每一次交叉的无因次温度参数 P_i 相等，温差修正系数 ψ_i 相同。

对多次交叉流动换热器整体，能量平衡关系可表示为

$$\Phi = q_{m2}c_{p2}(t_2''-t_2') = KA\Delta t_{\mathrm{m,j}} = KA\psi\frac{(R-1)(t_2''-t_2')}{\ln\dfrac{1-P}{1-PR}}$$

由此可得

$$q_{m2}c_{p2} = KA\psi\frac{R-1}{\ln\dfrac{1-P}{1-PR}} \tag{2.44a}$$

对多次交叉流动中的每一次交叉换热，能量平衡关系式为

$$\Phi_i = q_{m2}c_{p2}(t_{2,i}''-t_{2,i}') = KA_i\psi_i\frac{(R-1)(t_{2,i}''-t_{2,i}')}{\ln\dfrac{1-P_i}{1-P_iR}}$$

整理后可得

$$q_{m2}c_{p2} = KA_i\psi_i\frac{R-1}{\ln\dfrac{1-P_i}{1-P_iR}} \tag{2.44b}$$

式中：ψ_i 为第 i 次交叉温差修正系数，或称分温差修正系数；P_i 为第 i 次交叉无因次温度参数。P_i 的定义为

$$P_i = (t_{2,i}''-t_{2,i}')/(t_{1,i}'-t_{2,i}')$$

需要特别说明的是，按照无因次温度参数 R 的定义 $R=(t_1'-t_1'')/(t_2''-t_2')=q_{m2}c_{p2}/q_{m1}c_{p1}$，由于冷、热流体质量流量在每一次交叉流动过程中并没有变化，因此，在多次交叉流动中 R 为常数。同时，R 也可表示为冷流体和热流体热容量之比，因此，也可称之为热容量比。

联立式（2.44a）和式（2.44b）可得

$$KA\psi\frac{R-1}{\ln\dfrac{1-P}{1-PR}} = KA_i\psi_i\frac{R-1}{\ln\dfrac{1-P_i}{1-P_iR}}$$

整理可得

$$\psi = \psi_i\ln\frac{1-P}{1-PR}/n\ln\frac{1-P_i}{1-P_iR} \tag{2.44c}$$

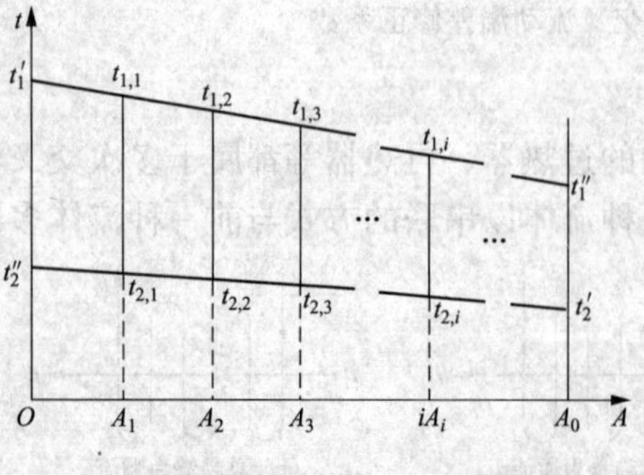

图 2.19　总趋势为逆流的多次交叉温度变化

此式给出了多次交叉流动温差修正系数 ψ 与每一次交叉流动温差修正系数 ψ_i 间的关系，但是，要想根据前面结果计算每一次交叉流动的温差修正系数 ψ_i，必须先确定每一次交叉无因次温度参数 P_i。显然，不同的总的流动趋势，P_i 的计算方法也不相同。

（1）总趋势为逆流。对于总趋势为逆流的简单多次交叉流动，两种流体的温度变化规律如图 2.19 所示。由图可见，前一次交叉的出口端差即为下一

次交叉的进口端差，因此，每一次交叉的进口端差和出口端差之比存在下述关系：

$$\frac{t_1'-t_2''}{t_{1,1}-t_{1,2}}\cdot\frac{t_{1,1}-t_{2,1}}{t_{1,2}-t_{2,2}}\cdot\frac{t_{1,2}-t_{2,2}}{t_{1,3}-t_{2,3}}\cdots\frac{t_{1,i-1}-t_{2,i-1}}{t_{1,i}-t_{2,i}}\cdots\frac{t_{1,n-1}-t_{2,n-1}}{t_1''-t_2'}=\frac{t_1'-t_2''}{t_1''-t_2'}$$

按定义

$$P=\frac{t_2''-t_2'}{t_1'-t_2'},\quad R=\frac{t_1'-t_1''}{t_2''-t_2'}$$

则对逆流有

$$\frac{\text{进口端差}}{\text{出口端差}}=\frac{t_1'-t_2''}{t_1''-t_2'}=\frac{1-P}{1-PR}\tag{2.44d}$$

代入式（2.44c）可得

$$\frac{1-P_1}{1-P_1R}\cdot\frac{1-P_2}{1-P_2R}\cdot\frac{1-P_3}{1-P_3R}\cdots\frac{1-P_i}{1-P_iR}\cdots\frac{1-P_n}{1-P_nR}=\frac{1-P}{1-PR}$$

也可写为

$$\left(\frac{1-P_i}{1-P_iR}\right)^n=\frac{1-P}{1-PR}\tag{2.44e}$$

由此可得

$$P_i=\frac{\left[\left(\frac{1-P}{1-PR}\right)^{1/n}-1\right]}{\left[R\left(\frac{1-P}{1-PR}\right)^{1/n}-1\right]}\tag{2.45}$$

将式（2.44e）代入式（2.44c）可得

$$\Psi=\Psi_i\tag{2.46}$$

上式表明，总趋势为逆流的多次交叉流动温差修正系数与每一次交叉流动的温差修正系数相等。因此，为了确定多次交叉流动温差修正系数，必须先根据式（2.45）计算出每一次交叉流动的无因次温度参数 P_i，然后根据混合状况按照一次交叉流动的方法计算即可。

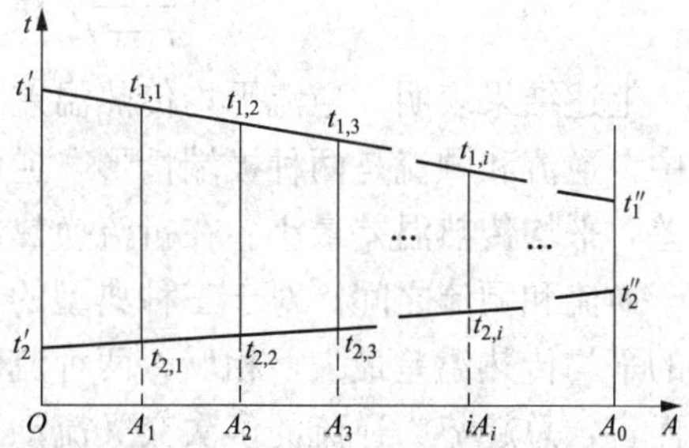

图 2.20　总趋势为顺流的多次交叉温度变化

（2）总趋势为顺流。总趋势为顺流的简单多次交叉流动温度变化规律如图 2.20 所示。同样，前一次交叉出口端差即为下一次交叉进口端差，因此，每一次交叉的出口端差和进口端差之比存在下述关系：

$$\frac{t_{1,1}-t_{2,1}}{t_1'-t_2'}\cdot\frac{t_{1,2}-t_{2,2}}{t_{1,1}-t_{2,1}}\cdot\frac{t_{1,3}-t_{2,3}}{t_{1,2}-t_{2,2}}\cdots\frac{t_{1,i}-t_{2,i}}{t_{1,i-1}-t_{2,i-1}}\cdots\frac{t_1''-t_2''}{t_{1,n-1}-t_{2,n-1}}=\frac{t_1''-t_2''}{t_1'-t_2'}$$

根据 P 和 R 的定义，对顺流有

$$\frac{\text{出口端差}}{\text{进口端差}}=\frac{t_1''-t_2''}{t_1'-t_2'}=1-P(R+1)$$

则端差关系可变为

$$[1-P_i(1+R)]^n=1-P(1+R)$$

由此可解得

$$P_i=\frac{1-[1-P(1+R)]^{1/n}}{1+R}\tag{2.47}$$

式（2.47）即为总趋势为顺流的多次交叉流动中每一次交叉流动的无因次温度参数 P_i 的计算式。因此，只要知道了多次交叉流动的进、出口温度，即可按定义计算出 P 和 R，再按式（2.47）计算每一次交叉流动的 P_i 值，然后，根据混合状况，利用一次交叉流动的公式计算出每一次交叉流动的温差修正系数 ψ_i，最后，按式（2.44c）计算出总温差修正系数 ψ。

必须注意，以上所有结果都要求每一次交叉的换热面积相等、传热系数相同。如果每一次交叉流动换热面积不等，但相差不大于 20%，且温差修正系数不低于 90%，则上述各式仍然可用。

随着交叉次数的增加，总趋势为逆流的多次交叉流动平均传热温差接近于纯逆流平均传热温差，总趋势为顺流的多次交叉流动平均传热温差接近于纯顺流平均传热温差。当交叉次数 $n \geqslant 4$ 次时，可直接按纯逆流或纯顺流处理。

2.3.4 各种流型平均传热温差的比较

为了比较各种流型平均传热温差的大小，先看一个简单的例子。

［例 2.1］ 假定某工艺生产过程中有温度为 $t_1'=300℃$ 的余热源，现利用该热源使温度为 $t_2'=25℃$ 的空气加热至 $t_2''=180℃$，热源排出温度为 $t_1''=200℃$，试计算分别按逆流和顺流布置时的平均传热温差。

解： 根据对数平均传热温差计算公式

$$\text{逆流时}\quad \Delta t_{m,N}=\frac{(t_1'-t_2'')-(t_1''-t_2')}{\ln\dfrac{t_1'-t_2''}{t_1''-t_2'}}=\frac{(300-180)-(200-25)}{\ln\dfrac{300-180}{200-25}}=145.8(℃)$$

$$\text{顺流时}\quad \Delta t_{m,N}=\frac{(t_1'-t_2')-(t_1''-t_2'')}{\ln\dfrac{t_1'-t_2'}{t_1''-t_2''}}=\frac{(300-25)-(200-180)}{\ln\dfrac{300-25}{200-180}}=97.3(℃)$$

上述结果表明，逆流平均传热温差远远大于顺流平均传热温差。事实上，在所有换热流型中，逆流和顺流是两种极端情形，逆流传热性能最好，平均传热温差最大，顺流传热性能最差，平均传热温差最小。在折流换热器中，既有逆流，也有顺流，因此，其平均传热温差介于逆流和顺流之间。对于三种典型的一次交叉流动而言，相同条件下两种流体都横向不混合的平均传热温差最大，相反，两种流体都横向混合的平均传热温差最小。对于多次交叉流动而言，总趋势为逆流的多次交叉流动平均传热温差接近于逆流，总趋势为顺流的多次交叉流动平均传热温差接近于顺流。

如果在换热过程中，一种流体的温度不变，例如纯工质的沸腾与凝结换热，或者一种流体的温度变化相对于另一种流体非常小，则所有流型的平均传热温差相同，流型对平均传热温差的影响消失。

从出口温度来看，逆流式换热器冷流体出口温度可能高于热流体出口温度，但顺流式换热器冷流体出口温度永远低于热流体出口温度。另外，逆流式换热器中冷、热流体最高温度位于换热器的同一端，该处传热壁面温度高，工作条件恶劣；顺流式换热器中冷、热流体在换热器同一端进入，传热面冷却较好。在所有流型中，交叉流动换热面热应力最小。

在换热器设计中，从提高传热性能的角度看，应尽可能采用逆流或接近于逆流的交叉流，但若热流体温度较高，因为采用逆流而对换热面材质提出更高要求时，就必须进行综合技术经济分析，选择最佳的方案。例如，对于大型锅炉的过热器，在低温段采用传热性能较好的逆流，在高温段则采用冷却效果较好的顺流，以降低壁面温度。

2.4 加权平均温差

上述平均传热温差计算式的限制条件很多，例如，流体质量流量不变、比定压热容不变、传热系数不变等，而且，不能既有单相对流传热，又有相变传热。实际中的换热过程很多都很难同时满足上述限制条件，因此，必须采用其他方法计算平均传热温差。

2.4.1 变流体热容量

当流体的热容量为常数时，流体温度的变化与吸（放）热量间存在如下关系：

$$d\Phi = q_m c_p dt$$

或者写为

$$\Phi = q_m c_p (t' - t'')$$

如果以温度为纵坐标，换热量为横坐标，则由上式描述的热温线为直线，如图 2.21（a）所示。但是，当流体的比热容随温度发生变化时，或者是过热蒸汽凝结、多组分蒸汽凝结、含不凝结气体的凝结等，温度与传热量之间就不再是线性关系，热温线也不是直线，而是曲线或者折线，如图 2.21（b）所示。

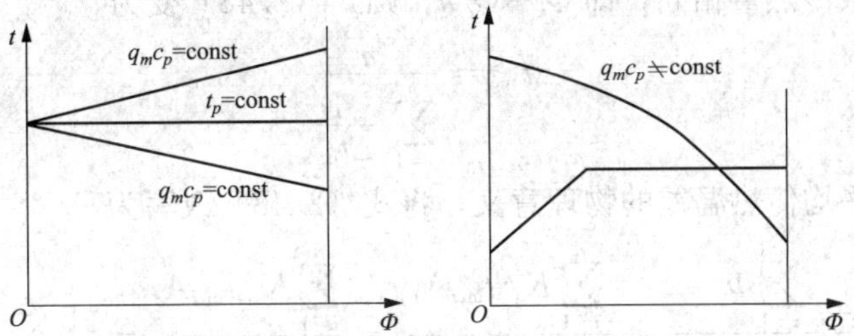

（a）热容量为常数　　（b）变热容量

图 2.21　热温线图

当流体的比定压热容变化不大时，取某一定性温度下的比热容作为平均比热容计算可以满足工程上的要求。但是，如果在流体温度变化范围内，比热容随温度变化很大，则不能用对数平均温差计算，此时，可采用加权平均温差来计算。

计算加权平均传热温差的基本思想是，将换热过程中的整个温度变化分成若干个小的区域，如图 2.22（a）所示。在每一个小的区域内，可将流体的比定压热容看成常数，因此，每一小区域内的传热温差就可采用对数平均传热温差公式计算。所有小区域内的传热就构成了一个并联热路，如图 2.22（b）所示。当计算出每一个小区域内的传热量和平均传热温差后，就可以计算出其热阻，然后按并联热路计算方法确定出整个传热过程总热阻，最终计算出总的传热温差，即加权平均温差。

加权平均传热温差的具体计算步骤如下：

（1）在热温图上作出两种流体在吸热和放热过程中的热温线；

（2）根据热温线的变化规律，将整个换热过程分成 n 个小的区域，在每一个小区域内，热温线可近似为直线；

（3）计算每一个小区域内的传热量 Φ_i 和平均传热温差 $\Delta t_{m,i}$，从而确定出每一个小区域内的传热热阻 $\Delta t_{m,i}/\Phi_i$；

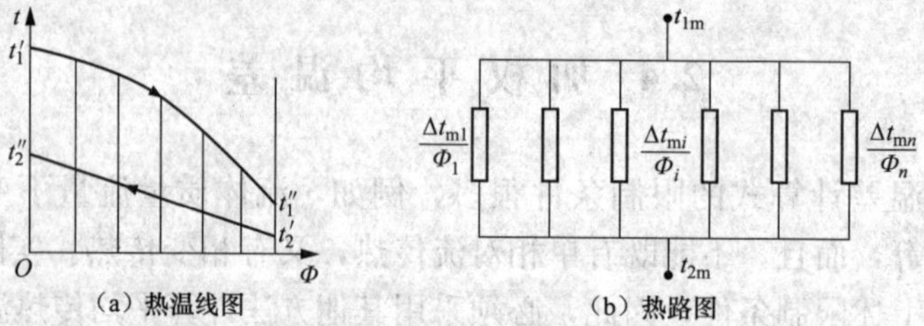

图 2.22 加权平均传热温差的计算

(4) 计算整个传热过程总热阻 R_t

$$\frac{1}{R_t}=\sum_{i=1}^{n}\frac{\Phi_i}{\Delta t_{m,i}}$$

(5) 根据温压-热阻关系，即可得加权平均传热温差为

$$\overline{\Delta t}_m=\Phi\cdot R_t=\frac{\sum\limits_{i=1}^{n}\Phi_i}{\sum\limits_{i=1}^{n}\frac{\Phi_i}{\Delta t_{m,i}}} \tag{2.48}$$

若每一个小区域传热量相同，即 $\Phi_i=\Phi/n$，则式 (2.48) 变为

$$\overline{\Delta t}_m=\frac{n}{\sum\limits_{i=1}^{n}\frac{1}{\Delta t_{m,i}}} \tag{2.48a}$$

为了理解加权平均传热温差的物理意义，将式 (2.48) 改写为

$$\overline{\Delta t}_m=\frac{\sum\limits_{i=1}^{n}\Phi_i}{\sum\limits_{i=1}^{n}\Phi_i/\Delta t_{m,i}}=\frac{\sum\limits_{i=1}^{n}K\Delta t_{m,i}A_i}{\sum\limits_{i=1}^{n}\frac{K\Delta t_{m,i}A_i}{\Delta t_{m,i}}}=\frac{\sum\limits_{i=1}^{n}K\Delta t_{m,i}A_i}{\sum\limits_{i=1}^{n}KA_i}=\frac{1}{A}\sum_{i=1}^{n}\Delta t_{m,i}A_i$$

由此可知，加权平均传热温差本质上是每一小区域上传热温差按面积的加权平均值。

更进一步，如果每个区域很小，区域无穷多，即 $n\to\infty$，$A_i\to 0$，则上式可写为

$$\overline{\Delta t}_m=\frac{1}{A}\int_0^A(t_1-t_2)\mathrm{d}A=\Delta t_m$$

此式表明，加权平均传热温差本质上仍然是流体温差沿传热面的积分平均值。

[例 2.2] 有一蒸汽加热空气的逆流式换热器，将质量流量为 21 600kg/h 的空气从 10℃加热到 50℃。空气比热容为 1.02kJ/(kg·℃)，加热蒸汽压力为 $p=0.2$MPa、温度为 $t_1'=140$℃，在换热器中被冷凝为该压力下的饱和水，试求此换热器的平均传热温差。

解： 由水蒸气的热力性质表可查得蒸汽状态参数为：饱和温度 $t_s=120.23$℃；饱和蒸汽焓 $h''=2707$kJ/kg，过热蒸汽焓 $h=2749$kJ/kg；汽化潜热 $h_{fg}=2202$kJ/kg，蒸汽处于过热状态。

整个换热器传热量为

$$\Phi=q_{m2}c_{p2}(t_2''-t_2')=\frac{21\,600}{3600}\times 1.02\times(50-10)=244.8(\text{kW})$$

由换热器热平衡关系 $\Phi=q_{m1}[(h-h'')+h_{fg}]$，可求得蒸汽耗量为

$$q_{m1}=\frac{\Phi}{h-h''+h_{fg}}=\frac{244.8}{2479-2707+2202}=0.109(\text{kg/s})$$

因为蒸汽为过热蒸汽，在换热过程中要先冷却到饱和状态，然后凝结，因此，应将整个换热过程分成冷却段和冷凝段两段计算，如图 2.23 所示。

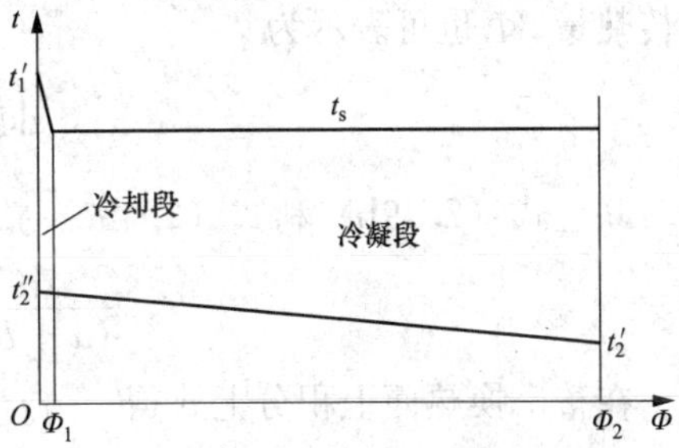

图 2.23 例 2.2 用图

在过热蒸汽冷却段，传热量为

$$\Phi_1 = q_{m1}(h - h'') = 0.1091 \times (2749 - 2707) = 4.6(\text{kW})$$

在饱和蒸汽冷凝段，传热量为

$$\Phi_2 = q_{m1} h_{fg} = 0.1091 \times 2202 = 240.2(\text{kW})$$

两段分界处的空气温度 t_a 可根据能量平衡关系 $\Phi_2 = q_{m2} c_{p2}(t_a - t_2')$ 确定，即

$$240.2 = \frac{21\,600}{3600} \times 1.02(t_a - 10) \Rightarrow t_a = 49.2(℃)$$

冷却段平均传热温差

$$\Delta t_1 = \frac{(140-50)-(120.23-49.2)}{\ln\dfrac{140-50}{120.23-49.25}} = 80.1(℃)$$

冷凝段平均传热温差

$$\Delta t_{m2} = \frac{49.2-10}{\ln\dfrac{120.23-10}{120.23-49.2}} = 89.2(℃)$$

故总的加权平均传热温差为

$$\Delta \bar{t}_m = \frac{\Phi}{\sum_{i=1}^{n}\dfrac{\Phi_i}{\Delta t_{m,i}}} = \frac{244.8}{\dfrac{4.6}{80.1}+\dfrac{240.2}{89.2}} = 89(℃)$$

上述计算结果表明，以过热蒸汽作为加热流体时，只要过热度不是很大，过热蒸汽的冷却段在整个换热器中所起的作用不是很大，因而即使以冷凝段的参数来计算，其误差也很小。

2.4.2 变传热系数

影响换热器传热系数的因素很多，包括间壁两侧流体的表面传热系数、间壁的导热系数、间壁厚度及形状等，随着换热过程的不断进行，流体温度会不断变化，因此，表面传热系数也会随之改变。当流体温度变化不是很大时，传热系数的变化很小，可以处理成常数；相反，当流体温度变化很大时，传热系数为常数的假定则不能成立，此时，必须考虑传热系数的变化对换热器传热过程的影响。

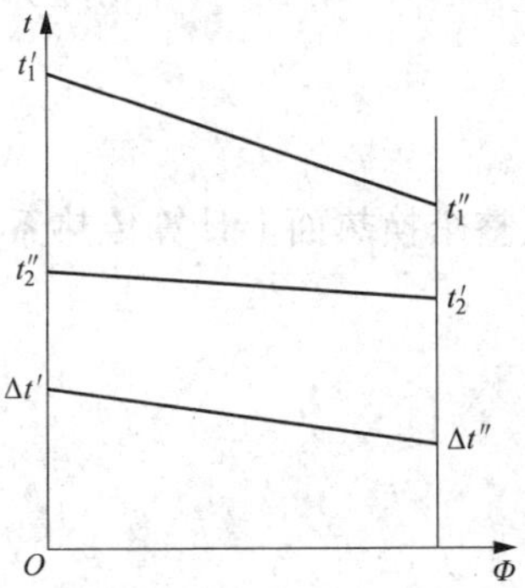

图 2.24 逆流换热热温图

1. 传热系数随温差呈线性变化

假定传热系数随传热温差的变化规律为

$$K = a + b\Delta t \tag{2.49a}$$

式中：a 和 b 为任意常数。

对逆流式换热器，如果流体热容量为常数，则其热温线为直线，如图 2.24 所示。任取某微元面积 dA，则传热方程为

$$d\Phi = K\Delta t dA = (a + b\Delta t)\Delta t dA \tag{2.49b}$$

由于传热温差与换热量也呈线性关系，因此，微元面积上

的传热量 $d\Phi$ 也可表示为

$$d\Phi = \frac{\Phi}{\Delta t'' - \Delta t'} d(\Delta t) \tag{2.49c}$$

联立式（2.49b）和式（2.49c）整理可得

$$\frac{d(\Delta t)}{(a + b\Delta t)\Delta t} = \frac{\Delta t'' - \Delta t'}{\Phi} dA$$

在整个换热面上积分上式得

$$\int_{\Delta t'}^{\Delta t''} \frac{d(\Delta t)}{(a + b\Delta t)\Delta t} = \int_0^A \frac{\Delta t'' - \Delta t'}{\Phi} dA$$

由此可得

$$\frac{1}{a} \ln \frac{K'\Delta t''}{K''\Delta t'} = (\Delta t'' - \Delta t') \frac{A}{\Phi} \tag{2.49d}$$

式中，常数 a 由换热器边界条件确定，即

$$K' = a + b\Delta t', \quad K'' = a + b\Delta t''$$

由此解得

$$a = \frac{K'\Delta t'' - K''\Delta t'}{\Delta t'' - \Delta t'}$$

将此式代入式（2.49d）整理可得

$$\left(\frac{\Phi}{A}\right)_N = \frac{K''\Delta t' - K'\Delta t''}{\ln \dfrac{K''\Delta t'}{K'\Delta t''}} \tag{2.49e}$$

对于其他流型，也可按前述方法先确定出温差修正系数 ψ，然后按下式近似计算：

$$\frac{\Phi}{A} = \psi \frac{K''\Delta t' - K'\Delta t''}{\ln \dfrac{K''\Delta t'}{K'\Delta t''}} \tag{2.49f}$$

2. 传热系数任意变化

当传热系数的变化规律比较复杂时，可采用如下两种方法处理。

（1）分段计算。将换热器内的传热过程按传热系数的变化规律分为 n 个小的区域，在每一个小区域内可认为传热系数 K_i 为常数，由此可得

$$\Phi_i = K_i A_i \Delta t_{m,i}$$

则换热器内总传热量为

$$\Phi = \sum_{i=1}^{n} \Phi_i$$

（2）面积加权平均法。如果已知传热系数变化规律，则可在整个换热面上计算传热系数面积加权平均值 K_m，即

$$K_m = \frac{1}{A} \sum_{i=1}^{n} K_i A_i$$

或者

$$K_m = \frac{1}{A} \int_0^{A_0} K dA$$

加权平均传热系数 K_m 为常数，因此，可以按前述传热方程计算传热量。

2.5 传热有效度

在换热器的热力计算中，当两种流体的进、出口温度均为已知或可由热平衡方程求出时，采用平均传热温差来分析计算换热器的性能是非常方便的。但是，在换热器的校核热力计算中，两种流体的出口温度往往是未知量，而在平均传热温差的计算式中却包含了出口温度，此时若用平均传热温差来计算就必须进行多次试算，很不方便，而采用换热器热力计算的传热有效度——传热单元数法可以避免这种试算。

2.5.1 换热器无因次量

描述换热器性能的无因次量主要有三个，即传热有效度、传热单元数和热容量比。

1. 传热有效度

换热器传热有效度（heat exchanger effectiveness）E 定义为换热器的实际传热量与最大可能的传热量之比，即

$$E=\frac{\Phi}{\Phi_{\max}} \tag{2.50a}$$

其中，实际传热量可按下式计算：

$$\Phi=q_{m1}c_{p1}(t_1'-t_1'')=q_{m2}c_{p2}(t_2''-t_2') \tag{2.50b}$$

最大可能传热量 $\Phi_{\max}$ 是指换热面积为无穷大时的传热量。按照热力学第二定律，在传热过程中，热流体温度最低只能冷却到冷流体进口温度，冷流体温度最高只能升到热流体进口温度，最大传热量是指这两种情况下的传热量。

在换热面积为无穷大的逆流式换热器中，两种流体的温度分布取决于其热容量的相对大小，如图 2.25 所示。当热流体热容量较小时，热流体温降大于冷流体温升，热流体出口温度达到冷流体进口温度；当冷流体热容量较小时，冷流体温升大于热流体温降，冷流体出口温度达到热流体进口温度。因此，最大传热量可表示为

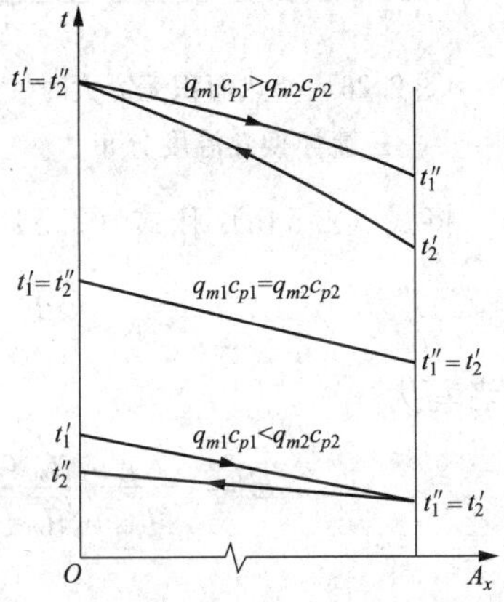

图 2.25　换热面积无穷大时逆流式换热器内温度分布

$$q_{m1}c_{p1}<q_{m2}c_{p2},\quad \Phi_{\max}=q_{m1}c_{p1}(t_1'-t_2') \tag{2.51a}$$

$$q_{m2}c_{p2}<q_{m1}c_{p1},\quad \Phi_{\max}=q_{m2}c_{p2}(t_1'-t_2') \tag{2.51b}$$

$$q_{m1}c_{p1}=q_{m2}c_{p2},\quad \Phi_{\max}=q_{m1}c_{p1}(t_1'-t_2')=q_{m2}c_{p2}(t_1'-t_2') \tag{2.51c}$$

也可将上述三式统一写为

$$\Phi_{\max}=(q_mc_p)_{\min}(t_1'-t_2') \tag{2.52}$$

将式（2.50b）和式（2.52）代入式（2.50a）得

$q_{m1}c_{p1}=(q_mc_p)_{\min}$时

$$E_1=\frac{q_{m1}c_{p1}(t_1'-t_1'')}{q_{m1}c_{p1}(t_1'-t_2')}=\frac{t_1'-t_1''}{t_1'-t_2'} \tag{2.53a}$$

$q_{m2}c_{p2}=(q_mc_p)_{\min}$时

$$E_2=\frac{q_{m2}c_{p2}(t_2''-t_2')}{q_{m2}c_{p2}(t_1'-t_2')}=\frac{t_2''-t_2'}{t_1'-t_2'} \tag{2.53b}$$

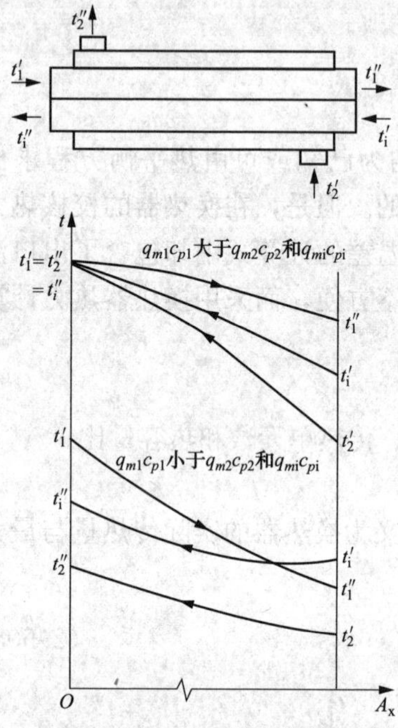

图 2.26　换热面积无穷大时三流体换热温度分布

按照传热有效度的定义，它是一个小于1的换热器无因次性能参数，其大小反映了换热器在传热性能方面接近理想状况的程度，也可用于比较不同流型换热器性能上的差异。

式（2.55）表明，对于只有两种流体参与的换热过程，换热器传热有效度仅与两种流体的进、出口温度有关。但是，对于三种或三种以上流体参与的换热过程，则其传热有效度不仅与流体进出口温度有关，还与流体热容量、传热面积、传热系数等因素有关。

考虑如图 2.26 所示的三流体换热过程，即在冷、热流体间存在一种中间流体，其参数用下标 i 区分，设热流体与中间流体和冷流体间的传热系数和传热面积分别为 K_i 和 K_2、A_i 和 A_2。显然，热容量相对大小不同，其温度分布也不一样，但实际传热量都可按下式计算：

$$\Phi = q_{mi}c_{pi}(t''_i - t'_i) + q_{m2}c_{p2}(t''_2 - t'_2) \tag{2.54a}$$

最大传热量的计算分两种情况，当 $q_{m1}c_{p1}$ 大于 $q_{mi}c_{pi}$ 和 $q_{m2}c_{p2}$ 时，若换热面积为无穷大，则中间流体和冷流体出口温度都可以达到热流体的进口温度，因此，最大传热量为

$$\Phi_{\max} = q_{mi}c_{pi}(t'_1 - t'_i) + q_{m2}c_{p2}(t'_1 - t'_2) \tag{2.54b}$$

将式（2.54a）和式（2.54b）代入传热有效度定义式有

$$E = \frac{q_{mi}c_{pi}(t''_i - t'_i) + q_{m2}c_{p2}(t''_2 - t'_2)}{q_{mi}c_{pi}(t'_1 - t'_i) + q_{m2}c_{p2}(t'_1 - t'_2)}$$

或者写为

$$E = \frac{(q_{mi}c_{pi}/q_{m2}c_{p2})(t''_i - t'_i) + (t''_2 - t'_2)}{(q_{mi}c_{pi}/q_{m2}c_{p2})(t'_1 - t'_i) + (t'_1 - t'_2)} = \frac{(q_{mi}c_{pi}/q_{m2}c_{p2})E_i + E_2}{(q_{mi}c_{pi}/q_{m2}c_{p2})X + 1} \tag{2.54c}$$

式中

$$E_i = \frac{t''_i - t'_i}{t'_1 - t'_2},\quad E_2 = \frac{t''_2 - t'_2}{t'_1 - t'_2},\quad X = \frac{t'_1 - t'_i}{t'_1 - t'_2}$$

当 $q_{m1}c_{p1}$ 小于 $q_{mi}c_{pi}$ 和 $q_{m2}c_{p2}$ 时，若换热面积为无穷大，则热流体出口温度一定介于冷流体和中间流体进口温度之间，满足以下热平衡关系：

$$(t'_i - t''_1)K_iA_i = (t''_1 - t'_2)K_2A_2$$

由此可得热流体出口温度为

$$t''_1 = \frac{K_iA_it'_i + K_2A_2t'_2}{K_iA_i + K_2A_2}$$

最大可能传热量为

$$\Phi_{\max} = q_{m1}c_{p1}(t'_1 - t''_1) \tag{2.54d}$$

将式（2.54a）和式（2.54d）代入定义式（2.50a）整理可得

$$E = \frac{[(q_{m2}c_{p2}/q_{m1}c_{p1})E_2 + (q_{mi}c_{pi}/q_{m1}c_{p1})E_iX](K_iA_i/K_2A_2 + 1)}{(K_iA_i/K_2A_2)X + 1} \tag{2.54e}$$

式（2.54c）和式（2.54e）表明，三种流体参与的换热过程，传热有效度与流体进出口温度、热容量以及流体间传热能力（KA）有关。

2. 传热单元数

对于只有两流体参与的换热过程，当不考虑散热损失时，通过某微元面积 dA 上的热量平衡关系可表示为

$$\mathrm{d}\Phi = K\Delta t\mathrm{d}A = q_{m1}c_{p1}\mathrm{d}t_1,\quad \mathrm{d}\Phi = K\Delta t\mathrm{d}A = q_{m2}c_{p2}\mathrm{d}t_2$$

在上述两式中，仅考虑了热量数量上的平衡关系，其也可改写为

$$\mathrm{dNTU}_1 = \frac{\mathrm{d}t_1}{\Delta t} = \frac{K\mathrm{d}A}{q_{m1}c_{p1}} \tag{2.55a}$$

$$\mathrm{dNTU}_2 = \frac{\mathrm{d}t_2}{\Delta t} = \frac{K\mathrm{d}A}{q_{m2}c_{p2}} \tag{2.55b}$$

显然，上述两式都为无因次参数，称之为微元面积上的传热单元数（number of transfer units，NTU）。为了与换热器传热有效度定义一致，通常当 $(q_mc_p)_{\min}=q_{m1}c_{p1}$ 时，采用式（2.55a）；当 $(q_mc_p)_{\min}=q_{m2}c_{p2}$ 时，采用式（2.55b）。因此，可统一写为

$$\mathrm{dNTU} = \frac{|\mathrm{d}t|_{\max}}{\Delta t} = \frac{K\mathrm{d}A}{(q_mc_p)_{\min}} \tag{2.56}$$

当流体热容量为不变且换热器传热系数为常数时，积分上式可得

$$\mathrm{NTU} = \frac{KA}{(q_mc_p)_{\min}} = \frac{(\delta t)_{\max}}{\Delta t_{\mathrm{m}}} \tag{2.57}$$

式中：$(\delta t)_{\max}$ 为换热过程中具有较小热容量流体的温度变化。

式（2.57）也可写为

$$\mathrm{NTU}_1 = \left.\frac{KA}{q_{m1}c_{p1}}\right|_{(q_mc_p)_{\min}=q_{m1}c_{p1}} = \frac{\delta t_1}{\Delta t_{\mathrm{m}}} \tag{2.57a}$$

$$\mathrm{NTU}_2 = \left.\frac{KA}{q_{m2}c_{p2}}\right|_{(q_mc_p)_{\min}=q_{m2}c_{p2}} = \frac{\delta t_2}{\Delta t_{\mathrm{m}}} \tag{2.57b}$$

式（2.57）即为换热器传热单元数的定义式，由此可知，传热单元数是反映换热器传热性能的另一个重要指标。传热单元数 NTU 越大，表明换热器传热能力 KA 越强，传热性能越好；另外，传热单元数 NTU 也可理解为具有较小热容量流体的温度变化与平均传热温差之比，因此，相同平均传热温差下，传热单元数越大，意味着流体温度变化越大，换热效果越好，反之亦然。在传热单元数中，包含了传热面积 A、流体质量流量 q_m 和传热系数 K 两方面的物理量，其分别代表了换热器的初投资和运行费用，因此，传热单元数是一个反映换热器综合技术经济性能的重要指标。

3. 热容量比

换热器的热容量比（ratio of heat capacity rates）定义为两种流体中流体较小热容量与较大热容量之比，即

$$R = \frac{(q_mc_p)_{\min}}{(q_mc_p)_{\max}} \leqslant 1 \tag{2.58}$$

上式也可写为

$$R_1 = \left.\frac{q_{m1}c_{p1}}{q_{m2}c_{p2}}\right|_{(q_mc_p)_{\min}=q_{m1}c_{p1}} \tag{2.58a}$$

$$R_2 = \left.\frac{q_{m2}c_{p2}}{q_{m1}c_{p1}}\right|_{(q_mc_p)_{\min}=q_{m2}c_{p2}} \tag{2.58b}$$

根据换热器整体能量平衡关系式（2.50b），式（2.58a）和式（2.58b）也可改写为

$$R_1 = \frac{t_2'' - t_2'}{t_1' - t_1''} \tag{2.59a}$$

$$R_2 = \frac{t_1' - t_1''}{t_2'' - t_2'} \tag{2.59b}$$

2.5.2 无因次量间的函数关系

由于不同流型换热器具有不同的传热性能，因此，描述换热器性能的无因次量间也必然存在不同的函数关系

1. 逆流

当 $(q_m c_p)_{\min} = q_{m2} c_{p2}$时，逆流式换热器的热量平衡关系可写为

$$\Phi = q_{m2} c_{p2} (t_2'' - t_2') = KA \Delta t_{\mathrm{m,N}} = KA \frac{(t_2'' - t_2')(R-1)}{\ln \dfrac{1-P}{1-PR}}$$

式中，R 和 P 为无因次温度参数，按定义有

$$R = \frac{t_1' - t_1''}{t_2'' - t_2'} = R_2, \quad P = \frac{t_2'' - t_2'}{t_1' - t_2'} = E_2$$

同时，注意到

$$\mathrm{NTU}_2 = \frac{KA}{q_{m2} c_{p2}}$$

将上述各式代入到热量平衡关系式可得

$$\frac{1}{\mathrm{NTU}_2} = \frac{R_2 - 1}{\ln \dfrac{1 - E_2}{1 - E_2 R_2}}$$

由此可得

$$E_2 = \frac{1 - \exp[-\mathrm{NTU}_2(1 - R_2)]}{1 - R_2 \exp[-\mathrm{NTU}_2(1 - R_2)]} \tag{2.60a}$$

当 $(q_m c_p)_{\min} = q_{m1} c_{p1}$时，同理可导得

$$E_1 = \frac{1 - \exp[-\mathrm{NTU}_1(1 - R_1)]}{1 - R_1 \exp[-\mathrm{NTU}_1(1 - R_1)]} \tag{2.60b}$$

上述两式也可统一写为

$$E = \frac{1 - \exp[-\mathrm{NTU}(1 - R)]}{1 - R\exp[-\mathrm{NTU}(1 - R)]} \tag{2.61}$$

若热容量比 $R=0$，即在换热过程中有一种流体在一个恒定的温度下发生相变过程，则上式简化为

$$E = 1 - \exp(-\mathrm{NTU}) \tag{2.61a}$$

若 $R=1$，即在换热过程中两流体热容量相等，则式（2.61）简化为

$$E = \frac{\mathrm{NTU}}{1 + \mathrm{NTU}} \tag{2.61b}$$

若传热单元数 NTU=0，意味着没有传热过程发生，只是一个单纯的流动过程，因此 $E=0$。若 NTU→∞，则 $E=1$，即理想传热工况。

图 2.27 所示为逆流式换热器无因次量间的关系曲线。由图可见，当热容量比一定时，随着传热单元数的增加，传热有效度增大；当传热单元数一定时，随着热容量比的增加，传热有效度减小。

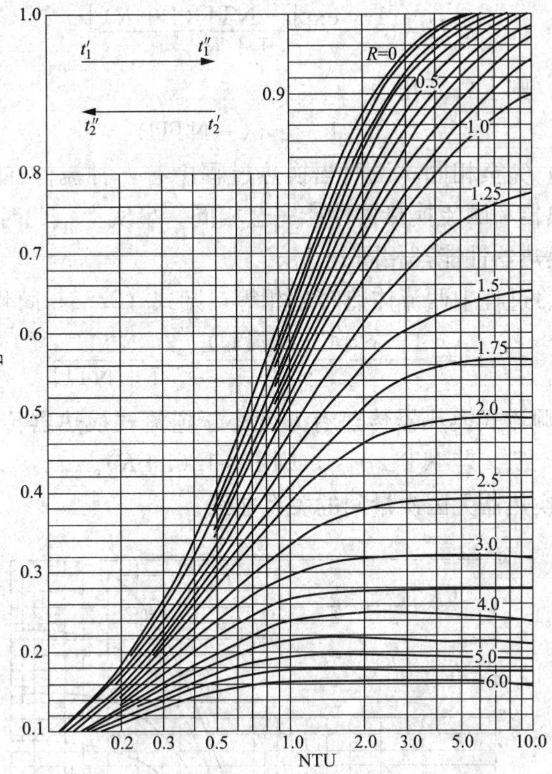

图 2.27　逆流式换热器无因次量间的关系曲线

2. 顺流

当 $(q_m c_p)_{\min}=q_{m2}c_{p2}$时，顺流式换热器的热量平衡关系可写为

$$\Phi = q_{m2}c_{p2}(t_2''-t_2') = KA\Delta t_{\mathrm{m,S}} = KA\frac{(t_1''-t_2'')-(t_1'-t_2')}{\ln\dfrac{t_1''-t_2''}{t_1'-t_2'}}$$

由此可得

$$\ln\frac{t_1''-t_2''}{t_1'-t_2'} = -\frac{KA}{q_{m2}c_{p2}}\frac{(t_2''-t_2')+(t_1'-t_1'')}{t_2''-t_2'}$$

将式（2.35a）代入上式得

$$\ln[1-P(1+R)] = -\frac{KA}{q_{m2}c_{p2}}(1+R)$$

结合各无因次量的定义可得

$$\ln[1-E_2(1+R_2)] = -\mathrm{NTU}_2(1+R_2)$$

由此可得

$$E_2 = \frac{1-\exp[-\mathrm{NTU}_2(1+R_2)]}{1+R_2} \tag{2.62a}$$

当 $(q_m c_p)_{\min}=q_{m1}c_{p1}$时，同理可导得

$$E_1 = \frac{1-\exp[-\mathrm{NTU}_1(1+R_1)]}{1+R_1} \tag{2.62b}$$

上述两式也可统一写为

$$E=\frac{1-\exp[-\mathrm{NTU}(1+R)]}{1+R} \tag{2.63}$$

若热容量比 $R=0$，则上式简化为

$$E=1-\exp(-\mathrm{NTU}) \tag{2.63a}$$

此式与式（2.61a）完全相同，说明当换热过程中有一种流体在一个恒定的温度下发生相变过程时，逆流换热器和顺流换热器性能完全相同。事实上，此时流型对换热器性能的影响消失，所有流型的换热器性能都相同。

若 $R=1$，即在换热过程中两流体热容量相等，则式（2.63）简化为

$$E=\frac{1-\exp(-2\mathrm{NTU})}{2}<\frac{\mathrm{NTU}}{1+\mathrm{NTU}} \tag{2.63b}$$

式（2.63b）说明顺流式换热器传热有效度小于逆流式换热器传热有效度。事实上，在任何情况下，总有 $E_N<E_s$。若 $\mathrm{NTU}\to\infty$，则 $E=1/(1+R)$。

图 2.28 为顺流式换热器无因次量间的关系曲线。

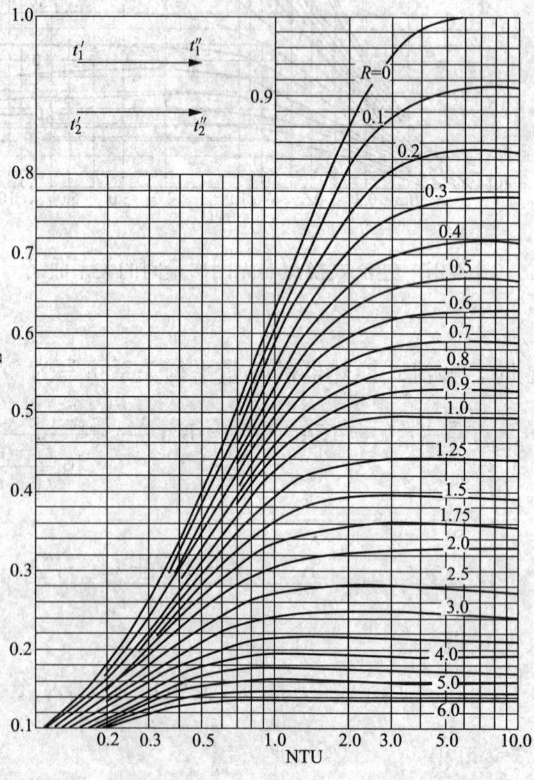

图 2.28　顺流式换热器无因次量间的关系曲线

3. 简单折流

如前所述，对于<1-2>型简单折流换热器而言，平均传热温差计算式为

$$\Delta t_{\mathrm{m,z}}=\frac{(t_2''-t_2')\sqrt{R^2+1}}{\ln\dfrac{2-P(R+1-\sqrt{R^2+1})}{2-P(R+1+\sqrt{R^2+1})}}$$

当 $(q_m c_p)_{\min}=q_{m2}c_{p2}$ 时，热量平衡关系可写为

$$\Phi = q_{m2} c_{p2} (t_2'' - t_2') = KA\Delta t_{\mathrm{m,z}} = KA \frac{(t_2'' - t_2')\sqrt{R^2+1}}{\ln \dfrac{2-P(R+1-\sqrt{R^2+1})}{2-P(R+1+\sqrt{R^2+1})}}$$

也可改写为

$$\ln \frac{2-P(R+1-\sqrt{R^2+1})}{2-P(R+1+\sqrt{R^2+1})} = \frac{KA}{q_{m2} c_{p2}} \sqrt{R^2+1}$$

按定义，上式可变为

$$\frac{2-E_2(R_2+1+\sqrt{R_2^2+1})}{2-E_2(R_2+1+\sqrt{R_2^2+1})} = \exp(-\mathrm{NTU}_2 \sqrt{R_2^2+1})$$

由此可得

$$E_2 = \frac{2}{1+R_2+\sqrt{R_2^2+1}\left[1+\exp(-\mathrm{NTU}_2\sqrt{R_2^2+1})\right]/\left[1-\exp(-\mathrm{NTU}_2\sqrt{R_2^2+1})\right]} \tag{2.64a}$$

当 $(q_m c_p)_{\min} = q_{m1} c_{p1}$ 时，同理可导得

$$E_1 = \frac{2}{1+R_1+\sqrt{R_1^2+1}\left[1+\exp(-\mathrm{NTU}_1\sqrt{R_1^2+1})\right]/\left[1-\exp(-\mathrm{NTU}_1\sqrt{R_1^2+1})\right]} \tag{2.64b}$$

上述两式也可统一写为

$$E = \frac{2}{1+R+\sqrt{R^2+1}\left[1+\exp(-\mathrm{NTU}\sqrt{R^2+1})\right]/\left[1-\exp(-\mathrm{NTU}\sqrt{R^2+1})\right]} \tag{2.65}$$

图 2.29 所示为＜1-2＞型简单折流换热器无因次量间的关系曲线。

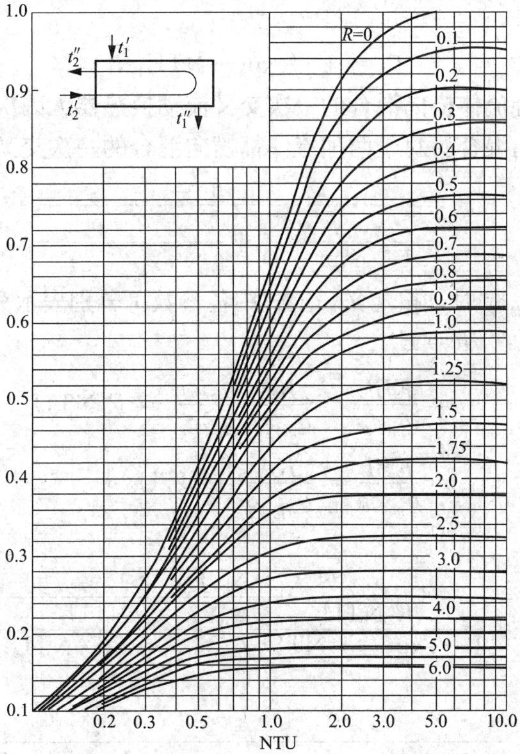

图 2.29　＜1-2＞型简单折流换热器无因次量间的关系曲线

4. 交叉流动

(1) 一次交叉流动。

1) 两种流体中一种流体横向混合。两种流体中一种流体横向混合的一次交叉流动换热器平均传热温差计算式为

$$\Delta t_{\mathrm{m,j}}=-\frac{(t_2''-t_2')}{\ln\left[1+\frac{1}{R}\ln(1-PR)\right]}$$

则当 $(q_m c_p)_{\min}=q_{m2}c_{p2}$ 时，热量平衡关系可写为

$$\Phi=q_{m2}c_{p2}(t_2''-t_2')=KA\Delta t_{\mathrm{m,j}}=-KA\frac{(t_2''-t_2')}{\ln\left[1+\frac{1}{R}\ln(1-PR)\right]}$$

根据换热器无因次量的定义，上式也可写为

$$-\mathrm{NTU}_2=\ln\left[1+\frac{1}{R_2}\ln(1-E_2R_2)\right]$$

由此可解得

$$E_2=\frac{1}{R_2}[1-\exp(-R_2\Gamma_2)] \tag{2.66a}$$

式中

$$\Gamma_2=1-\exp(-\mathrm{NTU}_2)$$

当 $(q_m c_p)_{\min}=q_{m1}c_{p1}$ 时，同理可导得

$$E_1=1-\exp\left(-\frac{1}{R_1}\Gamma_1\right) \tag{2.66b}$$

式中

$$\Gamma_1=1-\exp(-\mathrm{NTU}_1R_1)$$

图 2.30 所示为一种流体横向混合的一次交叉流动换热器无因次量间的关系曲线。

2) 两种流体都横向混合。对于两种流体都横向混合的一次交叉流动，有如下关系式：

$$P=\frac{\beta}{\frac{\alpha}{1-\exp(-\alpha)}+\frac{\beta}{1-\exp(-\beta)}-1}$$

则当 $(q_m c_p)_{\min}=q_{m2}c_{p2}$ 时，按定义，上式中各参数可分别表示为

$$P=E_2$$

$$\alpha=\frac{KBL}{q_{m1}c_{p1}}=\frac{KA}{q_{m2}c_{p2}}\frac{q_{m2}c_{p2}}{q_{m1}c_{p1}}=R_2\mathrm{NTU}_2$$

$$\beta=\frac{KBL}{q_{m2}c_{p2}}=\frac{KA}{q_{m2}c_{p2}}=\mathrm{NTU}_2$$

则

$$E_2=\frac{\mathrm{NTU}_2}{\frac{R_2\mathrm{NTU}_2}{1-\exp(-R_2\mathrm{NTU}_2)}+\frac{\mathrm{NTU}_2}{1-\exp(-\mathrm{NTU}_2)}-1}$$

或者写为

$$E_2=\frac{1}{\frac{R_2}{1-\exp(-R_2\mathrm{NTU}_2)}+\frac{1}{1-\exp(-\mathrm{NTU}_2)}-\frac{1}{\mathrm{NTU}_2}} \tag{2.67a}$$

当 $(q_m c_p)_{\min}=q_{m1}c_{p1}$ 时，同理可得

$$E_1=\frac{1}{\dfrac{R_1}{1-\exp(-R_1\mathrm{NTU}_1)}+\dfrac{1}{1-\exp(-\mathrm{NTU}_1)}-\dfrac{1}{\mathrm{NTU}_1}} \tag{2.67b}$$

式（2.67a）和式（2.67b）也可统一写为

$$E=\frac{1}{\dfrac{R}{1-\exp(-R\mathrm{NTU})}+\dfrac{1}{1-\exp(-\mathrm{NTU})}-\dfrac{1}{\mathrm{NTU}}} \tag{2.68}$$

图 2.31 所示为两种流体都横向混合的一次交叉流动换热器无因次量间的关系曲线。

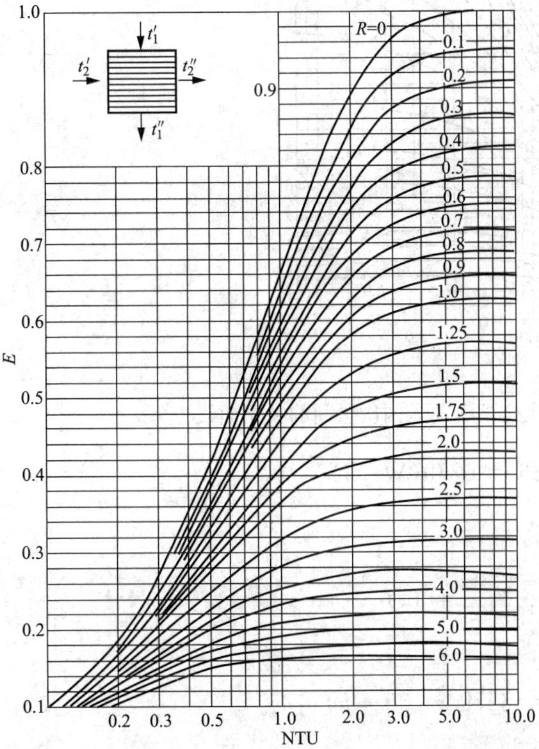

图 2.30 一种流体横向混合一次交叉流动换热器无因次量间的关系曲线

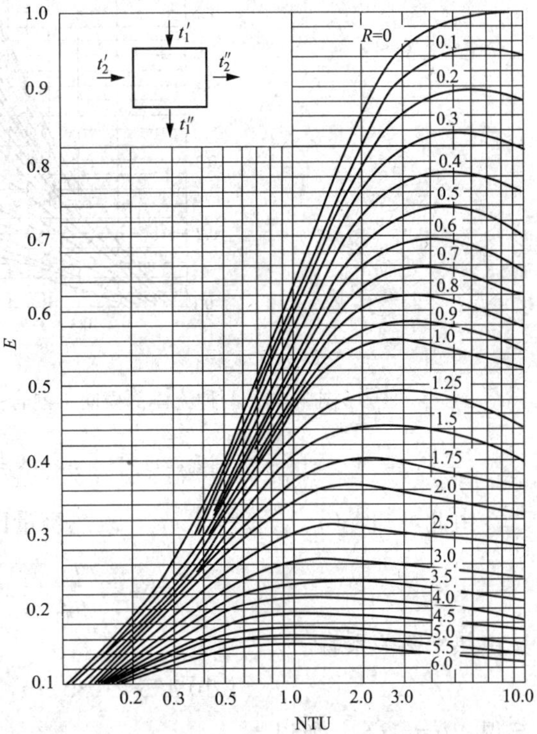

图 2.31 两种流体都横向混合一次交叉流动无因次量间的关系曲线

3）两种流体都横向不混合。对于两种流体都横向不混合的一次交叉流动，其无因次量间的关系比较复杂，不能采用分析解法得到一个具体的函数关系，通常都是采用数值方法来计算换热器传热有效度，计算结果如图 2.32 所示。

［例 2.3］ 在某逆流式换热器中，拟用温度为 $t_1'=80$℃的热水将 $t_2'=5$℃的冷水加热到 $t_2''=35$℃，热水质量流量为 $q_{m1}=9000\mathrm{kg/h}$，冷水质量流量为 $q_{m2}=5400\mathrm{kg/h}$，传热系数为 $K=850\mathrm{W/(m^2\cdot K)}$，试计算该换热器的传热面积和传热有效度。

解： 取水的比热容 $c_p=4186\mathrm{J/(kg\cdot K)}$，则热水热容量为

$$q_{m1}c_{p1}=\frac{9000}{3600}\times 4186=10\,465(\mathrm{W/℃})$$

冷水热容量为

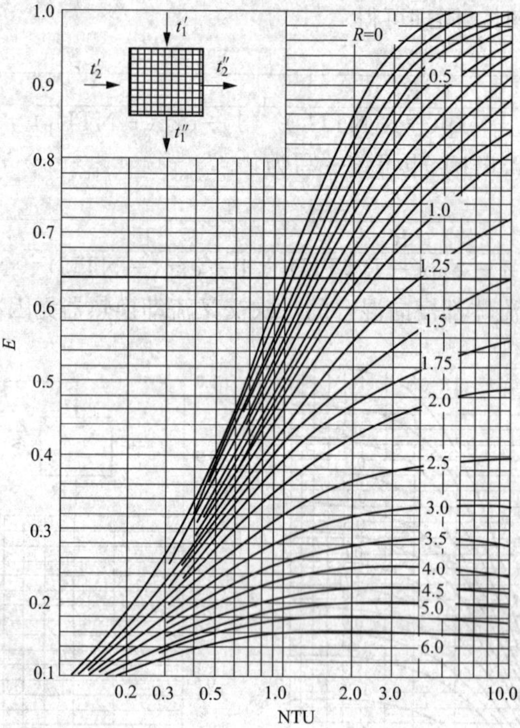

图 2.32　两种流体都横向不混合一次交叉流动无因次量间的关系曲线

$$q_{m2}c_{p2}=\frac{5400}{3600}\times 4186=6279(\mathrm{W/℃})$$

由此可知，$(q_mc_p)_{\min}=q_{m2}c_{p2}$，故热容量比为

$$R_2=\frac{q_{m2}c_{p2}}{q_{m1}c_{p1}}=\frac{6279}{10\ 465}=0.6$$

又由热平衡关系有

$$10\ 465\times(80-t_1'')=6279\times(35-5)$$

解得，$t_1''=62℃$，所以

$$E_2=\frac{t_2''-t_2'}{t_1'-t_2'}=\frac{35-5}{80-5}=0.4$$

将数据代入逆流式换热器传热有效度-传热单元数关系式有

$$0.4=\frac{1-\exp[-\mathrm{NTU}\times(1-0.6)]}{1-0.6\exp[-\mathrm{NTU}\times(1-0.6)]},$$

解得 NTU=0.591，故传热面积为

$$A=\frac{\mathrm{NTU}\cdot q_{m2}c_{p2}}{K}=\frac{0.591\times 6279}{850}=4.36(\mathrm{m^2})$$

若用平均传热温差法计算，则

$$\Delta t_{\mathrm{m,N}}=\frac{(80-35)-(62-5)}{\ln\dfrac{80-35}{62-5}}=50.8(℃)$$

所需传热面积为

$$A=\frac{\Phi}{K\Delta t_{\mathrm{m,N}}}=\frac{6279\times(35-5)}{850\times50.8}=4.36(\mathrm{m}^2)$$

显然，两种计算方法所得传热面积完全相同。

(2) 多次交叉流动。与一次交叉流动相比，多次交叉流型种类繁多，不同的多次交叉流型，其无因次量间的关系也不相同。

1）流型图。不同多次交叉流型的差别主要表现在三个方面，即交叉次数、总的流动趋势和交叉流动过程中的混合状况，这三个因素都可以用多次交叉流型图表示。图 2.33 给出了几种典型的多次交叉流型图，其中，图 2.33（a）表示 A 流体程内不混合、程间混合，B 流体全程都混合的总趋势为逆流的二次交叉流动，图 2.33（h）表示 A 流体程内不混合、程间混合，B 流体全程都不混合的总趋势为逆流的三次交叉流动等。这里，程内指交叉流动换热区域，程间指两次交叉之间的流动区域。

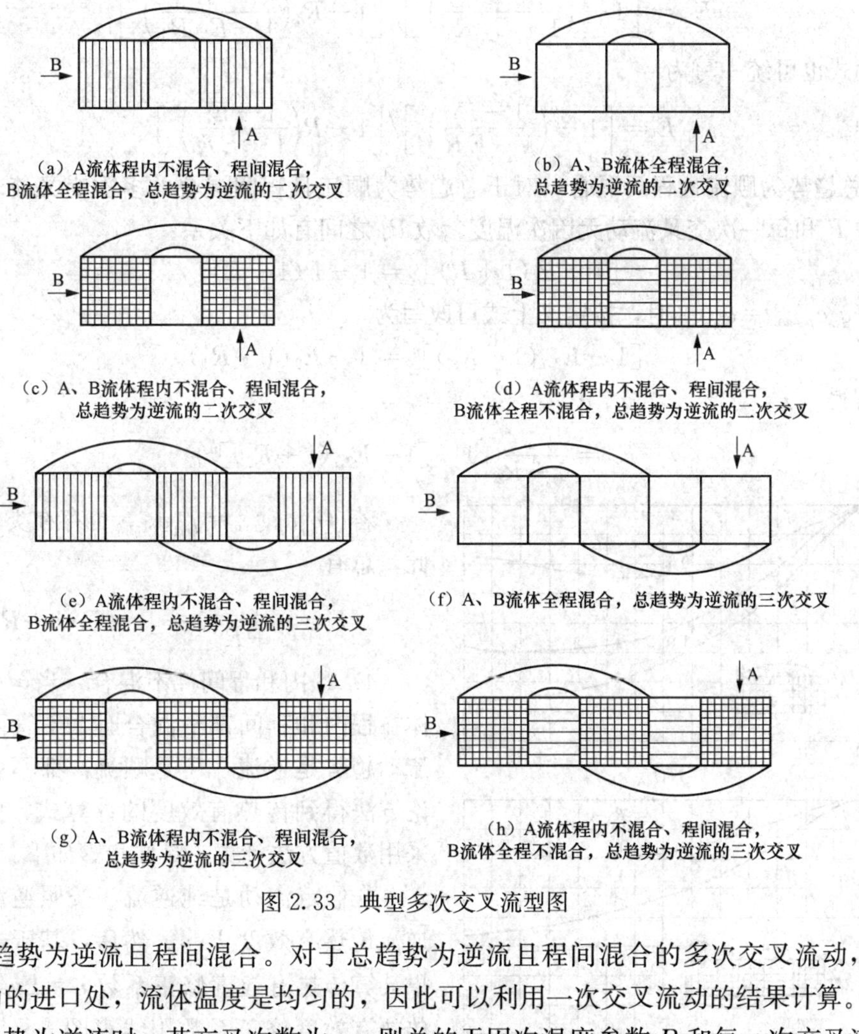

（a）A流体程内不混合、程间混合，B流体全程混合，总趋势为逆流的二次交叉

（b）A、B流体全程混合，总趋势为逆流的二次交叉

（c）A、B流体程内不混合、程间混合，总趋势为逆流的二次交叉

（d）A流体程内不混合、程间混合，B流体全程不混合，总趋势为逆流的二次交叉

（e）A流体程内不混合、程间混合，B流体全程混合，总趋势为逆流的三次交叉

（f）A、B流体全程混合，总趋势为逆流的三次交叉

（g）A、B流体程内不混合、程间混合，总趋势为逆流的三次交叉

（h）A流体程内不混合、程间混合，B流体全程不混合，总趋势为逆流的三次交叉

图 2.33　典型多次交叉流型图

2）总趋势为逆流且程间混合。对于总趋势为逆流且程间混合的多次交叉流动，在每一次交叉流动的进口处，流体温度是均匀的，因此可以利用一次交叉流动的结果计算。

当总趋势为逆流时，若交叉次数为 n，则总的无因次温度参数 P 和每一次交叉流动无因次温度参数 P_i 之间有如下关系：

$$\left(\frac{1-P_i}{1-P_iR}\right)^n=\frac{1-P}{1-PR}$$

当 $(q_m c_p)_{\min}=q_{m2}c_{p2}$ 时，按定义有 $P=E_2$，$P_i=E_{2,i}$，$R=R_2$，上式可改写为

$$\left(\frac{1-E_{2,i}}{1-E_{2,i}R_2}\right)^n=\frac{1-E_2}{1-E_2R_2}$$

由此可得

$$E_2=\left[1-\left(\frac{1-E_{2,i}}{1-E_{2,i}R_2}\right)^n\right]\Big/\left[1-R_2\left(\frac{1-E_{2,i}}{1-E_{2,i}R_2}\right)^n\right] \tag{2.69a}$$

式中，$E_{2,i}$ 为每一次交叉流动的传热有效度，$E_{2,i}=f(R_2, \mathrm{NTU}_{2,i})$，且 $\mathrm{NTU}_{2,i}=\mathrm{NTU}_2/n$。

若 $n=2$，则上式变为

$$E_2=\frac{2E_{2,i}-E_{2,i}^2(1+R_2)}{1-E_{2,i}^2R_2}$$

若 $(q_m c_p)_{\min}=q_{m1}c_{p1}$，同理可导得

$$E_1=\left[1-\left(\frac{1-E_{1,i}}{1-E_{1,i}R_1}\right)^n\right]\Big/\left[1-R_1\left(\frac{1-E_{1,i}}{1-E_{1,i}R_1}\right)^n\right] \tag{2.69b}$$

上两式也可统一写为

$$E=\left[1-\left(\frac{1-E_i}{1-E_iR}\right)^n\right]\Big/\left[1-R\left(\frac{1-E_i}{1-E_iR}\right)^n\right] \tag{2.70}$$

3）总趋势为顺流且程间混合。对于总趋势为顺流且程间混合的多次交叉流动，无因次温度参数 P 和每一次交叉流动无因次温度参数 P_i 之间有如下关系：

$$[1-P_i(1+R)]^n=1-P(1+R)$$

当 $(q_m c_p)_{\min}=q_{m2}c_{p2}$ 时，按定义上式可改写为

$$[1-E_{2,i}(1+R_2)]^n=1-E_2(1+R_2)$$

由此可解得

$$E_2=\frac{1}{1+R_2}\{1-[1-E_{2,i}(1+R_2)]^n\} \tag{2.71}$$

若 $(q_m c_p)_{\min}=q_{m1}c_{p1}$，也存在类似关系。因此，总有

$$E=\frac{1}{1+R}\{1-[1-E_i(1+R)]^n\} \tag{2.72}$$

4）程内和程间都不混合。当至少有一种流体在程内和程间都不混合时，不管两种流体总流动趋势是逆流，还是顺流，都不可能采用理论方法得到传热有效度的计算式，此时，只能采用数值方法计算，具体步骤如下：

先假定流动是纯逆流，按照逆流公式计算逆流传热有效度 $E_{2,\mathrm{N}}$，然后，基于数值计算结果计算传热有效度修正系数 $\varphi=E_2/E_{2,\mathrm{N}}$，并将传热有效度修正系数用线算图表示，最后，根据查图得到的传热有效度修正系数计算其传热有效度 $E_2=\varphi E_{2,\mathrm{N}}$。图 2.34 所示为几种典型多次交叉流型传热有效度修正系数线算图。

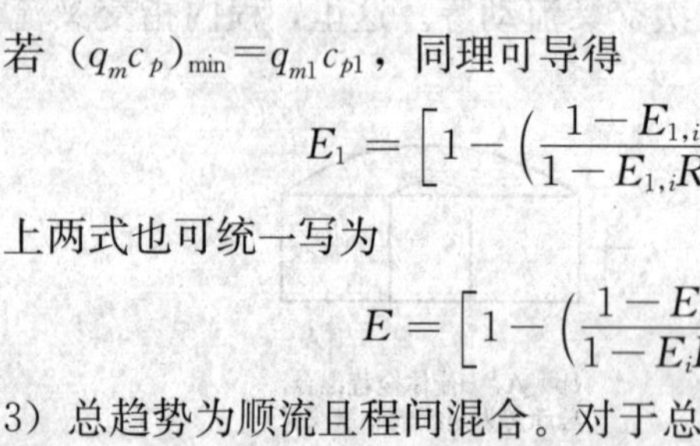

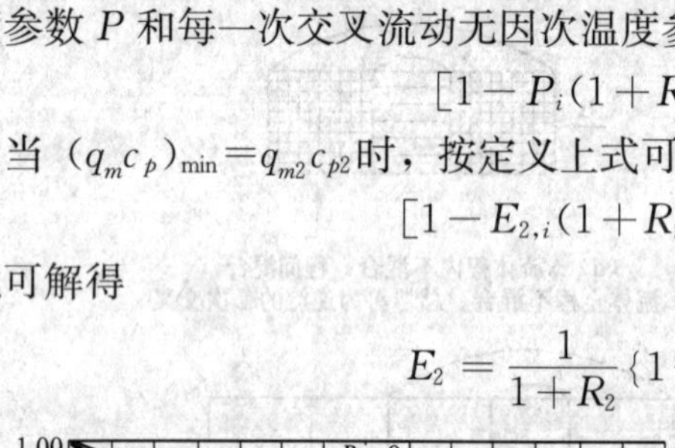

图 2.34 典型多次交叉流型传热有效度修正系数线算图

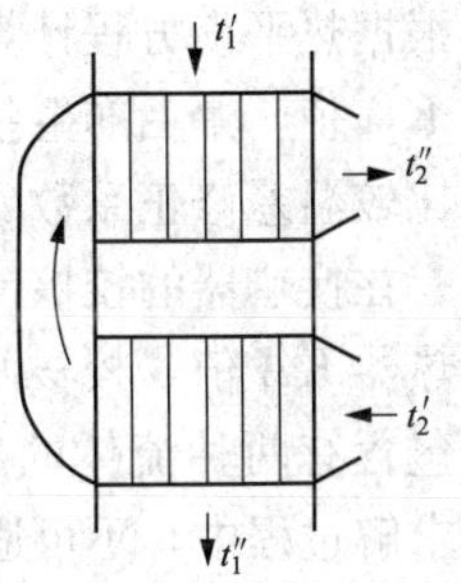

图 2.35　例 2.4 附图

［例 2.4］　有一管式空气预热器，烟气在管内流过，程间横向混合，如图 2.35 所示。已知：总传热面积为 $A=1353\text{m}^2$，传热系数 $K=35\text{W/(m}^2\cdot\text{K)}$，烟气热容量 $q_{m1}c_{p1}=14\ 460\text{W/K}$，进口温度 $t_1'=480℃$，空气热容量 $q_{m2}c_{p2}=10\ 540\text{W/K}$，进口温度 $t_2'=120℃$，试计算烟气及空气出口温度。

解：此空气预热器为总流动趋势为逆流的二次交叉流动，程间都混合。

总传热单元数为

$$\text{NTU}=\frac{KA}{q_{m2}c_{p2}}=\frac{35\times1353}{10\ 540}=4.5$$

热容量比为

$$R=\frac{q_{m2}c_{p2}}{q_{m1}c_{p1}}=\frac{10\ 540}{14\ 460}=0.73$$

每一次交叉流动传热单元数为

$$\text{NTU}_i=\frac{1}{2}\times\text{NTU}=\frac{1}{2}\times4.5=2.25$$

查图 2.30 得 $E_2=0.665$，于是由式（2.69a）可计算出总传热有效度为

$$E_2=\frac{2\times0.665-0.665^2\times(1+0.73)}{1-0.665^2\times0.73}=0.834$$

按定义可得空气出口温度为

$$t_2''=t_2'+E_2(t_1'-t_2')=120+0.834\times(480-120)=420.2(℃)$$

由热平衡方程可得烟气出口温度为

$$t_1''=t_1'-R(t_2''-t_2')=480-0.73\times(420.2-120)=260.9(℃)$$

2.6　热力计算方法比较

2.6.1　两种计算方法比较

在换热器的热力计算中，无论是设计性热计算，还是校核性热计算，所采用的基本方程都为传热方程和热平衡方程，即

传热方程

$$\Phi=KA\Delta t_{\text{m}}=KAf(t_1',t_1'',t_2',t_2'')\tag{2.73}$$

热平衡方程

$$\Phi=q_{m1}c_{p1}(t_1'-t_1'')=q_{m2}c_{p2}(t_2''-t_2')\tag{2.74}$$

由此可知，在换热器热力计算中，共有七个基本物理量，即（KA）、$q_{m1}c_{p1}$、$q_{m2}c_{p2}$、t_1'、t_1''、t_2'和 t_2''，在这七个物理量中，必须事先给出五个才能进行计算，采用平均传热温差法或传热单元数法都可得到相同的结果，但在计算时的具体步骤却有所不同。

1. 平均传热温差法

采用平均传热温差法计算时，通常都是以传热方程和热平衡方程为基础，将平均传热温差通过温差修正系数 $\psi=f(P,R)$ 来计算。

在换热器的设计计算中，通常都是已知两种流体的进、出口温度和一种流体的热容量，

再根据热平衡方程计算出另一种流体热容量，然后计算平均传热温差，并通过传热方程计算出 KA 值，最后布置换热面积，并校核传热系数。此外，采用平均传热温差法还可以通过直接比较温差修正系数 ψ 值的大小来判定选定的流型与逆流之间的差距，有利于流型的比较。

在换热器的校核计算中，通常都是已知两种流体的进口温度和两种流体的热容量，以及换热器 KA 值，校核两种流体出口温度或传热量是否达到要求，由于在平均传热温差计算式中包含有两种流体的出口温度，因此，此时必须联立求解式（2.73）和式（2.74），显然，在求解过程中，不可避免涉及到烦琐的试算过程。

综上所述，平均传热温差法适用于换热器的设计计算，而不适用于换热器的校核计算。

2. 传热有效度-传热单元数法

传热有效度-传热单元数法是通过换热器无因次量间的关系 $E=f(\mathrm{NTU}, R)$ 来计算换热器性能，由于无因次量间的关系也是基于传热方程和热平衡方程导出的，因此，传热有效度-传热单元数法和平均传热温差法两者并无本质区别，只是处理方法不同。

在设计计算中，由于换热器 KA 值待定，因此，采用传热单元数法进行计算时必然要多次试算。但是，在校核计算时，由于传热单元数和热容量比都已知，因此，可以方便地根据无因次量间的关系计算出传热有效度，从而确定流体出口温度或总的换热量。所以，在校核计算中，传热单元数法能显出更大的优越性。

另外，传热有效度也是一个反映换热器性能的重要指标，在计算中应尽量追求大的传热有效度。例如，在其他条件相同时，在所有流型中逆流换热器传热有效度是最大的，且随传热单元数的增大而增加。因此，在选择流型时，应尽量采用逆流，并增大传热单元数。

2.6.2 热力计算方法的拓展

为了兼收平均传热温差法和传热单元数法的优点，发展了一种将换热器相关无因次变量综合到一起的图解方法，如图 2.36 所示。图中，纵坐标为 $\theta=\Delta t_{\mathrm{m}}/(t_1'-t_2')$，横坐标为 $P=(t_2''-t_2')/(t_1'-t_2')$，参变量为热容量比 R。在设计计算时，利用它，不必计算逆流平均传热

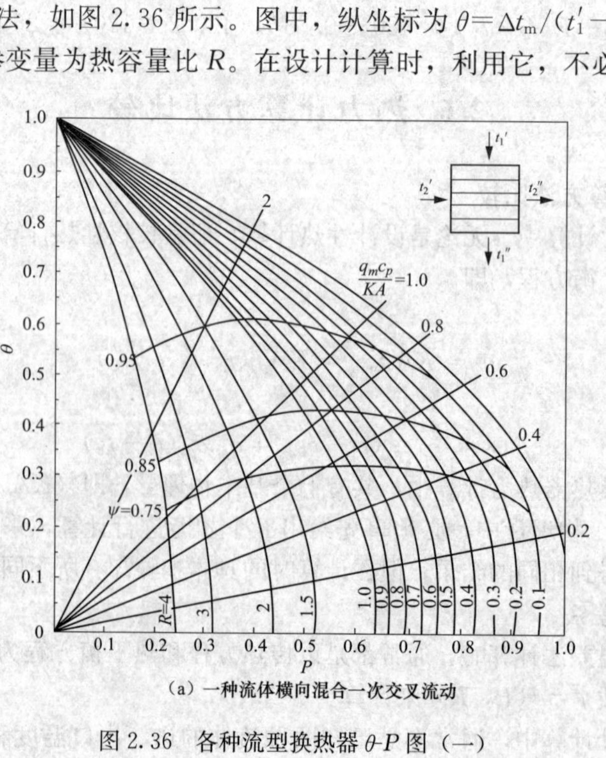

（a）一种流体横向混合一次交叉流动

图 2.36 各种流型换热器 θ-P 图（一）

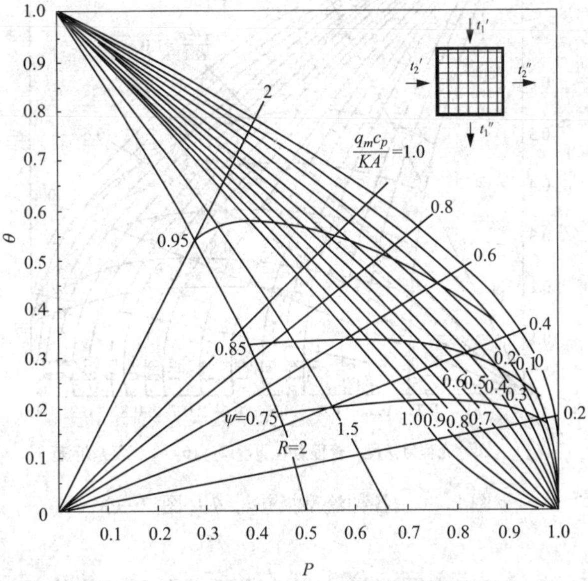

（b）两种流体横向都不混合一次交叉流动

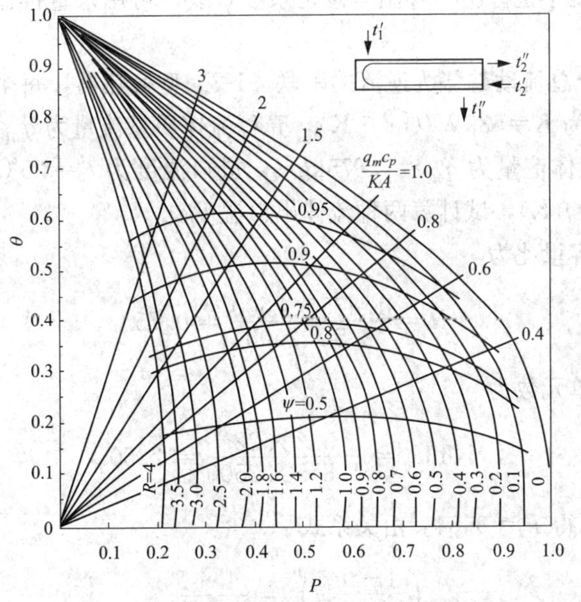

（c）壳程为单程、管程为偶数程的简单折流

图 2.36　各种流型换热器 θ-P 图（二）

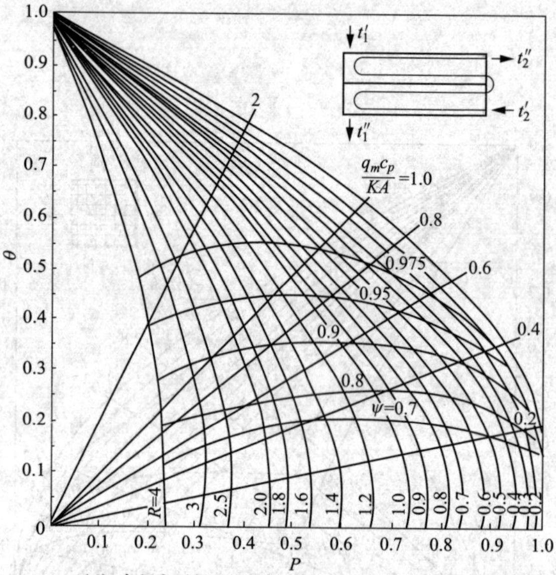

（d）壳程为两程、管程为4、8、12、16、…程复杂折流

图 2.36 各种流型换热器 θ-P 图（三）

温差，而只要由 P 和 R 值，直接查图确定 θ 值，即可求得平均传热温差 Δt_m；在进行校核计算时，则可利用图中已标明的 $q_m c_p/KA$ 值（即 NTU 的倒数）和 R 求得 P，进一步求出流体出口温度。此外，在图中也标出了等温差修正系数 ψ 线，可用来直接比较各种流型与逆流的差距。

［例 2.5］ 有两个总流动趋势为逆流的串联<1-2>型换热器，每个换热器传热面积都为 $A_i=22\text{m}^2$，传热系数为 $K=532\text{W/(m}^2\cdot\text{K)}$，壳程流体质量流量为 $q_{m1}=2.5\text{kg/s}$，进口温度为 $t_1'=150℃$，管程流体流量为 $q_{m2}=1.875\text{kg/s}$，进口温度为 $t_2'=25℃$，两种流体比定压热容都为 $c_p=2500\text{J/(kg}\cdot\text{K)}$，试计算两种流体出口温度。

解：两种流体热容量比为

$$R=\frac{1.875\times2500}{2.5\times2500}=0.75$$

每台换热器传热单元数为

$$\text{NTU}_i=\frac{532\times22}{1.875\times2500}=2.50$$

查图 2.36（c）可得 $P_i=0.64$。由关系式

$$\left(\frac{1-P_i}{1-P_iR}\right)^n=\frac{1-P}{1-PR}$$

可解得

$$P=\frac{1-\left(\frac{1-P_iR}{1-P_i}\right)^n}{R-\left(\frac{1-P_iR}{1-P_i}\right)^n}=\frac{1-[(1-0.64\times0.75)/(1-0.64)]^2}{0.75-[(1-0.64\times0.75)/(1-0.64)]^2}=0.81$$

按定义，则有

$$t_2'' = t_2' + P(t_1' - t_2') = 25 + 0.81 \times (150 - 25) = 126.3(℃)$$

$$t_1'' = t_1' - R(t_2'' - t_2') = 150 - 0.75 \times (126.3 - 25) = 74.0(℃)$$

此例说明，对于多台换热器串联所构成的换热系统，也可以利用多次交叉流动的结果计算。

第3章 管壳式换热器

管壳式换热器是工程上使用最广泛的一种间壁式换热器，尽管其传热强度和结构紧凑性比其他板式换热器差，但由于它具有生产成本低、选材范围广、清洗方便、适应性强、工作可靠、能承受高温高压等优点，目前仍居于统治地位。本章简单介绍了管壳式换热器的基本结构及工作特性，重点讨论了管壳式换热器的结构设计和流动与传热计算方法。

3.1 基本结构及工作特性

管壳式换热器主要由换热管束、壳体、管板、前端管箱和后端结构等部件组成。管束两端固定在管板上，然后整体安装在壳体内。前端管箱和后端结构分别通过法兰与壳体两端相连，检修或清洗时可方便拆卸。在管壳式换热器中，将在管内流动的流体称为管流体，换热管内的通道及其相贯通处称为管程；在管外流动的流体称为壳流体，管外流道及其贯通处称为壳程。冷热两种流体分别在管程和壳程流动，通过换热管壁实现热量的交换。

在换热器前端管箱和（或）后端结构上设有管程流体的进、出口接管。如果流体从前端管箱的进口接管流入，一次流过管束，从后端结构上的出口接管流出，称为单管程。当管壳式换热器换热面积较大，换热管数较多时，管内流通截面积增大，流速降低。为了提高管内流体流速，可以将换热管束平均分成若干组，使流体在换热管束内多次往返流动，称为多管程。管程数 N_t 指管流体沿换热管轴向往返的次数，一般取 $N_t=2$，4，6，…管程数太多，虽然可以提高流速，增大管内对流传热表面传热系数，但同时会导致流程增长，流动阻力增大，因此，管程数不宜过多，通常以2或4为宜。

壳程流体沿壳体轴向一次通过壳程称为单壳程。当换热器壳体直径较大时，壳程流体流通截面积增大，流速降低。为了提高壳程流体流速，也可在与管束轴线平行方向上设置纵向隔板进行分程，壳程数 N_s 指壳程流体沿壳体轴向往返的次数。但是，由于受到空间限制，壳程分程隔板安装困难，因此，一般都尽量避免采用纵向隔板对壳程进行分程。此时，为了提高壳程流体流速，强化壳程传热过程，通常采用折流板。选择合适的折流板形式和折流板间距，可以方便地控制流速，并使管外的纵向流动变为横向冲刷，从而加强了对流体的扰动，有效提高管外对流换热表面传热系数。

3.1.1 分类

管壳式换热器形式很多，按其结构不同一般可分固定管板式、U形管式、浮头式和填料函式等类型。

1. 固定管板式换热器

这种形式的换热器是将管子两端固定在位于壳体两端的固定管板上，由于管板与壳体固定在一起，所以称之为固定管板式换热器，如图3.1所示。固定管板式换热器结构简单、质量小，在壳程数相同的条件下可布置的换热管数多。它的主要缺点是壳程不能检修和清洗，因此不适宜易结垢和不清洁流体的换热过程。

如果冷、热流体换热温差大，使得管束与壳体的壁温差太大而产生不同的热膨胀时，有可能会使管子与管板的连接处脱开，从而发生流体的泄漏。为了减小管壁和壳体间胀差的影响，可在壳体上装设膨胀节。膨胀节只能减小，但不能完全消除由于温差而引起的热应力，且在多管程换热器中，这种方法不能兼顾管子的相对移动。

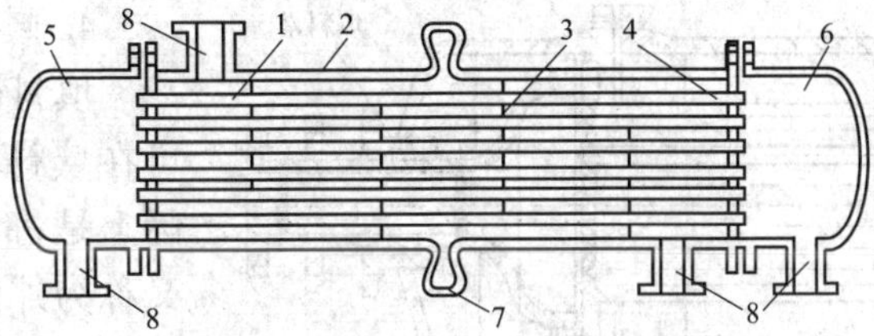

图 3.1　具有膨胀节的固定管板式换热器

1—换热管束；2—壳体；3—折流板；4—管板；5—前端管箱；6—后端结构；7—膨胀节；8—进出口接管

2. U 形管式换热器

U 形管式换热器的换热管束由 U 形弯管组成，如图 3.2 所示。管子两端固定在同一块管板上，弯曲端不固定，因此，每根 U 形管都可以沿管子轴向自由伸缩而不受其他管子及壳体的影响，热补偿性能好。同时，U 形管换热器在需要清洗时可将整个管束抽出，但清除管内壁却比较困难。由于管程为双管程，管内流体流速高，表面传热系数大，但流动阻力也随之增加。因为 U 形管弯曲半径不同，因而在制造时需用具有不同曲率的模子弯管，而且弯管处管壁厚度会减薄。另外，为了保证一定的弯曲半径，在 U 形管管束的中心区域布管不紧凑，对壳程流体的对流传热过程有着不利的影响。正是由于 U 形管换热器存在这些缺点，限制了它的应用。

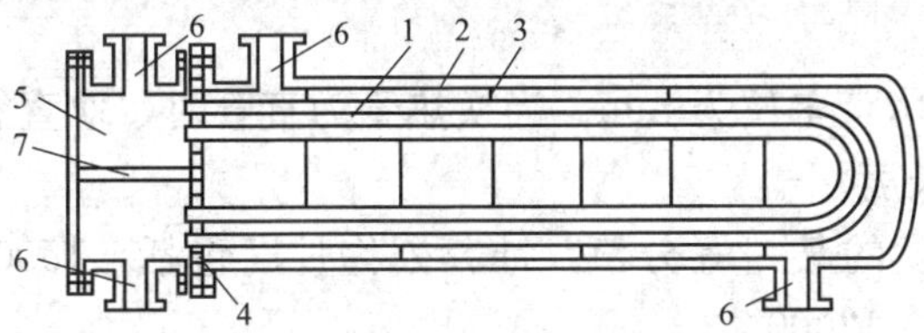

图 3.2　U 形管换热器

1—U 形换热管；2—壳体；3—折流板；4—管板；5—管箱；6—进出口接管；7—分程隔板

3. 浮头式换热器

浮头式换热器的两端管板只有一端通过法兰与壳体固定连接，这一端称为固定端；另一端的管板不与壳体连接，可相对于壳体滑动，这一端被称为浮头端，如图 3.3 所示。因此，在浮头式换热器中，管束可以相对于壳体自由膨胀，壳体与换热管束之间不会因胀差而产生温差热应力。这种换热器在需要清洗和检修时，可以将整个管束从固定端抽出，因此，清洗方便。由于整个浮头位于壳体内部，故又称为内浮头式换热器。浮头式换热器的主要缺点是，浮头盖与管板法兰连接有相当大的面积，从而使得壳体直径增大，在换热管束与壳体之间形成阻力较小的环形通道，部分流体将经此处旁通，而不横向冲刷管束参与换热过程。另外，浮头结构复杂，金属消耗量多，造价高。

浮头式换热器适用于管壁和壳体间温差大，壳程介质腐蚀性强、易结垢的换热过程。

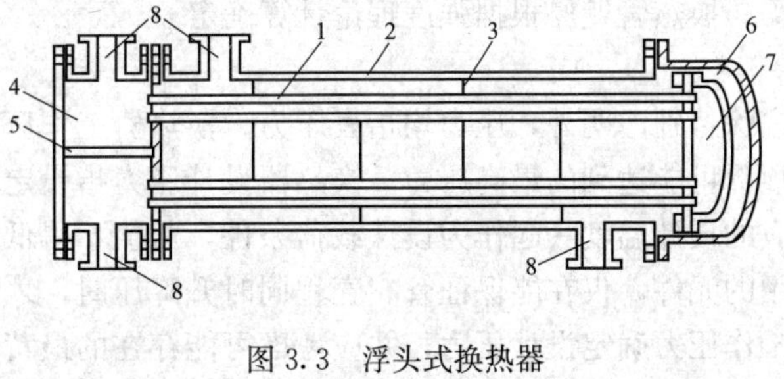

图 3.3　浮头式换热器

1—换热管束；2—壳体；3—折流板；4—前端管箱；5—分程隔板；6—后端结构；7—内浮头；8—进出口接管

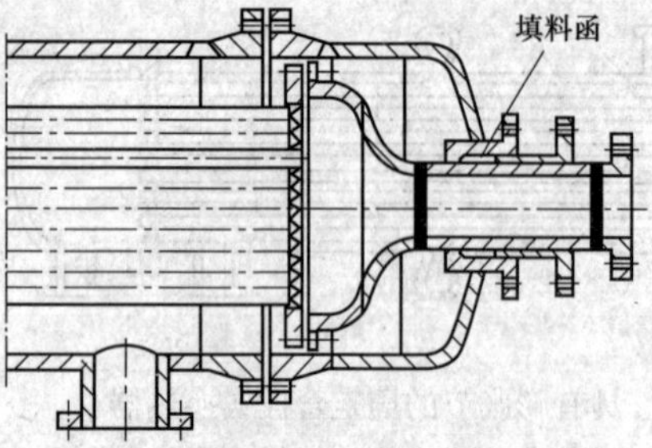

图 3.4 填料函式换热器

4. 填料函式换热器

填料函式换热器的一端管板固定，另一端管板可在填料函中滑动，如图 3.4 所示。这种换热器实际上是将浮头露在壳体外面的浮头式换热器，所以又称为外浮头式换热器。由于填料密封处容易泄漏，故不宜用于易挥发、易燃、易爆、有毒和高压流体的换热过程，而且由于制造复杂，安装不便，因此不常采用。

3.1.2 基本参数及定义

换热器基本参数包括结构参数和运行参数两方面，分述如下。

1. 公称直径

换热器公称直径指壳体直径，常用 DN 表示，其单位为 mm。当换热器直径较小时，例如 DN<400mm 时，常采用无缝钢管做壳体，此时换热器公称直径指钢管外直径。当换热器直径较大时，采用卷制壳体，则换热器公称直径指壳体内直径。

采用卷制壳体时，公称直径通常以 400mm 为基础，以 100mm 为进级挡，必要时，允许采用 50mm 为进级挡。

常用的换热器公称直径标准包括：159、273、400（450）、500（550）、600（650）、700、…

2. 公称长度

换热器公称长度指换热管长度，用 LN 表示，单位为 mm。当换热管为直管时，取直管长度，换热管为 U 形管时，取 U 形管直管段长度。

换热器公称长度通常取无缝钢管产品长度的某一等分值，推荐公称长度包括：1500、2000、2500、3000、4500、6000、7500、9000、12000、…

3. 换热面积

换热面积常用 A 表示，单位为 m^2。

换热器计算换热面积是以换热管外直径为基准，扣除伸入管板内的换热管长度后，计算得到的管束外表面积。对于 U 形管换热器一般不包括 U 形弯管段的面积。换热器公称换热面积是指经圆整后的计算换热面积。

4. 管径与壁厚

在换热器设计中，必须在无缝钢管产品目录内选择换热管直径。当采用碳素钢、低合金钢冷拔管做换热管时，换热管束分为Ⅰ和Ⅱ两级，Ⅰ级管束指较高级或高级冷拔钢管，Ⅱ级管束指普通级冷拔钢管。换热管壁厚根据强度理论计算确定。

5. 设计压力

在换热器设计中，除特别注明外，压力均指表压力。换热器工作压力指在正常工作情况下，换热器管、壳程顶部可能达到的最高压力。换热器设计压力指设定的换热器管、壳程顶部的最高压力，与相应的设计温度一起作为设计载荷条件，其值不得低于工作压力。对于同时受管、壳程压力作用的元件，仅在能保证管、壳程同时升降压时，才可以按压差设计，否则应分别按管、壳程工作压力确定设计压力，并应考虑可能存在的最苛刻的管、壳程压力组合。按压差设计时，压差的取值还应考虑在压力试验过程中可能出现的最大压差值，同时设计者应提出压力试验的步进程序。

真空换热器真空侧的设计压力按承受外压考虑，当装有安全控制装置（如真空泄放阀）时，设计压力取 1.25 倍最大内外压力差；当压力低于 0.1MPa 时可取 0.1MPa，当没有安全控制装置时，可取 0.1MPa。真空换热器非真空侧，同时受管、壳程压力作用的元件，其设计压力应为内压侧和真空侧设计压力之和。

计算压力指在相应设计温度下，用于确定换热器元件厚度的压力，其中包括液柱静压力。当元件所承受的液柱静压力小于 5%设计压力时，可忽略不计。

6. 设计温度

设计温度指换热器在正常工作情况下设定的元件金属温度（沿元件金属横截面的温度平均值），设计温度与设计压力一起作为设计载荷条件。

在任何情况下，元件金属的表面温度不得超过材料的允许使用温度。设计温度不得低于元件金属在工作状态可能达到的最高温度。对于 0℃以下的金属温度，设计温度不得高于元件金属可能达到的最低温度。

3.1.3　换热器型号

1. 零部件名称

管壳式换热器结构比较简单，但所包含的零部件比较多。现以一个浮头式换热器为例，如图 3.5 所示，对应的零部件的名称列于表 3.1 中。

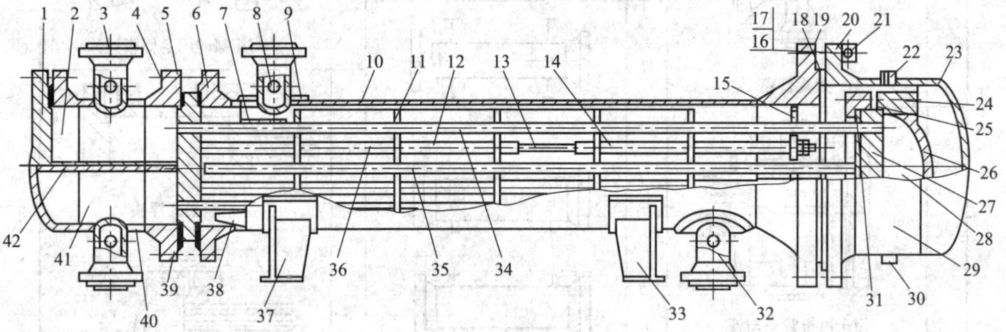

图 3.5　AES、BES 浮头式换热器

表 3.1　零部件名称

序号	名称	序号	名称	序号	名称
1	平盖	15	支持板	29	外头盖（部件）
2	平盖管箱（部件）	16	双头螺柱或螺栓	30	排液口
3	接管法兰	17	螺母	31	钩圈
4	管箱法兰	18	外头盖垫片	32	接管
5	固定管板	19	外头盖侧法兰	33	活动鞍座（部件）
6	壳体法兰	20	外头盖法兰	34	换热管
7	防冲板	21	吊耳	35	挡管
8	仪表接口	22	放气口	36	管束（部件）
9	补强圈	23	凸形封头	37	固定鞍座（部件）
10	圆筒	24	浮头法兰	38	滑道
11	折流板	25	浮头垫片	39	管箱垫片
12	旁路挡板	26	无折边球面封头	40	管箱短节
13	拉杆	27	浮头管板	41	封头管箱（部件）
14	定距管	28	浮头盖（部件）	42	分程隔板

2．主要部件分类及代码

管壳式换热器的主要组合部件包括三部分，即前端管箱、壳体和后端结构，三部分的不同组合，构成了结构不同的换热器。为了便于表述换热器型号，对每一部分都进行了分类，并给出了相应的代号，如图 3.6 所示。

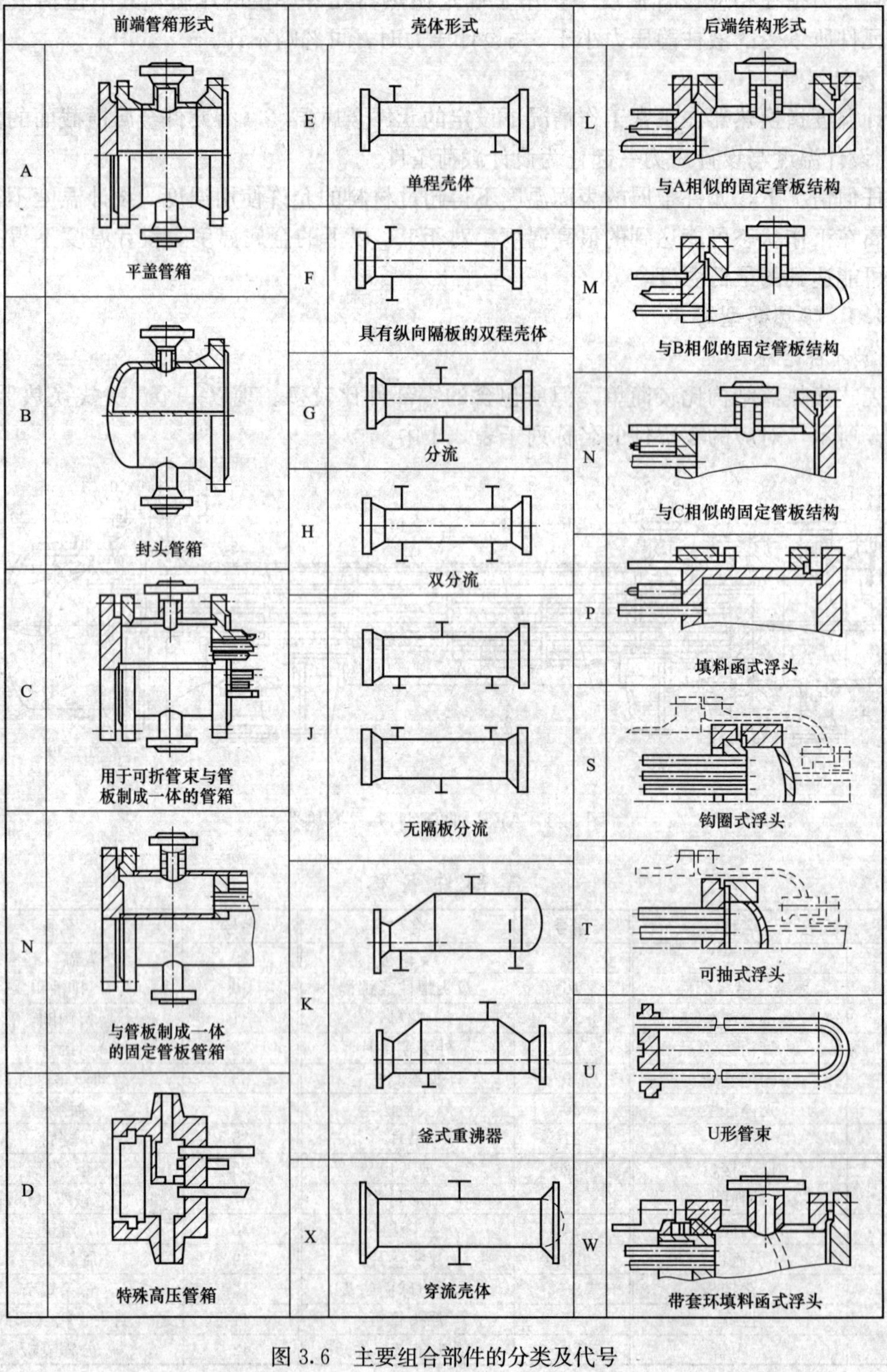

图 3.6　主要组合部件的分类及代号

3. 型号表示方法

由于管壳式换热器使用历史悠久，且其结构简单、应用很广，因此，对它的设计、制造、安装、检修和管理都已积累了丰富的经验，各国在此基础上形成了各自的标准、规范和规定。例如美国的 TEMA 标准，日本的 JIS B 8249 标准，英国的 BS 5500 标准以及联邦德国的 AD 规范等。

我国在管壳式换热器的设计、制造方面也积累了自己成套的经验，设计和制造水平也在不断提高。在经过多次修订的基础上，国家技术监督局在 2014 年发布了新的国家标准：GB/T 151—2014《热交换器》。另外，各行业也发布了一系列行业标准，例如，JB/T 11249—2012《翅片管式换热设备技术规范》、NB/T 47048—2015《螺旋板式热交换器》、GB 16409—1996《板式换热器》和 HG/T 2650—2011《水冷管式换热器》等。

GB/T 151—2014 的适用范围是：（1）公称直径不大于 4000mm；（2）公称压力不大于 35MPa；（3）公称直径（mm）和公称压力（MPa）的乘积不大于 2.7×10^4。此标准规定的钢制管壳式换热器型号表示方法如下：

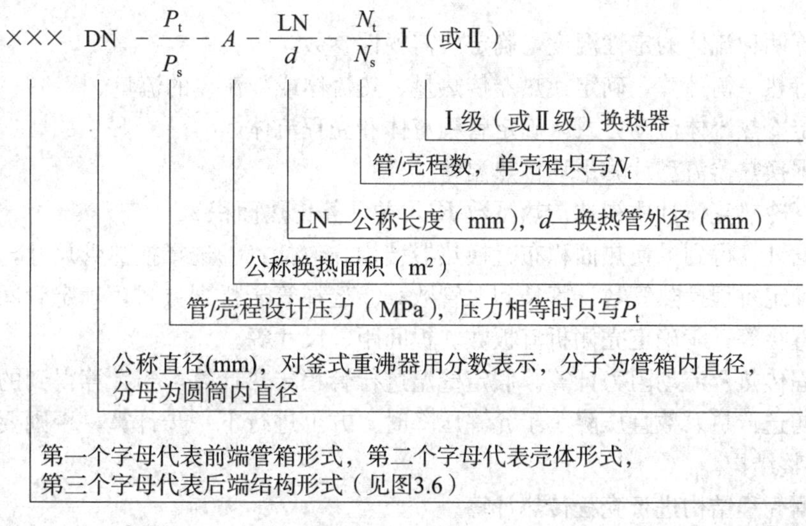

例如，BEM700$-\frac{2.5}{1.6}-$200$-\frac{9}{25}-$4Ⅰ，表示封头管箱，公称直径 700mm，管程设计压力 2.5MPa，壳程设计压力 1.6MPa，公称换热面积 200m²，碳素钢较高级冷拔换热管，外径 25mm、管长 9m，4 管程、单壳程的固定管板式换热器。

AES500－1.6－54$-\frac{6}{25}-$4Ⅰ表示平盖管箱，公称直径 500mm，管程和壳程设计压力均为 1.6MPa，公称换热面积 54m²，碳素钢较高级冷拔换热管，外径 25mm、管长 6m，4 管程、单壳程的浮头式换热器。

3.2　热力设计的流程与原则

在设计换热器和校核已设计好或已运行的换热器时，都需要进行热力设计。在进行热力设计时，首先必须要明确设计计算的目的和条件，然后选择合适的参数，利用传热学和流体力学的知识，根据换热要求进行设计和计算。

热力设计包含两大类，即设计计算和校核计算。在设计计算中，通常已知冷、热流体的所有理化性质及换热要求，包括流体进、出口温度、质量流量、压力、换热量等，要求计算换热面积，布置换热器的具体结构。在校核计算中，通常已知换热器结构及冷、热流体部分参数，要求校核流体出口温度或换热量以及压降是否满足要求。这里，主要讨论换热器的设计计算。

3.2.1 设计计算流程

在换热器设计计算中，许多因素是互相关联、相互影响的，从而使得设计计算过程错综复杂。例如，在传热和阻力计算中，不可避免地涉及换热器结构，因而常需要初选传热系数，通过传热方程计算得到传热面积，根据此面积布置换热器结构，然后才能进行传热计算，得到传热系数的计算值。如果传热系数的计算值与初选值不一致或相差太大，则需要调整传热系数，重新计算。同样，在阻力计算中，如果压降不能满足要求，也必须调整结构，重新计算。设计计算的具体流程如下：

(1) 搜集所有与设计有关的原始资料，并选定换热器形式。原始资料应包括流体的理化性质，如结垢性、腐蚀性、爆炸性等，流体的质量流量、压力、温度、传热量，安装空间，允许压降等。

(2) 计算两种流体的定性温度，确定所需物性参数。

(3) 进行热平衡计算，确定换热器传热量、热流体或冷流体的流量。

(4) 选定冷热流体流动方式，确定管程流体和壳程流体。

(5) 根据换热器流型计算平均传热温差。

(6) 根据冷热流体性质初选传热系数 K'，并计算传热面积 A'。

(7) 根据计算得到的换热面积布置换热器结构，包括：①选择换热管尺寸，计算管程流体流速；②确定每程换热管数、管长和总管数；③选择管子排列方式，确定管间距、壳体直径和连接管直径等；④确定壳侧折流板数、板间距、尺寸等。

(8) 管程传热及流动阻力计算。假定壁温进行管程传热计算，当计算得到的管内表面传热系数大于初选传热系数且压降小于允许压降时，方可进行下一步计算，否则要重选传热系数 K'，并调整结构。

(9) 根据壳程结构进行壳程传热计算。

(10) 校核传热系数或传热面积。根据管、壳程流体性质及流速确定污垢热阻，从而计算出传热系数 K 及传热面积 A。考虑到传热计算公式中的不确定性及运行条件与设计条件的差异，通常要求计算传热面积要有10%～20%的余量才满足要求。

(11) 壁温校核。根据传热系数计算壁面温度，要求与假定壁温基本相符即可。

(12) 计算壳程阻力，使之小于允许压降，若不满足要求，则必须调整流速或结构尺寸重新计算。

以上计算步骤可视具体情况适当调整。同时，对设计计算结果应进行分析，对不合理处要不断改进，有时甚至应提供多个设计方案进行综合比较，从中选择最优设计方案。

3.2.2 设计参数的合理选择

在管壳式换热器的设计中，管、壳程流体的配置以及流体流速、压降、流型、温度的合理选择是保证换热器经济性和安全性的基本前提，因此，在换热器设计中必须首先确定。

1. 管、壳程流体的确定

在确定管、壳程流体时需要考虑的因素很多，总的原则是有利于传热、减小压降、节约材料、降低成本，保证换热器经济、高效、安全运行。对于工作压力和温度高、结垢严重、有毒和腐蚀性强的介质必须特殊考虑。总的来看，在确定管、壳程流体时应满足如下要求：

(1) 流量小、黏度大的流体走壳程，因为在壳程设置折流板后，壳程流道截面和流动方向在不断变化，扰动强，能够在很低的雷诺数下（$Re=100$）达到湍流状态，从而保证比较好的传热性能。从减小压降的角度看，由于流速低，对降低压降也非常有利。

(2) 对于刚性结构换热器，如果冷热流体温差大，应使表面传热系数大的流体走壳程，因为传热间壁温度与表面传热系数大的流体温度接近，这样就可以有效地减小换热管和壳体壁面温差，从而减小胀差。当冷热流体温差小且表面传热系数相差很大时，应使表面传热系数较大的流体走管程，而对管外的对流传热过程进行强化，提高壳程流体的表面传热系数。

(3) 与环境温差大的流体走管程，与环境温差小的流体走壳程，这样有利于减小对环境的散热损失。

(4) 对于冷凝器，饱和蒸汽走壳程，这样有利于凝结液的排除。

(5) 易结垢、易沉淀和不清洁的流体走管程，有毒介质走管程，因为管程清洗比壳程容易得多，而且管内流体不易泄漏。

(6) 高温、高压或腐蚀性强的流体走管程，这对降低壳体壁厚，以及耐热性、耐腐蚀性、密封性等要求非常有利，并可以避免换热管和壳体同时处于恶劣的工作条件下，从而节省贵重材料，降低成本，提高经济性。

应该指出的是，上述原则有时会存在一些矛盾，这时就必须抓住主要问题。例如，在用蒸汽加热水的管壳式换热器中，由于蒸汽在水平管内凝结时的表面传热系数远比垂直或水平管束外凝结时小得多，而且一般不需清洗，所以让蒸汽在管外凝结，这样也便于排除凝结液，显然，这种选择对减少散热损失是不利的。

2. 流体流速的确定

流体流速对换热器的性能具有重要影响。一般情况下，流体流速的增加将使表面传热系数增大，但流动阻力也随之增加，且其增加的速率要大于表面传热系数的增加速率。例如，对于湍流对流传热过程，管内表面传热系数 h_i 与流速 w 的关系为 $h_i \propto w^{0.8}$，管外为 $h_o \propto w^{0.6 \sim 0.65}$，而压降 Δp 与流速关系为 $\Delta p \propto w^{1.8}$，因此，流速对压降的影响比对传热大得多。另外，流速的增加可以减缓或抑制污垢的形成，有利于传热，但也会加大对换热面的冲蚀和磨损，影响换热器的安全运行，因此，在确定流体流速时，必须全面考虑。一般来讲，流速的确定应遵循以下原则：

(1) 保证流体流动处于湍流状态，同时，其压降在合理范围内。实际上，这一点是相互矛盾的，为了达到湍流，必须提高流速，同时压降也随之增加，特别是对于高黏度流体，有时为了保证压降不至于过大，流速不能过高，因而，只能按层流设计。合理压降范围见表 3.2，管壳式换热器内常见流体流速范围见表 3.3。

表 3.2　管壳式换热器允许压降

换热器工作压力（Pa）	允许的压降（Pa）
$p<10^5$（绝对压力）	$\Delta p=0.1p$
$p=0\sim10^5$（表压）	$\Delta p=0.5p$
$p>10^5$（表压）	$\Delta p<5\times10^4$

表 3.3 换热器内常用介质流速范围 (m/s)

介质	管程流速	壳程流速
循环水	1.0～2.0	0.5～1.5
新鲜水	0.8～1.5	0.5～1.5
低黏度油	0.8～1.8	0.4～1.0
高黏度油	0.5～1.5	0.3～0.8
气体	5～30	2～15

(2) 对于易结垢流体，应选取较高的流速，从而加强对壁面的冲刷，抑制污垢的生长。一般管程流速应大于 1m/s，壳程流速应大于 0.5m/s。

(3) 流体黏度越大，为了保证压降在允许范围内，流速应越低。

(4) 当管内、外流体表面传热系数相差较大时，应尽量提高表面传热系数较小侧流体的流速，从而增大其表面传热系数，有利于提高总的传热系数。

(5) 对于易燃、易爆的流体，其流速应低于安全允许流速。常见流体安全允许流速见表 3.4。另外，流体安全允许流速还与管径有关，见表 3.5。

表 3.4 常见流体安全允许流速 (m/s)

介质	苯，乙醚，CS_2	甲醇，乙醇，汽油	丙酮
安全允许流速	1	2～3	10

表 3.5 管径对煤油安全允许流速的影响 (m/s)

管径 (mm)	10	25	50	100	200	400	600
安全允许流速	8.0	4.9	3.5	2.5	1.8	1.3	1.0

(6) 应根据流体本身的特性，在选取流速时同时兼顾表面传热系数的提高和流动阻力的降低两个方面。

(7) 选择的流速应尽量避免水击、振动以及冲蚀等现象的发生。

3. 流体温度和终温的确定

在换热器运行过程中，流体温度及其变化对换热器性能有较大影响，主要表现在以下几方面：

(1) 介质温度过高或过低都会使得间壁两侧对流传热温差增大，结垢速度加快，从而使得传热恶化。

(2) 随着冷热流体温差增加，换热管和壳体壁面温度差也会增大，从而使得管壳之间的胀差增大，对热补偿的要求提高。

(3) 换热器中流体出口温度对换热器传热有效度和传热强度也具有重要的影响。例如，在逆流式换热器中，当冷流体出口温度接近热流体进口温度时，传热有效度最大，但传热温差会减小，传热强度降低，所需传热面积增大。

(4) 在某些流型或某些换热器中，不合理的出口温度还可能出现温度交叉现象，发生反向传热，必须尽可能避免。

当换热器的流型和传热面积已知时，流体的出口温度可由平均温差法或传热单元数法进

行核定。在顺流和逆流时，还可用以下公式直接计算，即

顺流时

$$t_1''=t_1'-(t_1'-t_2')\frac{1-\exp\left[-\left(1+\dfrac{q_{m1}c_1}{q_{m2}c_2}\right)\dfrac{KA}{q_{m1}c_1}\right]}{1+\dfrac{q_{m1}c_1}{q_{m2}c_2}} \tag{3.1}$$

$$t_2''=t_2'+(t_1'-t_2')\frac{q_{m1}c_1}{q_{m2}c_2}\frac{1-\exp\left[-\left(1+\dfrac{q_{m1}c_1}{q_{m2}c_2}\right)\dfrac{KA}{q_{m1}c_1}\right]}{1+\dfrac{q_{m1}c_1}{q_{m2}c_2}} \tag{3.2}$$

逆流时

$$t_1''=t_1'-(t_1'-t_2')\frac{1-\exp\left[-\left(1-\dfrac{q_{m1}c_1}{q_{m2}c_2}\right)\dfrac{KA}{q_{m1}c_1}\right]}{1-\dfrac{q_{m1}c_1}{q_{m2}c_2}\exp\left[-\left(1-\dfrac{q_{m1}c_1}{q_{m2}c_2}\right)\dfrac{KA}{q_{m1}c_1}\right]} \tag{3.3}$$

$$t_2''=t_2'+(t_1'-t_2')\frac{1-\exp\left[-\left(1-\dfrac{q_{m1}c_1}{q_{m2}c_2}\right)\dfrac{KA}{q_{m1}c_1}\right]}{1-\dfrac{q_{m1}c_1}{q_{m2}c_2}\exp\left[-\left(1-\dfrac{q_{m1}c_1}{q_{m2}c_2}\right)\dfrac{KA}{q_{m1}c_1}\right]} \tag{3.4}$$

事实上，在换热器的设计过程中，很多情况下流体温度都要由生产工艺过程确定，只有在少数情况下是由设计者决定的。例如冷凝器或冷却器中冷流体的温度等，此时，选取流体温度和换热终温的一般原则如下：

(1) 热端（大）温差不低于20℃。

(2) 冷端（小）温差不低于5℃。

(3) 冷却器或冷凝器中，冷流体的初温应高于热流体的凝固点；对于含有不凝结气体的冷凝过程，冷流体的终温要求低于被冷凝气体的露点以下5℃。

(4) 空冷式换热器热流体出口和空气进口之间的温差，从经济上考虑应不低于20℃。

(5) 多管程换热器应尽量避免温度交叉，必要时可将较小一端温差增加到20℃以上。

4. 平均传热温差

换热器平均传热温差是反映换热器传热强度的重要技术指标，提高平均传热温差是强化换热器内传热过程的有效方法，但是，平均传热温差不能任意提高，要受很多条件的限制。

(1) 换热器流型。在所有换热器流型中，逆流平均传热温差最大，因此，应尽可能选择逆流或接近逆流的多次交叉流。对于<1-2>型简单折流而言，应尽可能避免温度交叉及反向传热现象的发生，为此，选择先顺流、后逆流的形式比较合适，如图3.7所示。

(2) 流体热容量。当流体热容量较小时，换热过程中温度变化大，平均传热温差较小；相反，当流体热容量较大时，换热过程中流体温度变化小，平均传热温差较大，但由于流体质量流量增大，输送流体所消耗的机械功增加，因此，应综合比较后确定。

(3) 多热源利用。当利用多个具有不同温度的热源加热某一种流体时，采用逐级加热系统可有效提高总的平均传热温差，如图3.8所示。

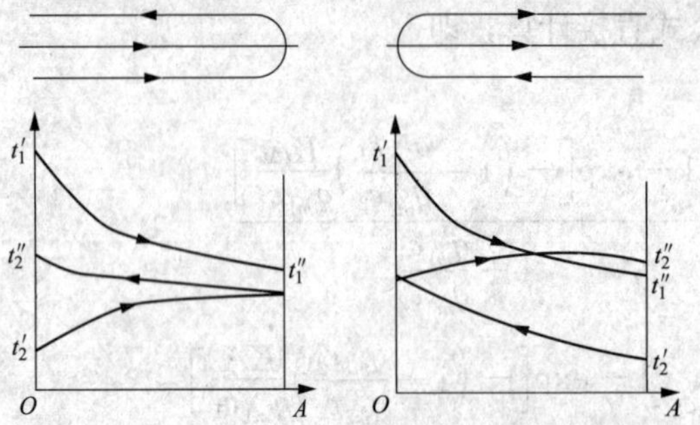

图 3.7 <1-2>型折流温度变化

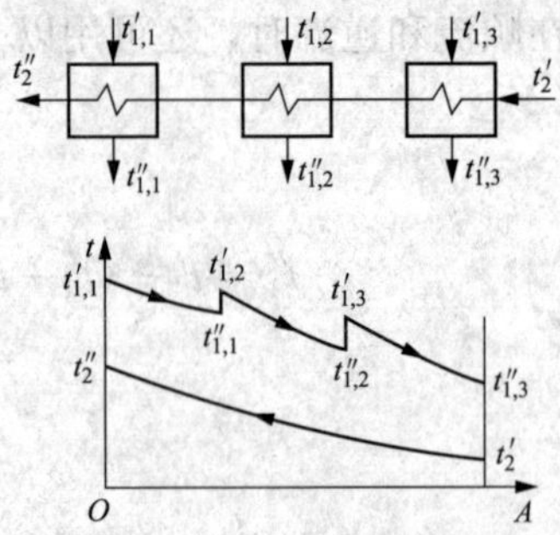

图 3.8 逐级加热系统

3.3 结构设计

换热器的设计包括两个方面，即热力设计和结构设计，它们相互关联、相互牵制。结构设计的目的是保证换热器具有最佳的热力性能，而热力设计必须以结构设计为前提，并最终决定换热器的结构。管壳式换热器的基本结构主要包括换热管束、管板、管箱及壳体等，分述如下。

3.3.1 换热管束

换热管束是管壳式换热器的基本部件，它的作用除了分隔管壳程流体外，还是换热器的基本传热表面，因此，它的形状、尺寸和布置对换热器性能影响极大。换热管束的设计包括管形的选择、管子尺寸的确定、管束的排列方式及管材的选择等。

1. 管形

可供选择的换热管形有光管、翅片管、螺纹管、各种异型管等。选择换热管形的基本原则是经济上合理、技术上可行。从实际应用情况来看，光管使用的最为普遍，其主要优点是价廉，安装、检修、清洗方便，然而，它只适合于两侧表面传热系数相差不大的换热过程，如液-液式换热过程。对于气-液换热过程，则应选择各种强化管，如翅片管、螺纹管等，这样，可以使表面传热系数比较小的气侧传热过程得到强化，从而提高换热器传热系数，减小换热面积，降低金属消耗。但是，强化管一般比较昂贵，成本高，因此，应进行综合技术经济比较后确定。

随着强化传热技术研究的不断发展，出于节约能源的需要，强化传热管的应用将会更加广泛，最终将会取代光管。

2. 换热管尺寸

换热管尺寸有两个，即管径和管长。

(1) 管径。选择管径的基本原则有两个，一是尽量选用标准管径，这样无论是经济上，还是制造上都是有益的。我国常用的标准管径如下：

碳钢管：$\phi14\times2$、$\phi19\times2$、$\phi25\times2$、$\phi25\times2.5$、$\phi32\times3$、$\phi38\times3$、$\phi45\times3$、$\phi57\times3.5$。

不锈、耐酸钢管：$\phi10\times1.5$、$\phi14\times2$、$\phi19\times2$、$\phi25\times2$、$\phi32\times2$、$\phi38\times2.5$、$\phi45\times2.5$、$\phi57\times2.5$。

第二个原则是尽量选用小直径管子，这样可以增大换热面积，节约金属消耗，降低换热器成本。在相同条件下，采用小直径管子可使管内、外对流传热表面传热系数增大，同时，能使单位体积内布置更多的传热面。例如，当壳体直径相同时，如果将换热管直径由 25mm 减小为 19mm，则可布置的传热面可增加 40%左右，单位传热表面可节约金属 25%左右。如果传热面一定，采用小直径管子可使管子长度缩短。例如，对于单管程换热器，当流速一定时，为保证管程所需流通截面积 A_t，其总的换热管数 n 为

$$n = \frac{4A_t}{\pi d_i^2}$$

式中：d_i 为换热管内径。

如果所需的换热面积为 A，则管长 L 应为

$$L = \frac{A}{\pi d_o n}$$

式中：d_o 为换热管外径。

忽略换热管内径与外径的差别，则联立以上两式有

$$L = \frac{A}{4A_t} d \tag{3.5}$$

此式表明，当传热面一定时，换热管长与管径成正比，管径越小，管长就越短。

采用小直径管子所带来的不利影响：小管径管子会使流动阻力增加，换热管数量增多，使得管子与管板连接处泄漏的可能性增大；管径越小，管内就越易积垢。

（2）管长。换热管长度即为换热器公称长度，因此，换热管长度应尽量选用标准管长，常用的长度有 1500、2000、2500、3000、4000、4500、6000 等。由于换热器管板和管箱的金属耗量大、在换热器成本中所占比例高，因此，增加换热管长可以减小管板和管箱直径，降低换热器金属消耗量（见表 3.6）。所以，在换热器设计中，应尽量增加换热管长度。

表 3.6　不同管长固定管板式换热器金属耗量比较

壳体直径（mm）	500		400			
管长（mm）	3000	6000	1500	2000	3000	6000
金属耗量（kg/m^2）	36.8	31.6	54.6	47.5	40.5	33.6

换热管长度的增加会使管子清洗和拆换困难，检修时抽出管束所需空间增大。另外，换热管长也要受到换热器刚度和稳定性的限制，通常情况下，当换热器卧式布置时，换热管长与壳体直径之比（即长径比）应为 6～10，当立式布置时，长径比应为 4～6。

3. 换热管束排列

换热管排列的基本原则：保证管板有必要的强度，管子和管板的连接要坚固和紧密；设备要尽量紧凑，以便减小管板和壳体的直径，并使管外空间的流通截面减小，提高管外流体的流速；制造、安装和修理、维护简便。基于上述原则，产生了以下几种典型的排列方式。

（1）正三角形排列。正三角形排列是最常见的排列方式，在这种排列方式中，流体流动方向与三角形的一条边垂直，是一种最典型的错排，如图 3.9（a）所示。

正三角形排列布管比较紧凑，流体表面传热系数高，便于管板划线及钻孔，但管间不易清洗，流动阻力大。这种排列方式适用于壳程介质不易结垢且不需要机械清洗、允许压降较大的换热过程。

（2）同心圆排列。同心圆排列是指以壳体中心作为管束的中心，在同心圆上排列管子，如图 3.9（b）所示。此时，管间距 s 既是两层圆周之间的距离，也是圆周上管子之间的间

距。但是，必须指出，管子直线间距和圆弧上管间距稍有差别，因为在圆周上布置的管子必须是整数，从而采用这种排列方式时，各层圆周上的管间距是不相等的，这就使得管板上的划线、制造和装配都比较困难。

这种排列方式的优点是布管比较紧凑，特别是在靠近壳体处管子排列非常均匀，因此，在小型换热器中，这种布管方式比等边三角形排列要好。但随着壳体直径的增大，同心圆排列的优点逐渐消失，因此，在大型换热器中，多采用正三角形排列。

(3) 正方形排列法。正方形排列是一种典型的顺排，在这种排列方式中，流体流动方向与正方形的一边垂直，如图 3.9 (c) 所示。

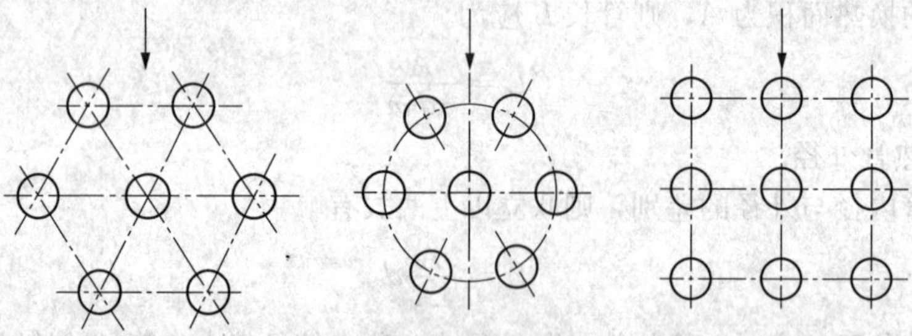

(a) 正三角形排列　(b) 同心圆排列　(c) 正方形排列

图 3.9　换热管束排列方式

这种排列方式在相同条件下可排列的管数最少，因此，布管最不紧凑，流体对流传热表面传热系数低，但流动阻力小。正方形排列的主要优点是易于清扫，故在易于结垢且需将管束抽出清洗的场合非常实用。例如，在浮头式和填料函式换热器中就常采用这种排列方式。

(4) 组合排列。组合排列是指在换热器中同时具有多种排列方式的一种排列。例如，在多管程换热器中，每一程都采用正三角形排列，而在各程相邻管排间，为便于安装分程隔板，则采用正方形排列，如图 3.10 所示。需要说明的是，在多管程换热器中，分程隔板要占据一部分管板面积，因此，分程隔板槽两侧管间距会增加，实际排管数必须扣除增加的间距后计算或作图确定。

(5) 转角排列。常见的转角排列有两种，即流体流动方向与三角形的一条边平行的转角正三角形排列和流体流动方向与正方形的一条对角线垂直的转角正方形排列，如图 3.11 所示。

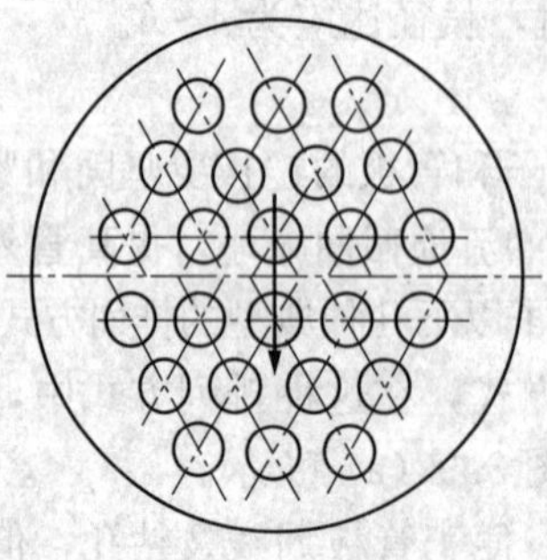

图 3.10　组合排列

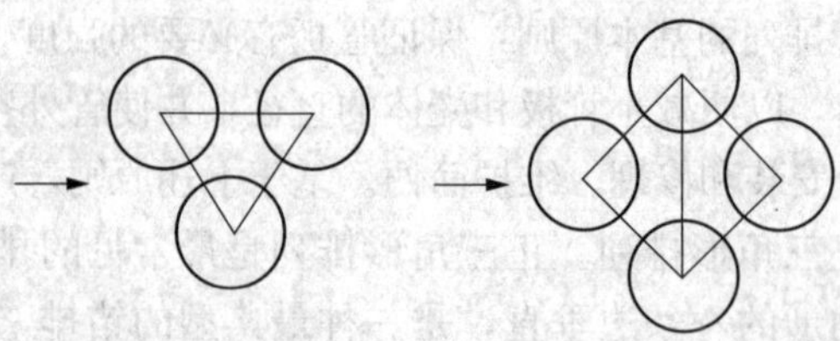

(a) 转角正三角形排列　(b) 转角正方形排列

图 3.11　转角排列

转角正三角形排列在保留了原正三角形排列优点的同时，使得管外的机械清扫更加容易；而转角正方形排列相对于正方形排列而言，由于管束从顺排变为了错排，因此，对流传热表面传热系数会增大。

对于卧式冷凝器，采用转角正三角形排列时，有利于管外凝结液的排除，增大凝结传热表面传热系数。如图 3.12 所示，此时，最佳的管板轴线与设备轴线间的偏转角 θ 可按下述方法确定：转角正方形排列时，$\theta=26°25'$；转角正三角形排列时，$\theta=30-\arcsin(d_o/2s)$。

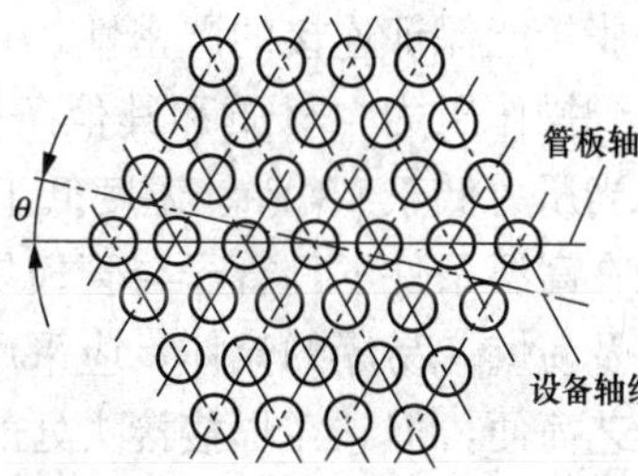

图 3.12　冷凝器中管束的偏转

4. 管间距

管板上两根管子中心线的距离 s 称为管间距，也可用相对管间距 s/d_o 表示。从传热角度看，管间距越小，壳程表面传热系数就越大，但流动阻力也随之增大。

管间距大小主要与管板强度、清洗管子外表所需间隙、管子与管板间的固定方式等有关。采用焊接法时，管间距太小，焊缝太近，因而很难保证焊接质量，因此，对于 $\phi 19$ 以上的换热管一般要求 $s-d_o\geqslant 6$mm。而采用胀管法时，过小的管间距会造成管板在胀接时由于挤压力的作用而产生变形，失去了管板与管子之间的连接力，因此，要求 $s/d_o\geqslant 1.25$。

对于钢制管壳式换热器，最小管间距见表 3.7。对于多管程分程隔板处的管间距，最小应为管间距加隔板槽密封面宽度，其值也列在表中。需要说明的是，当管间需要机械清洗时，相邻管间的净空距离不宜小于 6mm，对于外径为 10mm 和 14mm 的换热管的中心距分别不得小于 17mm 和 21mm；对于外径为 25mm 的换热管，当采用转角正方形排列时，其分程隔板槽两侧的管间距应为 32mm×32mm 正方形的对角线长，即 $s_n=45.255$mm。

表 3.7　**管　间　距**　(mm)

换热管外径	10	14	19	25	32	38	45	57
最小管间距 s	13～14	19	25	32	38	45	57	72
分程隔板槽处管间距 l_g	25	32	38	44	52	60	68	80

5. 管子与管板的连接

管子与管板连接的基本原则是能保证连接牢固、不泄漏、不产生大的应力。常用的方法有胀接和焊接两种，在高温高压且其接头在操作中会受反复热变形、热冲击和热腐蚀的作用时，也可胀焊并用，如图 3.13 所示。

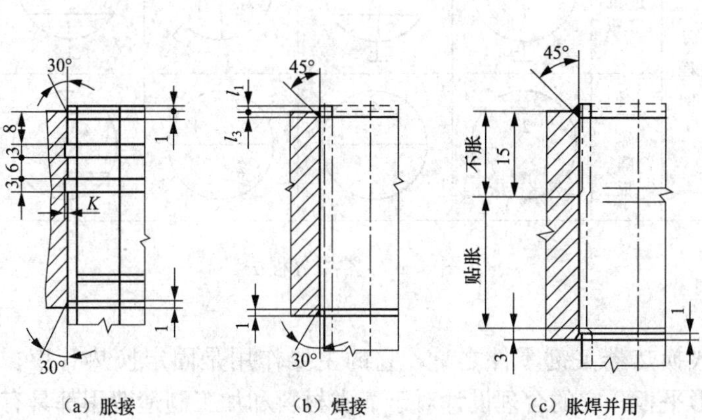

图 3.13　常用的管子与管板连接方式

胀接能保证连接的严密性，且易于更换损坏的管子。但是，胀接接头不仅受温度影响，还受到操作压力、材质和其他条件的影响，因此，不能简单地给出其适用范围。一般情况下，当压力低于 4MPa、温度低于 300℃时可以采用。

在高温条件下，管子与管板易产生蠕变，从而引起胀接处的松弛而泄漏，故对高温、高压以及易燃、易爆的流体，应采用焊接。另外，焊接对管板孔的加工要求较低，同时比胀管的工艺简便，但它在焊接接头处的热应力可能会造成应力腐蚀和破裂，同时在管孔和管子间存在的间隙处也可能产生间隙腐蚀。

为了克服焊接时可能产生的间隙腐蚀，提高连接的可靠性，也可采用先胀接、再焊接的连接方式，如图 3.13（c）所示。

6. 管束分程

当换热面积较大而管子又不能太长时，换热管数必然增多，管程流体流通面积增大，为了减小流通面积，提高管程流体流速，增大表面传热系数，就必须对管程进行分程。

在对管程进行分程时，必须尽量避免温度交叉现象即反向传热现象的发生。在多管程换热器中，壳程结构复杂，流体流过分程隔板区域短路机会增多，沿隔板区域流动时会形成旁流，这些都不利于传热。

（1）分程原则。当对换热管束进行分程时，应保证每程换热管数大致相等，同时，分程隔板形状简单，相邻程间平均壁温之差不超过 28℃，各程间密封长度尽可能短。当管程数为偶数时，制造、安装和检修都比较方便，因此，应用较普遍。随着管程数的增多，管程流体流程增长，流动阻力增大，因此，管程数不宜太多，一般以 2、4 程较为普遍。

（2）分程方法。目前，常用的分程方法有两种，即平行分程法和 T 形分程法，如图 3.14 所示。两种方法各有优劣。例如，当管程数为 4 时，采用平行分程法接管方便，停运时可放出管箱内残液，而 T 形分程法布管数较多，但最冷和最热的流程总是紧挨在一起的，不利于传热。

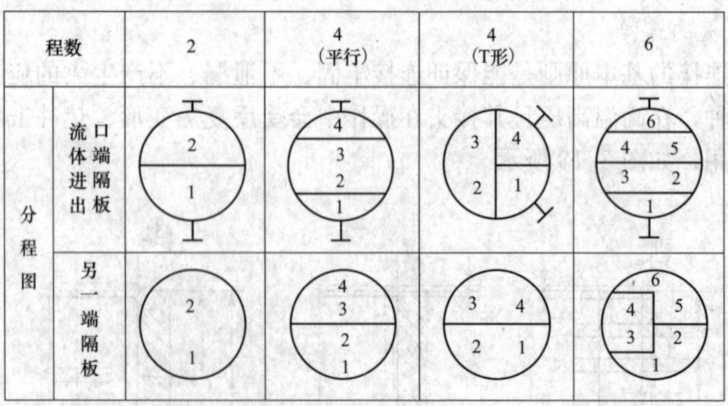

图 3.14 常用分程法

3.3.2 管板

管板是管壳式换热器关键零件之一，它的主要作用是固定换热管束、分隔管、壳程流体。管板常为圆形平板，它的合理设计对于节省材料和加工制造费用都具有重要意义。

1. 管板与壳体的连接

管板和壳体的连接方式有两种，即不可拆连接和可拆连接。

不可拆连接是指换热器两端的管板直接焊在外壳上，并将延伸到壳体周围之外的部分兼作法兰，如图 3.15 所示，在固定管板式换热器中常采用不可拆连接。这种连接方式拆下管箱即可检修胀口或清扫管内污垢，但由于换热管束、管板和壳体连为一体，换热器在运行时管子和壳体内热应力较大，需要进行热补偿。不可拆连接适合高压、有毒、易爆介质的换热，但壳程清洗较为困难。

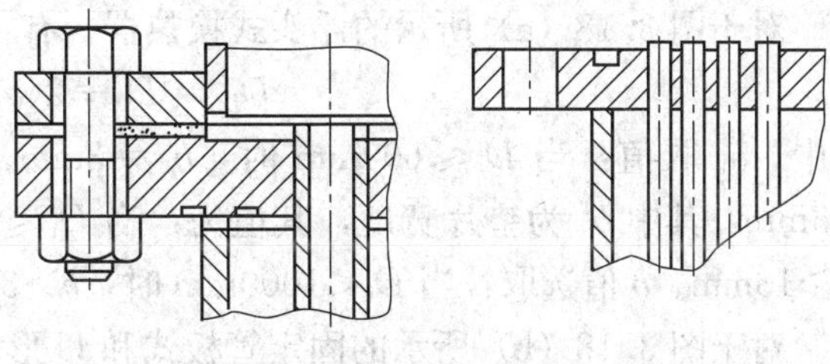

图 3.15　管板与壳体的不可拆连接

可拆连接是将管板夹在壳体法兰和管箱法兰之间构成的，如图 3.16 所示，这种连接方式可方便地将整个管束抽出，因此，壳程清洗非常方便，但对管板与法兰面的密封要求较高。在 U 形管换热器和浮头式换热器中，为便于壳程清洗，常采用这种连接方式。

除圆形平管板外，还有很多其他形式的管板。例如，为防止两流体泄漏的双管板（见图 3.17）、用于高温高压场合的椭圆形管板、挠性管板、球形管板、薄管板等，这些管板采用的都是上述两种连接方式。

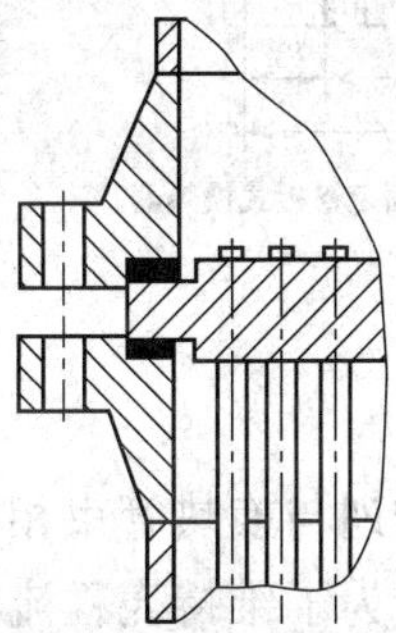

图 3.16　管板与壳体可拆连接示意

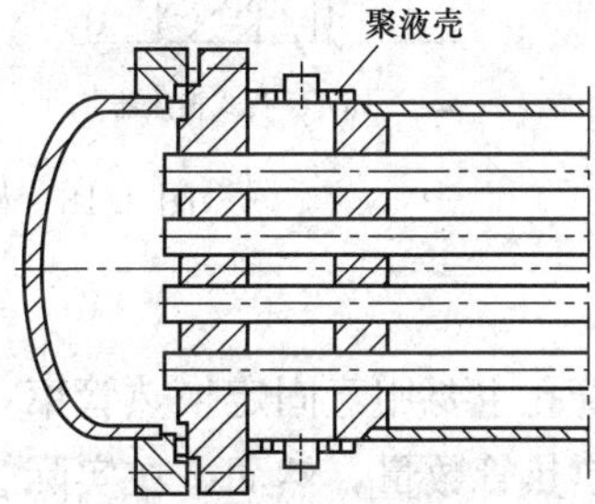

图 3.17　双管板结构

2. 管板尺寸

管板的尺寸有两个，即厚度和直径。管板的受力情况非常复杂，影响管板强度的因素很多，因而管板的分析和计算相当复杂。由于采用的简化假定不同，与管板的真实受力都有一定的差异，以致在同样条件下用各国规范计算公式算出的厚度差别很大，我国采用的计算方法在 GB/T 151—2014 中作了详细说明。

管板与管子胀接时，管板最小厚度见表 3.8（不包括腐蚀裕量）。当采用焊接时，最小厚度还需满足结构和制造上的要求。

表 3.8　　管板最小厚度　　(mm)

换热管外径		10	14	19	25	32	38	45	57
管板最小厚度	用于炼油工业及易燃、易爆、有毒介质等场合	20			25	32	38	45	57
	用于无害介质的一般场合	10		15	20	24	26	32	36

管板直径取决于管板与壳体的连接方式。管板上最大布管圆直径 D_L 取决于壳体直径 D_i 和换热器形式，可分别按下述方法确定。

对于图 3.18（a）所示的浮头式换热器，有

$$D_L = D_i - 2(b_1 + b_2 + b) \tag{3.6}$$

式中，b_1 取值：当 $D_i \leqslant 600$mm 时，$b_1 = 3$mm；当 $D_i > 600$mm 时，$b_1 = 5$mm。$b_2 = b_n + 1.5$mm，其中 b_n 为垫片宽度，其值为：当 $D_i \leqslant 600$mm 时，$b_n \geqslant 10$mm；当 $D_i > 600$mm 时，$b_n \geqslant 13$mm。b 值选取：当 $D_i < 1000$mm 时，$b > 3$mm；当 $D_i = 1000 \sim 2000$mm 时，$b > 4$mm。

对于图 3.18（b）所示的固定管板式和 U 形管式换热器，有

$$D_L = D_i - 2b_3 \tag{3.7}$$

式中：b_3 为管束最外层换热管表面至壳体内壁的最短距离，一般取 $b_3 = 0.25d$ 且不小于 10mm。

在换热器设计中，必须将管束外缘置于布管限定圆之内。

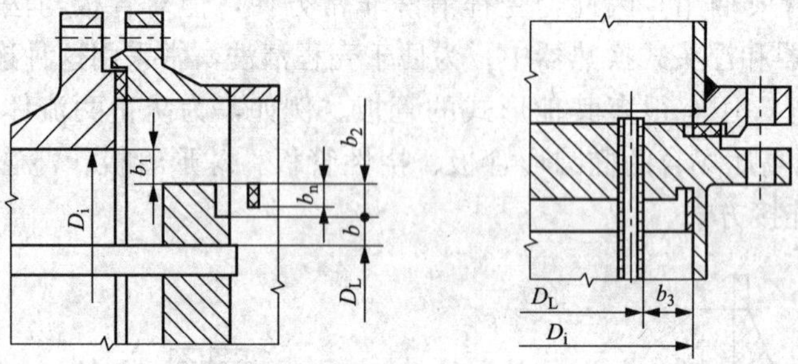

（a）浮头式换热器　　（b）固定管板式换热器

图 3.18　最大布管圆直径计算

3. 管孔

管板上的管孔主要用于固定换热管束，因此，管孔的排列与换热管束相同，管孔的数量原则上应等于换热管数量，然而，在实际管壳式换热器中，为了维持壳程流场，往往设置假管，同时为了固定折流板还设置了拉杆，拉杆也需要固定在管板上，因此，管板上的管孔数应为换热管数、假管数和拉杆数之总和。

管孔直径略大于换热管直径，允许一定的正偏差，见表 3.9。

表 3.9　管孔直径及允差　(mm)

换热管外直径		14	19	25	32	38	45	57
管板	孔直径	14.4	19.4	25.4	32.5	38.5	45.5	57.7
	允差	+0.15	+0.20	+0.20	+0.30	+0.30	+0.40	+0.40

3.3.3　壳体

在管壳式换热器中，壳体形式很多，包括单程壳体、分流壳体、U 形管换热器壳体等，但是，不论其形式如何，壳体都是一个承压容器，因此，壳体的设计必须满足强度、刚度、耐久性、密封性和稳定性等要求，同时，还要保证安装、运输和检修方便。

壳体壁厚度 δ_s 可根据强度理论计算，即

$$\delta_s = \frac{pD_i}{2[\sigma]^t\phi - p} + C \text{ mm} \tag{3.8}$$

式中：p 为设计压力，N/m^2；D_i 为壳体内直径，mm；$[\sigma]^t$ 为设计温度下壳体材料的许用应

力，N/m^2；ϕ 为焊缝减弱系数，按规定选取；C 为考虑腐蚀等所需之壁厚附加量，mm。

在实际设计中，为了保证壳体具有一定刚度，壳体和管箱短节的最小壁厚都不能低于表 3.10 所规定的值。

表 3.10　碳素钢或低合金钢壳体及管箱短节的最小壁厚　(mm)

换热器公称直径	400～700	800～1000	1100～1500	1600～2000
浮头式、U 形管式	8	10	12	14
固定管板式	6	8	10	12

壳体直径取决于换热管数、管束排列方式、管径及管间距等。当总的换热管数为 n 时（包括假管和拉杆数），如采用正三角形排列，则中心管排管数 n_c 为

$$n_c = 1.1\sqrt{n} \tag{3.9}$$

如采用正方形排列，则中心管排管数 n_c 为

$$n_c = 1.19\sqrt{n} \tag{3.10}$$

由此可得壳体计算直径 D_j 为

$$D_j = s(n_c - 1) + d_o + 2e \tag{3.11}$$

式中：s 为管间距；e 为布管圆距壳体内壁的距离，一般取 25～76mm。

当得到壳体的计算直径后，就可以选择一个接近但略大于计算直径的标准壳体直径。

3.3.4　管箱

管箱是管程流体进口均匀分流、出口汇流的空间，在多管程换热器中，它还起着改变管程流体流向的作用。管箱的结构要有利于承压介质均匀，保证进出口接管简单，同时，拆装方便，便于检修。

1. 管箱形式

管箱形式很多，包括平板型、封头型、碟型、半球形及锥形等，但最常用的是平盖管箱和封头管箱，如图 3.19 所示。平盖管箱结构简单，制造容易，但承压能力低；封头管箱结构复杂，成本高，但承压能力强。对于大直径换热器和介质压力较高的换热器，应优先采用封头管箱。

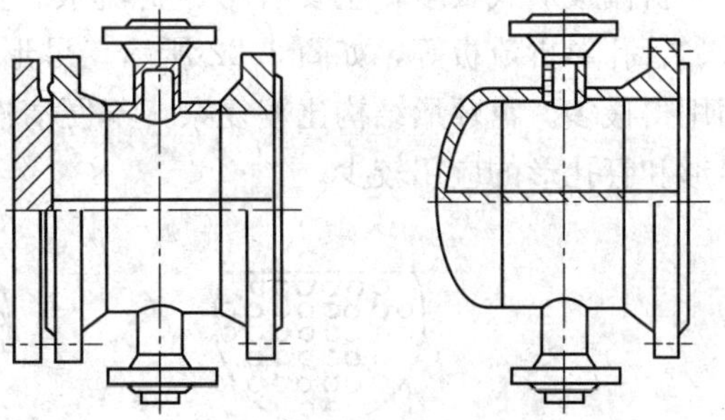

(a) 平盖管箱　(b) 封头管箱

图 3.19　两种典型的管箱结构

2. 管箱尺寸

管箱短节壁厚与壳体相同，其最小壁厚由表 3.10 确定，封头壁厚根据强度理论确定。对于轴向接管的单程管箱，接管中心处的最小深度不得小于接管内直径的 1/3，对于多管程管箱，其内侧深度应保证两程间的横跨面积至少等于每程管子流通面积的 1.3 倍。

3. 分程隔板

在多管程换热器内的分程隔板均安装在管箱内，一般情况下，分程隔板都是被连续地焊接在管箱内壁上。当换热器公称直径不超过 600mm 时，对于碳素钢及低合金钢分程隔板，最小隔板厚度为 8mm，对于高合金钢，最小隔板厚度为 6mm；当公称直径为 600～1200mm 时，最小隔板厚度分别为 10mm 和 8mm；当公称直径大于 1200mm 时，最小隔板厚度分别为 14mm 和 10mm。当管程流体有较大的压力脉动或隔板两侧压差较大时，隔板厚度可适当

增加。当换热器公称直径大于 1500mm 时，为了提高分程隔板的刚度，减少通过分程隔板的传热，也可采用双层结构，如图 3.20 所示。

为了在管板上安装分程隔板，在管板上应设分程隔板槽，槽的宽度、深度及拐角处的倒角等均按标准执行。通常情况下，当分程隔板厚度大于 10mm 时，其密封面处应削薄至 10mm，如图 3.21 所示。

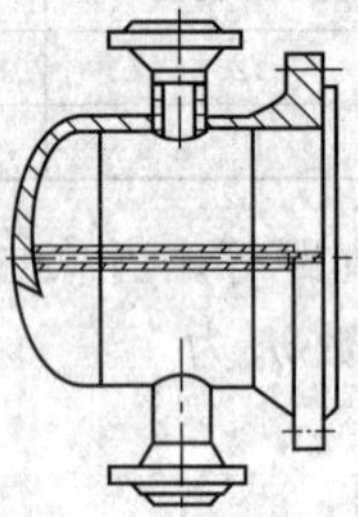

图 3.20　双层分程隔板结构

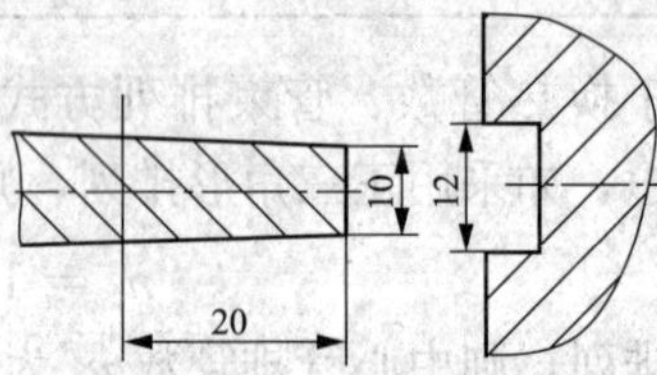

图 3.21　隔板-管板密封面

3.3.5　折流板和支持板（支承板）

1. 折流板作用

壳程折流板的主要作用是减小壳程流体流通面积，提高流速，增大表面传热系数。同时，将壳程流体由纵掠表面的对流传热变为横向冲刷管束的对流传热，加强了对流体的扰动，强化了对流传热过程。另外，当换热管较长时，折流板可有效地支撑管束，提高其刚度，防止管束的振动。

2. 折流板形式

折流板形式很多，主要有弓形折流板、盘环形（或称圆盘-圆环形）折流板、扇形折流板、管孔形折流板等，如图 3.22 所示。弓形折流板流体流动的死角较小，结构也简单，因而用得最多。盘环形结构比较复杂，不便清洗，一般用在压力较高和流体比较清洁的场合。扇形和管孔形的应用较少。

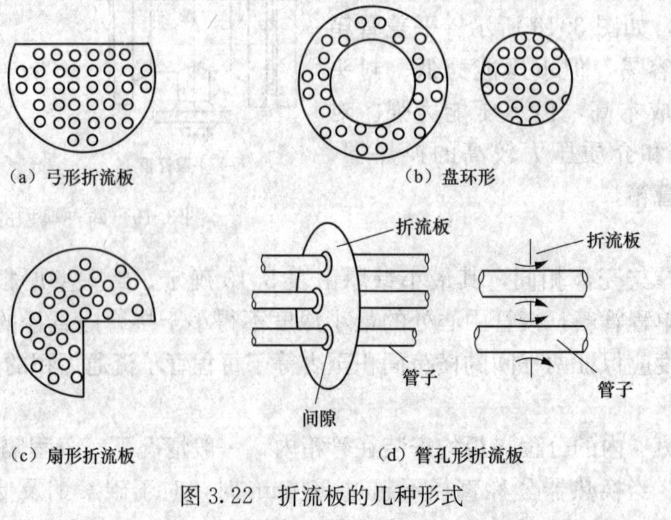

图 3.22　折流板的几种形式

3. 弓形折流板

(1) 切口方向。在卧式换热器中，弓形折流板分水平切口和垂直切口两种，如图 3.23 所示。水平切口折流板缺口上、下方向交替排列，在折流板引导下，壳程流体上、下横向冲刷换热管束；垂直切口折流板缺口左、右方向交替排列，在折流板引导下，壳程流体左、右横向冲刷换热管束。一般情况下，当壳程流体全是气体或液体清洁物料时，宜采用水平切口，此时，为了避免气体和液体的相对集中，应在上折流板上方和下折流板下方设置小孔或缺口，以排除可能残留的气体和液体。对卧式冷凝器和再沸器等，由于壳程气、液共存或液体中带有固体颗粒，宜采用垂直切口。

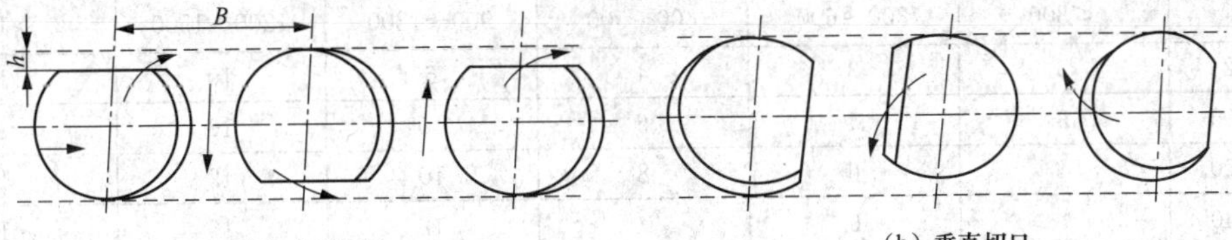

图 3.23 弓形折流板切口方向

当换热管束采用正方形排列时，也可采用 45°倾斜切口，相当于将原换热管束旋转了 45°，由正方形排列变为了转角正方形排列，有利于传热。

(2) 几何尺寸。弓形折流板的缺口高度 h 和板间距 B 的大小是影响壳程流体传热和流动的两个重要因素，确定的基本原则是保证壳程流体流过缺口处的流通面积与流过两块折流板间的流通面积相近。缺口高度是按切去的弓形弦高 h 占壳体内径 D_i 的百分比来确定的。缺口高度越大，流速就越低，扰动效果下降，传热能力也就降低；缺口高度越小，流场就越不均匀，且容易堵塞，如图 3.24 所示。合理的缺口高度范围是：单相对流时，$h/D_i=20\%\sim25\%$；蒸发传热时，$h/D_i=45\%$；冷凝传热时，$h/D_i=25\%\sim45\%$。

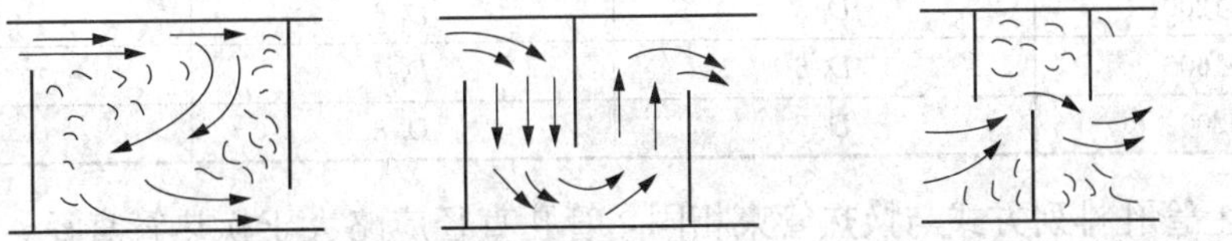

图 3.24 缺口高度及板间距对流动的影响

相邻两折流板间距 B 小，可保证流体横向冲刷管束，提高表面传热系数，但流动阻力会增加，且难以检修和清洗；间距过大，则使流体难以垂直冲刷管束，表面传热系数会下降。一般情况下，折流板间距应不小于壳体内径的 1/5，且不小于 10mm，最大不超过表 3.11 中规定值，经验表明，最佳的折流板间距是壳体内径的 1/3。两块管板与端部两块折流板的距离通常大于中间折流板间距，以便为壳程流体的进、出提供足够的空间。中间折流板一般是等间距布置。

表 3.11 折流板的最大间距 (mm)

换热管外径	10	14	19	25	32	38	45	57
最大无支撑跨距	800	1100	1500	1900	2200	2500	2800	3200

实际上，折流板间距的变化范围较宽，在设计过程中，当校核流动和传热不满足要求时，折流板间距是一个重要的调控参数。

折流板厚度对传热和流动没有影响，但是，为了有效防止管束振动并承受拆换管子时的扭拉作用，必须要保证一定的折流板厚度。一般情况下，折流板厚度至少是换热管壁厚度的一倍，且最薄不能小于3mm，可参照表3.12选取。

表3.12　折流板和支承板厚度　(mm)

壳体直径	最大无支承间距					
	<300	300～600	600～900	900～1200	1200～1500	>1500
159～325	3	3	4	6	10	10
400～600	3	4	6	10	10	12
700～900	4	6	8	10	12	16
1000～1400		6	10	12	16	16
1500～1800		8	12	12	20	20
1900～2000		10	14	14	22	24

为了保证制造、检修方便，折流板外缘与壳体内壁间必须要有一定的间隙，折流板直径可参照表3.13确定。

表3.13　折流板和支承板直径 D_b　(mm)

壳体直径	固定管板式	浮头式、U形管式	冷凝器
159～325	D_i-2	D_i-2	D_i-2
400	D_i-3	D_i-4	D_i-4
500～600	D_i-3	D_i-4	D_i-5
700～900	D_i-4	D_i-5	D_i-6
1000～1200	D_i-5	D_i-6	D_i-7
1300～1600	D_i-6	D_i-7	D_i-8
1700～2000	D_i-7	D_i-8	D_i-9

折流板上管孔排列方式与换热管束相同，管孔直径应略大于换热管直径。如果换热管与折流板管孔间隙太小，将会使穿管困难；太大将会使通过间隙的漏流增大，影响传热效果，同时，管孔对换热管的约束减弱，容易引起管束振动。管孔直径及允许误差见表3.14。

表3.14　折流板管孔直径及允差　(mm)

管子直径	14	19	25	32	38	45	57
管孔直径	14.6	19.6	25.8	32.8	38.8	45.8	58.0
允差	+0.40			+0.45		+0.50	

(3) 折流板的固定。折流板的安装固定方式有两种，一种是通过拉杆和定距管来实现，如图3.25 (a) 所示，这种固定方式适用于管子外径大于或等于19mm的管束。拉杆是一根两端皆带螺纹的长杆，一端拧入管板中，折流板穿在拉杆上，各折流板之间则以套在拉杆上的定距管来保持板间距离，最后一块折流板用螺母拧在拉杆上进行紧固。拉杆的直径及数量见表3.15和3.16，在保证大于或等于表中所示拉杆总截面积条件下，拉杆的直径和数量可以调整，但其直径不得小于10mm，数量不得少于4根。拉杆应尽量均布于管束的外边缘，但对于大直径的换热器，在布管区内或靠近折流板缺口处也应布置适当数量的拉杆。

表 3.15　　　拉 杆 的 直 径　　　(mm)

换热管外径	10	14	19	25	32	38	45	57
拉杆直径	10	12	12	16	16	16	16	16

表 3.16　　　拉 杆 数 量

拉杆直径 \ 公称直径 DN	<400	400～700	700～900	900～1300	1300～1500	1500～1800	1800～2000
10	4	6	10	12	16	18	24
12	4	4	8	10	12	14	18
16	4	4	6	6	8	10	12

另一种固定方式适用于管子外径小于或等于 14mm 的管束，此时，将折流板直接焊在拉杆上，如图 3.25（b）所示，因此，不需定距管。

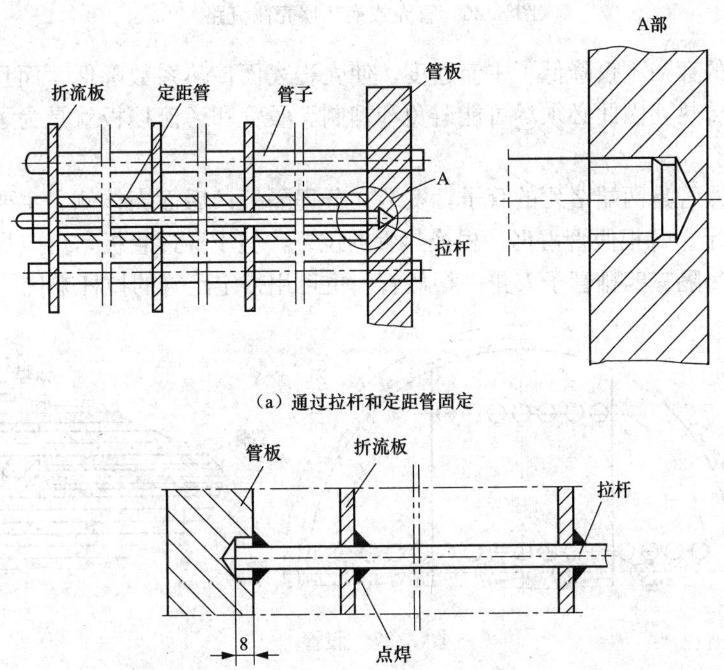

（a）通过拉杆和定距管固定

（b）直接点焊固定

图 3.25　折流板的安装和固定

4. 支承板

折流板的一个作用是对换热管束起支撑作用，但是，在有些卧式换热器中不需要折流板时，为了支撑管束，防止管束振动，常常需要设置弓形或半圆形支承板。每个支承板只能支撑半数管子，因此，支承板必须交错排列，并采用垂直切口方式。支承板对传热过程的影响很小，但对压降的影响不可忽略。除缺口高度外，支承板的几何尺寸与折流板相同。

5. 假管和旁流挡板

壳程加装弓形折流板后，壳程流体流动过程变得非常复杂，除了主流外，还存在各种形式的旁流和漏流。旁流是指通过管束外围与壳体内壁间的流动，漏流是指通过折流板上管孔与管子间间隙和折流板边缘与壳体内壁之间间隙的流动。在图 3.26 中，B 为主流路；A 为通过折流板管孔与管子间间隙的漏流，会随管外壁的结垢而减小；C 为通过管束外围与壳体内壁间的旁流；E 为通过折流板边缘与壳体内壁之间间隙的漏流；流路 F 是因为安装分程隔板而使壳程形成了不被管子所占据的通道，以及当分程隔板设置在壳程流体流动方向上时所形成的旁流。

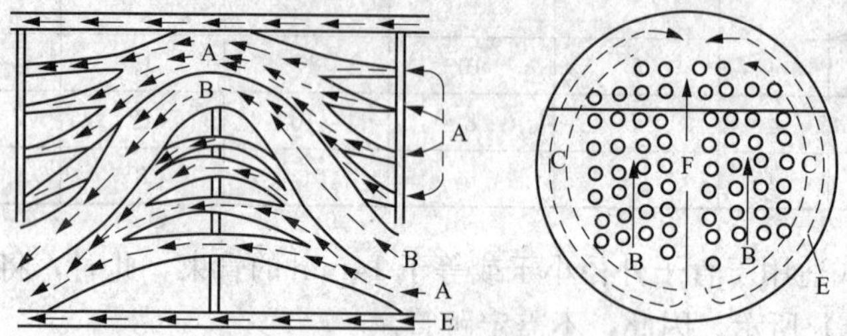

图 3.26 管壳式换热器壳侧流路

旁流和漏流的存在不仅降低了主流速度，使壳程表面传热系数降低，而且会使污垢生长速度加快，恶化传热，因此必须尽可能避免和抑制。假管和旁流挡板就是为了防止流体短路而设立的。

(1) 假管。假管是两端堵死的管子，安装在分程隔板槽后面壳体侧，主要用来抑制旁流 F，如图 3.27 所示。每根假管占据一根换热管的位置，但不穿过管板，用点焊的方法固定在折流板上。通常每隔三四排管子安排一根假管，也可用带定距管的拉杆来代替假管。

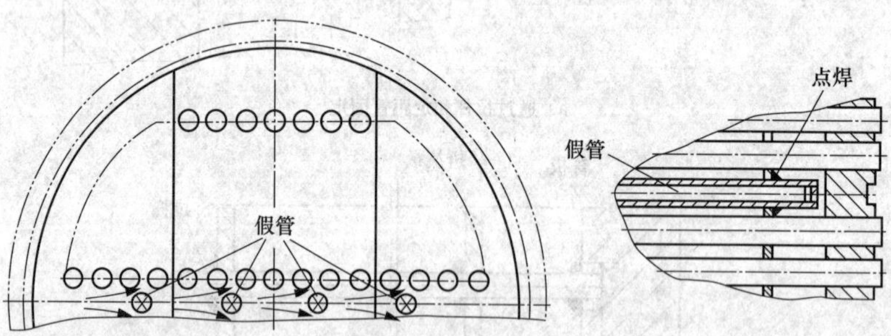

图 3.27 假管

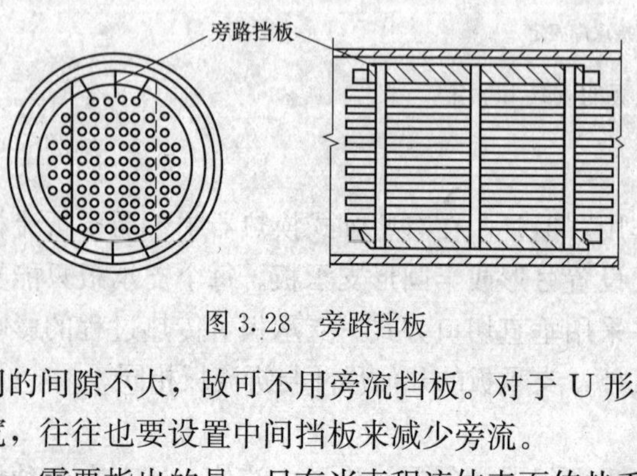

图 3.28 旁路挡板

(2) 旁流挡板。旁流挡板主要是用来减小管束外环间隙的旁流 C，用挡板增加流动阻力，迫使大部分壳程流体通过管束进行传热。旁流挡板厚度一般与折流板厚度相同，将它嵌入折流板槽内，并点焊在每块折流板上，如图 3.28 所示。对于固定管板式和 U 形管式换热器，由于壳体内壁与管束外缘之间的间隙不大，故可不用旁流挡板。对于 U 形管式换热器，管束最里层的弯管间通道也很宽，往往也要设置中间挡板来减少旁流。

需要指出的是，只有当壳程流体表面传热系数对传热过程起控制作用时，安装旁流挡板或假管才能显著提高传热系数，旁流面积与壳程流通面积之比越大，安装旁流挡板和假管的效果就越显著。

3.3.6　进、出口接管

管程和壳程流体进、出口接管对换热器性能也有重要影响。进、出口接管的设计包括管子布置位置、管径的确定和进口处的防冲与导流等。

1. 接管布置

进、出口接管布置的一个基本原则是保证管、壳程流体流动均匀，不能存在流动死区。如果某处流速太低，则结垢速度就会加快，对管内流动而言甚至会造成堵塞。例如，在如图3.29所示的两种布置方式中，方案A就优于方案B。

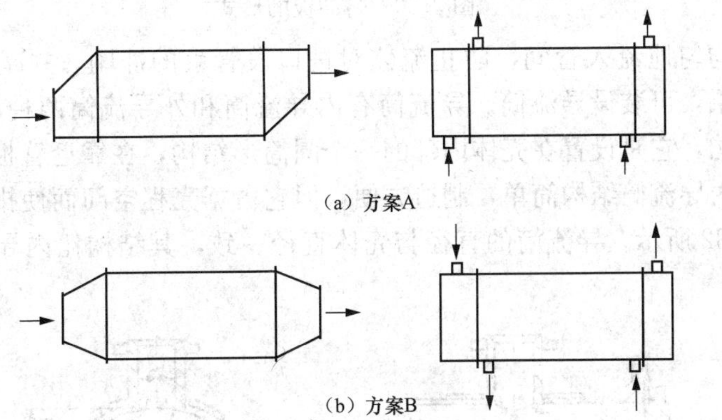

(a) 方案A

(b) 方案B

图3.29　进、出口接管布置方案的比较

2. 接管直径

进、出口接管直径可根据允许压降或允许流速按下式确定：

$$d=\sqrt{\frac{4q_m}{\pi\rho w}}=1.13\sqrt{\frac{q_m}{\rho w}} \tag{3.12}$$

式中：w 为允许流速或在推荐流速范围内取值，见表3.17和表3.18，也可以根据允许质量流率确定，对管程 $\rho w<3300\text{kg}/(\text{m}^2\cdot\text{s})$，对壳程 $\rho w<2200\text{kg}/(\text{m}^2\cdot\text{s})$。

按式（3.12）算出的管径，应圆整到最接近的标准管径。

表3.17　管程接管流速范围　(m/s)

上水道			空气		煤气	水蒸气	
长距离	中距离	短距离	低压管	高压管		饱和	过热
0.5～0.7	～1.0	0.5～2.0	10～15	20～25	2～6	12～40	40～80

表3.18　壳程接管最大允许流速　(m/s)

黏度 $\mu\times10^3$(Pa.s)	<1	1～35	35～100	100～500	500～1000	>1500
允许流速 w(m/s)	2.5	2.0	1.5	0.75	0.70	0.60

3. 防冲与导流

位于壳程流体进口处的管束，经常会受到高速流体的冲刷，因此，在壳程流体进口处需要设置防冲挡板，保护进口处的换热管免于受到磨损和冲蚀。防冲挡板的形式有三种，如图3.30所示，其中（a）和（b）是将防冲板两侧焊在定距管和拉杆上，（c）是直接焊在壳体壁上。

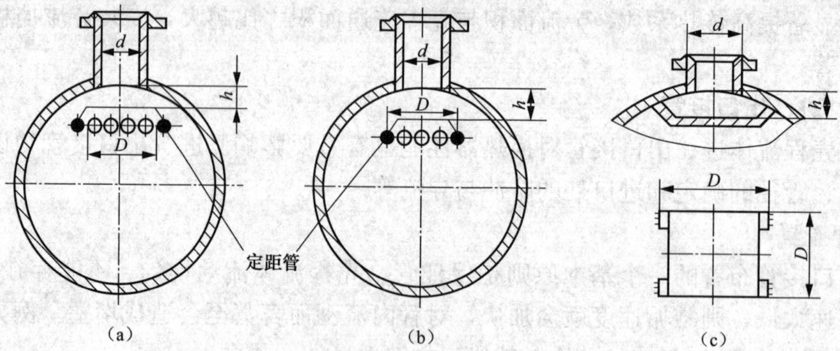

图 3.30 防冲板的形式

为使流体更均匀地流入管间，防止流体对进口段管束的冲刷，并减小远离接管处的死区，提高传热效果，可装设导流筒。导流筒有内导流筒和外导流筒两种形式。图 3.31 为典型的内导流筒结构，它是设置在壳体内部的一个圆筒形结构，在靠近管板的一端敞开，而另一端近似密封。内导流筒结构简单，制造方便，但它占据壳程空间而使排管数会减少。外导流筒结构如图 3.32 所示，导流筒的直径与壳体直径一致，其结构比内导流筒复杂，但不影响管板上的排管。

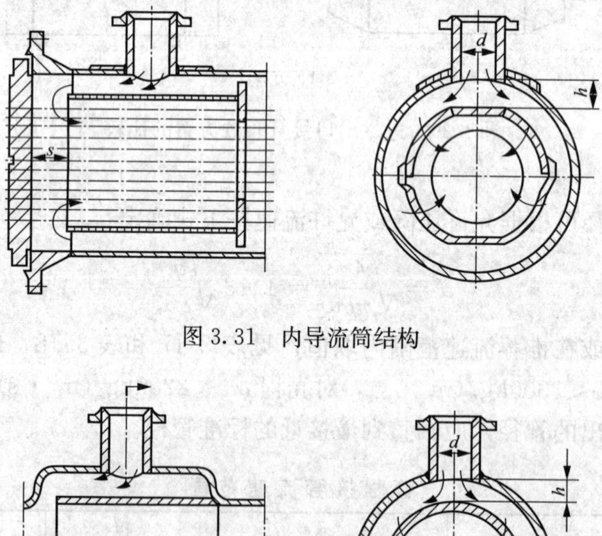

图 3.31 内导流筒结构

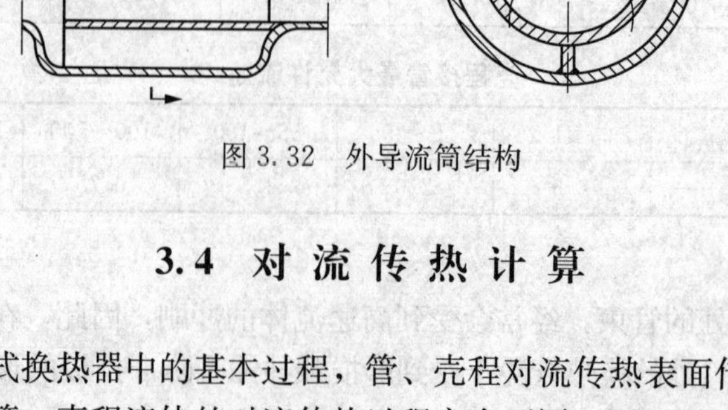

图 3.32 外导流筒结构

3.4 对流传热计算

对流传热是管壳式换热器中的基本过程，管、壳程对流传热表面传热系数是决定传热系数的基本参数。由于管、壳程流体的对流传热过程完全不同，因此需要分别讨论。

3.4.1　管内对流传热

管内流体对流传热过程表面传热系数主要取决于流体的运动状态。一般情况下，为了增大表面传热系数，管内流体都应该设计成湍流状态，但是，对于某些高黏度流体，为了保证压降在允许范围内，也可能处于层流状态。

1. 层流

当管内流体流动雷诺数 $Re<2100$ 时，流动处于层流状态，此时，表面传热系数的计算式为

$$Nu_{\mathrm{f}}=1.86\left(\frac{Re_{\mathrm{f}}\,Pr_{\mathrm{f}}}{L/d}\right)^{1/3}\left(\frac{\mu_{\mathrm{f}}}{\mu_{\mathrm{w}}}\right)^{0.14} \tag{3.13}$$

式中：L 为管长；d 为管内径；下标 f 表示定性温度为流体平均温度。

式（3.13）可用于有机溶液、水溶液、气体等在水平或垂直管内的传热，其适用范围为

$$Pr=0.5\sim 17\,000,\quad \frac{\mu_{\mathrm{f}}}{\mu_{\mathrm{w}}}=0.044\sim 9.8,\quad \frac{Re_{\mathrm{f}}\,Pr_{\mathrm{f}}}{L/d}>10$$

如果$\dfrac{Re_{\mathrm{f}}Pr_{\mathrm{f}}}{L/d}<10$，则用下式计算：

$$Nu_{\mathrm{f}}=3.66+\frac{0.0668\,\dfrac{Re_{\mathrm{f}}Pr_{\mathrm{f}}}{L/d}}{1+0.04\left(\dfrac{Re_{\mathrm{f}}Pr_{\mathrm{f}}}{L/d}\right)^{2/3}}\left(\frac{\mu_{\mathrm{f}}}{\mu_{\mathrm{w}}}\right)^{0.14} \tag{3.14}$$

2. 过渡流

当 $Re=2100\sim10^4$ 时，流动处于过渡区域，表面对流传热系数的计算式为

$$Nu_{\mathrm{f}}=0.116(Re_{\mathrm{f}}^{2/3}-125)Pr_{\mathrm{f}}^{1/3}\left[1+\left(\frac{d}{L}\right)^{2/3}\right]\left(\frac{\mu_{\mathrm{f}}}{\mu_{\mathrm{w}}}\right)^{0.14} \tag{3.15}$$

该式已考虑了管长的修正。

3. 湍流

当 $Re>10^4$ 时，管内流动处于湍流状态，对流传热表面传热系数按 Dittus-Boelter 公式计算，即

$$Nu_{\mathrm{f}}=0.023Re_{\mathrm{f}}^{0.8}Pr_{\mathrm{f}}^{n} \tag{3.16}$$

当流体被加热时，$n=0.4$；当流体被冷却时，$n=0.3$。

式（3.16）的适用范围是：$Re_{\mathrm{f}}=10^4\sim1.2\times10^5$，$Pr_{\mathrm{f}}=0.7\sim120$，$L/d\geqslant60$；对气体，换热温差不超过 50℃，对水不超过 30℃，对高黏度油类介质不超过 10℃。

当温差超过上述规定值时，也可用下式计算：

$$Nu_{\mathrm{f}}=0.027Re_{\mathrm{f}}^{0.8}Pr_{\mathrm{f}}^{1/3}\left(\frac{\mu_{\mathrm{f}}}{\mu_{\mathrm{w}}}\right)^{0.14} \tag{3.17}$$

此式适用范围是：$Re_{\mathrm{f}}>10^4$，$Pr_{\mathrm{f}}=0.7\sim17\,000$，$L/d\geqslant60$。

管内对流传热表面传热系数除了通过 Nu 数来计算外，也可通过传热因子来计算，常用的传热因子有两个，即科恩（Kern）传热因子 J_{h} 和柯尔朋（Colburn）传热因子 J_{H}，其定义分别为

$$J_{\mathrm{h}}=Nu\cdot Pr^{-1/3}\left(\frac{\mu_{\mathrm{f}}}{\mu_{\mathrm{w}}}\right)^{-0.14} \tag{3.18}$$

$$J_{\mathrm{H}}=\frac{Nu}{Re\cdot Pr}\cdot Pr^{2/3}\left(\frac{\mu_{\mathrm{f}}}{\mu_{\mathrm{w}}}\right)^{-0.14}=\frac{h}{\rho wc}\cdot Pr^{2/3}\left(\frac{\mu_{\mathrm{f}}}{\mu_{\mathrm{w}}}\right)^{-0.14} \tag{3.19}$$

因此，两者之间的关系为

$$J_h = J_H \cdot Re \tag{3.20}$$

图 3.33 所示为管内对流传热时 J_h 与 Re 之间的关系，对于 $Pr>0.7$ 和 $L/d\geqslant 24$ 的管内层流、过渡流与湍流时的强制对流换热，均可根据此图查取 J_h 值，然后按定义计算表面传热系数。

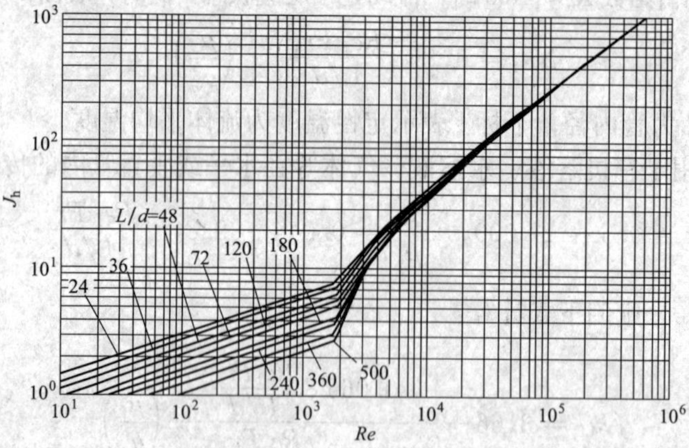

图 3.33 管内传热 J_h 与 Re 的关系

3.4.2 壳程对流传热

与管内对流传热过程相比，壳侧对流传热过程要复杂得多，特别是在壳程设置折流板后，由于其中的流动并非典型的错流，而且由于旁流和泄漏的存在，使得流动的复杂性大为增加，对流传热过程的计算也更为烦琐。这里主要介绍无折流板和有弓形折流板两种情况下对流传热表面传热系数的计算方法。

1. 无折流板

无折流板时，壳程流体纵掠换热管表面，其表面传热系数的计算式为

$$Nu_f = 0.16Re_f^{0.6}Pr_f^{0.33}\left(\frac{\mu_f}{\mu_w}\right)^{0.14} \tag{3.21}$$

此式适用范围是：$200<Re_f<20\ 000$。

需要说明的是，该式的特征尺寸是管外径 d_o，流动雷诺数按下式计算：

$$Re = \frac{d_o q_{ms}}{\mu[a_B + a_{BC}(D_{BC}/D_B)^{0.715}]} \tag{3.22}$$

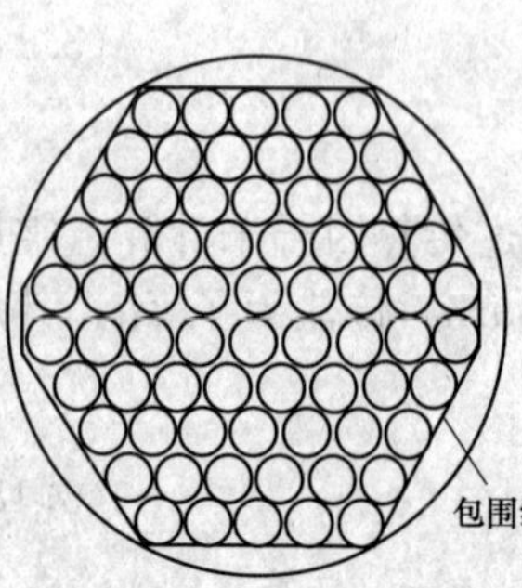

图 3.34 管束包围线

式中：q_{ms} 为壳程流体质量流量，kg/s；a_B 为壳程流体在管束部分流通面积，即管束包围线的面积与管子断面积之差，如图 3.34 所示；a_{BC} 为管束包围线与壳体内壁间隙流通面积；D_B 为管束流道当量直径；D_{BC} 为间隙流道当量直径。

D_B 和 D_{BC} 的计算式分别为

$$D_B = \frac{4a_B}{n_t \pi d_o} \tag{3.23}$$

$$D_{BC} = \frac{4a_{BC}}{\pi D_i} \tag{3.24}$$

式中：n_t 为换热管总数。

2. 有弓形折流板

弓形折流板是所有折流板中应用最为普及的一种折流板，因而对其壳程传热计算方法的研究也很多，包括多诺霍（Donohue）方法、科恩（Kern）方法、廷克尔（Tinker）方法和贝尔（Bell）方法等。其中，贝尔方法的最大特点是利用大量实验数据，通过引入各种修正系数对漏流和旁流进行修正，因此，是一种最先进的计算方法，以下介绍贝尔方法的主要计算过程。

根据贝尔方法，壳程对流传热表面传热系数可表示为

$$h_o = F_{fh} J_{Ho} (\rho w_c c_p) Pr_f^{-2/3} \left(\frac{\mu_f}{\mu_w}\right)^{0.14} \left(\frac{\phi \zeta_h}{X}\right) F_g \tag{3.25}$$

式中：F_{fh}为管形修正系数，对光管 $F_{fh}=1$；J_{Ho}为理想错流时传热因子；ϕ 为通过折流板圆缺部分修正系数；ζ_h 为考虑壳体与管束间隙旁流修正系数；X 为管排修正系数；F_g 为考虑折流板与壳体内壁间隙漏流 E、换热管与折流板管孔间隙漏流 A 的修正系数；w_c 为通过中心管排或距换热器中心最近管排处的流体流速。

w_c 的计算式为

$$w_c = \frac{q_{ms}}{\rho B (D_s' - n_c d_o)} \tag{3.26}$$

式中：q_{ms}为壳程流体质量流量；B 为折流板间距；D_s'为中心管排或距换热器中心最近管排弦长；n_c 为中心管排数。

（1）理想错流传热因子 J_{Ho}。假定壳程流体全部错流流过管束，在此理想管束中纯错流时的柯尔朋传热因子 J_{Ho}可查图 3.35 确定；也可用下述传热关联式计算：

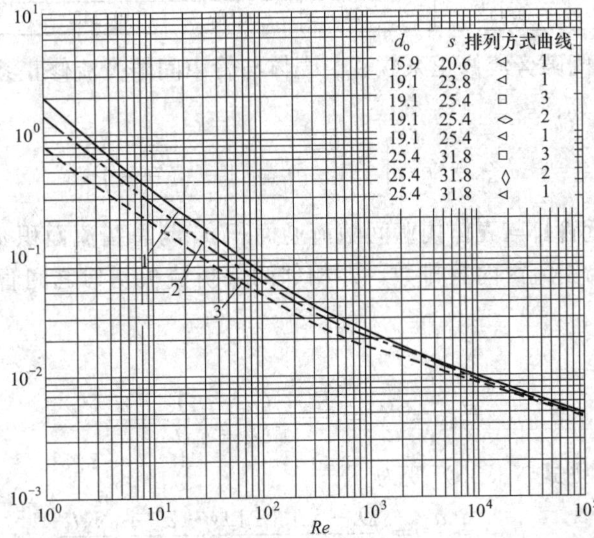

图 3.35 理想管束的传热因子

当 $Re=20\sim200$ 时

$$J_{Ho} = 1.73 Re^{-0.675} \tag{3.27}$$

当 $Re=200\sim600$ 时

$$J_{Ho} = 0.65Re^{-0.49} \tag{3.28}$$

当 Re=600～1000 时

$$J_{Ho} = 0.35Re^{-0.39} \tag{3.29}$$

式中，壳程流体流过中心管排或距换热器中心最近管排雷诺数为

$$Re = \frac{d_o q_{ms}}{\mu a_c} = \frac{d_o q_{ms}}{\mu B(D'_s - n_c d_o)} \tag{3.30}$$

（2）通过折流板圆缺部分修正系数 ϕ。通过折流板圆缺部分修正系数主要是考虑在圆缺部分流体纵掠管表面对传热过程的影响，可按下式计算：

$$\phi = 1.0 - r + 0.0524r^{0.32}\left(\frac{a_c}{a_b}\right)^{0.03} \tag{3.31}$$

式中，r 为圆缺部分传热面积与总传热面积之比，也可用换热管数表示

$$r = \frac{2n_{w1}}{n_t} \tag{3.32}$$

式中：n_{w1} 为圆缺部分换热管数，若管子被切，则按所切弧长折合计算；n_t 为总换热管数；a_b 为折流板圆缺部分流通面积。

a_b 的计算式为

$$a_b = \beta D_i^2 - \frac{n_{w2}\pi d_o^2}{4} \tag{3.33}$$

式中：n_{w2} 为圆缺部分换热管数，若管子被切，则按切口面积折合计算；β 为系数，可查表 3.19 确定。

表 3.19 **β 值**

h/D_i	0.15	0.20	0.25	0.30	0.35	0.40	0.45
β	0.079 3	0.112	0.154	0.198	0.245	0.293	0.343

（3）壳体与管束间隙旁流修正系数 ξ_h。壳体与管束间隙旁流修正系数与旁流面积和管排数有关，可按下式计算：

$$\xi_h = \exp\left[-1.25F_{BP}\left(1 - \sqrt[3]{\frac{2N_s}{N_c}}\right)\right] \tag{3.34}$$

式中：F_{BP} 为中心附近管排与壳体内壁间隙流通面积 a_d 与总错流面积 a_c 比；N_s 为错流区内旁路挡板对数；N_c 为错流区内管排数，即相邻两块折流板切口之间管排数，若切口上有管排，则按弧长比计入。

F_{BP} 可表示为

$$F_{BP} = \frac{a_d}{a_c} = \frac{D'_s - (n_c - 1)s - d_o}{D'_s - n_c d_o} \tag{3.35}$$

若有 F 流路时，则式（3.35）变为

$$F_{BP} = \frac{a_d}{a_c} = \frac{D'_s - (n_c - 1)s - d_o + N_F l_F}{D'_s - n_c d_o} \tag{3.36}$$

式中：N_F 为管程隔板所占通道数，即 F 流路数；l_F 为流道净宽度。

（4）管排修正系数 X。管排修正系数主要取决于壳程流道收缩的总有效次数 N'_c，即

$$N'_c = (N_b + 1)N_c + (N_b + 2)N_w \tag{3.37}$$

式中：N_b 为折流板数；N_w 为折流板圆缺部分管排数。

当 $Re<100$ 时，$X=(N'_c/13)^{0.18}$；当 $Re=100\sim2000$ 时，$X=1.0$；当 $Re>2000$ 时，X 值按表 3.20 确定。

表 3.20　管排修正系数 X

N'_c	1	2	3	4	5	6	7	8
X	0.63	0.70	0.77	0.83	0.86	0.88	0.90	0.91
N'_c	9	10	12	15	18	25	35	72
X	0.92	0.93	0.94	0.95	0.96	0.97	0.98	0.99

（5）折流板泄漏修正系数 F_g。通过折流板的漏流有两股，即 A 和 E 流路，其对传热过程的影响可按下式计算：

$$F_g=1-\frac{\Psi(a_{TB}+2a_{SB})}{a_L} \tag{3.38}$$

式中：ψ 为系数；a_{SB}为折流板外缘与壳体内壁间的泄漏面积；a_{TB}为穿过折流板的管子和管孔间的泄漏面积；a_L 为总漏流面积。

a_{SB}、a_{TB}、a_L、ψ 的计算式为

$$a_{SB}=\frac{D_i(D_i-D_b)}{2}\left[\pi-\arccos\left(1-\frac{2h}{D_i}\right)\right] \tag{3.39}$$

$$a_{TB}=\frac{\pi(d_H^2-d_o^2)n_B}{4} \tag{3.40}$$

式中：D_b 为折流板直径；d_H 为折流板上管孔直径；n_B 为折流板上管孔数。

$$a_L=a_{SB}+a_{TB} \tag{3.41}$$

$$a_L/a_c=0.1\sim0.8\text{ 时，}\quad \Psi=0.10+0.45(a_L/a_c) \tag{3.42a}$$

$$a_L/a_c<0.1\text{ 时，}\quad \Psi=0.442(a_L/a_c)^{0.5} \tag{3.42b}$$

3.4.3　壁温的计算

在传热关联式黏度修正、选择换热器的类型和管子材料，以及考虑热膨胀的补偿时均需知道壁温。通常情况下，壁温可按下式计算：

放热侧壁温

$$t_{w1}=t_1-K\left(\frac{1}{h_1}+R_{f,1}\right)\Delta t_m=t_1-q\left(\frac{1}{h_1}+R_{f,1}\right) \tag{3.43}$$

吸热侧壁温

$$t_{w2}=t_2+K\left(\frac{1}{h_2}+R_{f,2}\right)\Delta t_m=t_2+q\left(\frac{1}{h_2}+R_{f,2}\right) \tag{3.44}$$

式中：q 为热流密度；R_f 为污垢热阻。

由此可见，必须先知道表面传热系数才能计算壁温，而很多情况下又要在已知壁温的条件下才能计算表面传热系数，因此，只能采用试算法对壁温和表面传热系数同时进行计算，具体步骤如下：

（1）假定一侧壁温（例如 t_{w1}）。

（2）求该侧表面传热系数 h_1。

（3）计算该侧热流密度 $q_1=h_1(t_1-t_{w1})$。

（4）根据壁面导热热阻 r_w 计算另一侧壁温 t_{w2}，$q_1=(t_{w1}-t_{w2})/r_w$。

（5）计算另一侧的表面传热系数 h_2。

(6) 计算另一侧的单位面积传热量 q_2，即 $q_2=h_2(t_{w2}-t_2)$。如果假定的壁温正确，则应有 $q_1=q_2$。否则，应重新假定壁温，直至 q_1 与 q_2 基本相等为止。

在计算过程中应特别注意，在假设壁温时，假设值应接近于表面传热系数大的那种流体的温度，同时，当需要考虑污垢热阻时，应在计算公式中加入；当间壁两侧面积相差较大时，也必须考虑面积变化对热流密度的影响。

为了使计算过程清晰明了，可以以假定的壁温 t_w 为横坐标，以 q 为纵坐标，在不断试算过程中得到 q_1 和 q_2 两条曲线，此曲线交点即为所求之点。

[**例 3.1**] 在某一钢制立式管壳式换热器中用饱和温度 $t_s=111.38$℃的蒸汽加热某溶液，已知换热管径为 $\phi32\times2$mm，管长 $L=1.5$m，管壁导热系数 $\lambda=52$W/(m·K)，管内溶液平均温度 $t_2=68$℃，其表面传热系数 $h_2=3348$W/(m^2·K)，试求蒸汽侧的管壁温度 t_{w1}。

解：在所给的温度范围内假定 4 个不同的壁温，分别为 $t_{w1}=90$、95、97.5 和 100℃，将按上述步骤计算得到的数据列在表 3.21 中。

表 3.21　　例 3.1 计算结果

计算项目及公式	单位	壁温 t_{w1} (℃)			
		90	95	97.5	100
溶液侧热流密度 $q_2=2966(t_{w1}-68)$	W/m^2	65 252	80 082	87 497	84 912
凝结液膜的平均温度 $t_1=(111.38+t_{w1})/2$	℃	100.5	103	104.4	105.5
蒸汽与壁面间温差 $\Delta t_f=t_s-t_{w1}$	℃	21.4	16.4	13.9	11.4
蒸汽凝结换热系数 (按 Nusselt 公式计算)	W/(m^2·℃)	5824	6160	6538	6884
蒸汽侧热流密度 $q_1=h_1(t_s-t_{w1})$	W/m^2	124 500	80 082	87 497	94 912

以 t_{w1} 为横坐标，以 q 为纵坐标，分别做出 q_1 和 q_2 两条曲线，如图 3.36 所示。由此曲线的交点可得壁温 $t_{w1}=98$℃，$q\approx89\ 000$W/m^2。

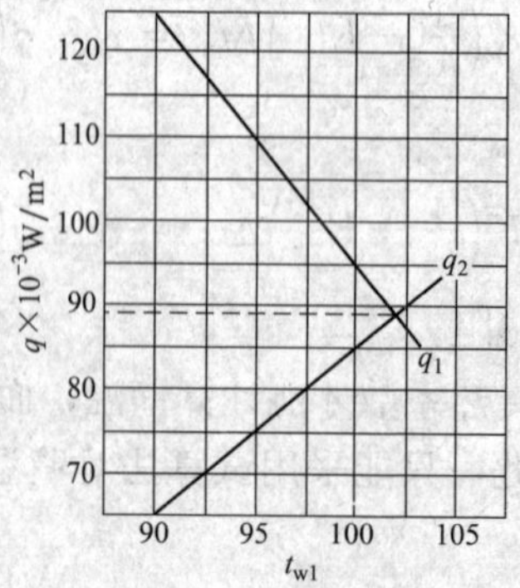

图 3.36　q-t_{w1} 关系曲线

3.5 流动阻力计算

换热器内由于流动阻力引起的压降是衡量换热器经济运行的一个重要指标，如果压降大，则输送流体所消耗的机械功就多。由流体力学可知，流动阻力有两类，即黏性摩擦阻力和非流线型形状阻力。因此，流体流动阻力的大小与流体本身的物理性质、流动状况及壁面的形状等因素有关。

换热器中的流动阻力也分为两部分，即流体与壁面间的摩擦阻力，流体在流动过程中由于流动方向改变或速度突然改变所产生的局部阻力。在管壳式换热器中，由于管程和壳程流体的流动方式不同，因此，管程阻力和壳程阻力必须分别计算。

3.5.1 管程阻力计算

管壳式换热器管程阻力计算方法和一般管槽内流动阻力的计算方法基本相同，总阻力 Δp_t 包括三部分，即沿程阻力 Δp_i、回弯阻力 Δp_r 和进出口连接管阻力 Δp_N，可表示为

$$\Delta p_t = (\Delta p_i + \Delta p_r)\phi_{di} + \Delta p_N \tag{3.45}$$

式中：ϕ_{di}为管程压降结垢校正系数。

对气体：$\phi_{di}=1.0$；对液体：当 $R_{f,i}=(0.000\ 34\sim0.000\ 52)\mathrm{m^2\cdot K/W}$ 时，$\phi19\times2$ 管子 $\phi_{di}=1.5$，$\phi25\times2.5$ 管子 $\phi_{di}=1.4$，当污垢热阻或管径变化时可在上述基础上适当增减。

沿程阻力 Δp_i 可用下式计算：

$$\Delta p_i = \lambda_i \frac{L}{d_i}\frac{\rho w_t^2}{2}\Phi_i \tag{3.46a}$$

或

$$\Delta p_i = 4f_i \frac{L}{d_i}\frac{\rho w_t^2}{2}\Phi_i \tag{3.46b}$$

式中：w_t 为管程流体流速；λ_i 为莫迪（Moody）圆管摩擦系数；f_i 为范宁（Fanning）摩擦系数，也称为摩擦因子，$f=\lambda/4$，它与 Re 的关系如图 3.37 所示；Φ_i为管内流体黏度校正因子。

λ_i 可按下式计算：

$$\begin{aligned} &Re < 2100, \quad \lambda_i = 64/Re \\ &Re = 5000 \sim 10^5, \quad \lambda_i = 0.316/Re^{0.25} \end{aligned} \tag{3.47}$$

Φ_i 取值：当 $Re>2100$ 时，$\Phi_i=(\mu/\mu_w)^{-0.14}$；当 $Re<2100$ 时，$\Phi_i=(\mu/\mu_w)^{-0.25}$。

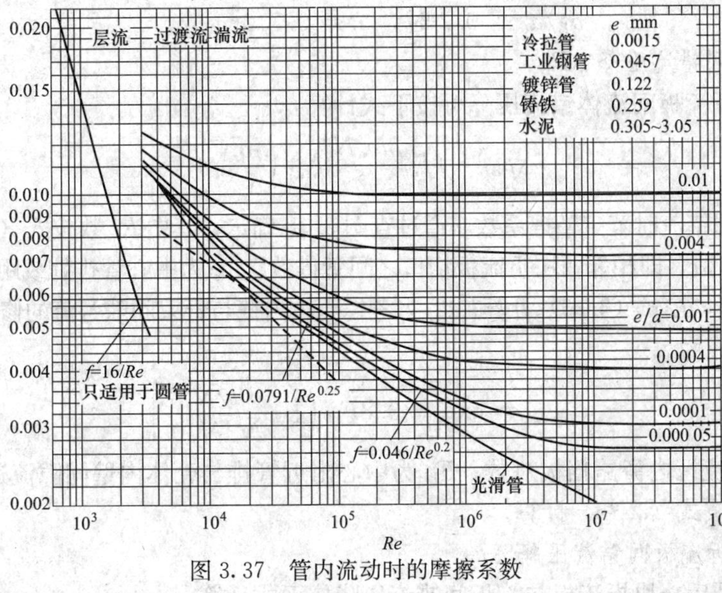

图 3.37 管内流动时的摩擦系数

e—绝对粗糙度；d—管径

回弯阻力用下式计算：

$$\Delta p_{r} = 4\frac{\rho w_{t}^{2}}{2}N_{t} \tag{3.48}$$

式中：N_t 为管程数。

进、出口连接管阻力的计算式为

$$\Delta p_{N} = 1.5\frac{\rho w_{n}^{2}}{2} \tag{3.49}$$

式中：w_n 为进、出口接管内介质流速。

当进、出口接管压降相对于总压降较小时，可略而不计。

3.5.2 壳程阻力计算

在相同雷诺数时，因为壳程流体横向冲刷管束时流速和方向在不断变化，因此，壳程摩擦系数大于管程摩擦系数，但是，因为压降与流速、水力直径、折流板数和流体密度等有关，因此，同样雷诺数下壳程压降有可能比管程低。设置弓形折流板后，壳程流体流过管束时的流路非常复杂，很多学者对壳程阻力进行了许多研究，提出了各种计算方法，这里介绍计算精确度比较高的贝尔方法。

采用贝尔方法计算时，流体在壳程横向冲刷管束时的压降 Δp_0 按下式计算：

$$\Delta p_{0} = 2\Delta p_{B}' + \beta'[(N_{b}-1)\Delta p_{B} + N_{b}\Delta p_{w}] \tag{3.50}$$

式中：Δp_B 为折流板间流体错流压降；$\Delta p_B'$为第一块或最后一块折流板与管板间流体错流压降；Δp_w 为折流板圆缺处平行流动压降；N_b 为折流板数；β'为考虑漏流 A 和 E 影响的修正系数。

β'的计算式为

$$\beta' = 1 - \frac{\delta(a_{TB} + 2a_{SB})}{a_{L}} \tag{3.51}$$

式中，系数 δ 的取值为

$$a_{L}/a_{c} = 0.2 \sim 0.8\text{ 时}，\quad \delta = 0.26 + 4(a_{L}/a_{c})/7 \tag{3.52a}$$

$$a_{L}/a_{c} < 0.2\text{ 时}，\quad \delta = 0.710(a_{L}/a_{c})^{0.4} \tag{3.52b}$$

1. 折流板间错流压降 ΔP_B

中间两块折流板间流体错流压降可按下式计算：

$$\Delta p_{B} = 4f_{s}\frac{\rho w_{c}^{2}N_{c}}{2}\xi_{\Delta P}\left(\frac{\mu_{f}}{\mu_{w}}\right)^{-0.14} \tag{3.53}$$

式中：f_s 为理想错流时范宁摩擦系数，通过查图 3.38 确定，其中 Re 数按式（3.30）计算；N_c 为错流区内管排数，即相邻两块折流板切口之间管排数；w_c 为中心管排处或距换热器中心最近管排处流体流速，按式（3.26）计算；$\zeta_{\Delta P}$ 为考虑壳体内壁与管束间隙旁流的修正系数。

$\zeta_{\Delta P}$的计算式为

$$\zeta_{\Delta P} = \exp\left[-3.8F_{BP}\left(1-\sqrt[3]{\frac{2N_{s}}{N_{c}}}\right)\right] \tag{3.54}$$

式中：N_s 为错流区内旁路挡板对数；F_{BP}为中心附近管排与壳体内壁间隙流通面积 a_d 与总错流面积 a_c 比，按式（3.35）计算。

2. 管板与折流板间错流压降 $\Delta p_B'$

第一块或最后一块折流板与管板间错流压降按下式计算：

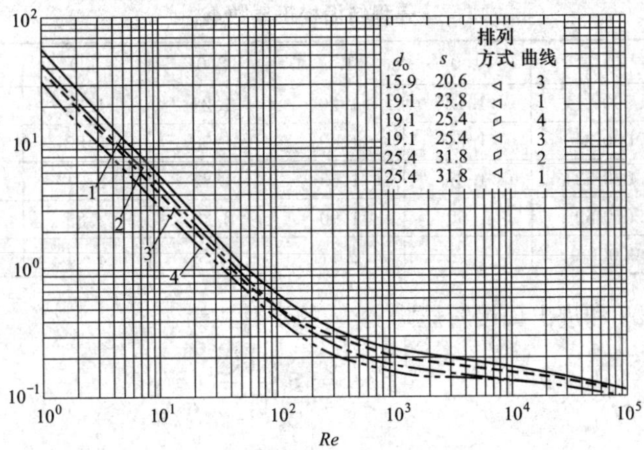

（a）三角形及转角45°正方形排列

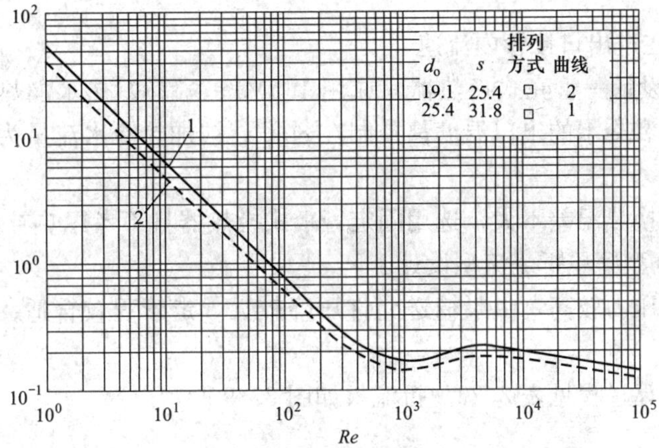

（b）正方形排列

图 3.38　理想管排摩擦系数

$$\Delta p'_B = (1 + N_w/N_c)\Delta p_B \tag{3.55}$$

式中：N_w 为折流板圆缺部分管排数。

3. 折流板缺口处平行流动压降 Δp_w

折流板缺口处平行流动压降 Δp_w 按下式计算：

$$\Delta p_w = (2 + 0.6N_w)\frac{\rho w_m^2}{2} \tag{3.56}$$

其中，w_m 为壳程流体平均流速，按下式计算

$$w_m = \sqrt{w_c w_b} \tag{3.57}$$

式中：w_b 为圆缺处流速，$w_b = q_{ms}/(\rho a_b)$；a_b 为圆缺部分流通面积，按式（3.33）计算。

4. 壳程的总压降 Δp_s

壳程的总压降 Δp_s 包括流过管束压降 Δp_0、导流筒压降 Δp_{PS} 和进、出口接管压降 Δp_{NS}，即

$$\Delta p_s = \Delta p_0 \phi_{do} + \Delta p_{NS} + \Delta p_{PS} \tag{3.58}$$

式中：ϕ_{do} 为壳程结垢校正系数，按表 3.22 确定。

表 3.22 壳程结垢校正系数 ϕ_{do}

D_i/B		1.0	1.5	2.0	3.0	4.0	5.0
$R_{f,o}$ ($m^2\cdot K/W$)	0.000 17	1.12	1.20	1.28	1.38	1.47	1.55
	0.000 34	1.24	1.42	1.58	1.82	2.03	2.21
	0.000 52	1.37	1.65	1.82	2.31	2.66	2.96
	0.000 69	1.50	1.90	2.28	2.85	3.36	3.82
	≥0.000 9	1.64	2.17	2.68	3.44	4.14	4.77

导流筒压降 Δp_{PS} 和进出口接管压降 Δp_{NS} 的计算式为

$$\Delta p_{PS} = 5\frac{\rho w_{NS}^2}{2} \tag{3.59}$$

$$\Delta p_{NS} = 1.5\frac{\rho w_{NS}^2}{2} \tag{3.60}$$

式中：w_{NS} 为流体在进出口接管内流速。

[例 3.2] 试设计一管壳式换热器完成用 1.5MPa、120℃热水加热 1.0MPa、55℃冷水的换热过程。热水和冷水的出口温度都控制在 80℃，被加热冷水流量为 95t/h，要求给出完整的热力计算过程。

解： 由于介质换热温差不大，选用固定管板式换热器且不考虑热补偿措施。由于介质流量较小，按<1-2>型简单折流流型设计。

由于热水工作压力较高，由泵输送允许压降较大，走管程较合适；冷水工作压力较低，使之走壳程。

详细的热力计算过程见表 3.23。折流板如图 3.39 所示。

表 3.23 详细热力计算过程

说明	序号	项目	符号	单位	来源	数值	备注
原始数据	1	热水进口温度	t_1'	℃	给定	120	
	2	热水出口温度	t_1''	℃	给定	80	
	3	热水工作压力	p_1	N/m^2	给定	1.5×10^6	
	4	冷水进口温度	t_2'	℃	给定	55	
	5	冷水出口温度	t_2''	℃	给定	80	
	6	冷水工作压力	p_2	N/m^2	给定	1.0×10^6	
	7	冷水流量	q_{m2}	kg/s	给定	26.39	
物性参数	8	热水的定性温度	t_{1m}	℃	$0.5\times(t_1'+t_1'')$	100	
	9	热水的密度	ρ_1	kg/m^3	查水的物性参数表	958.8	
	10	热水的比热容	c_{p1}	J/(kg·K)	查水的物性参数表	4213	
	11	热水的导热系数	λ_1	W/(m·K)	查水的物性参数表	0.681 4	
	12	热水的黏度	μ_1	kg/(m·s)	查水的物性参数表	0.000 279 1	
	13	热水的普朗特数	Pr_1	/	查水的物性参数表	1.729	
物性参数	14	冷水的定性温度	t_{2m}	℃	$0.5\times(t_2'+t_2'')$	67.5	
	15	冷水的密度	ρ_2	kg/m^3	查水的物性参数表	978.0	
	16	冷水的比热容	c_{p2}	J/(kg·K)	查水的物性参数表	4191	

续表

说明	序号	项目	符号	单位	来源	数值	备注
物性参数	17	冷水的导热系数	λ_2	W/(m·K)	查水的物性参数表	0.657	
	18	冷水的黏度	μ_2	kg/(m·s)	查水的物性参数表	0.000 451 3	
	19	冷水的普朗特数	Pr_2	/	查水的物性参数表	2.90	
传热量及温压	20	换热器热损失系数	ξ	/	取用	0.02	
	21	设计传热量	Φ	W	$\Phi=q_{m2}\times c_{p2}\times(t_2''-t_2')(1-\xi)$	2 709 600	
	22	热水流量	q_{m1}	kg/s	$\Phi/[c_{p1}\times(t_1'-t_1'')]$	16.08	
	23	平均温压	$\Delta t_{m,z}$	K	$\Delta t_{m,z}$按式（2.33）计算	25.648	
管程换热	24	试选传热系数	K_0	W/(m²·K)	参考附录 10 选取	630	
	25	初算传热面积	A_0	m²	$A_0=\Phi/(K_0\times\Delta t_{m,z})$	167.69	
	26	换热管外径	d_o	m	选用 $\phi25\times2$ 无缝钢管	0.025	
	27	换热管内径	d_i	m	$d_i=d_o-2\times\delta$	0.021	
	28	管长	L	m	选用 12m 标准管长折半	6	
	29	总管数	n	/	$n=A_0/(\Pi\times d_o\times L)$	356	(355.85)
	30	管程通流截面	a_t	m²	$a_t=0.5\times n\times(0.25\times\pi\times d_i^2)$	0.061 65	
	31	管程流速	w_i	m/s	$w_i=q_{m1}/(\rho_1\times a_t)$	0.272	
	32	管程雷诺数	Re_i	/	$Re_i=w_i\times d_i\times\rho_1/\mu_1$	19 622.91	
	33	管壁温度	t_{wi}	℃	先假定后校核	105	
	34	t_{wi}下热水黏度	m_{w1}	kg/(m·s)	查水的物性参数表	0.000 252 6	
	35	管程粘性修正系数	Φ_1	/	$(\mu_{f1}/\mu_{w1})^{0.14}$	1.014 05	
	36	管程表面传热系数	h_i	W/(m²·K)	按式（3.17）计算	2717.4	
初选结构	37	管束排列方式	/	/	分程隔板两侧正方形，其余正三角形排列	/	
	38	管间距	s	m	$s=1.25d_o=0.031\ 25$	0.032	
	39	距中心线最近管排管数	n_c	/	$1.1\times n^{0.5}=1.1\times364^{0.5}=20.99$	21	加 8 根拉杆
	40	管束最大布管圆直径	D_{OTL}	m	$s\times(n_c-1)+d_o$	0.665	
	41	布管圆与壳体间隙	e	m	按规定取	0.025	
	42	壳体内径	D_i	m	$D_{OTL}+2e=0.715$	0.75	靠标准壳径
	43	换热器长径比	L/D_i	/	$L/D_i=6/0.75$	8	合理，卧式布置
	44	折流板形式	/	/	选用弓形折流板	/	
	45	圆缺切去百分数	h/D_i	%	h/D_i	22.85	
	46	折流板圆缺高度	h	m	$h=0.228\ 5D_i$	0.171	
	47	折流板切口弦长	D_b	m	$2\times(D_i\times h-h^2)^{0.5}$	0.629 79	折流板几何计算
	48	折流板直径	D_B	m	查表 3.13	0.746	
	49	折流板间距	B	m	选取	0.3	
	50	折流板数	N_b	/	$(L/B)-1$	19	等间距布置
	51	折流板圆缺部分的换热管数	n_{w1}	/	切口上按圆弧比计入，$n_{w1}=n_{w2}$	56	
	52	相邻两折流板间之管排数	N_c	/	查折流板图 3.39	14	
	53	折流板圆缺部分的管排数	N_w	/	查折流板图 3.39	5	

续表

说明	序号	项目	符号	单位	来源	数值	备注
初选结构	54	一块折流板的管孔数	n_B	/	$n-n_{w1}=364-56$	308	
	55	折流板管孔直径	d_H	m	按表3.13取 $d_o+0.0008^{+0.4}$	0.026	
	56	中心管排中线对应的圆缺高度	h'	m	查折流板图3.39	0.352	
	57	通过中心管排中线的弦长	D_s'	m	$2\times(D_i\times h'-h'^2)^{0.5}$	0.749	
	58	旁通挡板数	N_s	对	设2对旁流挡板	2	
壳程换热	59	中心管排叉流最小流通面积	a_c	m^2	$B(D_s'-n_c\times d_o)$	0.067 1	
	60	中心管排错流最大流速	w_c	m/s	$q_{m2}/a_c/\rho_2$	0.402 3	
	61	壳程雷诺数	Re_o	/	$d_o\times w_c\times\rho_2/\mu_2$	21 793	
	62	壳程理想管束传热因子	J_{Ho}	/	$J_{Ho}=0.35Re_o^{-0.39}$	0.007 114	
	63	换热管型修正系数	F_{fh}	/	选用光滑管	1	
	64	圆缺传热面积与总传热面积之比	r	/	$2\times n_{w1}/n$	0.314 6	
	65	β值	β	/	查表3.19	0.136	
	66	圆缺流通面积	a_b	m^2	$\beta\times D_i^2-n_{w2}\times(\pi/4)\times d_o^2$	0.048 97	
	67	圆缺流动修正系数	ϕ	/	$1.0-r+0.0524\times r^{0.32}(a_c/a_b)^{0.03}$	0.721 9	
	68	管束与壳内径之间隙流通面积	a_d	m^2	$B(D_s'-D_{OTL})$	0.025 1	
	69	面积比	F_{BP}	/	a_d/a_c	0.373 8	
	70	旁流修正系数	ξ_h	/	$\exp[-1.25\times F_{BP}[1-(2\times N_s/N_c)^{1/3}]$	0.852 6	
	71	流通收缩次数	N_c'	/	$(N_b+1)N_c+(N_b+2)N_w$	385	
	72	修正系数	X	/	查表3.20	1	
	73	折流板管孔间隙面积	a_{TB}	m^2	$n_B\times(\pi/4)\times(d_H^2-d_o^2)$	0.012 337	
	74	折流板与壳内径间隙漏流面积	a_{SB}	m^2	按式(3.39)计算	0.002 408	
	75	漏流总流通面积	a_L	m^2	$a_L=a_{TB}+a_{SB}$	0.014 75	
	76	面积比	a_L/a_c	/		0.219 8	
	77	系数	ψ	/	$0.1+0.45\times a_L/a_c$	0.198 9	
	78	A/E漏流修正系数	F_g	/	$1-\psi(a_{TB}+2\times a_{SB})/a_L$	0.768 6	
	79	t_{wi}下冷水黏度	μ_{w2}	kg/(m·s)	查水的物性参数表	0.000 253	管壁导热热阻不计
	80	壳程黏性修正系数	Φ_2	/	$(\mu_2/\mu_{w2})^{0.14}$	1.085	
	81	壳程换热系数	h_o	W/(m²·K)	$F_{fh}\times J_{Ho}(\rho_2 w_c c_{p2})Pr_2^{-2/3}\times\phi_2(\phi\xi_h/X)F_g$	3380.52	
传热系数	82	管侧污垢热阻	R_{di}	m²·℃/W	查附录11	0.000 35	
	83	壳侧污垢热阻	R_{do}	m²·K/W	查附录11	0.000 35	
	84	碳钢导热系数	λ_w	W/(m²·K)	查附录4	50	
	85	传热系数	K	W/(m²·K)	$1/K=1/h_i\times(d_o/d_i)+R_{di}(d_o/d_i)+\delta/\lambda_w\times(d_o/d_m)+R_{do}+1/h_o=0.00154405$	647.65	
	86	传热系数比	K/K_0	/	K/K_0	1.028	符合要求

续表

说明	序号	项目	符号	单位	来源	数值	备注
壁温校核	87	管壁计算温度	t'_{wi}	℃	$t_{w1}-K(1/h_i+R_{di})\Delta t_{m,z}$	105.80	
	88	校核温度	δt_w	℃	$t'_{wi}-t_{wi}$	0.80	符合要求
管程压降	89	管程摩擦系数	λ_i	/	$0.316/Re_i^{0.25}$	0.026 7	
	90	沿程阻力	Δp_i	N/m^2	按式（3.46a）计算	533.64	
	91	回弯阻力	Δp_r	N/m^2	$4N_t\times\rho_1 w_i^2/2$	283.75	
	92	进出口管质量流速	w_{Nt}	$kg/(m^2\cdot s)$	经验数据	3000	
	93	进出口管压降	Δp_{Nt}	N/m^2	$1.5\times w_{Nt}{}^2/(2\times\rho_1)$	7040.05	
	94	管程结垢修正系数	ϕ_{di}	/	按 R_{di} 和管径选取	1.4	
	95	管程总压降	Δp_t	N/m^2	$(\Delta p_i+\Delta p_r)\ \phi_{di}+\Delta p_{NT}$	8184.4	
壳侧压降	96	壳程摩擦系数	f_s	/	查图 3.38	0.075	
	97	旁流修正系数	$\xi_{\Delta p}$	/	$\exp\{-3.8\times F_{BP}[1-(2\times N_s/N_c)^{1/3}]\}$	0.615 7	
	98	中间折流板间管束叉流的压降	Δp_B	N/m^2	按式（3.53）计算	188.65	
	99	壳侧两端叉流的压降	$\Delta p'_B$	N/m^2	$(N_w/N_c+1)\Delta p_B$	256.03	
	100	系数	δ	/	$0.71(a_L/a_c)^{0.4}$	0.387 3	
	101	漏流修正系数	β'	/	$1-\delta(a_{TB}+2\times a_{SB})/a_L$	0.549 4	
	102	折流板圆缺部分的流速	w_b	m/s	$q_{m2}/a_b/\rho_2$	0.551	
	103	平均质量流速	w_m	m/s	$(w_c\times w_b)^{0.5}$	0.470 8	
	104	通过折流板圆缺平行流动的压降	Δp_m	N/m^2	$(2.0+0.6\times N_w)\rho_2 w_m^2/2$	541.91	
	105	壳程结垢修正系数	ϕ_{do}	/	查表 3.22	1.723	
	106	壳侧压降	Δp_0	N/m^2	$2\times\Delta p'_B+\beta'[(N_b-1)\times\Delta p_B+N_b\times\Delta p_w]$	8034.483	
	107	壳程接管质量流速	w_{NS}	$kg/(m^2\cdot s)$	选取	2000	
	108	进出口管压降	Δp_{NS}	N/m^2	$1.5\times w_{NS}{}^2/(2\times\rho_2)$	3067.485	
	109	导流筒压降	Δp_{PS}	N/m^2	$5\times w_{NS}{}^2/(2\times\rho_2)$	10 224.95	
	110	壳程总压降	Δp_S	N/m^2	$\Delta p_0\times\phi_{do}+\Delta p_{NS}+\Delta p_{PS}$	27 135.8	
压降校核	111	管程允许压降	Δp_1	N/m^2	查表 3.2	50 000	
	112	壳程允许压降	Δp_2	N/m^2	查表 3.2	50 000	
	113	管程压降校核	$\Delta p_t/\Delta p_1$	/	$\Delta p_t/\Delta p_1=0.163$	<1	符合要求
	114	壳程压降校核	$\Delta p_S/\Delta p_2$	/	$\Delta p_S/\Delta p_2=0.543$	<1	符合要求
功率	115	泵送功率机械效率	η	/	选取	0.98	
	116	管程泵送功率	P_{Nt}	kW	$q_{m1}\times\Delta p_t/(1000\times\rho_1\times\eta)$	0.140	
	117	壳程泵送功率	P_{Ns}	kW	$q_{m2}\times\Delta p_t/(1000\times\rho_2\times\eta)$	0.747	

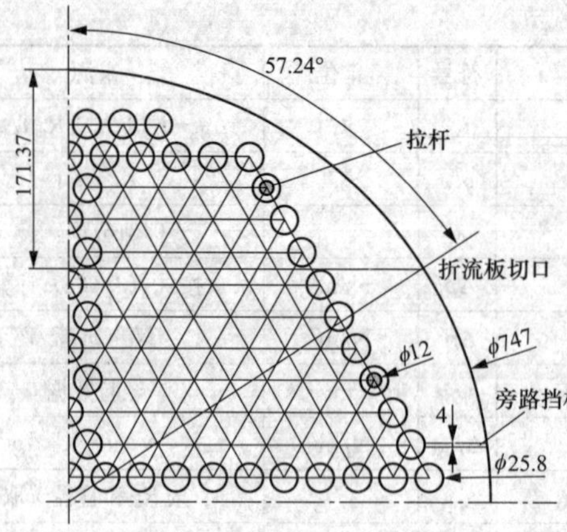

图 3.39 折流板

3.6 换热器振动及其防止

在管壳式换热器中，流体的流动将会引起管束的振动，破坏换热器结构或产生严重的噪声。随着换热器容量和尺寸的不断增大，以及对换热器紧凑性要求的提高，总是希望采用小直径、长跨度的管子，并提高流体流速，这些举措都可能会加剧管束的振动。为了有效地防止振动，首先必须要了解振动产生的原因及机理。

3.6.1 振源

任何振动的发生一定存在对应的某一激振力。在管壳式换热器中，产生激振力的原因可能有四种。

1. 旋涡脱落激振

这种振动起因于管子表面周期性脱落的旋涡所产生的激振力。当流体横向流过单根圆管时，雷诺数较大时管后尾流中会形成卡门涡街，即存在两列方向相反的旋涡周期性地交替脱落，使管子两侧压力周期性变化，从而作用在管子上形成振动激振力。当流体横向流过管束时，同样会在管束后产生卡门涡街，但是对于小间距管束，这种现象只在管束外围的头几排发生；对于大间距管束，则可能会发生在整个管束中。

2. 湍流抖振

湍流抖振又称湍流激振。当流体扰流管子或其他固体表面时，由于湍流会使表面流场压力产生随机性的脉动，从而作用在管子上使管子振动。在纵向流中湍流激振是主要的激振力；在横向冲刷时，湍流激振也起着重要作用。

3. 流体弹性不稳定性

流体弹性不稳定性也称流体弹性激振。流体弹性不稳定性是动态的流体压力与管子非对称运动相互作用的结果。当流体流速较高时，流体作用于管子上的能量大于管子阻尼所消耗的能量，在流体压力作用下，管子将产生大振幅的振动，很短时间内便会遭到破坏。

4. 声共振

当气流横向冲刷管束时，如果周期性卡门涡脱落频率与壳体声驻波频率一致，流场与声场相互耦合加强，从而会形成声共振现象。

对于单相介质对流传热过程而言，当壳程设置弓形折流板后，主要的振动形式是卡门涡街脱落激振和声共振。

3.6.2　卡门涡街激振力

1. 横掠单根圆管

(1) 卡门涡街。当流体横向冲刷单根圆管时，随着雷诺数的不同，流场会发生很大的变化。

当 $Re<5$ 时，流体贴着圆管表面流动，不发生边界层分离现象，如图 3.40 (a) 所示。

当 $5\leqslant Re<40$ 时，层流边界层从圆管表面分离，管后两侧产生一对稳定的旋涡，如图 3.40 (b) 所示。

当 $40\leqslant Re<150$ 时，边界层为层流，但在圆管背后的一对旋涡会交替脱落，形成卡门涡街，如图 3.40 (c) 所示。

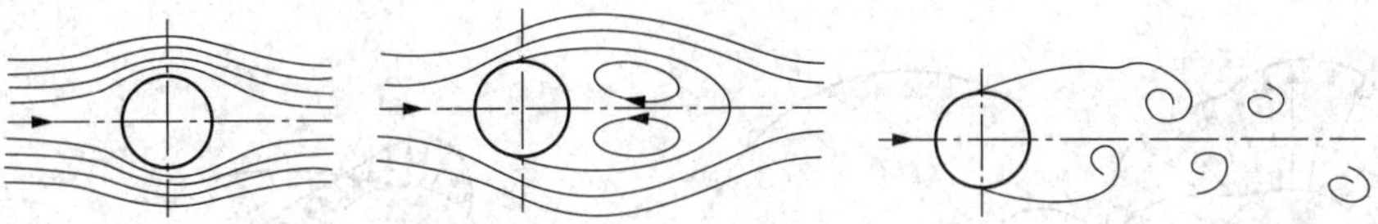

(a) 理想绕流　(b) 稳态流动　(c) 非稳态卡门涡街

图 3.40　流体绕流单管时的流场

需要指出的是，卡门涡从表面上的每一次脱落都会伴随着管子表面及其附近流场和压力场的变化，因此，尽管卡门涡街是层流，但流动是处于非稳定状态。当 $150\leqslant Re<300$ 时，后部卡门涡街处于从层流向湍流的过渡区；当 $300\leqslant Re<3\times10^5$ 时，前部边界层仍为层流，但后部卡门涡街为湍流；当 $3\times10^5\leqslant Re<3.5\times10^6$ 后，边界层也转变为湍流，旋涡脱落变得不规则，卡门涡街消失；当 $Re\geqslant3.5\times10^6$ 时，卡门涡街重现。

(2) 卡门涡街脱落频率。流体横向冲刷单根圆管时，卡门涡街的脱落频率 f_s 可根据斯特劳哈尔提出的实验公式计算，即

$$f_s = St\frac{w_0}{d} \tag{3.61}$$

式中：w_0 为来流速度；d 为管子外径；St 为斯特劳哈尔数，它是一个无因次准则数，与雷诺数有关。

由图 3.41 可知，在 $300\leqslant Re\leqslant2\times10^5$ 范围内，St 接近于 0.2，为常数；在 $2\times10^5<Re\leqslant3.5\times10^6$ 范围内，St 随湍流度变化，为一不确定值；当 $Re\geqslant3.5\times10^6$ 后，St 接近常数 0.27。

(3) 作用力。如前所述，当 $Re\geqslant40$ 时，圆管背后两侧会交替地产生旋涡。旋涡刚脱离的一侧，绕流改善，流体受到的阻力较小，速度较快而静压较低，正在产生旋涡的一侧绕流较差，流体流动阻力较大，速度较慢而静压较高，因此，圆管会受到周期性脉动的、与主流方向垂直的横向力 F_L 和沿主流方向的纵向力 F_D 作用，如图 3.42 所示。显然，横向力 F_L 的方向总是指向旋涡刚脱落的方向，且脉动频率与卡门涡街脱落频率相同，而纵向力 F_D 的方向沿着流动方向，但脉动频率为卡门涡街脱落频率的 2 倍。

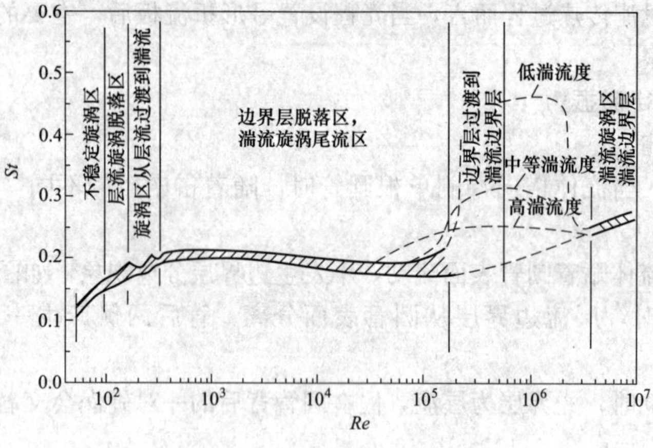

图 3.41　冲刷单管时的 St 数

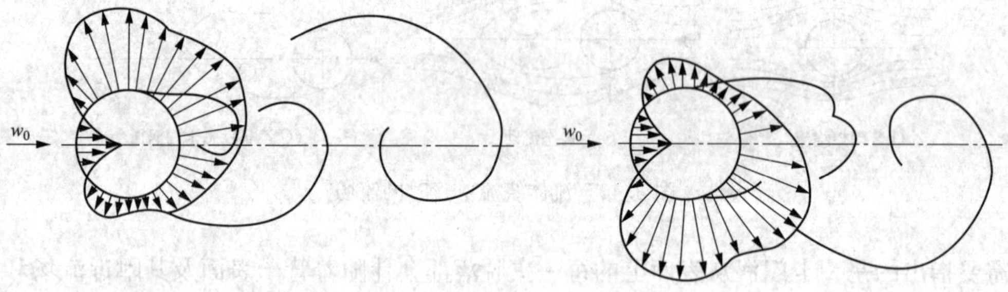

图 3.42　冲刷单管时的压力分布

作用力 F_L 和 F_D 可分别按下式计算：

$$F_L = \frac{1}{2}C_L \rho d L w_0^2 \sin(2\pi f_s t) \tag{3.62}$$

$$F_D = \frac{1}{2}C_D \rho d L w_0^2 \sin(4\pi f_s t) \tag{3.63}$$

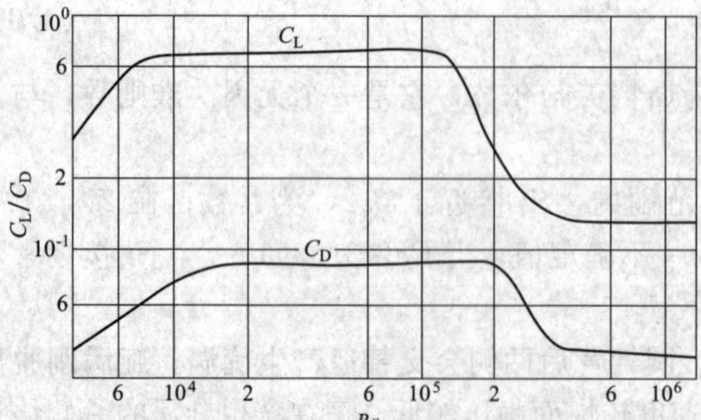

图 3.43　卡门力系数

式中：L 为管长；t 为时间；C_L 和 C_D 为卡门力系数，可查图 3.43 确定。

由图 3.43 可知，C_L 比 C_D 要大一个数量级，因此，作用在管子上的横向力 F_L 是管子振动的主要激振力。

2. 横掠换热管束

（1）管束中的卡门涡街。受相邻换热管的影响，流体在进入管束时将产生湍流。湍流度与雷诺数、管子排列方式及管间距等因素有关。与单管相比，在管束中只有达到更高的雷诺数才会在尾流中出现卡门涡街。

在错流布置的管束中，当管子横向间距 s_1 较大时，相邻涡街之间不受影响，流体流动方向不会改变，如图 3.44（a）所示。随着横向管间距 s_1 的减小，流体流动方向和卡门涡街都会向 S 形转变，如图 3.44（b）所示，且卡门涡街数也会发生变化，从 2 变为了 1，这必然会影响到卡门涡街脱落频率。纵向管间距 s_2 对卡门涡街也有影响，当 s_2 较小时，相邻两排管子表面上脱落的旋涡旋转方向是相反的，但当纵向管间距 s_2 增大到一定值后，所有管子上脱落的旋涡旋转方向都相同，如图 3.44（c）所示。

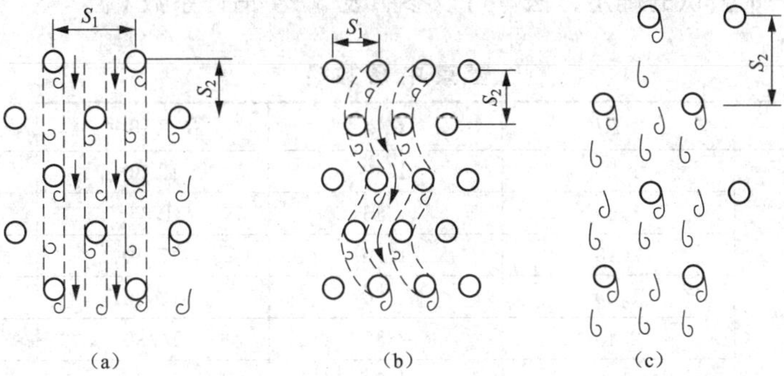

图 3.44　错列管束中的卡门涡街

在顺流布置的管束中，当管子横向间距 s_1 较小时，平行于流动方向相邻的各列卡门涡街将受到干扰，从而会降低卡门涡街脱落频率。纵向管间距 s_2 的影响正相反，当 s_2 较小时，从前一排管子上脱落的旋涡到达下一排管子的时间减小，旋涡脱落频率会增大。

（2）管束中卡门涡街脱落频率。管束中卡门涡街脱落频率仍可按单管公式（3.61）计算，但其中的速度为管束中最小截面速度。St 取决于管束的排列方式和管间距，可查图 3.45确定。

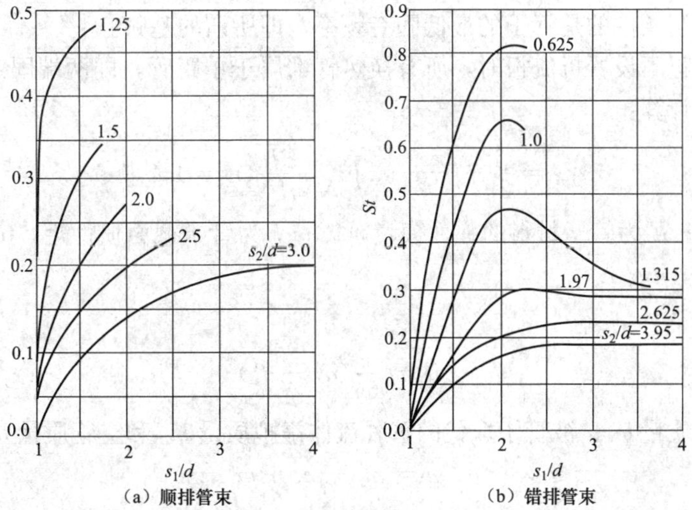

图 3.45　管束的 St 数

（3）管束中的作用力。管束中出现卡门涡街时，管子表面上的压力分布与管子排列方式、管排数、管间距和雷诺数等因素有关。一般情况下，第 1 排管子只受横向相邻管子影响，且流体湍流度较弱，管子表面压力脉动强度较低，沿管子表面压力梯度也相对较小，管子后面旋涡区宽度较大，总体来看，与单管上压力分布类似。从第 2 排开始，由于受到前排管子尾流区的影响，故压力脉动强度和压力梯度都会逐渐增大，管后尾流区宽度变窄。这种影响到第 4 排以后基本消失。

由于管表面压力脉动而作用在管子表面上的力仍然可以按式（3.62）和式（3.63）计算，但卡门力系数 C_L 和 C_D 的确定却比单管要复杂得多。由于影响因素众多及实验数据缺乏，目前还没有一个公认的确定方法，可以参照表 3.24 估计系数 C_L。

表 3.24　　管束中系数 C_L

管子排列方式	s_1/d	s_2/d	$Re\times10^{-3}$	C_L
顺排	1.20	1.40	10.80	0.035
	1.42	1.46	1.36	0.078
	2.40	1.40	15.40	0.035
	1.20	2.80	13.30	0.046
	2.40	2.80	14.30	0.358
	1.20	4.20	26.60	0.038
	2.40	4.20	15.80	0.295
	3.60	4.20	14.00	0.445
错排	1.46	2.84	0.79	0.630
	2.31	3.94	20.20	0.580
	4.62	2.63	42.50	0.870

3.6.3　弹性机构

除了激振力之外，要想发生振动，还需要相应的弹性机构。在管壳式换热器中，换热管就是一个典型的弹性机构。原则上讲，换热管在所有固有频率下都会因流体的流动而激发振动，但处于最不利条件的是管子的最低固有频率，即所谓的基频。

当换热器壳程不设置折流板时，所有换热管都属于单跨管，即两端固定的直管，其各阶固有频率按下式计算：

$$f_n=\frac{1}{2\pi}\left(\frac{2n+1}{2}\pi\right)^2\sqrt{\frac{EJ}{mL^4}}(n=1,2,\cdots) \tag{3.64}$$

式中：L 为管长；E 为管子材料的弹性模量，Pa；J 为管子截面惯性矩，m^4；m 为换热管单位长度上的质量，kg/m。

J 的计算式为

$$J=\frac{\pi}{64}(d_o^4-d_i^4) \tag{3.65}$$

m 包括管内流体质量 m_i、被管子取代的管外流体虚拟质量 m_o 和空管质量 m_t，即

$$m=m_i+m_o+m_t \tag{3.66}$$

其中，$m_i=\pi d_i^2\rho_i/4$，$m_o=\pi d_o^2\rho_o/4$。

通常情况下，在管壳式换热器中都设置有折流板，且折流板间距相同，因此，换热管可以看成是等跨距的直管，此时，管子的固有频率可按下式计算：

$$f_n=35.3\lambda_n\sqrt{\frac{E(d_o^4-d_i^4)}{ml^4}}(n=1,2,\cdots) \tag{3.67}$$

式中：λ_n 为无因次的频率常数，其值与管端固定条件、跨数和振型有关，见表 3.25。

表 3.25　　等跨直管的频率常数 λ_n

跨数	两端固定 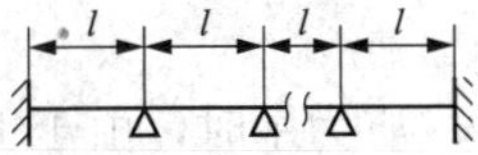		两端简支 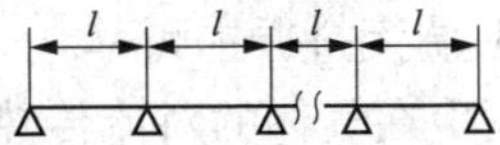		一端固定一端简支 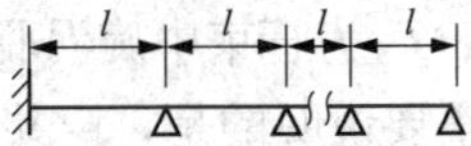	
	1 阶	2 阶	1 阶	2 阶	1 阶	2 阶
1	22.396	61.737	9.870	39.520	15.434	50.017
2	15.418	22.373	9.870	15.418	11.514	19.921
3	12.648	18.469	9.870	12.648	10.631	15.418
4	11.514	15.418	9.870	11.514	10.305	13.289
5	10.950	13.693	9.870	10.950	10.150	12.169
6	10.631	12.648	9.870	10.631	10.065	11.514
7	10.434	11.973	9.870	10.434	10.014	11.101
8	10.305	11.514	9.870	10.305	9.980	10.825
9	10.215	11.188	9.870	10.215	9.957	10.631
10	10.150	10.950	9.870	10.150	9.940	10.491
20	9.941	10.150	9.870	10.005	9.887	10.280

3.6.4　声共振

管束中的湍流或从管表面上脱落的旋涡通常会激起声学共振。一般情况下，管束中驻波传播方向同时垂直于流体流动方向和管子轴向方向。因此，当旋涡脱落频率或湍流抖振频率接近横向方向声驻波频率时，就会产生声共振现象，在换热器壳体中激起强烈的噪声，其声压级可达 150～180dB，与此对应的是壳体外部声压还要高 20～50dB，从而造成严重的声污染。声压过高，也会损坏壳体。

空腔中的声驻波固有频率 f_a 可按下式计算：

$$f_a = \frac{nc}{2D} \tag{3.68}$$

式中：n 为声驻波模态数，即半波的倍数，如图 3.46 所示，其半波个数分别为 n=1、2、3 等；c 为声速；D 为反射声波时两壁面之间的距离，对管壳式换热器而言，即为壳体内直径。

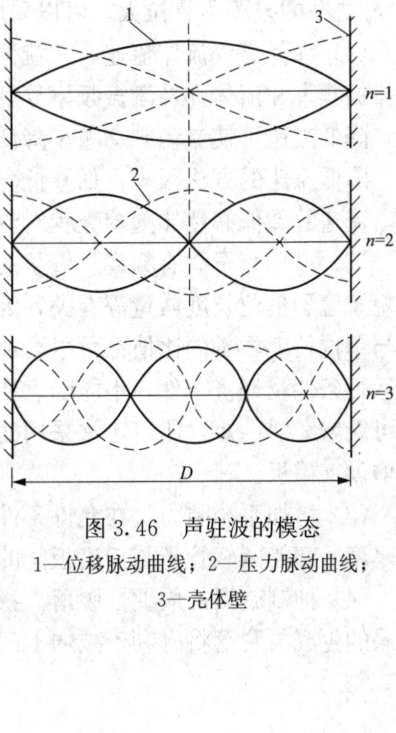

图 3.46　声驻波的模态

1—位移脉动曲线；2—压力脉动曲线；3—壳体壁

当壳体内布置有换热管束时，换热管必将阻碍声的传播，声速会有所降低，式（3.68）变为

$$f_a = \frac{nc_e}{2D} \tag{3.69}$$

式中：c_e 为实际声速。

c_e 的计算式为

$$c_e = c/\sqrt{1+\sigma} \tag{3.70}$$

式中：σ 为体积比，即管束所占体积与空壳壳体体积之比。

如果计算出的声驻波固有频率位于下式确定的范围内，则很可能会发生声共振：

$$0.6f_{ex} < f_a < 1.48f_{ex} \tag{3.71}$$

式中：f_{ex}为管束中旋涡脱落频率或湍流抖振主频率。

需要说明的是，声共振主要发生在气体的对流传热中，当介质为水时，由于水中声速较低，而且换热器尺寸又较小，由式（3.69）可知声驻波固有频率很大。另外，水的流速不会太高，故激振力频率较低，因此，在水中发生声共振的可能性不大。

3.6.5 振动的防止

在换热器设计中，应该尽量避免管子的机械振动和声共振。若振动难以避免，就应该采取措施尽量减小，使换热器在使用寿命期间不因振动而破坏。

1. 防振设计步骤

在管壳式换热器中，当气体或液体横向冲刷管束且管子的固有频率 f_n 与卡门涡街脱落频率 f_s 之间存在关系 $f_n<2f_s$ 时，就有可能发生换热管的机械振动；当声驻波固有频率 f_a 位于 $0.6f_s<f_a<1.48f_s$ 范围内时，就有可能发生声共振。因此，在考虑振动防止时，通常遵循以下步骤：

（1）计算换热器管子最低固有频率，然后考虑某些可能的不平衡支承条件和可能存在的轴向力，对固有频率进行校正。

（2）按旋涡脱落机理、湍流抖振机理及其他相关机理计算卡门涡街脱落频率、湍流抖振主频和声驻波固有频率。

（3）应使管子固有频率和声驻波固有频率与激振频率有尽可能大的偏离。

（4）当不能满足上述要求时，必须调整换热器结构或流体流速，将振动危害降低到最小程度。

2. 防振措施

防止振动的一个基本原则是使管子固有频率 f_n、声驻波固有频率 f_a 与卡门涡街脱落频率 f_s 之间的差距尽量拉大，可以采用的措施很多。

（1）降低壳程流体流速。从流体诱导振动机理来看，流体流速与卡门涡街脱落频率、湍流抖振频率和流体弹性激振频率等有关，是引起振动的一个关键参数。当管束固有频率不变时，降低流速可使流动脉动频率降低，从而可避免共振的产生。

降低流速的方法很多，如降低壳程流体质量流量、增大管间距、改变管束排列角等。但是，流速的降低必然伴随着壳程对流传热表面传热系数的下降，因此，必须综合考虑。

（2）增加管子固有频率。管子的固有频率与管子每跨长度、管材的弹性模量、管截面惯性矩及管子单位长度质量等有关，因此，减小管子每跨长度、增加管子弹性模量、提高惯性矩与单位长度质量的比值都可以增加管子固有频率。但是，管子材料的选择需要考虑换热器的运行条件及经济条件，不能随意变更；从传热角度看，都希望采用小直径管子，因此，也不可能增大惯性矩，所以，常采用的增加管子固有频率的措施是减小折流板间距、缩短跨距或增设支撑板。

（3）增加系统阻力。在允许条件下，尽量减小管子与折流板管孔间的间隙或者增加折流板厚度，都能减轻管子与折流板间的剪切作用，使系统阻尼增加。

（4）抑制旋涡的周期性脱落。激振力来自于交替脱落的卡门涡，因此，如果能够抑制卡门涡的生成与脱落将有利于减弱卡门涡诱导振动。常用的抑制卡门涡交替脱落的方法是采用各种扩展表面，根据扩展表面形式的不同，又分为全方向性和单方向性两种，如图 3.47 所示。全方向性扩展表面减振作用与来流方向无关，包括螺旋条、螺旋线、螺旋矩形板条和人字形板条等，如图 3.47（a）所示；单方向性扩展表面减振作用只适用于某一特定来流方向，包括直板条、矩形扰流销钉和球形扰流销钉等，如图 3.47（b）所示。

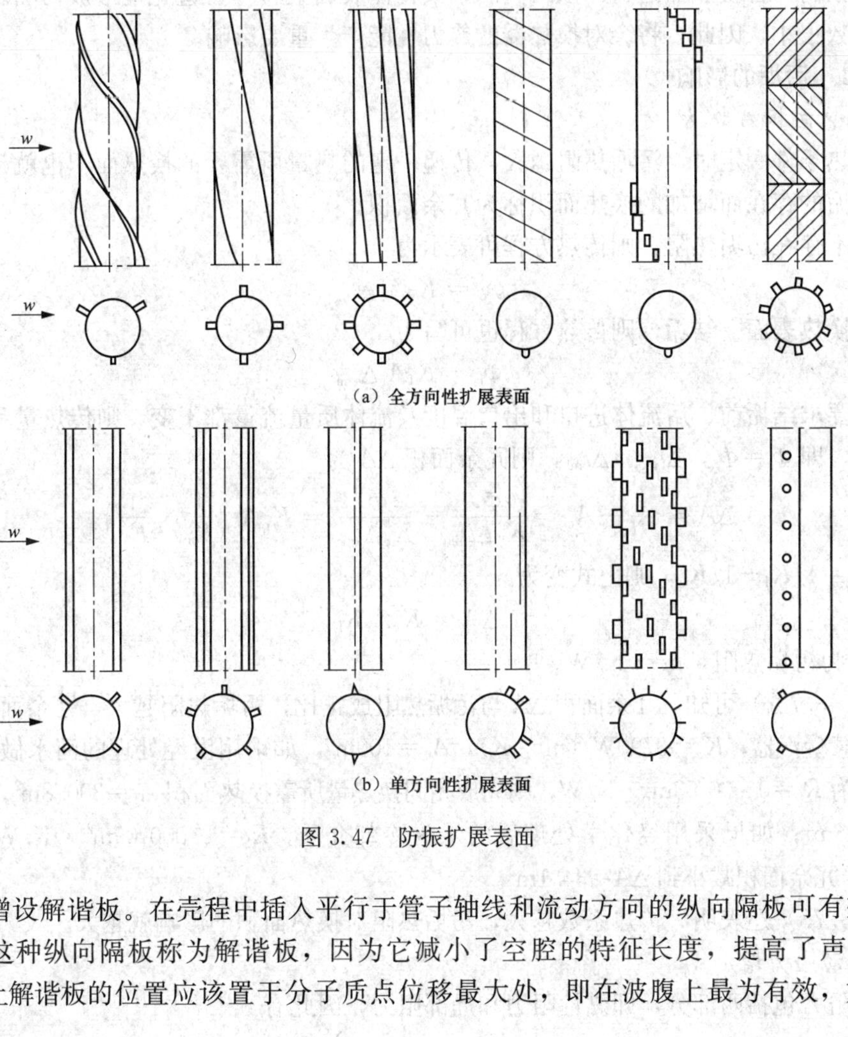

图 3.47　防振扩展表面

（5）增设解谐板。在壳程中插入平行于管子轴线和流动方向的纵向隔板可有效地消除声共振，这种纵向隔板称为解谐板，因为它减小了空腔的特征长度，提高了声振驻波频率。理论上解谐板的位置应该置于分子质点位移最大处，即在波腹上最为有效，如图 3.48 所示。

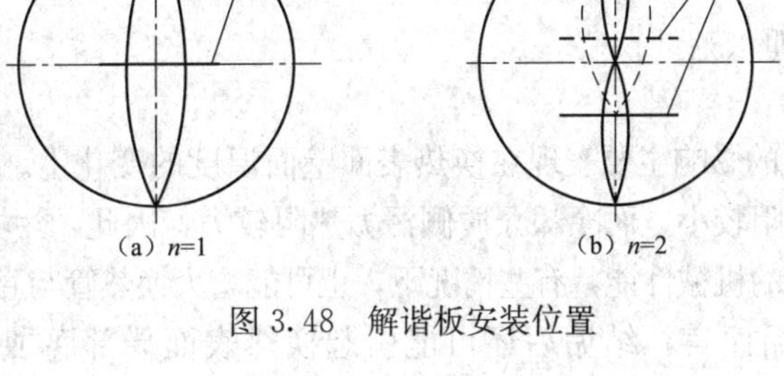

图 3.48　解谐板安装位置

3.7 换热器污垢及其防止

在与不洁净的流体相接触的固体表面上逐渐积聚的固态物质称为污垢，它常以混合物形态存在。任何一台换热器运行一段时间后，其传热表面上将不可避免地形成污垢。由于污垢的导热系数很小，因此，将会对换热器的热力性能产生重要影响。

3.7.1 污垢的影响

1. 换热面积 A 增大

当换热条件一定时，污垢热阻越大，传递一定的热量所需要的换热面积也就越大，通常把由于污垢的存在而增加的换热面积称为冗余面积。

假定不存在污垢热阻，则传热方程可表示为

$$\Phi_c = K_c A_c \Delta t_{mc} \tag{3.72a}$$

一旦换热表面上结垢，则传热方程也可写为

$$\Phi_f = K_f A_f \Delta t_{mf} \tag{3.72b}$$

如果要求结垢前、后流体进口和出口温度及流体质量流量都不变，则传热量和平均传热温差相同，即 $\Phi_c=\Phi_f$，$\Delta t_{mc}=\Delta t_{mf}$，则冗余面积 ΔA 为

$$\Delta A = A_f - A_c = \frac{\Phi_f}{K_f \Delta t_{mf}} - \frac{\Phi_c}{K_c \Delta t_{mc}} = K_c A_c \left(\frac{1}{K_f} - \frac{1}{K_c}\right) \tag{3.73a}$$

记 $R_f=1/K_f-1/K_c$，则上式变为

$$\Delta A = K_c A_c R_f \tag{3.73b}$$

式中：R_f 为污垢热阻，$m^2 \cdot K/W$。

由式（3.73b）可知，冗余面积 ΔA 与污垢热阻成正比，污垢热阻越大，冗余面积就越大。例如，对某凝汽器，$K_c=3790W/(m^2 \cdot K)$，$A_c=100m^2$，如采用没经处理的河水做冷却介质，污垢热阻为 $R_f=0.000\ 53m^2 \cdot K/W$，则完成相同换热量所需换热面积 $A_f=300.8m^2$，冗余面积 $\Delta A=200.8m^2$；如果采用经化学处理后的水为冷却介质，$R_f=0.000\ 09m^2 \cdot K/W$，则 $A_f=134.1m^2$，冗余面积减小到 $\Delta A=34.1m^2$。

式（3.73）还表明，传热系数越大，污垢热阻对换热面积的影响就越大。

2. 流动阻力增加

流动阻力包括两部分，即黏性阻力和局部阻力，因此有

$$\Delta p = \left(f\frac{L}{d} + \sum \xi_i\right)\frac{\rho w^2}{2} \tag{3.74}$$

在换热表面结垢后，表面粗糙度增加，因此，黏性阻力系数 f 会增大，同时，由于污垢会占据一定的流通面积，使得通流直径 d 减小，而流速 w 增加，由式（3.74）可知，这些变化都会使得流动阻力增加。

3. 安全性降低

污垢对换热器安全性的影响主要表现在换热表面壁面温度的变化上。特别是对冷凝器而言，被冷凝蒸汽侧一般污垢热阻较小，而冷却介质侧污垢热阻较大，因此，污垢的存在会使壁面温度升高，从而降低换热表面的机械性能，有些情况下，也可能增大换热管与壳体之间的胀差。

对于某些腐蚀性污垢而言，结垢后还可能引起换热表面局部腐蚀，使得换热管局部穿

孔，产生泄漏。

4. 污垢费用增加

污垢费用是指因污垢的存在而引起的换热设备费用的增加量，主要包括三部分。

（1）投资增加。污垢热阻的存在会使换热器在传递相同热量时的换热面积增加，同时，为了避免污垢对换热面的腐蚀，有时也需要提高换热面材质，这些都会使换热器制造成本增加。

污垢的形成是一个渐进过程，当污垢热阻增加到一定程度后，就需要对换热表面进行清洗，以减小污垢热阻，因此，需要添置污垢清洗设备。同时，在清洗换热设备过程中，为避免清洗停机而影响生产过程，就必须要增设备用的换热设备，即在换热设备设计时，就必须根据换热流体特性考虑清洗时的备用容量。无论是添置清洗设备，还是增加备用容量，都会使换热设备投资增加。

（2）能量消耗增加。污垢会使流体流动阻力增加，因此，输送介质泵功增加。同时，在清洗污垢的过程中，清洗设备也需要消耗能量，这些都会使换热器运行时的能量消耗增加。

另外，污垢还会影响到工艺系统的效率。例如，在热力发电厂，凝汽器冷却水侧的污垢会使蒸汽凝结温度升高，从而降低热电厂循环效率；在制冷循环中，蒸发器和冷凝器表面的积灰和结垢都会使蒸发温度降低、冷凝温度升高，从而使得制冷循环效率下降。

（3）产品质量下降。随着污垢生长速度的增快，清洗污垢周期变短，运行时间减小，产量降低。同时，在频繁的启停阶段，必然会使产品质量下降。

3.7.2　污垢的分类

污垢的类型及特征与换热介质的种类密切相关，可分成两大类，即液侧污垢和气侧污垢。

1. 液侧污垢

液侧污垢指不洁净液体与换热面接触所形成的污垢，根据其形成机理的不同，又可分成四种。

（1）析晶型污垢。析晶型污垢又称结晶型污垢，是指在流动条件下，过饱和溶液中溶解的无机盐淀析在换热面上的结晶体。对于具有正常溶解度的盐类，其溶解度随温度的升高而增大，因此，结晶过程总是发生在冷却面上；对于具有反常溶解度的盐类，其溶解度随温度的升高而降低，因此，结晶过程总是发生在加热面上。

（2）微粒型污垢。微粒型污垢又称沉积型污垢，是指悬浮在液体中的固体微粒在各种力的作用下沉积在换热表面上形成的污垢。这种污垢主要取决于流场的均匀性，如果流场不均匀，在流速低的地方固体微粒更易沉积。

（3）化学反应污垢。由于化学反应而形成的换热表面上的沉积物，在化学污垢的形成过程中，换热表面可能参与，也可能不参与反应。例如，当碳酸盐溶解在水里、被加热后就会发生分解反应，典型的碳酸氢钙和碳酸氢镁分解反应如下：

$$Ca(HCO_3)_2 \xlongequal{\triangle} CaCO_3\downarrow + CO_2\uparrow + H_2O$$

$$Mg(HCO_3)_2 \xlongequal{\triangle} MgCO_3\downarrow + CO_2\uparrow + H_2O$$

当继续加热时，难溶于水的碳酸镁将进一步发生水解反应，生成氢氧化镁的沉淀物，于是，就在换热表面上形成了钙、镁盐类的化学反应污垢。

（4）生物型污垢。由于宏观生物体和微生物体附着在换热表面上形成的污垢，如各种藻类、菌类等。这种污垢不仅影响传热和流动，对换热表面还会产生腐蚀。用江水、河水和海水作冷却介质时常出现这种污垢。

2. 气侧污垢

气侧污垢指不洁净气体与传热面接触所形成的污垢。气侧污垢按温度高低分可分为，低温污垢（$T<530\text{K}$）、中温污垢（$530\text{K}<T<1100\text{K}$）和高温污垢（$T>1100\text{K}$）；按污垢的类型分可分为低温灰沉积物、高温结合沉积物、熔渣沉积物。通常情况下，在低温下形成的都是属于沉积型污垢，在高温下形成的都是成分比较复杂的熔渣沉积型污垢。

3.7.3 污垢的形成过程

污垢的形成是一个非常复杂的过程，总体来讲，分为四个阶段，即起始阶段、输运阶段、附着阶段、剥蚀阶段和老化阶段。

1. 起始阶段

起始阶段又称诱导期或延迟时间，指换热面与流体从接触起到可观察到污垢的时间，起始阶段机理非常复杂，目前还没有一个统一的认识，但一定和换热表面加工方式和壁面粗糙度有关。

通常情况下，对于结晶型污垢，起始阶段取决于晶体成核过程，因此，溶液过饱和度越大，壁面越粗糙，则起始阶段就越短。同时，当流体中存在杂质时，也会缩短起始阶段时间。对于沉积型污垢，起始阶段取决于微粒运动过程，因此，流体流速越快，微粒直径越小，起始阶段就越短。

2. 输运阶段

输运阶段是指微粒或溶解的溶质向换热表面的运动过程，根据这种运动过程驱动力的不同又分为很多种。

（1）分子扩散或布朗运动。悬浮在流体中的微粒一直处于不停的、做无序热运动的流体包围中，因此，不断地受到来自各方的分子不平衡撞击而被随机推向换热表面，其到达换热表面的概率与微粒直径呈反比。

（2）湍流扩散。在这种输运机制中，污秽物质被湍流边界层内的旋涡所夹带，并被卷向换热表面，污秽物质到达换热表面的多少与边界层边缘处自由流速度和微粒大小呈正比，与边界层厚度呈反比。

（3）惯性碰撞。当流体流动方向发生变化时，例如弯曲管道、折流板缺口处等，由于微粒的惯性比流体大，微粒将偏离流线而被惯性抛向换热表面。

（4）热泳。热泳是指处于不均匀温度场中的细微粒子，在温度梯度的作用下由高温向低温处移动的现象。通常情况下，对 $5\mu\text{m}$ 以下的粒子，热泳起着重要作用，对 $0.1\mu\text{m}$ 左右的粒子，热泳起着支配作用。

（5）电泳。电泳是指带静电粒子被吸向换热表面的现象，电泳只对粒径小于 $0.1\mu\text{m}$ 的粒子才起作用。

（6）重力。在重力作用下粒子在垂直方向上的沉积，重力只对粒径大于 $1\mu\text{m}$ 的粒子才起作用。

3. 附着阶段

输运到换热表面上的污秽物的聚集过程是在附着阶段内完成的。当污秽物被输运到换热面并与换热面接触时，有可能附着于壁面形成污垢，也有可能从壁面反弹出去，其附着于壁面上的多少用附着率 P 描述。

附着过程是一个非常复杂的过程，影响因素众多。从宏观上看包括两个方面，即粒子特性和表面条件，如粒子直径、密度和弹性，壁面材料种类和粗糙度等。从微观上看，主要是几种作用力的相互作用，如范德华力、静电力和波恩斥力等。其中，范德华力是引力，作用距离为 300～500pm；静电力取决于电荷种类，异种电荷间是引力，同种电荷间是斥力；波恩斥力来自于电子轨道的重叠。

4. 剥蚀阶段

该阶段指沉积在换热表面上的污垢重新脱离表面和被流体流动带走的全过程，包括剥离和重夹。剥离指污垢物质从流-固界面脱离的过程，重夹指污垢物质从表面向流体的输运过程。剥蚀的形式有三种，即溶解、磨蚀和剥落。

（1）溶解。溶解指污垢物质以离子形态脱离固体表面的剥离。例如，金属氢氧化物溶解后就是以金属离子形式脱离表面的，即

$$M(OH)_z \longrightarrow M^{+z} + zOH^{-1}$$

（2）磨蚀。流体流动作用在污垢粒子上的剪切力削弱了粒子与其周围粒子或表面间的结合力，这种削弱随着小粒子聚集为大粒子而逐渐增强，直至作用在聚集粒子上的剪切力大于其与相邻粒子的结合力而破裂脱落。

（3）剥落。污垢物质以大块或成片形式脱离固体壁面的过程，一般是由传热表面内热应力或污垢与壁面结合不良引起的。

5. 老化阶段

当污垢老化后，其特性发生变化，强度增加，难以剥蚀。

3.7.4　影响因素分析

影响污垢热阻大小的因素主要包括三个方面，即运行参数、换热器特性和流体性质。下面简要介绍前两个方面。

1. 运行参数

影响污垢热阻最关键的运行参数是流体速度和壁面温度。显然，流体速度越高，污秽物输运速度就越快，在壁面上的附着量增加，但流体对壁面的剪切作用增强，剥蚀速度会加快。一般来说，对松散型污垢而言，速度越快，污垢热阻就越小；对坚固性污垢而言，速度越快，污垢热阻会增加，但都存在一渐进值。

对不同类型的污垢，壁面温度的影响也不相同。对结晶型污垢，壁面温度越高，污垢老化速度就越快，剥蚀速度下降，因此，污垢热阻会增加；对沉积型污垢，壁温基本没有影响。

2. 换热器特性

壁面材料对污垢热阻具有较大影响，它几乎会影响到污垢形成的每一个阶段，而且影响机理复杂，其中对腐蚀性污垢和化学反应污垢影响最大。壁面粗糙度对污垢热阻也有较大影响，一般来讲，壁面粗糙度越大，污垢热阻就越大。

另外，不同类型的换热器由于其结构不同，流场的均匀性也不一样，因此，污垢热阻也不相同。表 3.26 为典型管式和板式换热器污垢热阻相对大小的定性比较结果。

表 3.26　　管式和板式换热器污垢热阻比较

形式	湍流度	流场均匀性	传热系数	平均温差	污垢热阻
管式	小	差	小	大	大
板式	大	好	大	小	小

3.7.5 污垢的测量

如前所述，污垢种类繁多，影响污垢热阻大小的因素也很多，而且随着运行时间和运行条件的变化，污垢热阻也会发生变化，因此，目前还不能从理论上计算污垢热阻的大小，只能采用实验方法进行测量。常用的污垢热阻测量方法有两种，即热学法和直接测量法。

1. 热学法

一种热学法是根据测量传热过程中总传热系数的变化来确定污垢热阻的大小。如果间壁两侧对流传热热阻分别为 R_{c1} 和 R_{c2}，间壁导热热阻为 R_w，则无污垢时有

$$1/K_c = R_{c1} + R_w + R_{c2}$$

换热器在运行一段时间后，在间壁两侧都会产生污垢，其污垢热阻大小分别用 R_{f1} 和 R_{f2} 表示，则传热系数必然会发生变化，其相互关系为

$$1/K_f = R'_{c1} + R_{f1} + R_w + R_{f2} + R'_{c2}$$

假定污垢对间壁两侧对流传热热阻影响很小，将上述两式相减可得

$$R_{f1} + R_{f2} = 1/K_f - 1/K_c \tag{3.75}$$

式（3.75）表明，只要能测量出结垢后的表面传热系数，就可以计算出两侧的污垢热阻之和。

另外一种热学法是温差法，即维持一侧流体流量和进、出口温度不变，另一侧流量和进口温度不变，通过测量出口温度的变化确定污垢热阻，也可以维持一侧流体流量和进出口温度不变，通过测量另一侧流体进出口温度变化来确定污垢热阻。

热学法的最大缺陷是只能同时测量两侧污垢热阻之和，不能确定某一侧的污垢热阻。另外，污垢会使流通面积减小，流速增加，表面传热系数增大，同时，污垢还会使壁面粗糙度增加，也会使表面传热系数增大，这些变化都会使测量误差增加。

2. 直接测量法

直接测量法又有称重法和厚度测量法两种。称重法的基本原理是在待测面设置易于拆装、质量极小的沉积板，如图 3.49（a）所示，运行一段时间后取下干燥、称重，从而确定污垢热阻。称重法的主要缺点是不能连续测量。厚度测量法基本原理是测量通过间壁和污垢层的电流变化来确定污垢热阻的大小，如图 3.49（b）所示。这种测量方法的缺点是在测量前需要精确地标定电流与污垢热阻的关系。

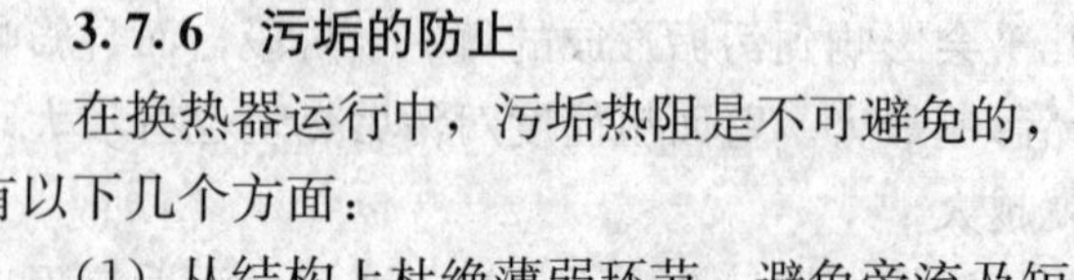

（a）称重法　（b）厚度测量法

图 3.49　污垢热阻的测量

3.7.6 污垢的防止

在换热器运行中，污垢热阻是不可避免的，但应尽量防止或减轻，可以采用的主要措施有以下几个方面：

（1）从结构上杜绝薄弱环节，避免旁流及短路，以及流动死区的存在。

（2）在选择换热器材料时，必须保证流体与壁面的化学相容性，防止流体与壁面发生化学反应，能有效防止结垢及壁面腐蚀。

（3）对流体进行预处理，提高流体的纯度，清除杂质，提高结晶型盐类在水中的溶解度，防止污垢的产生。

（4）当污垢热阻达到一定程度后，要及时清除。

3.8 换热器热补偿

对任何金属材料而言，其受热时都会膨胀，其膨胀量与材料特性和物体温度有关。相同材料由于温度不同或不同材料受热时膨胀能力的差异称为胀差。如果两物体受热时存在胀差、而其两端又为刚性接触，则物体内部就会产生热应力，这种热应力称为胀差热应力。在换热器运行中，当换热管束和壳体间的胀差达到一定程度时，所产生的过大热应力会使换热器的结构受到破坏，因此，必须要采用各种措施使其尽量减小。从工艺或结构上减小换热器部件内部热应力的措施称为热补偿。

换热器热补偿问题是所有换热器共同存在的问题，但以管壳式换热器最为突出，并具有典型性。

3.8.1 换热器应力计算

换热器壳体和管壁受到的应力包括周向应力和轴向应力，其中，周向应力主要取决于换热器工作压力，例如对于壳体而言，其周向应力为 $P_sD/2\delta_0$（D 为壳体平均直径，δ_0 为计算壁厚）。轴向应力不仅与换热器工作压力，还与壳体和管壁的温度有关，因此，轴向应力包括压差应力和温差应力两部分。

1. 压差应力

由于壳程流体压力作用于管板的净表面上，管程压力作用于两端封头和包括管截面在内的管板上，故压力引起的轴向力值为

$$F_1 = \frac{\pi}{4}p_s(D_i^2 - nd_o^2) + \frac{\pi}{4}p_td_i^2n \tag{3.76}$$

式中：p_s 和 p_t 分别为壳程和管程压力；d_i 和 d_o 分别为管子内、外径；n 为换热管数。

该轴向力由壳体和管子共同承受，因而壳体所受之力与管束所受之力的和应等于 F_1。由于壳体与管子的应力分配与弹性模数成正比，故可得

壳体应力

$$\sigma_s^p = \frac{F_1E_s}{a_sE_s + a_tE_t} \tag{3.77}$$

管子应力

$$\sigma_t^p = \frac{F_1E_t}{a_sE_s + a_tE_t} \tag{3.78}$$

式中：a 为截面积；E 为弹性模数；下标 s 和 t 分别表示壳体与管子。

2. 温差应力

由于壳体和管子所接触的流体温度不同，当壳体和管束的伸长受到约束时，会在轴向产生拉应力或压应力，这种由温差引起的力称为温差热应力或热应力，也可称为温差轴向应力。

在计算固定管板式换热器的温差应力时，为简化起见通常假定：①管子与管板都没有发生挠曲变形，因而每根管子所受的应力相同；②以管壁的平均温度和壳壁的平均温度作为各个壁面的计算温度。

设固定管板式换热器初始温度为 t_0，工作时管壁温度为 t_w，壳体壁温为 t_s，则当两者都能膨胀自如时，如图 3.50 所示。管子的自由伸长量为

$$\delta_t = \alpha_t(t_w - t_o)L \tag{3.79}$$

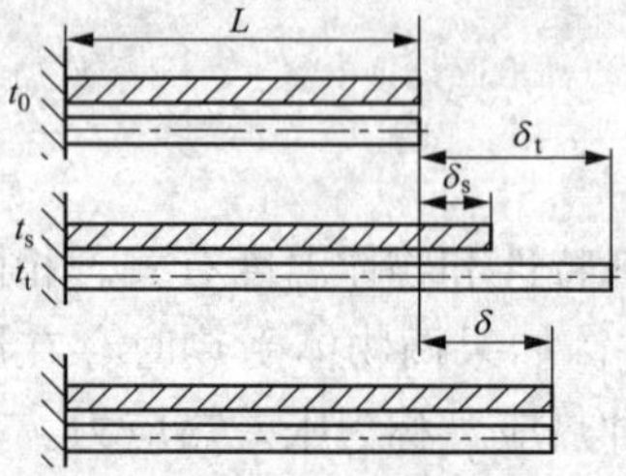

图 3.50　温差热应力的计算

壳体的自由伸长量为

$$\delta_s = \alpha_s(t_s - t_o)L \tag{3.80}$$

式中：α_t 和 α_s 分别为管子和壳体材料的线膨胀系数；L 为管子和壳体的长度。

由于管子与壳体不能独立地自由伸长，而只能共同伸长 δ，因而当 $\delta_t > \delta_s$ 时，管子受到压缩，被压缩长度为（$\delta_t - \delta$）。而壳体受到拉伸，被拉伸长度为（$\delta - \delta_s$）。应用虎克定律，可分别求出管子所受的压缩力和壳体所受的拉伸力。显然，这两个力应相等，即

$$\delta_t - \delta = \frac{F_2 L}{a_t E_t} \tag{3.81}$$

$$\delta - \delta_s = \frac{F_2 L}{a_s E_s} \tag{3.82}$$

式中：F_2 为管子所受的压缩力与壳体所受的拉伸力。

将以上两式合并，经整理后可得

$$F_2 = \frac{\alpha_t(t_w - t_o) - \alpha_s(t_s - t_o)}{\dfrac{1}{a_t E_t} + \dfrac{1}{a_s E_s}} \tag{3.83}$$

式（3.83）即管子所受的总压缩力和壳体所受的总拉伸力。于是，管壁所受压应力为

$$\sigma_t = \frac{F_2}{a_t} \tag{3.84}$$

壳壁所受拉应力为

$$\sigma_s = \frac{F_2}{a_s} \tag{3.85}$$

故由温差产生的轴向应力

$$\sigma_s^t = \frac{a_t E_t E_s[\alpha_t(t_w - t_o) - \alpha_s(t_s - t_o)]}{a_s E_s + a_t E_t} \tag{3.86}$$

$$\sigma_t^t = \frac{a_s E_t E_s[\alpha_s(t_w - t_o) - \alpha_s(t_s - t_o)]}{a_s E_s + a_t E_t} \tag{3.87}$$

3. 合成应力

应该指出的是，温差应力 σ_s^t 和 σ_t^t 方向相反，一个为拉应力时，另一个为压应力，因此，与压差应力 σ_s^p 和 σ_t^p 合成时，若壳体膨胀量大于管子，则

壳体轴向合成应力

$$\sigma_s = \sigma_s^p - \sigma_s^t \tag{3.88}$$

管子轴向合成应力

$$\sigma_t = \sigma_t^p + \sigma_t^t \tag{3.89}$$

当管子膨胀量大于壳体时，则

壳体轴向合成应力

$$\sigma_s = \sigma_s^p + \sigma_s^t \tag{3.90}$$

管子轴向合成应力

$$\sigma_t = \sigma_t^p - \sigma_t^t \tag{3.91}$$

4. 拉脱力

在压差与温差的联合作用下，管子中所产生的总应力为σ_t，则管子拉脱力F_q为

$$F_q = \frac{\sigma_t a_{ts}}{\pi d_o l} \tag{3.92}$$

式中：a_{ts}为单根换热管管壁的横截面积；l为胀接深度或焊接高度。

若计算出的拉脱力超过允许范围，则需采取相应措施以减小拉脱力，例如对固定管板式无膨胀节的换热器，就需采用膨胀节，对于已带膨胀节的，则增加膨胀节的波数或改用强度较高的材料制作膨胀节以减薄膨胀节的厚度。

3.8.2 热补偿措施

一般情况下，如果换热管束和壳体采用相同材料，当壳体与换热管壁温差超过50℃时，就要考虑热补偿，其主要措施包括工艺和结构两个方面。

1. 工艺措施

热应力的大小主要取决于换热管与壳体间的壁面温差，因此，只要能减小壁温差，就能减小温差热应力，例如：

(1) 安排表面传热系数大的流体在壳程流动，由于管壁温度总是接近于表面传热系数大的流体的温度，这样可以有效减小壳体和管壁温差。

(2) 当壳体温度低于管束温度时，应加强对壳体的保温，提高壳体壁面温度，减小管子与壳体壁温差。

2. 结构措施

(1) 从换热器结构上看，采用膨胀节是最直接的热补偿措施。膨胀节的作用主要是补偿轴向位移，其特点是受轴向力后容易变形，从而降低壳体和管子的温差应力。对于一台受内压的换热器，下述三个条件如果有一个不满足，就应设置膨胀节：

$$\sigma_s = \sigma_s^p \pm \sigma_s^t \leqslant [\sigma]_s \varphi \tag{3.93a}$$

$$\sigma_t = \sigma_t^p \mp \sigma_t^t \leqslant [\sigma]_t \tag{3.93b}$$

$$F_q \leqslant [F_q] \tag{3.93c}$$

式中：$[\sigma]_s$ 和 $[\sigma]_t$ 分别为壳体和管子材料的许用应力；φ为焊缝系数；$[F_q]$ 为许用拉脱力。

当采用胀接法时，管端不卷边，管板孔不开槽，则 $[F_q]=0.2$MPa；管端卷边，管板孔开槽，则 $[F_q]=0.4$MPa。当采用焊接法时，$[F_q]=0.5[\sigma]_t^t$。

(2) 使管束和壳体均能自由膨胀，这种方法能几乎完全消除热应力，例如U形管换热器、填料函式换热器和浮头式换热器等均具有这种作用。

(3) 采用弹性管板补偿。对于高温高压换热器管板而言，其增加强度和减小热应力的要求是相互矛盾的，减小管板厚度可减小管板冷、热两侧的热应力，但却受到管板强度要求的限制。对于固定管板还必须同时考虑温差应力、管板本身的轴向和径向温差应力以及管板强度要求等，因而，产生了一些弹性管板的新型结构，这些结构有利于提高承压能力且可利用其弹性变形来吸收部分热膨胀差。例如，椭圆管板结构，如图3.51所示。这种椭圆管板就是在管板上开了若干管孔的椭圆形盖，它与换热器壳体焊在一起。椭圆管板比平管板受力好得多，故可做得很薄，使其具有一定弹性，以补偿壳体与管束的膨胀差值。与椭圆管板类似的，还有碟形管板、球形管板等。

另一种挠性结构管板如图3.52所示，管板与壳体间有一个弧形过渡连接且薄、有弹性，

能够补偿壳体与管束间的热膨胀差值。至于由流体内产生的应力，是由拉撑管来承受的。它的圆弧过渡，有一个最适宜的曲率半径 r，r 过大则增大壳体半径；r 过小则不能有效地进行热补偿，且会造成局部应力集中。

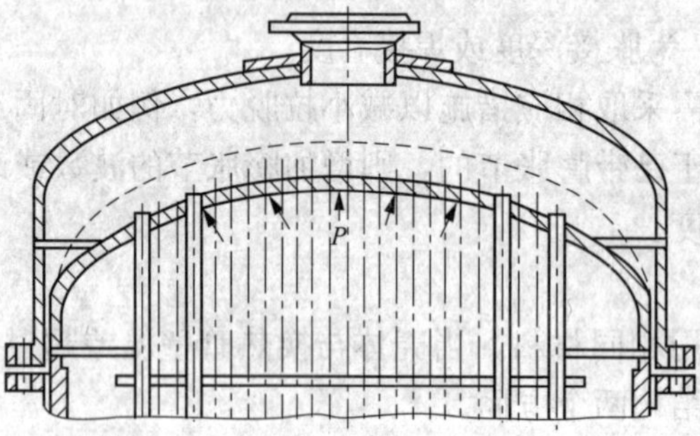

图 3.51 高压椭圆管板

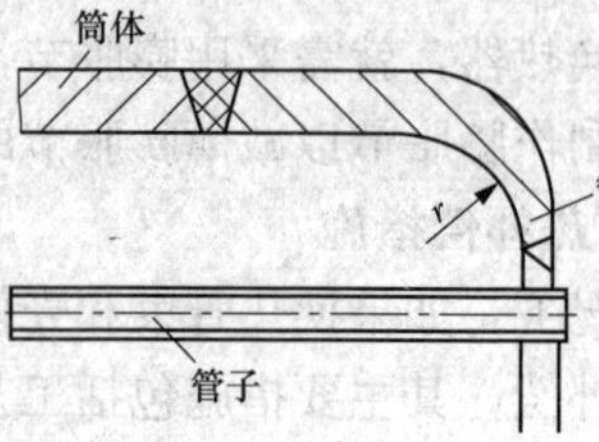

图 3.52 挠性管板

（4）双套管温度补偿。在高温高压换热器中，也可以采用插入式的双套管温度补偿结构，如图 3.53 所示。管程流体出入口与一个环形空间相连接，使外套管内流体与壳程流体的温差减小，具有与 U 形管式换热器相类似的补偿能力，完全消除热应力。

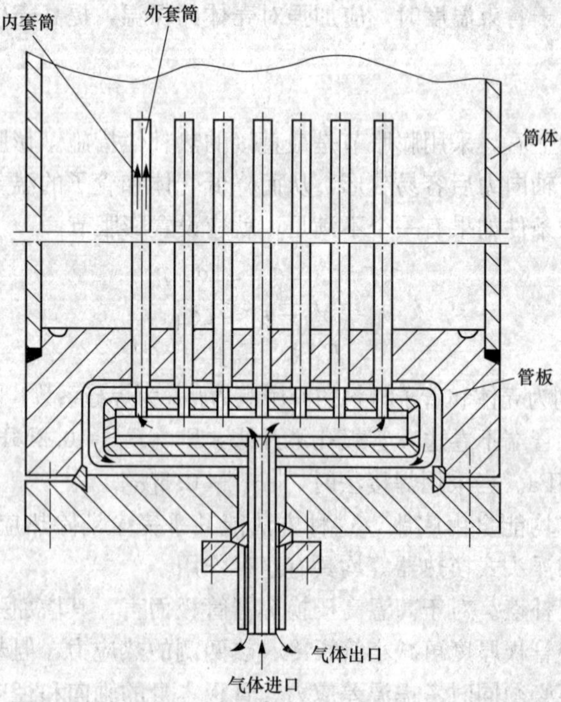

图 3.53 双套管补偿结构

第4章 板式换热器

管壳式换热器结构简单、适应范围广、清洗方便，但传热性能差、体积比较庞大，因此，在某些换热场合下，当需要传热性能好、结构紧凑的换热器时，板式换热器是一个比较好的选择。板式换热器包括螺旋板式、板式、板翅式和板壳式等多种形式，其基本特点是传热间壁为板式表面，间壁两侧采用了各种强化传热措施来增大表面传热系数。

4.1 螺旋板式换热器

螺旋板式换热器由两块平行的钢板在专用卷床上卷制而成，每块钢板都被卷制成螺旋形，并形成两个同心通道，各通道都是环状单一流体流道，其截面为长方形，进、出口接管分别位于两通道边缘和换热器中心处，如图 4.1 所示。

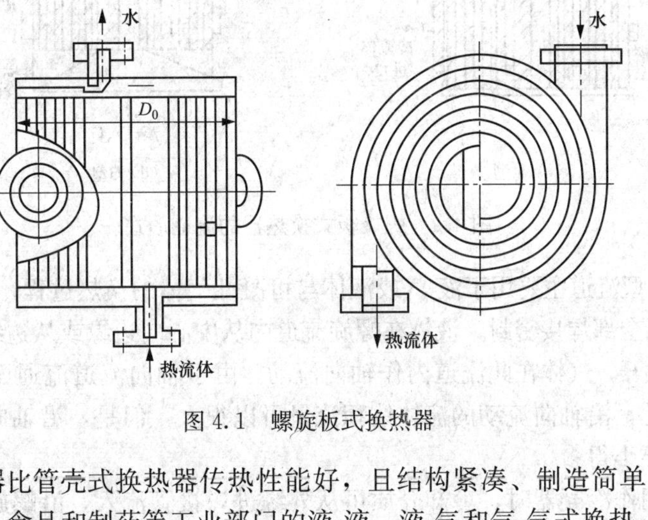

图 4.1 螺旋板式换热器

螺旋板式换热器比管壳式换热器传热性能好，且结构紧凑、制造简单、运输安装方便，适用于石油、化工、食品和制药等工业部门的液-液、液-气和气-气式换热，也可用于蒸发或凝结换热过程，因此，目前已在很多行业得到了广泛的应用。

4.1.1 基本构造和工作原理

螺旋板式换热器由螺旋形传热板、隔板、头盖、定距柱和连接管等基本部件构成，但其具体结构因形式的不同而异。各种形式的螺旋板式换热器均包含由两张厚 2～6mm 的钢板卷制而成的螺旋体，中心处的隔板将板片两侧流体隔开，冷、热两流体在板两侧的流道内流动，通过螺旋板进行热交换。

1. 流道形式

根据流体在流道内的流动方式和使用条件的不同，螺旋板式换热器流道可分为Ⅰ、Ⅱ、Ⅲ和G型四种形式。

(1) Ⅰ型。在这种流道中，两种流体均为单流道螺旋流动，因此，常用于液-液换热过程，如图 4.2 (a) 所示。流道两侧的上、下端被交替焊接密封，冷、热流体在螺旋流道内作纯逆流流动。热流体从螺旋体的中心沿螺旋流道向外流动，从出口接管流出；冷流体从螺旋流道的外缘进口接管进入，流过另一螺旋流道后从中心处的出口接管流出。因冷流体在最外围流道中流动，可以有效地减小换热器散热损失。Ⅰ型流道特别适合于黏度高的液体的换热，但受到通道断面流通面积的限制，只能用在流量不大的场合。

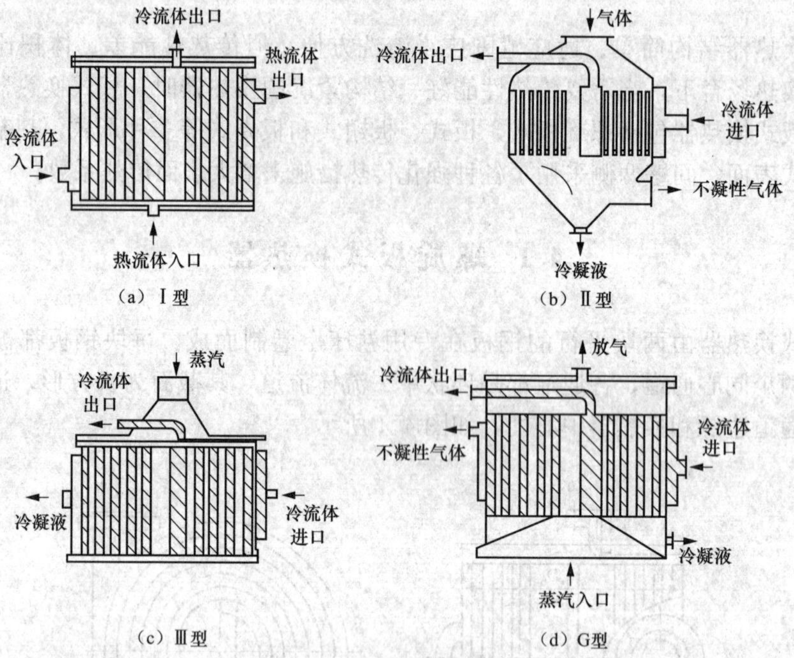

图 4.2 螺旋板式换热器的流道形式

(2) Ⅱ型。Ⅱ型流道主要用于液-气或液体与可凝性气体的换热过程，如图 4.2 (b) 所示。螺旋流道上、下端全部焊接密封，液体在螺旋流道内从中心向边缘或从边缘向中心流动；另一流道两端则完全敞开，气体在此流道内作轴向流动。由于轴向流道流通面积比螺旋流道流通面积大得多，因此，沿轴向流动的流体体积流量可以很大，但是，沿轴向流动的流道长度比螺旋流道的长度要小得多。

当Ⅱ型流道用作冷凝器时，冷却介质可从外缘进口接管流入，沿螺旋流道流至中心后从出口接管流出，而被冷凝的蒸汽需沿轴向从上向下流动，以便冷凝液能顺利地排除。当用于再沸器时，被蒸发液体沿轴向从下部流入，被汽化后的蒸汽或气液混合物从上部排除，而加热介质则从螺旋流道的中心下部流入，沿螺旋通道流向外缘后排除。当Ⅱ型流道用作冷凝器和再沸器时，均采用立式布置。

(3) Ⅲ型。Ⅲ型流道主要用于液体和蒸汽之间的换热，如图 4.2 (c) 所示。冷却介质流过的螺旋流道上、下两端焊接密封，蒸汽流道只有上部中心部分是敞开的，下部为平盖板，而外部周边部分流道上、下两端也是焊接密封，因此，蒸汽沿轴向向下流动时仅进入部分流道，而其余部分仍为螺旋流道。显然，在这种流道中，一种流体在螺旋流道内作螺旋流动，而另一种流体则是轴向流动和螺旋流动的组合。当蒸汽在轴向流动过程中凝结为液体后、再在螺旋流道内被进一步冷却，从而使冷凝液达到过冷状态，其中，沿轴向流动流道和沿螺旋流动流道的传热面积可根据冷凝液所要求的过冷度确定。

(4) G 型。G 型又称塔上型，如图 4.2 (d) 所示，常安装在塔顶作冷凝器用，采用立式布置，下部有法兰与塔顶部法兰连接。通常情况下，蒸汽上升管道流通面积较大，经渐缩后可使蒸汽从中心管上升至顶部，并被平顶盖板折回，然后沿轴向从上而下进入流道被冷凝。蒸汽进入中心管后是沿轴向还是螺旋流动，主要取决于蒸汽流量大小。冷却介质总是从外缘进入，经螺旋流道后从中心顶部接管排除。

2. 分类

螺旋板换热器可根据两端焊接方法的不同分成不可拆式和可拆式两种。

(1) 不可拆式螺旋板换热器。不可拆式螺旋板换热器两个流道的两个端面全部焊接，可完全避免两种流体间的泄漏，如图 4.3 所示。这种形式换热器两端不需要密封垫片，不用顶盖，加工方便，节省材料，制造成本低，其缺点是两个流道都不能进行机械清洗。

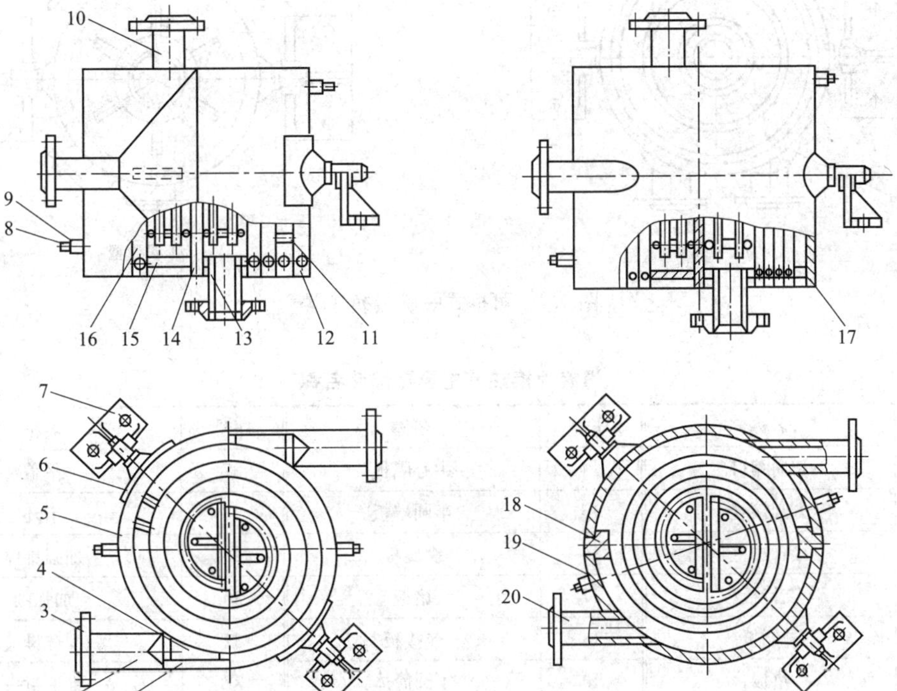

(a) 带切向缩口　　(b) 带外壳

图 4.3　不可拆式螺旋板换热器

(2) 可拆式螺旋板换热器。可拆式螺旋板换热器两个流道的两个端面被交替焊接，并用可拆式的顶盖和密封垫片密封，保证了两螺旋通道中的流体不会渗混。即使在运行过程中，垫片密封失效，由于流道交替焊接的方钢条或圆钢条，流体只能向外渗漏，而不会产生内部混合，这种密封方式可以保证在拆卸顶盖后对流道进行机械清洗。可拆式螺旋板换热器又分为堵死型和贯通型两种，如图 4.4 所示。

(3) 螺旋板换热器零部件。螺旋板换热器结构简单，主要的零部件名称如图 4.3、图 4.4 和表 4.1 所示。

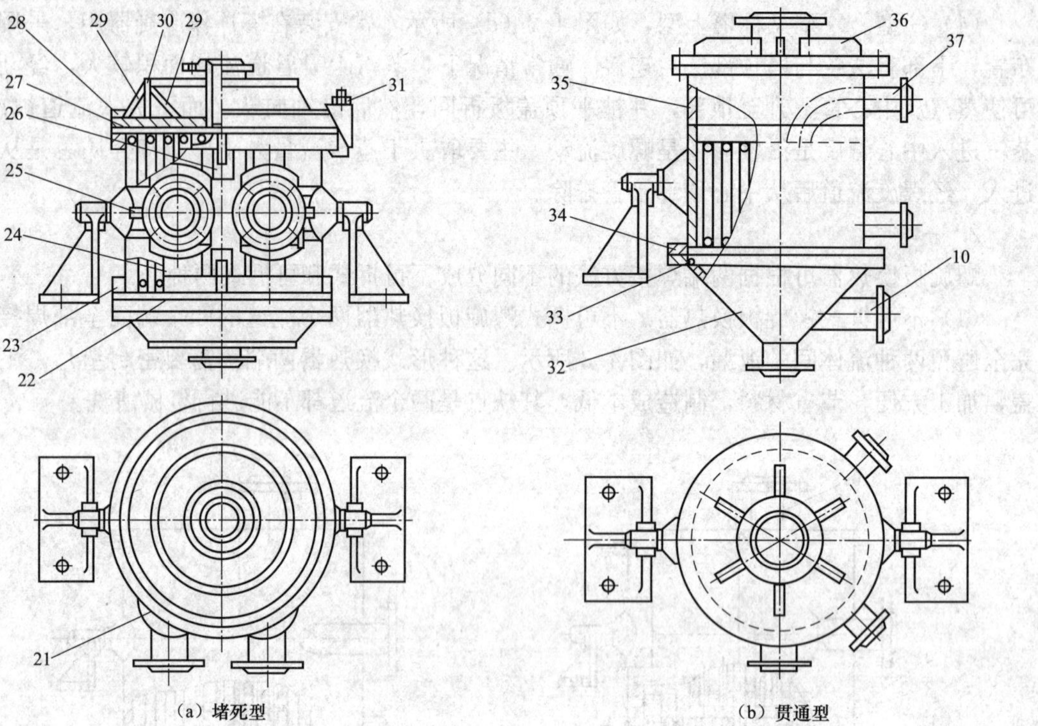

图 4.4 可拆式螺旋板换热器

表 4.1 螺旋板换热器主要零部件名称

序号	名称	序号	名称	序号	名称
1	切向缩口	14	中心隔板	27	平盖
2	方圆接管	15	半圆端板	28	卡环
3	接管法兰	16	螺旋板	29	加强锥体
4	支持板	17	堵板	30	加强圈
5	外圈板	18	连接板	31	螺母
6	垫板	19	半圆筒体	32	锥形封头
7	回转支座（部件）	20	切向接管	33	双头螺柱
8	六角螺塞	21	半圆管箱（部件）	34	壳体法兰
9	螺纹凸缘	22	垫片	35	壳体短节
10	接管	23	窄边法兰	36	肋板
11	定距柱	24	封板	37	弯管
12	圆钢	25	拉金		
13	开孔半圆端板	26	吊环		

3. 型号表示方法

在螺旋板换热器型号中，也需要反映出螺旋板换热器的形式、设计压力、材质、换热面积、螺旋体高度、公称直径和螺旋板之间的间距，其表示方法与管壳式换热器类似，即

×××PN-AN-H-DN-b_1/b_2

- 两流道通道间距，mm
- 公称直径，mm
- 螺旋板宽，m
- 公称换热面积，m^2
- 公称压力，MPa
- 三个字母分别表示螺旋板换热器形式、材质等

在上述型号表示中，第一个字母代表换热器类型，不可拆式螺旋板换热器用B表示，可拆式螺旋板换热器用K表示。第二个字母为L，代表是螺旋板换热器；第三个字母代表螺旋板材质，碳钢用C表示，不锈钢用S表示。

4. 产品系列

目前，螺旋板换热器已成为标准化的产品，我国已有螺旋板换热器产品系列的主要参数见表4.2。

表4.2　螺旋板换热器产品系列主要参数

形式	不可拆式			可拆式		
公称压力（MPa）	≤0.6	≤0.6	≤2.5	≤0.6	≤1.6	≤1.6
材质	碳钢	不锈钢	碳钢	碳钢	碳钢	不锈钢
公称换热面积（m^2）	1，2，3，4，6，10，15，20，25，30，40，50，80，100，130	1，2，4，6，10，16，20，30	2.5，5，10，15，20，30，40，50	1，2，3，4，6，10，15，20，25，30，40，50，60，80，100，130	1，2，3，5，10，15，20，20，30	1，2，4，6，10，16，20，30
螺旋通道间距（mm）	5，10，15，20	5，10	5，10	5，10，15，20	5，10，15，20	5，10，15，20
螺旋板宽度（m）	0.2，0.3，0.4，0.6，0.8，1.0，1.2	0.3，0.45，0.9	0.3，0.4，0.6，0.8，1.0，1.2	0.2，0.3，0.4，0.6，0.8，1.0 1.2	0.2，0.3，0.4，0.6，0.8，1.0 1.2	0.3，0.45，0.9
螺旋板厚度（mm）	4.0	1.5	4.0	4.0	4.0	1.5
设备外直径（mm）	300，400，600，800，1000，1200，1500	300，400，600，800	300，400，600，800	300，400，600，800，1000，1200，1500	300，400，600，800，1000	300，400，600，800

4.1.2　基本特性

与管壳式换热器相比，螺旋板换热器主要特性表现在以下几个方面。

（1）传热系数高、流动阻力小、结构紧凑。在螺旋板换热器中，由于流体在螺旋流道内流动时所产生的离心力作用，使得流体在流道内、外侧之间形成二次环流，增强了扰动，同时，由于螺旋板上定距柱的存在，也会使对流体扰动加强，因此，流体在较低雷诺数下就形成了湍流，传热能力强。

螺旋板换热器中的流动阻力主要来自于流体与螺旋板摩擦产生的黏性阻力，流速的提高

虽使得阻力增加，但传热效果也得到较好的改善，因而可以认为螺旋板式换热器能更有效地利用流体的压力损失。通常情况下，螺旋板换热器允许设计流速是，对液体为 2m/s，对气体为 20m/s。

（2）两流体逆流，传热温差小。由于螺旋板换热器具有两个较长的冷、热流体的流道，两流体可以实现纯逆流换热，当两流体进口温度一定时，逆流平均传热温差最大，因此，有助于精密控制流体出口温度和有利于回收低温余热。在纯逆流情况下，两流体的出口端温差最小可达 3℃。

（3）不易结垢。在管壳式换热器中，当某根管子有污垢沉积时，局部阻力会增加，由于所有换热管是并联在一起的，因此，其流速也会降低，流速的降低会使结垢速度加快，因此，污垢会越积越多，最终堵死该换热管。但是，在螺旋板换热器中，由于螺旋流道是单流道，压降也较低，因此，允许流速较高，污垢不易沉积。若在流道的某处沉积了污垢，该处的流通面积就会减小，流体在该处的局部流速相应提高，使污垢较易被冲刷掉，因此，螺旋板换热器对于污垢的沉积具有一定的“自洁”作用。

（4）制造简便，结构紧凑，热损失小。螺旋板换热器是由两块金属板卷制而成的，没有管箱和管板等非传热零部件，且流道间距远小于换热管直径，因此，设备体积小，在传热面积相同时，比管壳式换热器紧凑的多，单位体积布置的换热面积约为管壳式换热器的 3 倍。同时，制造简单、机械加工量小，成本低。另外，由于螺旋板换热器外表面较小，且常常是冷流体从最外缘的流道中流入，因此，散热损失少，通常情况下不需要保温。

（5）操作压力受限。螺旋板换热器的操作压力是由具有一定厚度的螺旋板和密封结构来承受的，由于外缘螺旋直径大，因此，其承压能力有限。对于可拆式螺旋板换热器，目前最高使用压力为 1.6MPa，对于不可拆式螺旋板换热器，最高使用压力为 2.5MPa，特殊情况下可达 4.0MPa。

（6）清洗、检修困难。螺旋板换热器螺旋流道窄，为了维持流道宽度，螺旋板上焊接有定距柱，因此，流道难以机械清洗，通常采用蒸汽吹扫，也可用热水冲洗或酸洗。

虽然螺旋板换热器不易泄漏，但一旦泄漏，很难修理，以至于整台换热器彻底报废，因此，在处理腐蚀性流体的换热时应选择耐腐蚀的金属材料。

4.1.3　热力计算

1. 表面传热系数

在计算螺旋流道内表面传热系数 h 时，首先必须确定螺旋流道中流道由层流转变为湍流的临界雷诺数 Re_c。由于流道曲率不断变化、流道内定距柱的数量及排列的不同，使得临界雷诺数 Re_c 的确定非常困难。根据大量计算公式预测结果和实验结果的对比发现，取 $Re_c=6000$ 较为合理。

当 $Re>6000$，流动处于湍流时，表面传热系数可按下述关联式计算：

$$Nu=0.23Re^{0.8}Pr^{m}\left(1+3.54\frac{d_e}{D_m}\right) \tag{4.1}$$

式中：m 为指数，当流体被加热时，$m=0.4$；流体被冷却时，$m=0.3$。

d_e 和 D_m 分别为螺旋流道当量直径和螺旋体平均直径，按下式计算：

$$d_e=\frac{2H_e b}{H_e+b} \tag{4.1a}$$

$$D_m = \frac{d + D}{2} \tag{4.1b}$$

式中：H_e 为螺旋板有效宽度；b 为通道间距；D 为螺旋体外直径；d 为螺旋体内直径。

式（4.1）是考虑曲率对表面传热系数影响的管内对流传热关联式，但不太符合螺旋板换热器内的实际情况，计算值比无定距柱的螺旋流道内实测值高，主要原因是矩形流道内的二次环流远不如圆管内那样显著，实测值仅比直管内表面传热系数大 10%，而用式（4.1）计算的值则大 20%左右。但是，当有定距柱时，螺旋流道内的表面传热系数比直管要大 50%左右，因此，定距柱对传热强化的影响远大于螺旋流道的影响。

当 $Re>1000$ 时，可按下式计算：

$$Nu = \left[0.0315Re^{0.8} - 6.65\times10^{-7}\left(\frac{L}{b}\right)^{1.8}\right]\left(\frac{\mu_f}{\mu_w}\right)^{0.17} Pr^{0.25} \tag{4.2}$$

式中：L 为螺旋流道长度。

计算出表面传热系数后，就可以按照通过平壁的传热公式计算出通过螺旋板的传热系数。由于定距柱的扰动作用和螺旋流道的强化作用，螺旋板换热器传热系数比管壳式换热器高 50%～100%，见表 4.3。

表 4.3　螺旋板换热器传热系数　［W/(m² · K)］

单相逆流		有相变交叉流	
换热介质	传热系数	换热介质	传热系数
水-水	1750～2200	水蒸气-水	1500～1950
水-废液	1400～2100	有机蒸汽-水	350～580
水-盐水	1150～1750	含油水蒸气-粗轻油	800～1400
水-浓碱液	460～580		
铜液-铜液	580～750		
水-润滑油	140～350		
有机物-有机物	300～800		
油-油（较黏）	90～140		
气-油	30～45		

2. 流动压降

弯曲的螺旋通道以及传热板上的定距柱都会增加流动阻力，可通过在直管基础上的修正来计算流动压降，即

$$\Delta P = \left(\frac{0.365}{Re^{0.25}}\frac{L}{d_e} + 0.0153L\cdot n_s + 4\right)\frac{\rho w^2}{2} \tag{4.3}$$

式中：n_s 为单位面积上定距柱数量。

显然，螺旋板换热器内的压降主要取决于介质流速，常见流体推荐流速见表 4.4。

表 4.4　螺旋板换热器流体流速　(m/s)

流体种类	流速	流体种类	流速
水	0.5～3	常压气体	5～20
低黏度油	0.8～1.8	油蒸汽	5～15
高黏度油	0.5～1.5	气液混合物	2～6

4.2 板式换热器

板式换热器是近几十年来得到发展和广泛应用的一种新型高效、紧凑式换热器，它由一系列互相平行且具有波纹表面的薄金属板相叠而成，由于板片间距更小，因此比螺旋板式换热器更紧凑，传热性能更好。板式换热器的应用面很广，尤其适宜用于医药、食品、制酒、饮料、合成纤维和石化等行业内的换热过程。随着板型和结构上的改进以及新型密封材料的研发，板式换热器的应用领域正在逐渐扩展。

4.2.1 基本构造和工作原理

板式换热器主要由传热板片、密封垫圈、压紧装置等部件组成，如图 4.5 所示。在固定压紧板上交替地放置传热板片和密封垫圈，最后是压紧板，然后，旋紧压紧螺栓即构成一台板式换热器。传热板片上的开孔（角孔）依靠密封垫片形成连续的流道，将换热流体从进口引入到夹紧的换热板束内，并依靠垫片分配至板片间的狭窄流道内。冷、热流体按一定的顺序在板片两侧各自的流道内流动，通过传热板片进行换热，通常情况下，两种介质流向应设计成逆流。

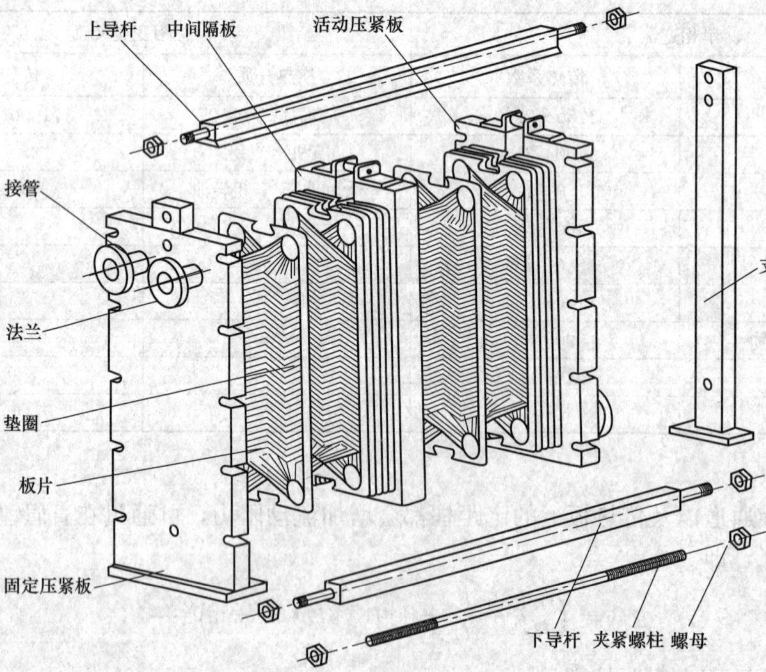

图 4.5 典型板式换热器的结构

1. 主要零部件及其作用

典型的板式换热器主要包括传热板片、密封垫片、固定压紧板、活动压紧板、上导杆、下导杆、中间隔板及压紧螺柱等零部件，其主要作用分述如下。

(1) 传热板片。传热板片是板式换热器的核心，冷、热流体通过板片传热，因此，板片性能直接决定了板式换热器的性能。

(2) 密封垫片。密封垫片主要用于传热板片之间的密封。传热板片被压紧板挤压压紧时，一方面将流体密封在板片间的流道中，另一方面又将冷、热流体按要求分配到各自相应的流道内。密封材料通常为比较软的橡胶材料，因此，密封材料的性能直接决定了板式换热器的工作温度和工作压力。

(3) 压紧板。压紧板有两块，一块固定，另一块活动。

固定压紧板不可移动，与活动压紧板和压紧螺柱一起将传热板片压紧。对于单流程的板式换热器，为了检修方便，通常将接管设置在固定压紧板侧。

活动压紧板与传热板片一样，可以在导杆上滑移，其作用与固定压紧板相同。当板式换热器为多流程排列时，为了方便检修，在活动压紧板上的接管应设有相应的弯头或短节。

(4) 导杆。导杆分为上导杆和下导杆。上导杆主要承受传热板片、密封垫片、活动压紧板、中间隔板和换热流体等的重量，同时，传热板片、活动压紧板和中间隔板都可以在其上滑动，与下导杆一起对传热板片进行定位。下导杆不承受重量，主要是与上导杆一起对传热板片进行定位，以保证板片的对中性。

(5) 中间隔板。当同一台板式换热器内存在两种以上流体换热时，中间隔板就起一个在换热器不同位置处提供换热流体进、出口的作用。

2. 传热板片

传热板片是板式换热器的关键元件，其设计主要考虑两方面因素，一是使流体在低速下发生强烈湍流，强化传热；二是提高板片刚度，能承受较高的压力。

所有的传热板片都具有强化传热的凹凸形波纹，同时，在板片四周及角孔处，都设计有密封槽及流体进出孔，即角孔，角孔一般为圆形，在大型冷凝器中角孔可为三角形。为了使流体均匀分布，在角孔附近设置有导流槽；为了安装方便，在上部还有悬挂用的缺口。板片组装后两块板片间都有相互接触的地方，称之为触点，其主要作用是在板片两侧出现压差时，保持流道的正常间隙形状，同时使流动“网状”化，以便强化传热。合理的触点设计是提高板片承压能力的有效途径。

板片形式很多，如图 4.6 所示，包括人字形波纹板、水平直波纹板、球形波纹板、斜波纹板、锯齿形波纹板和梯形波纹板等。

人字形板断面形状常为三角形，人字之间夹角变化较大，例如，可以是 54°，也可以是 132°，如图 4.7 所示。板片组装时相邻两人字形板片是相互倒置的，从而形成很多网状触点，并使通道中流体呈网状流，装配好后的相邻两板片间单位投影面积上能形成多达 2300 个支承触点。流体从板片一端的一个角孔流入，可从另一端同一侧的角孔流出（称之“单边流”），或另一端另一侧的角孔流出（称之“对角流”），如图 4.8 所示。根据各种板片的对比试验表明，此种板片不仅刚性好，传热性能也较好。例如，对于水-水换热过程，当不考虑污垢热阻时，其传热系数可达 7000W/(m^2 · K) 以上，压力降也得到了改善。但一般人字形板的流动阻力较大，且不适宜于含颗粒或纤维的流体换热。

水平平直波纹板断面形状为三角形和梯形等，如图 4.9 所示。其传热和流动特性都较好，通常情况下，断面为三角形时表面传热系数比为梯形时要高一些，但总体来讲，传热性能略低于人字形板。例如，对水-水传热过程，其传热系数为 5800W/(m^2 · K) 左右。

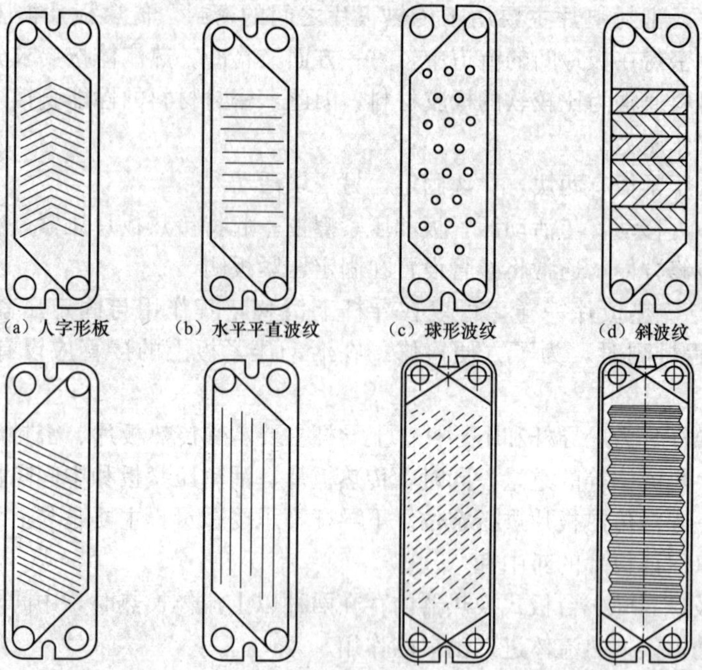

（a）人字形板 （b）水平平直波纹 （c）球形波纹 （d）斜波纹

（e）斜波纹 （f）竖直波纹 （g）锯齿形波纹 （h）阶梯形平直波纹

图 4.6 传热板片形式

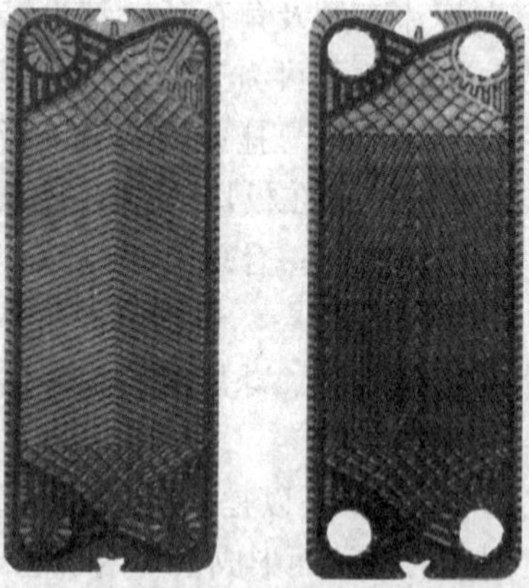

（a）人字夹角132° （b）人字夹角54°

图 4.7 不同夹角的人字形板

球形波纹板片上交替排列着很多球形突出物，这些突出物可加强对流体的扰动，促进流体湍流。一般情况下，球形波纹板间距较大，因此，特别适合黏度高，含有颗粒物和纤维物质流体的换热过程，此时，在维持较高传热性能的同时，流道不易堵塞，流动阻力也较小。

斜波纹板片在组装时相邻两块板片的波纹倾斜方向相反，故能形成多点接触，构成了复杂的网状流道，提高了板片的传热性能和刚性，表面传热系数较高，但流动阻力也相对较大。竖直波纹板片通常与斜波纹板片交替排列，以增强板片刚度，这种组装方式主要用于冷凝器中，竖直板片有利于冷凝液的排除，而斜波纹板片有利于强化湍流传热过程。

锯齿形波纹组装时相邻两块板片波纹排列方向相反，互相支撑，流道断面不变，因而阻力小，能在高速下运行。同时，支承触点多，刚性大，能承受较高的压力。这种板片的缺点是板面结构复杂，板片成型时需要两套模具，制造较麻烦。

板片材料有碳钢、不锈钢、铝及其合金、黄铜、蒙乃尔合金、镍、钼、钛等，目前应用最广的是不锈钢。制造板式换热器的关键是板片的成型，目前几乎全部采用冲压型板，因此，需要专门的模具和大吨位的压机。例如，0.05m^2 的板片成型力为 500t，0.1m^2 板片成型力为 800t，0.3m^2 板片为 100～1800t。板片的制造工艺包括下料、成型、切边、冲孔等。典型的板片基本结构参数见表 4.5。

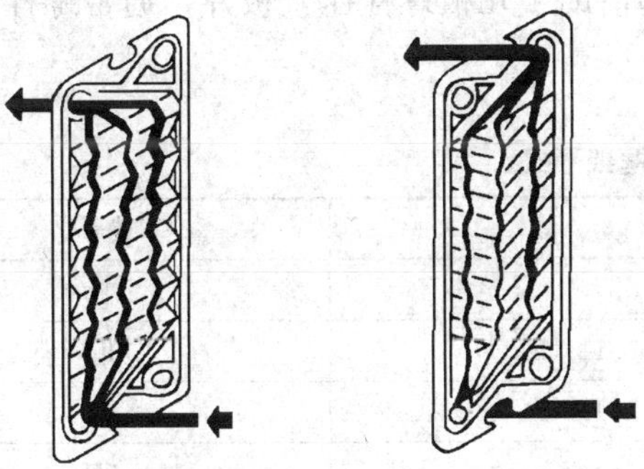

（a）单边流　　（b）对角流

图4.8　单边流和对角流

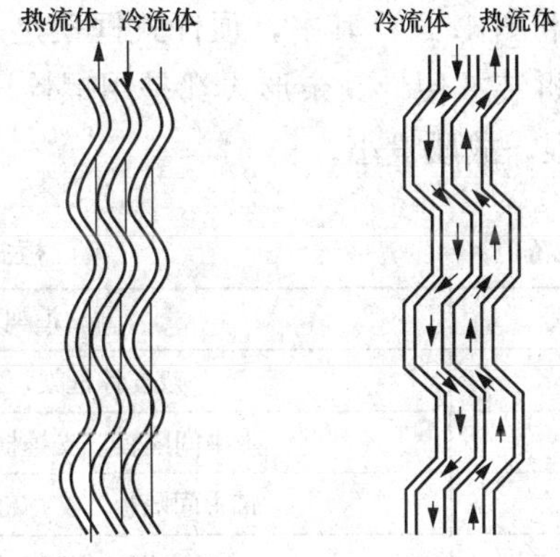

（a）三角形截面　　（b）梯形截面

图4.9　水平平直波纹板断面形状

表4.5　板片基本结构参数

名称	数值	名称	数值
单板面积（m^2）	0.01～4.73	长宽比	1.32～5.06
板片厚度（mm）	0.4～1.2	角孔直径（mm）	20～500
波纹深度（mm）	1.4～8		

3. 密封垫圈

为了防止流体的外漏和两流体之间的相互泄漏，必须要有密封垫圈，其安装于密封槽内，运行中承受压力和温度。由于密封垫圈工作时会受到流体的侵蚀，同时还要求在多次拆装后具有良好的弹性，因此，对于密封用橡胶除了要求其耐蚀、耐温外，还要求其满足下列要求：硬度应在65～90邵氏硬度内，压缩永久变形量不大于10%、抗拉强度≥8MPa、延伸率≥200%。

板式换热器运行中出现的故障大部分是垫圈问题，如脱垫、伸长、老化、断裂等，所以，对于板式换热器密封垫圈的材料有着特殊的要求。聚四氟乙烯或其他塑料、金属垫片等都不适合，目前广泛应用的有天然橡胶、丁腈橡胶、丁苯橡胶、氯丁橡胶、三元乙丙橡胶和硅橡胶等，但它们的使用温度都在80～150℃以下，新型的压缩石棉垫和石棉橡胶垫运行温度可提高到260～300℃。随着生产工艺中运行压力和温度的提高，板式换热器密封结构的改进和新型密封材料的开发一直是板式换热器的研究热点。

板式换热器密封周边很长。例如，一台装有200块板片，每片面积为0.5m^2的板式换热器，其垫圈总长约为900m。如果再考虑到它的频繁拆卸和清洗，要保持不泄漏并非易事。为了能更好地防止内漏，在密封垫上可采用双道密封，同时为了能及时发现内漏，许多厂家在密封垫圈上都开有凹槽（通常称之为“信号孔”），如图4.10所示，一旦出现泄漏，流体将首先由此泄出。

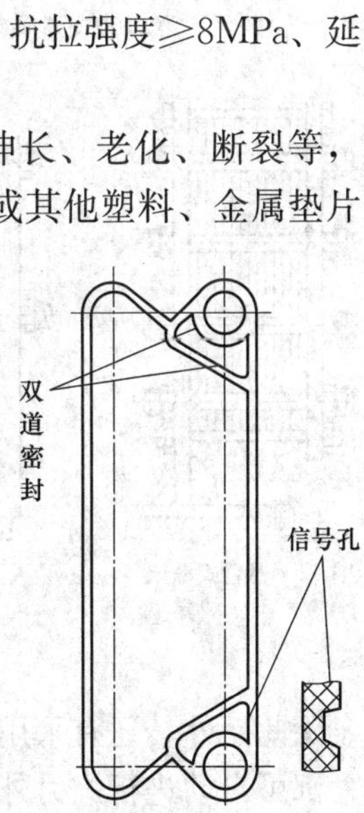

图4.10　密封垫圈

4. 框架结构

为了便于检修和清洗，框架结构应使板片能够很容易地快速拆装，常见的框架结构见

表 4.6 和图 4.11。其中，顶杆式框架是一种压滤机式框架，通过顶杆作用于移动压紧板。其特点是拆装方便，其余形式都是用螺栓压紧，即借助于几根螺栓压紧板片，通常螺栓数量为 4～16 根，故质量小。

表 4.6　　板式换热器框架形式

序号	框架形式	代号
1	双支撑框架，见图 4.11（a）	Ⅰ
2	带中间隔板双支撑框架，见图 4.11（b）	Ⅱ
3	带中间隔板三支撑框架，见图 4.11（c）	Ⅲ
4	悬臂式框架，见图 4.11（d）	Ⅳ
5	顶杆式框架，见图 4.11（e）	Ⅴ
6	带中间隔板顶杆式框架，见图 4.11（f）	Ⅵ
7	活动压紧板落地式框架，见图 4.11（g）	Ⅶ

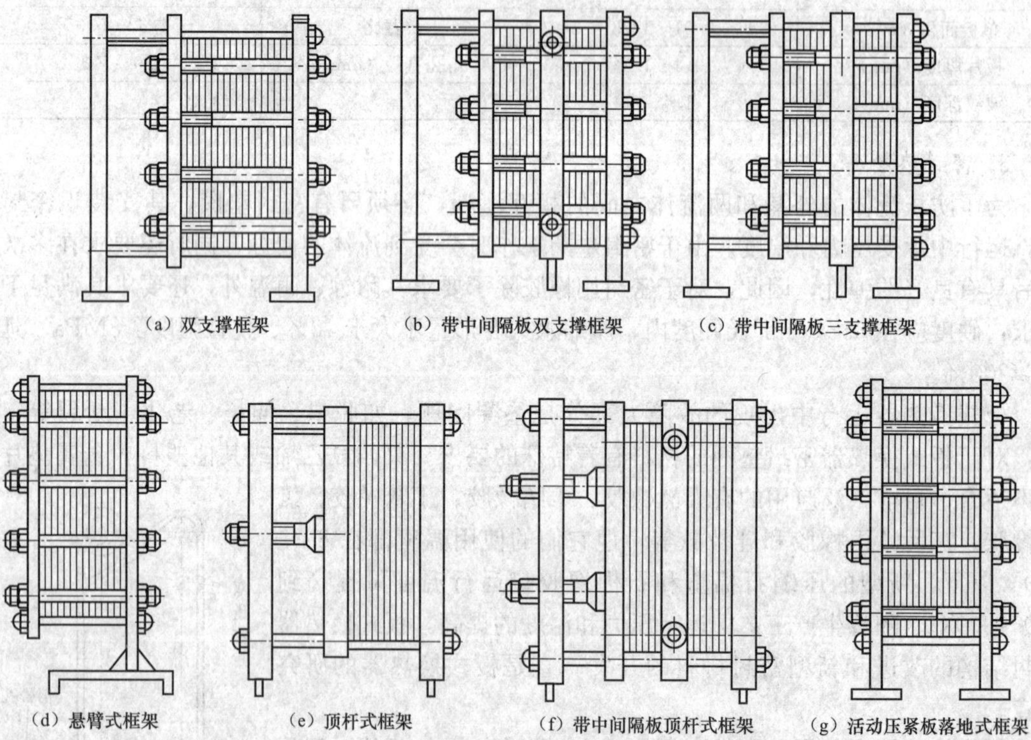

（a）双支撑框架　（b）带中间隔板双支撑框架　（c）带中间隔板三支撑框架

（d）悬臂式框架　（e）顶杆式框架　（f）带中间隔板顶杆式框架　（g）活动压紧板落地式框架

图 4.11　框架形式

除此而外，还有采用自动压紧装置的框架，如电动或液压压紧装置，这样板片的拆装和压紧都可自动进行。另外一种是不要密封垫片，将整个板束焊接成一体，构成不可拆式换热器，这种换热器可使工作温度提高到 1000℃，工作压力达 3.5MPa，但由于不可拆卸，传热表面仅能进行化学清洗。

5. 流程安排

为了满足传热和压降的要求，对于板式换热器可进行多种流程和通道数的安排。例如，流体的流动可以是串联和并联，也可以是混联，在并联时可以形成纯逆流，在混联时，流体流动既有并联，也有串联，如图 4.12 所示。流程可以是单流程，也可以是多流程，两流体的流程数可以相等，也可以不相等，同时，两流体流程中通道数也不一定相等。

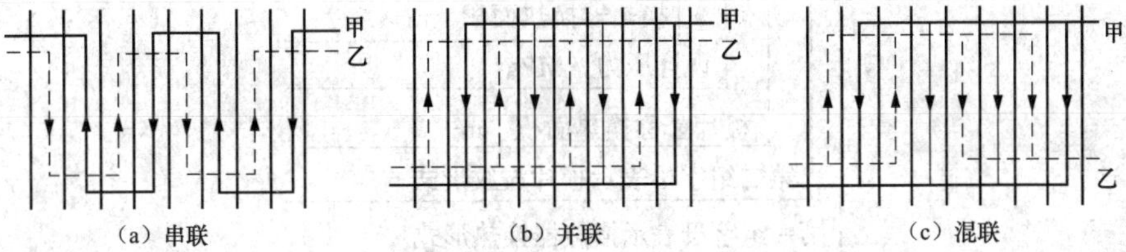

图 4.12　流体的流动连接

板式换热器的组装形式常表示为

$$\frac{M_1N_1+M_2N_2+\cdots+M_iN_i}{m_1n_1+m_2n_2+\cdots+m_in_i}$$

其中，M_1、M_2、…、M_i 表示从固定压紧板开始，热流体侧流道数相同的流程数；N_1、N_2、…、N_i 表示相应的流道数；m_1、m_2、…、m_i 表示从固定压紧板开始，冷流体侧流道数相同的流程数；n_1、n_2、…、n_i 表示相应的流道数。因此，包括两块端板的总板片数为 $M_1N_1+M_2N_2+\cdots M_iN_i+m_1n_1+m_2n_2+\cdots m_in_i+1$；实际传热板片数为 $M_1N_1+M_2N_2+\cdots M_iN_i+m_1n_1+m_2n_2+\cdots m_in_i-1$。

例如，在流程板片组合$\frac{1\times4}{2\times2}$中，横线上方 1×4 表示热流体为单流程、4 通道，横线下方 2×2 表示冷流体为 2 流程、2 通道，冷、热流体共 8 个通道，总板数为 9 块，实际传热板数为 7 块，如图 4.13 所示。流程板片组合$\frac{2\times2+1\times3}{1\times7}$表示热流体第一程 2 个通道，第二程 2 个通道，第三程 3 个通道，冷流体为单程、7 个通道；冷、热流体共 14 个通道，总板数为 15 块，实际传热板数为 13 块。

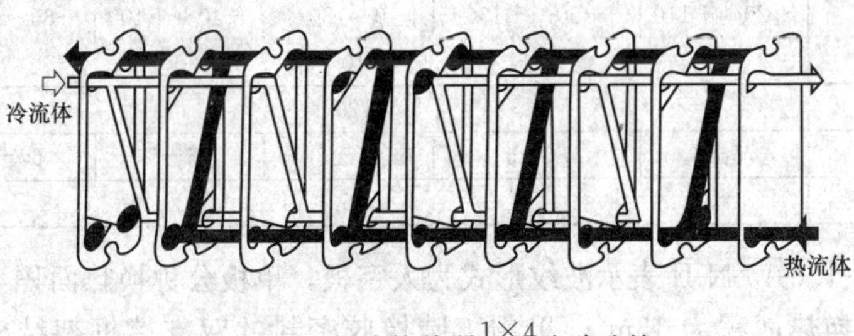

图 4.13　板式换热器$\frac{1\times4}{2\times2}$流路连接

6. 型号表示方法

在板式换热器型号中，需要反映出换热类型、板片形式、垫片材料、框架形式和主要技术参数等，其表示方法与管壳式换热器类似，即

××-a_s-PN-A-××

- 框架结构形式代号
- 垫片材料代号
- 换热器换热面积，m^2
- 设计压力，MPa
- 板片公称换热面积，m^2
- 第二组字母表示板片波纹形式
- 第一组字母表示换热器换热形式

在上述型号表示中，第一组字母代表换热器换热形式，对于仅有单相介质对流传热的板式换热器用 B 表示；对于板式冷凝器，用 BL 表示；对于板式蒸发器，用 BZ 表示。第二组字母代表波纹板片的形式，见表 4.7，流体在板面上可以是对角流，也可以是单边流。

表 4.7　波纹板形式代号

序号	波纹形式	代号
1	人字形波纹	R
2	水平平直波纹	P
3	球形波纹	Q
4	斜波纹	X
5	竖直波纹	S

垫片材料代号见表 4.8，表中同时给出了各种垫片材料的适用范围，当板式换热器是用于食品或医药行业时，应在垫片代号后加 S。框架结构形式代号见表 4.6，当为Ⅰ型时，可省略不写。

表 4.8　垫片材料代号

垫圈材料	丁腈橡胶	三元乙丙橡胶	氟橡胶	氯丁橡胶	硅橡胶	石棉纤维板
代号	N	E	F	C	Q	A
适用温度（℃）	−20～+110	−50～+150	0～180	−40～+100	−65～+230	−25～+250
扯断强度（MPa）	≥10					—
扯断拉伸率（%）	≥120					—
硬度（邵氏 A 型）	75±3	80±5	80±5	75±5	60±2	—
压缩永久变形率（%）	≤15					—

例如，BR0.3-1.6-15-N-II 表示波纹形式为人字板，单板公称换热面积为 0.3m^2，设计压力为 1.6MPa，总换热面积为 15m^2，采用丁腈橡胶密封的双支撑框架结构的板式换热器。BP1.0-1.0-100-E-Ⅱ表示波纹形式为水平平直波纹，单板公称换热面积为 1.0m^2，设计压力为 1.0MPa，总换热面积为 100m^2，采用三元乙丙橡胶密封的带中间隔板的双支撑框架结构板式换热器。

4.2.2　基本特性

由于板式换热器是由一系列的强化传热板片叠装而成，板片很薄且具有各种波纹，因此，具有非常优异的传热和流动特性。

1. 传热系数高

由于波纹板片的交叉叠置使得流道内流体流动非常复杂，同时，窄的板间距也大大加强了对流体的扰动，因而流动能在很小雷诺数时就达到湍流状态。例如，对于人字形波纹板，$Re>15$ 时流动就转变为湍流了，因此，相同条件下可以获得很高的传热系数。

2. 结构紧凑

由于板式换热器板片很薄，板间距小，因此，单位体积内能够布置的换热面积很多，其紧凑度约为管壳式换热器的3倍，可达到 $300m^2/m^3$ 以上，在同一热负荷下其占地面积约为管壳式换热器的1/10～1/5。

3. 抗垢能力强

相同条件下，板式换热器内的污垢热阻远小于管壳式换热器内的污垢热阻，主要原因在于板式换热器内流场分布均匀，无流动死区，同时，流道内高度湍流使得悬浮的固体颗粒难于沉积，因此，不宜结垢。另外，即使在换热表面上形成了污垢，由于板片的拆卸非常容易，也可以很方便地用化学或机械方法清洗。

4. 适应性强

由于板式换热器的特殊结构，使得板式换热器的适应能力很强。例如，流体的流动可以布置成纯逆流，故换热端差可以很小，对于水-水换热过程可达1℃，因此，特别适合用于回收低温余热的换热过程。

当用环境温度下的水或空气作为冷却介质时，冷流体进口温度会随季节发生变化，此时，可以很容易地改变板式换热器的板片数目和流体流程以适应这种热负荷的变化。

当采用中间隔板时，可使板式换热器仅在一个框架内就可以实现多种流体之间的换热过程。图4.14所示为在一台板式换热器内所进行的啤酒高温瞬间灭菌的换热过程，换热流体包括高温热水、啤酒和载冷剂三种，啤酒先被加热到一定温度灭菌，然后被冷却到一定温度后储存。

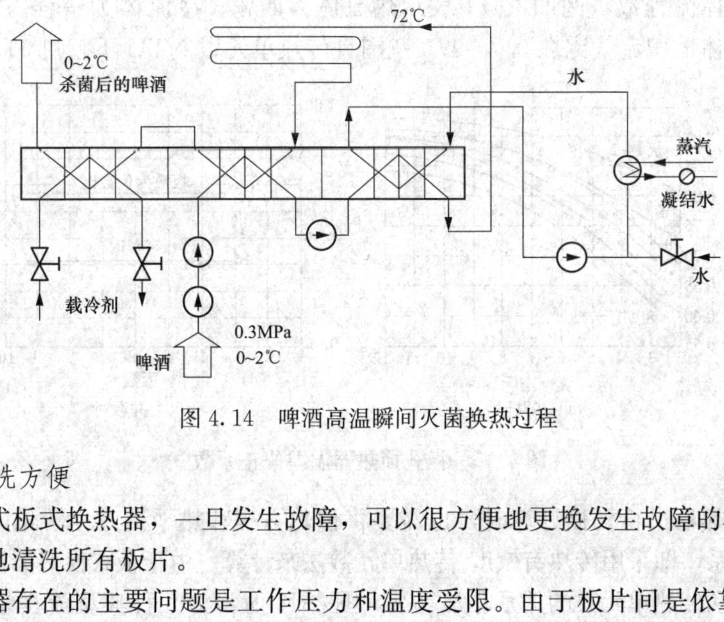

图4.14　啤酒高温瞬间灭菌换热过程

5. 维修清洗方便

对于可拆式板式换热器，一旦发生故障，可以很方便地更换发生故障的板片或垫片，同时，也可方便地清洗所有板片。

板式换热器存在的主要问题是工作压力和温度受限。由于板片间是依靠密封垫片密封的，密封周边长，因此，工作压力不能太高，且板片越大，承压能力就越低。工作温度主要受密封材料的限制，当采用橡胶密封圈时，工作温度一般不高于 180℃，当采用石棉密封圈时，工作温度可达 250℃。

板式换热器的另一缺点是不宜用于含固体颗粒或纤维性物质的流体换热，因为板片间距很小，一旦固体颗粒或纤维性物质的几何尺度接近板间距的 1/2 时，就很容易堵塞流道，此时，必须设置相应的过滤装置。

4.2.3 热力计算

1. 基本方程

板式换热器的热力计算方法仍然是两种，即平均传热温差法和传热有效度-传热单元数法，采用的基本方程仍然是传热方程和热平衡方程。需要特别指出的是，传热方程中的传热面积 A 并不是板片的公称面积，而应该是不包括板片的周边、角孔和导流等处的有效传热面积，它可以是板片的投影面积，也可以是板片的展开面积。由于板片具有各种波纹，展开面积和投影面积是不同的，因此，在计算传热系数或使用他人结果时，必须确认是以哪一种面积为基准。

板式换热器的传热系数可按通过平壁的传热公式（2.14）计算，其中的污垢热阻可查附录 11 和附录 12 确定。需要说明的是，由于板式换热器中流体湍流度高，对壁面的冲刷强，因此，污垢热阻远小于管壳式换热器的污垢热阻。

对数平均传热温差 Δt_m 也是通过温差修正系数 ψ 来计算，即

$$\Delta t_m = \Psi \, \Delta t_{m,N} \tag{4.4}$$

式中：$\Delta t_{m,N}$ 为纯逆流时的平均传热温差。

温差修正系数 ψ 的值取决于不同的流程组合，在串联和并联时可由图 4.15 确定，其中，板片数不包括两端的传热板。混联时可采用管壳式换热器的温差校正系数确定，图 4.16 所示为一个流程逆流、两个流程顺流的温差修正系数图，其中，无因次温度参数 P 和 R 按式（2.35a）或（2.35b）计算。对于常见的多流程组合，也可按图 4.17 确定，图中数字表示热流体和冷流体流程数，例如，4/1 表示热流体为四程、冷流体为一程。需要指出的是，该图仅适用于流体体积流量比在 0.7～1.0 范围且传热单元数 NTU 不超过 11 的工况。

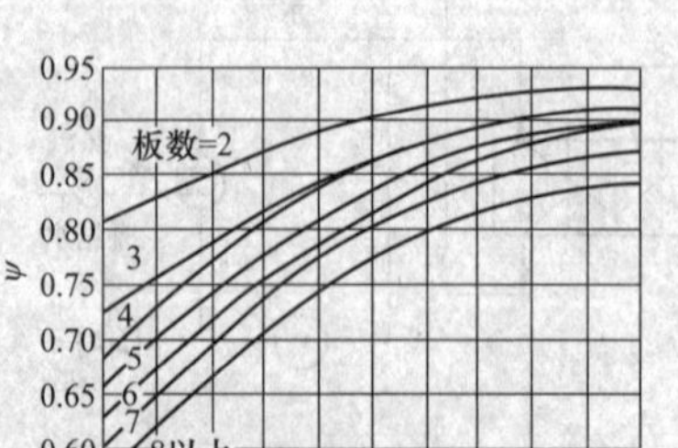

（a）串联时

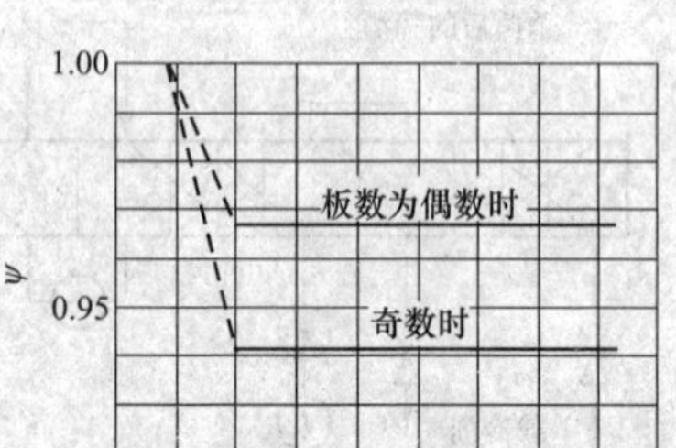

（b）并联时

图 4.15　板式换热器温差修正系数

当对板式换热器进行校核计算时，也需要将传热方程和热平衡方程转化成传热有效度和传热单元数的关系，即采用传热有效度-传热单元数法来计算。由于板式换热器流程组合形式很多，传热有效度和传热单元数的关系非常复杂，图 4.18 所示为几种典型流程组合的传热有效度-传热单元数关系曲线。

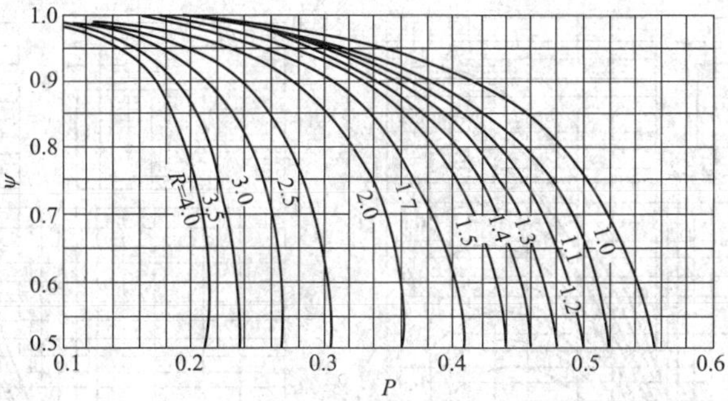

图 4.16　一个流程逆流、两个流程顺流时温差修正系数

2. 表面传热系数

板式换热器内单相介质的对流传热表面传热系数的计算公式形式与管槽内对流传热相同，当流动为湍流时都可写为

$$Nu_{\mathrm{f}} = CRe_{\mathrm{f}}^{n}Pr_{\mathrm{f}}^{m}(\mu_{\mathrm{f}}/\mu_{\mathrm{w}})^{0.14} \tag{4.5a}$$

或

$$Nu_{\mathrm{f}} = CRe_{\mathrm{f}}^{n}Pr_{\mathrm{f}}^{m}(Pr_{\mathrm{f}}/Pr_{\mathrm{w}})^{0.25} \tag{4.5b}$$

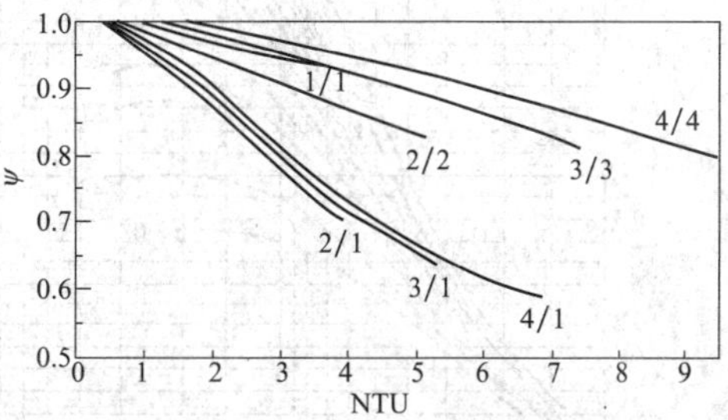

图 4.17　多流程温差修正系数

式中，C、m 和 n 值随板片、流体和流动的类型不同而不同，通常情况下，C=0.15～0.4，n=0.65～0.85，m=0.3～0.45。

对牛顿型流体的层流换热，可用 Sieder-Tate 形式的公式计算，即

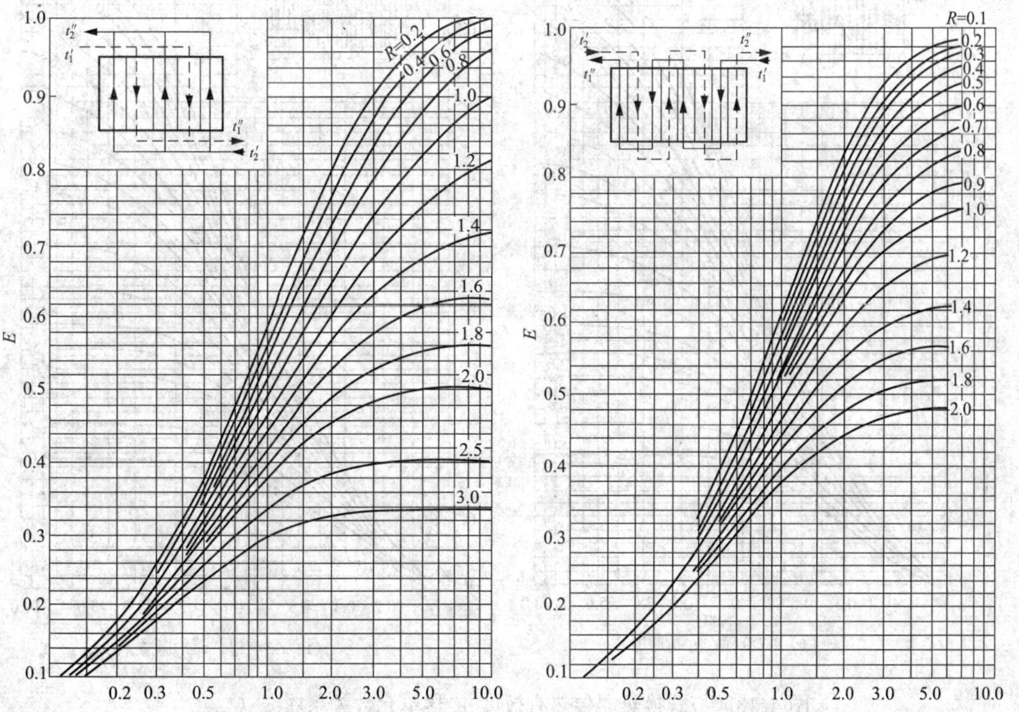

(a) 1-1流程、2-3通道　　(b) 两流体程数大于等于4、通道数相等

图 4.18　板式换热器传热有效度-传热单元数关系曲线（一）

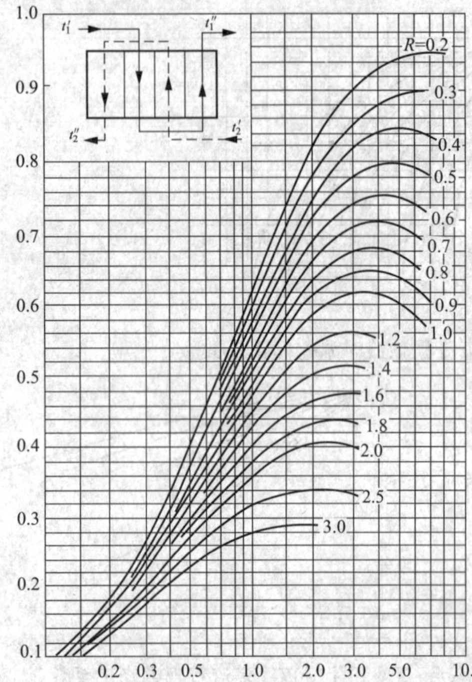

（c）2-2流程、1-1通道（顺流）

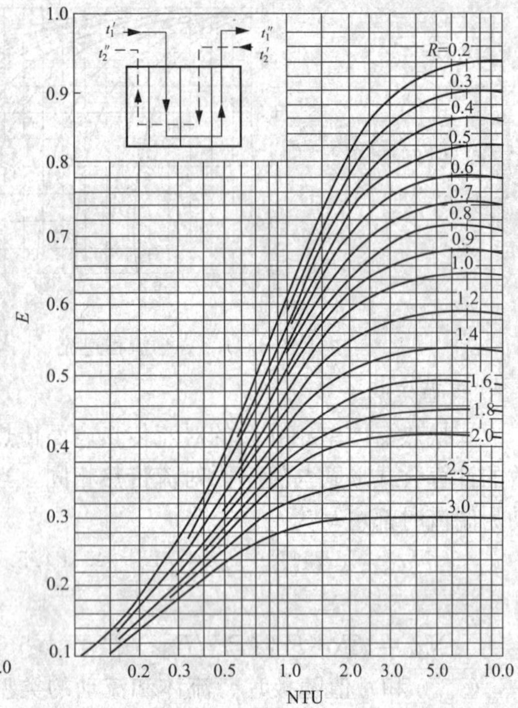

（d）2-2流程、1-1通道（逆流）

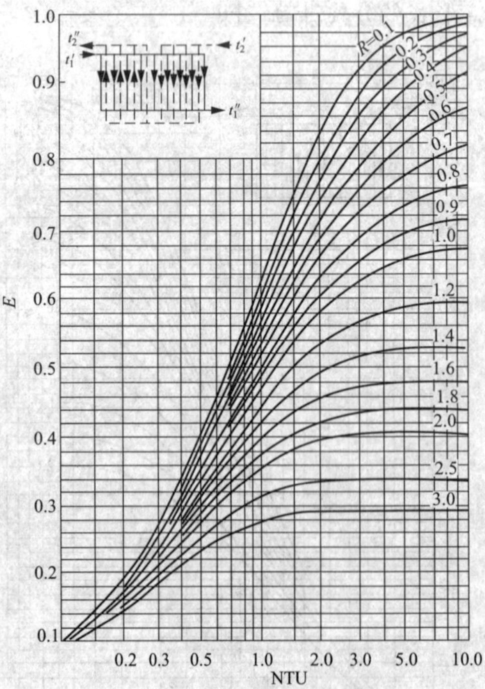

（e）1-2流程、n_1-n_2通道

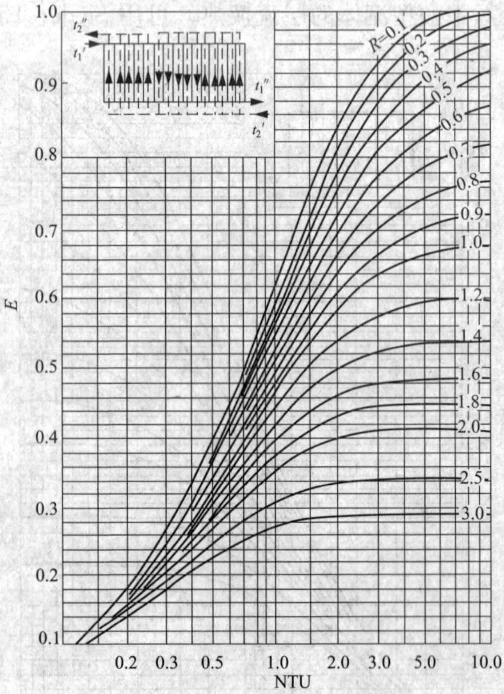

（f）1-3流程、n_1-n_2通道

图 4.18 板式换热器传热有效度-传热单元数关系曲线（二）

$$Nu_{\mathrm{f}} = C(Re_{\mathrm{f}} Pr_{\mathrm{f}} d_{\mathrm{e}}/L)^{n} (\mu_{\mathrm{f}}/\mu_{\mathrm{w}})^{0.14} \tag{4.6}$$

式中：C=1.86～4.50，n=0.25～0.33。

流道当量直径 d_e 可按下式计算：

$$d_e = \frac{4A}{U} = \frac{4Lb}{2L} = 2b$$

式中：L 为传热板有效宽度；b 为板间距。

当板片两侧冷热流体的流通截面不等时，应按其实际的流通截面 A 及热周边 U 来分别计算板片两侧流道的当量直径。

几种常用的国产传热板片的传热关联式如下：

（1）0.1m² 人字形波纹板。

对水-水换热

$$Nu_f = 0.18Re_f^{0.7}Pr_f^{0.43}(Pr_f/Pr_w)^{0.25} \tag{4.7a}$$

适用范围：$760 \leqslant Re \leqslant 20\ 000$。

对油-水换热

$$Nu_f = 0.146Re_f^{0.71}Pr_f^{0.43}(Pr_f/Pr_w)^{0.25} \tag{4.7b}$$

适用范围：$30 \leqslant Re \leqslant 630$。

（2）0.1m² 斜波纹板。

对水-水换热

$$Nu_f = 0.135Re_f^{0.717}Pr_f^{0.43}(Pr_f/Pr_w)^{0.25} \tag{4.8}$$

适用范围：$2000 \leqslant Re \leqslant 11\ 000$。

（3）0.2m² 水平平直波纹板。

对牛奶/麦芽汁-水换热

$$Nu_f = 0.10Re_f^{0.7}Pr_f^{0.43}(Pr_f/Pr_w)^{0.25} \tag{4.9}$$

适用范围：$500 \leqslant Re \leqslant 30\ 000$。

（4）0.2m² 锯齿形波纹板。

对水-水换热

$$Nu_f = 0.31Re_f^{0.61}Pr_f^{m} \tag{4.10a}$$

适用范围：$2850 \leqslant Re \leqslant 14\ 600$，流体被加热时，$m=0.4$；被冷却时，$m=0.3$。

对油-水换热

$$Nu_f = 0.776Re_f^{0.45}Pr_f^{1/3}(\mu_f/\mu_w)^{0.14} \tag{4.10b}$$

适用范围：$44 \leqslant Re \leqslant 175$。

（5）0.3m² 人字形波纹板。

对水-水换热

$$Nu_f = 0.053Re_f^{0.84}Pr_f^{m} \tag{4.11a}$$

对油-水换热

$$Nu_f = 0.405Re_f^{0.585}Pr_f^{m} \tag{4.11b}$$

适用范围：$160 \leqslant Re \leqslant 800$，流体被加热时，$m=0.4$；被冷却时，$m=0.3$。

（6）0.5m² 水平平直波纹板。

对水-水换热

$$Nu_f = 0.165Re_f^{0.65}Pr_f^{0.43}(Pr_f/Pr_w)^{0.25} \tag{4.12}$$

适用范围：$200 \leqslant Re \leqslant 20\ 000$。

3. 流动压降

对于单相介质对流传热的板式换热器，总的流动压降包括两部分，即通过流道的压降 Δp_c 和通过角孔的压降 Δp_p

$$\Delta p = \Delta p_c + \Delta p_p \tag{4.13}$$

其中，流道压降 Δp_c 是指流体从角孔进入板间流道后，再从另一角孔流出的阻力损失，可按下式计算：

$$\Delta p_c = f\frac{L}{d_e}\frac{\rho w^2}{2}M \tag{4.14}$$

式中：f 为摩擦阻力系数；M 为流程数。

由于板片形式很多，不同的板片和不同的流程组合具有不同的阻力特性，这些特性都是通过实验测定后以 f-Re 或 Δp-w 关系形式给出，图 4.19 所示为一个阻力特性的典型代表，即 0.1m^2 人字形波纹板片在水-水换热和油-水换热时流动压降和流速间的关系。

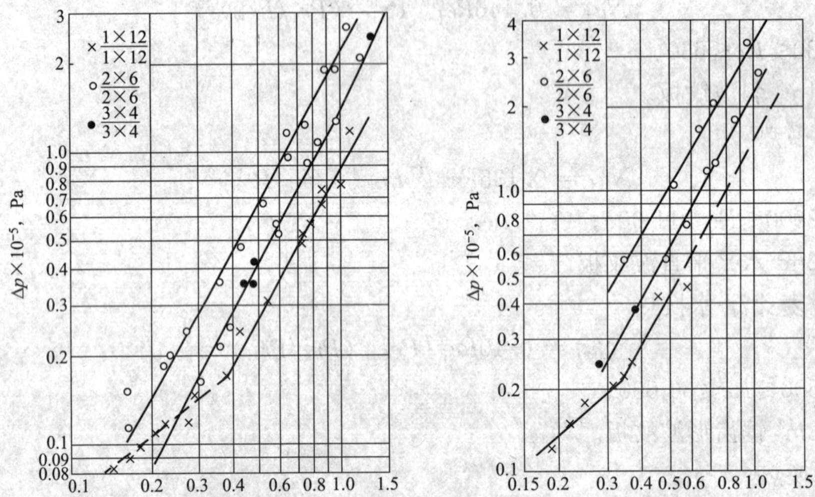

(a) 水-水换热　　(b) 油-水换热

图 4.19　人字形板片的阻力特性

角孔压降 Δp_p 是指流体流过角孔的阻力损失，可按下式计算，

$$\Delta p_p = 1.4M\frac{\rho w_p^2}{2} \tag{4.15}$$

式中，w_p 为流体在角孔通道中的流速。

w_p 的计算式为

$$w_p = \frac{\rho q_m}{\pi d_p^2/4}$$

式中：d_p 为角孔直径；q_m 为流体质量流量。

4.3 板翅式换热器

板翅式换热器是一种结构紧凑、质量小、传热效率高的新型换热器。早期的板翅式换热器主要用于发动机的散热，后来逐步扩展到深冷和空分等领域。近年来，随着有色金属和不锈钢防腐处理新技术的研发和钎焊工艺水平的提高，板翅式换热器在石油化工、航空航天、动力机械等工业部门得到了越来越广泛的应用，被认为是最有发展前途的新型换热器之一。

4.3.1　基本构造和工作原理

1. 基本单元

板翅式换热器的形式很多，但基本传热单元是相同的，都是由隔板、翅片和侧封条三部分构成的，如图 4.20 所示。翅片上、下分别放置隔板，两侧边用侧封条密封，冷、热流体在相邻的基本单元流道中流动，通过翅片及与翅片连成一体的隔板进行传热，因此，这样的基本结构单元体就是板翅式换热器的基本传热单元。

将许多个基本传热单元体根据流体流动方式叠置起来，然后，钎焊成一个整体就组成了板翅式换热器的板束或芯体。图 4.21 为常用的逆流、交叉流和总趋势为逆流二次交叉流换热板束。一般情况下，从强度、热绝缘和制造工艺等要求出发，在板束顶部和底部还各留有若干层假翅片层，又称强度层或工艺层。在板束两端配置适当的流体出入口封头，即可组成一台板翅式换热器。

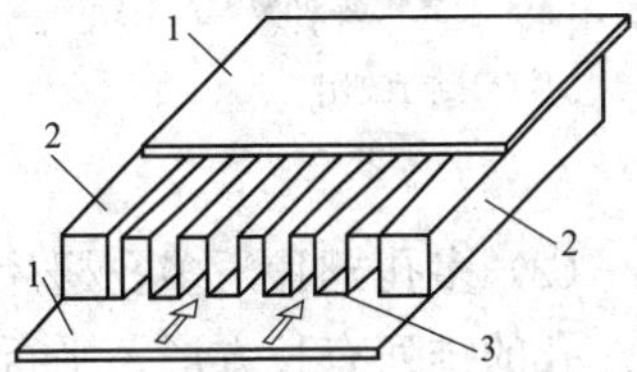

图 4.20　传热基本单元
1—隔板；2—侧封条；3—翅片

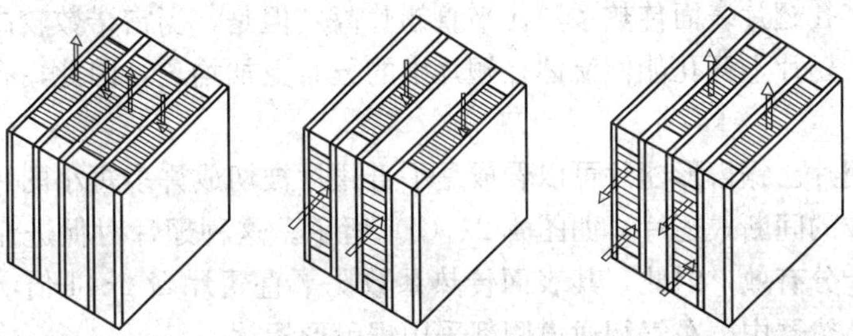
(a) 逆流　(b) 交叉流　(c) 二次交叉流

图 4.21　不同流型的板束通道

2. 翅片

翅片是板翅式换热器的最基本元件，冷、热流体之间的传热主要通过翅片完成，只有小部分是直接通过隔板传递的。通常情况下，翅片传热面积占总传热面积的 67%～88%。翅片与隔板之间的连接均为完善的钎焊，因此热量首先传给翅片，然后通过隔板并由另一侧的翅片传给冷流体。由于通过翅片的传热是一种间接传热，故翅片扩展的传热面积又称为二次表面积，相应的通过隔板的传热面积称为一次传热面。二次传热面比一次传热面多，但传热效率比一次传热面低。

翅片除承担传热任务外，还起着支撑两隔板的作用，因此，尽管翅片和隔板材料都很薄，但由此构成的传热单元体的强度很高，能承受较高的压力。

翅片的形式很多，如平直翅片、多孔翅片、锯齿形翅片、波纹翅片、钉状翅片、百叶窗式翅片、片条翅片等，下面介绍几种常用形式。

（1）平直翅片。平直翅片又称光滑翅片，是一种最基本的翅片形式，如图 4.22（a）所示。平直翅片可由薄金属片滚轧（或冲压）而成，其特点是有很长的带光滑壁的长方形翅片，当流体在由此形成的流道中流动时，流动和传热特性与长管槽内的流动和传热特性相似。这种翅片的主要作用是扩大传热面，其对促进流体湍动的作用很小，因此，与其他形式的翅片相比，表面传热系数和阻力系数都比较小。这种翅片特别适用于对阻力要求比较严格，而本身表面传热系数又比较大的流体的换热过程。

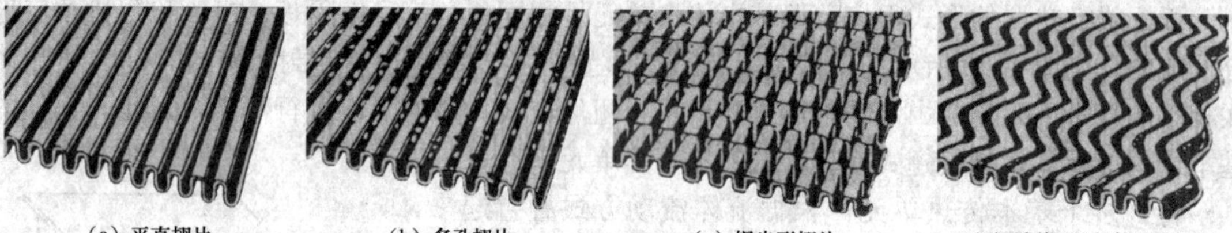

（a）平直翅片　（b）多孔翅片　（c）锯齿形翅片　（d）波纹形（人字形）翅片

图 4.22　常用翅片形式

（2）多孔翅片。多孔翅片是在平直翅片上冲出许多圆孔或方孔而成，如图 4.22（b）所示。孔的排列有长方形、平行四边形和正三角形三种，我国目前经常采用的多孔翅片孔径为 $\phi 2.15$ 和 $\phi 1.7$，孔距为 6.5mm 和 3.25mm，采用正三角形排列，开孔率一般为 5%～25%，孔径与孔距无一定关系。

多孔翅片上的孔能使热边界层被不断破坏，从而强化传热过程，当雷诺数为 $10^3 \sim 10^4$ 时，相同条件下多孔翅片表面传热系数比平直翅片高，但是，当雷诺数较高时，很容易出现噪声和振动。由于翅片上开孔能使流体在翅片中的分布更加均匀，因此，有利于流体中杂质颗粒的冲刷排除。

（3）锯齿形翅片。锯齿形翅片可以看成是平直翅片被切成许多短小的片段、相互错开半个翅片间距而形成的间断式翅片，如图 4.22（c）所示。这种翅片对促进流体的湍动、破坏热边界层的发展十分有效，因此，其表面传热系数比平直翅片高 2～4 倍，故又称为高效能翅片。在板翅式换热器中，在气相通道侧都采用锯齿形翅片。

锯齿形翅片传热性能随翅片切开长度而变化，切开长度越短，其传热性能就越好，但流动阻力会增加。如果在传热量相同的条件下进行比较，其流动阻力要比相应的平直翅片小。

（4）波纹翅片。波纹翅片如图 4.22（d）所示，它是在平直翅片基础上压制成一定波形的，形成波纹形翅片，常见的波纹形式是人字形，所以又称人字形翅片。由于流体在波纹弯曲流道中不断改变流动方向，从而促进流体的湍动、分离，破坏热边界层结构，强化传热过程。显然，波纹越密，波幅越大，其强化传热性能就越好。

对于我国常用的上述四种翅片，其主要结构参数如图 4.23 所示。主要参数包括翅片高度 h、翅片厚度 δ、翅片间距 s、锯齿长度 l_s 等。翅片形式及几何参数统一用汉语拼音和数字表示，其中，平直翅片用 P 表示、多孔翅片用 D 表示、锯齿形翅片用 J 表示、波纹形翅片用 B 表示，即汉语拼音的第一个字母。几何参数表示方法是，翅片高度放在表示翅片形式的字母前面，而翅片间距和翅片厚度放在字母后面，其他辅助参数，如开孔率、锯齿长度等在翅片厚度参数后面，并用“/”分隔，需要特别说明的是，除开孔率单位为%外，其他参数单位都是 mm，且包含了小数点后一位。例如，95D1702/5.75 表示是多孔翅片，翅片高度 $h=9.5$mm，翅片间距为 $s=1.7$mm，翅片厚度为 $\delta=0.2$mm，开孔率为 5.75%；95J1703/30 表示是锯齿形翅片，翅片高度 $h=9.5$mm，翅片间距为 $s=1.7$mm，翅片厚度为 $\delta=0.3$mm，锯齿长 $l_s=3.0$mm。

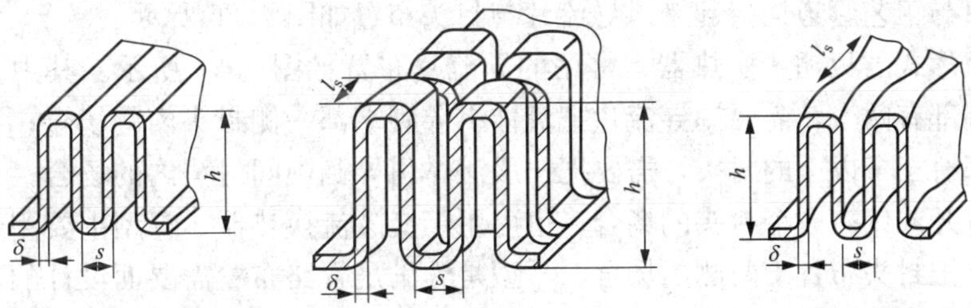

（a）平直或多孔翅片　（b）锯齿形翅片　（c）波纹形翅片

图 4.23　常用翅片结构参数

3. 隔板与盖板

隔板的主要作用是与侧封条一起构成冷热流体的封闭流道，是间壁式换热器的壁，即一次传热表面。另外，隔板又是钎焊过程中钎料金属的提供者，隔板厚度一般为 0.8～2mm，其表面上钎料金属包覆层厚度为隔板总厚度的 7.5%～10%（单面包覆层厚度），在钎焊时合金熔化而使翅片与金属平隔板焊接成整体。为了钎焊方便，可将钎料轧制成薄片再用机械方法布覆于铝材表面，成为一种钎焊用复合板，即双金属复合板。

板翅式换热器板束最外侧设置有盖板，其除承受压力外，还起保护板束的作用，所以它的厚度一般为 5～6mm。盖板与翅片的焊接多数采用板下加焊片的方法，焊片厚度与隔板复合层相同。

4. 侧封条

侧封条的作用是使流体在单元体的流道中流动而不向两侧外流。根据截面形状不同有三种，如图 4.24 所示，即截面形状分别为燕尾形、燕尾槽形和矩形。其中，我国应用较多的是燕尾槽形侧封条，与常用的翅片高度 9.5、6.5mm 和 4.7mm 对应的燕尾槽形侧封条尺寸如图 4.25 和表 4.9 所示。侧封条的上、下面均具有 0.15 的斜度，以利于在与隔板组成板束时形成缝隙，便于钎剂的渗透，形成饱满的焊缝。一般情况下，燕尾侧向着翅片，以便于倒盐和清洗，而向外的槽形侧便于泄漏时补焊。

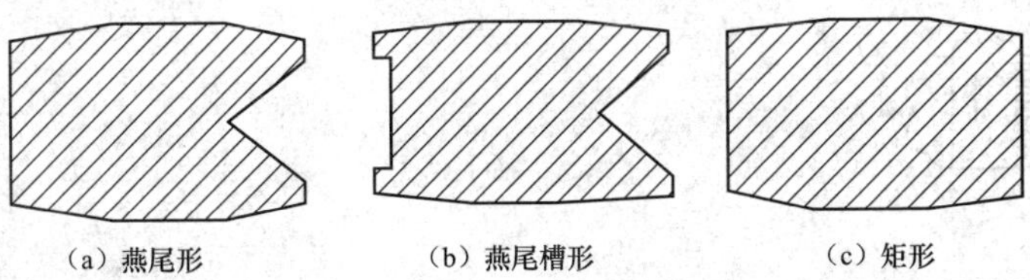

（a）燕尾形　（b）燕尾槽形　（c）矩形

图 4.24　侧封条形式

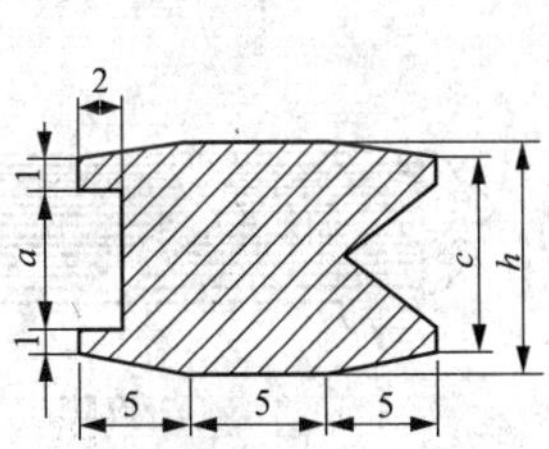

图 4.25　燕尾槽形侧封条尺寸

表 4.9　燕尾槽形侧封条尺寸

h (mm)	9.5	6.5	4.7
a (mm)	7.2	4.2	2.4
c (mm)	9.2	6.2	4.4

5. 导流片与封头

导流片的作用是把流体均匀引入翅片的各流道中或汇集到封头中，它设置在翅片的两端，同时，导流片还有保护较薄翅片在制造时不受损坏、避免通道被钎剂堵塞的作用。导流片的结构与多孔翅片相同，但其翅距、翅厚和小孔直径比多孔翅片大。封头的作用就是集聚流体，使板束与工艺管道连接起来。导流片与封头布置如图 4.26 所示。

对于逆流形式的板翅式换热器，常用的导流片布置如图 4.27 所示。其中，Ⅰ型主要用于换热器的端部有两个，需要用导流片把流体引导到端部一侧封头内的场合；Ⅱ型主要用于在换热器端部有三个以上的封头，需要把一股流体引导到中间封头内的场合；Ⅲ型主要用于换热器端部敞开或仅有一个封头的场合，也可用于交叉流换热器；Ⅳ型主要用于端部无法布置封头，需要把封头布置于两侧的场合；Ⅴ型是为满足管路布置需要而设计的。需要特别说明的是，设置导流片并不一定能完全克服流体在流道内的分配不均匀性问题，因为分配是否均匀还与流动状态等因素有关。

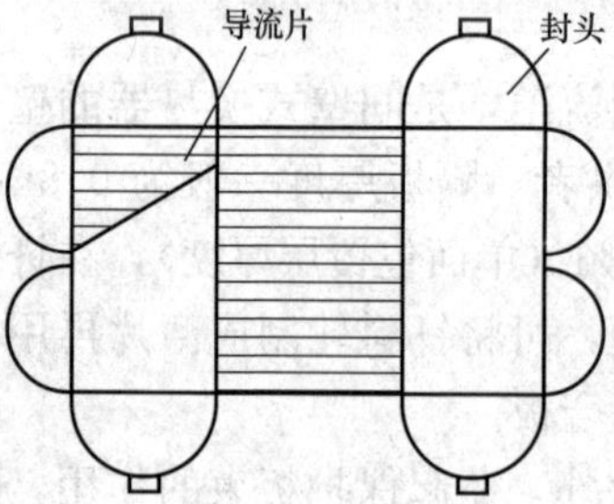

图 4.26 导流片与封头布置

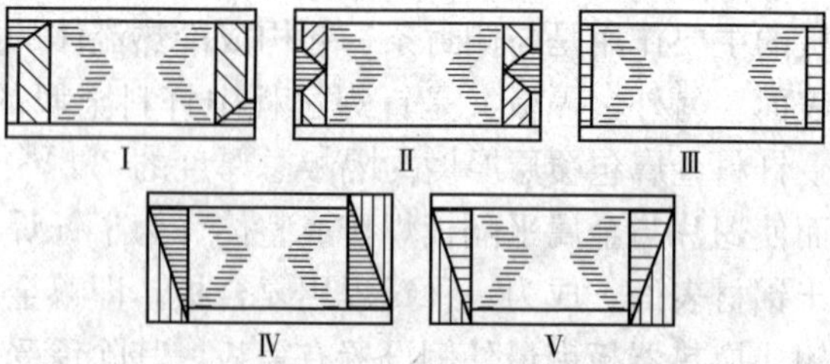

图 4.27 逆流形式的导流片布置

6. 流道的布置

板翅式换热器中的换热流体也可布置成逆流、顺流、交叉流和混合流等多种流型。

（1）逆流。与管壳式换热器不同，在板翅式换热器中可实现多种流体之间的换热过程，因此，其逆流的形式也很多，如图 4.28 所示。其中，流型 1 和 2 为两种流体的逆流布置，而流型 3 为多达五种流体的逆流布置。在板翅式换热器中，逆流是应用最多的一种流型。

（2）顺流。顺流布置如图 4.29 所示，由于顺流平均传热温差较低，因此，应用较少。但是，在某些对温度控制比较严格的换热过程中可以采用，例如，在加热时需要避免流体被加热（或被冷却）到高（或低）于某一规定温度的场合。

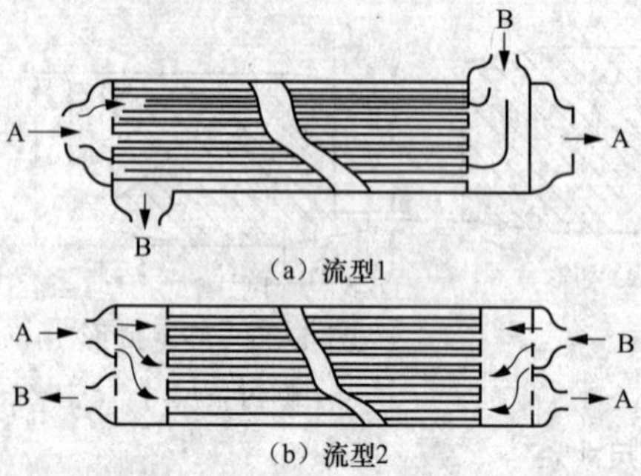

图 4.28 板翅式换热器中的逆流流型

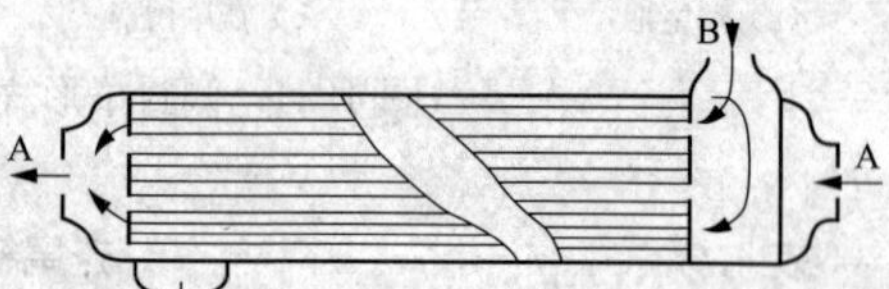

图 4.29 顺流布置示意

(3) 交叉流。交叉流是最基本的一种布置方式，冷热流体在各自通道中沿翅片彼此垂直流动。从平均传热温差角度看，这种布置并无突出优点，但能使换热器的布置更为合理，因此得到了比较多的应用。

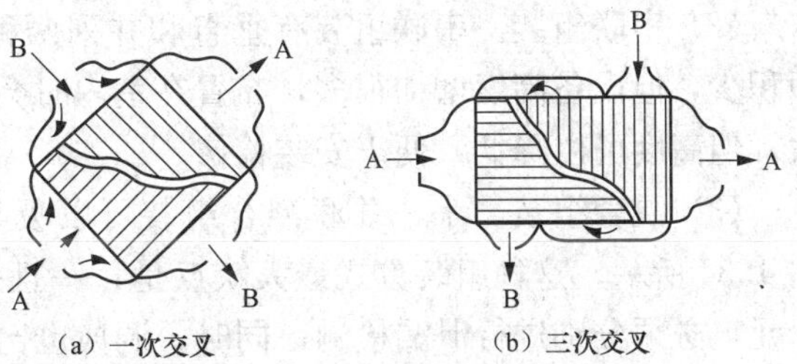

图 4.30 交叉流示意

交叉流有一次交叉和多次交叉流动之分，如图 4.30 所示。当两种流体的表面传热系数相差很大时，为了提高传热性能差的流体的表面传热系数，常将其流通截面缩小，使流速增加，从而改善传热性能，因此，形成了多次交叉流动，这样可使换热器的结构比较紧凑。

(4) 混合流。混合流指的是在一个换热器中某些流体间是交叉流，另外一些流体间是逆流的混合流型，如图 4.31 所示。这种流型的最大优点是能同时处理几种流体之间的换热过程，并合理分配各种流体的换热面积。采用这种布置方式可以将几个换热器合并成一个，从而使设备更加紧凑，生产操作更加方便，使热（冷）量损失减少到最小程度，但制造比较困难。

7. 单元组装

由于板翅式换热器的流通截面积和流程长度都受到钎焊工艺的限制，因此，对某些换热过程而言，单个板束的换热器往往不能满足需要，经常需要将多个相同的板束连接在一起组成一个大型的板翅式换热器的组装体。在组装过程中，可采用并联、串联和串并联混合组装三种形式。

(1) 并联组装。并联组装有单排、双排和圆形三种形式，都是用集流管及分配管将其连成一个整体，如图 4.32 所示。其中，单排并联组装用于单元数较多的场合；双排并联组装用于单元数较多且需分成两组的场合；圆形并联组装用于两组流体间的换热且安装在圆形容器或空间内的场合。

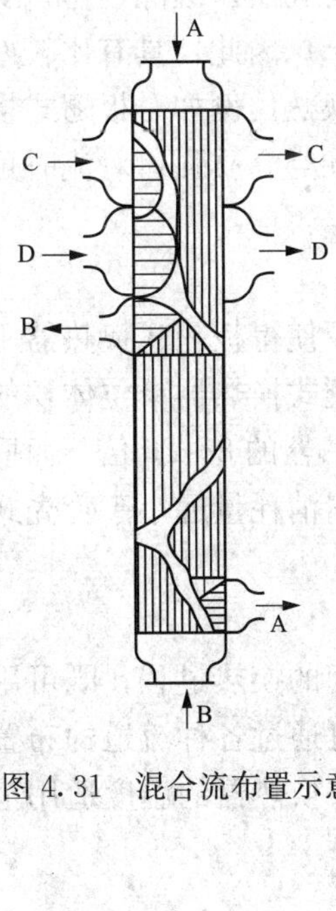

图 4.31 混合流布置示意

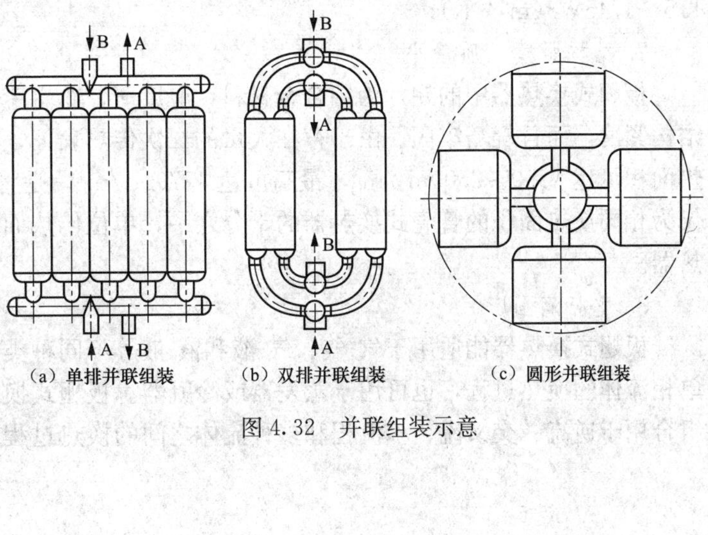

图 4.32 并联组装示意

（2）串联组装。串联组装有垂直和并列两种形式，如图4.33所示。垂直串联组装占地面积少，但设备高度增加很多，布置在室内时会增加建筑物的高度；并列串联组装占地面积大，但高度可以降低，便于安装检修。

（3）混合组装。串、并联混合组装可以吸收两种组装的优点，使得设备更加紧凑，如图4.34所示。这种组装方式最大缺点是，一旦换热器内部发生泄漏，无法确定发生泄漏的单元，必须分别进行泄漏检测，同时，调换也比较困难。

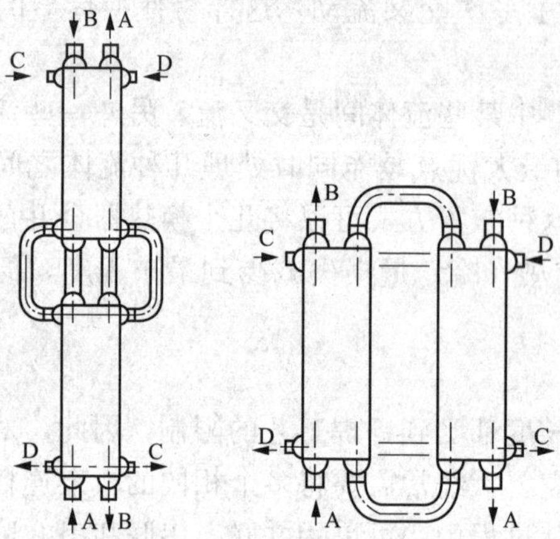

（a）垂直串联组装　（b）并列串联组装

图4.33　串联组装示意

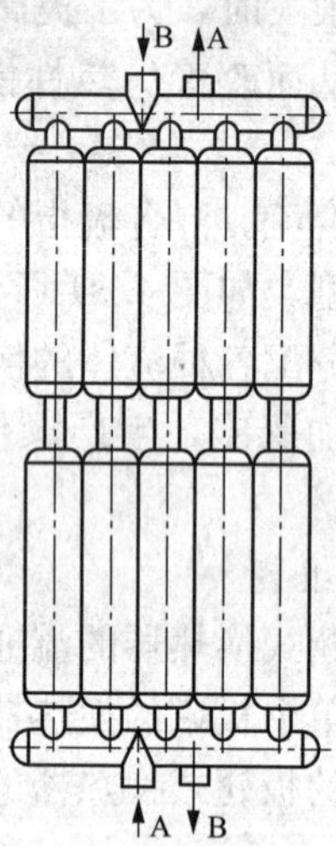

图4.34　混合组装示意

4.3.2　基本特性

1. 传热性能好

由于板翅式换热器内翅片有效地扩展了传热面积，翅片表面上的孔洞、缝隙、弯折等促进了流动湍流，破坏了热阻大的层流底层结构，同时，流体流道狭窄。因此，具有比较好的传热性能，特别适合于气体、高黏度油类等传热性能差的流体间的换热。例如，板翅式换热器内空气强迫对流换热时表面传热系数可达35～350W/(m^2·K)，油类介质强迫对流时可达115～1745W/(m^2·K)。

2. 结构紧凑、质量小

板翅式换热器中的翅片为铝合金材料，厚度薄、布置紧密，从而使得板翅式换热器不仅结构紧凑，而且轻巧牢固。由于存在大量的二次传热表面，使得板翅式换热器单位体积的传热面积可达1500～2500m^2/m^3，最高可达4370m^2/m^3，是管壳式换热器的8～20倍，而质量仅为相同换热面积的管壳式换热器的十分之一，单位传热面积的金属消耗量远小于管壳式换热器。

3. 适应范围广

板翅式换热器能适用于气-气、气-液和液-液等不同种类流体之间的换热过程，既可用于单相流体的换热过程，也可用于蒸发器或冷凝器。板翅式换热器还可通过各种流道的布置和组合用于逆流、交叉流、多流程和多种流体之间的换热过程。板翅式换热器的温度适用范围为－273～＋500℃，压力为 0～6MPa，最大可达 10MPa。

板翅式换热器的主要缺点是流道狭窄，容易引起堵塞。由于不能拆卸，因此一旦换热表面结垢，清洗困难。同时，由于换热器的隔板和翅片都由很薄的铝板制成，故要求流体对材料不腐蚀，若腐蚀而造成内部串漏，则很难准确找到泄漏点，即使找到内漏位置也很难修补。

4.3.3　热力计算

1. 翅片几何参数计算

由于板翅式换热器内流体的流动和传热都发生在由翅片和平隔板所构成的狭窄流道内，因此，在热力计算中首先必须确定翅片内与流动和传热有关的几何参数。

图 4.35 中标出了板翅式换热器基本单元的结构尺寸，其中，h 为翅片高度，δ 为翅片厚度，s 为翅片间距，L_e 为单元的有效长度，B 为单元的有效宽度，x 为内距，y 为内高，且

$$x = s - \delta,\quad y = h - \delta \tag{4.16}$$

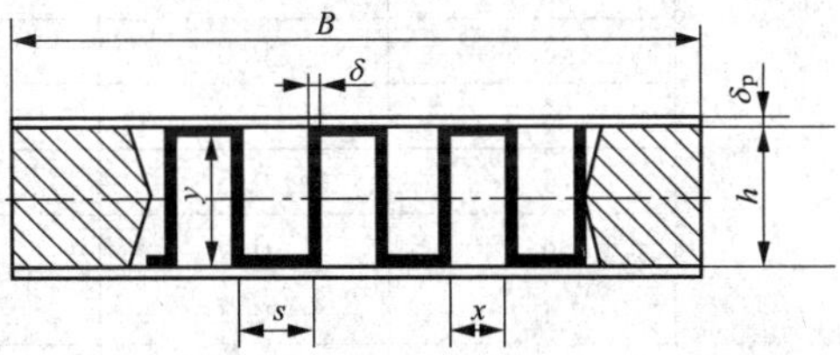

图 4.35　翅片几何参数

（1）当量直径 d_e。板翅式换热器内流道为非圆形截面流道，其当量直径为

$$d_e = \frac{4xy}{2(x+y)} = \frac{2xy}{x+y} \tag{4.17}$$

（2）通道横截面积 a。对于每个传热单元（即每层），通道的横截面积为

$$a_i = xy\frac{B}{s} \tag{4.18a}$$

对于 n 层单元叠加在一起的板束，通道的总横截面积为

$$a = na_i = nxy\frac{B}{s} \tag{4.18b}$$

（3）传热面积 A。板翅式换热器的传热面积分成两部分，即一次传热表面 A_1 和二次传热表面 A_2，其与总传热面积 A 间的关系为

$$A_1 = \frac{x}{x+y}A \tag{4.19a}$$

$$A_2 = \frac{x}{x+y}A \tag{4.19b}$$

$$A = A_1 + A_2 \tag{4.19c}$$

对于 n 层单元叠加在一起的板束，n 层通道的总传热面积为

$$A = \frac{2(x+y)BL_e n}{s} \tag{4.20}$$

表 4.10 为部分国产翅片的主要几何参数。其中，通道流通面积是指传热单元有效宽度为 1m 时每一层通道的截面积，传热面积是指有效宽度和有效长度均为 1m 时每一层通道的总传热面积。

表 4.10 部分国产翅片主要几何参数

翅片形式	高度 h (mm)	厚度 δ (mm)	间距 s (mm)	当量直径 d_e(mm)	流通面积 a_i(m^2)	传热面积 A_i(m^2)
平直形	9.5	0.2	1.7	2.58	0.008 21	12.70
	9.5	0.3	2.0	2.87	0.007 8	10.90
	6.5	0.3	2.0	2.67	0.005 3	7.90
	6.5	0.5	4.2	4.58	0.005 3	4.62
	4.7	0.3	2.0	2.45	0.003 74	6.10
	4.7	0.5	4.2	3.93	0.003 7	3.76
多孔形	9.5	0.2	1.7	2.58	0.008 21	11.61
	6.5	0.3	1.4	1.87	0.004 87	9.53
	6.5	0.3	2.0	2.67	0.005 3	7.90
	6.5	0.5	1.4	1.57	0.003 86	9.00
	6.5	0.5	1.8	2.14	0.004 33	7.44
	4.7	0.3	2.0	2.45	0.003 74	5.36
锯齿形	9.5	0.2	1.4	2.12	0.007 97	15.00
	9.5	0.2	1.7	2.58	0.008 21	12.70
	6.5	0.3	1.4	1.87	0.004 87	8.86
	6.5	0.3	1.7	2.28	0.005 11	8.94
	6.5	0.3	2.0	2.67	0.005 3	7.90
	4.7	0.3	2.0	2.45	0.003 74	6.10

2. 翅片效率和翅化面效率

(1) 翅片效率。在板翅式换热器中，冷、热两流体的传热过程是通过隔板和翅片进行的。由于隔板两侧分别与两种流体接触，因此，所有的传热面积都是有效传热面积，也称一次传热表面。如果一次传热表面积为 A_1，壁面温度为 t_w，则隔板与流体之间的传热量为

$$\Phi_1 = hA_1(t_w - t_f) \tag{4.21}$$

式中：h 为隔板与流体间对流换热表面传热系数；t_f 为流体温度。

翅片所有表面都是与同一种流体接触，因此，翅片扩展表面称为二次传热表面。通过翅片的传热是通过翅片高度进行的，热量从翅片根部导入，通过对流方式传给流体。由于翅片高度远大于其厚度，因此，通过翅片的传热可以简化成通过等截面直翅片的传热过程，其传热量的计算式为

$$\Phi_2 = hA_2\eta_f(t_w - t_f) \tag{4.22}$$

式中：η_f为翅片效率，即翅片的实际传热量和翅片表面温度都为翅根温度 t_w 下的最大可能传热量之比。

对等截面直翅片的传热过程，η_f可按下式计算：

$$\eta_f = \frac{\mathrm{th}(mb)}{mb} \tag{4.23}$$

式中：m 为通过翅片传热的特征参数，$m=\sqrt{\frac{2h}{\lambda\delta}}$。

式 (4.23) 中的 b 为计算翅片效率的特征尺寸，其值与流道布置方式有关，图 4.36 所示为几种典型布置时 b 的确定方法。

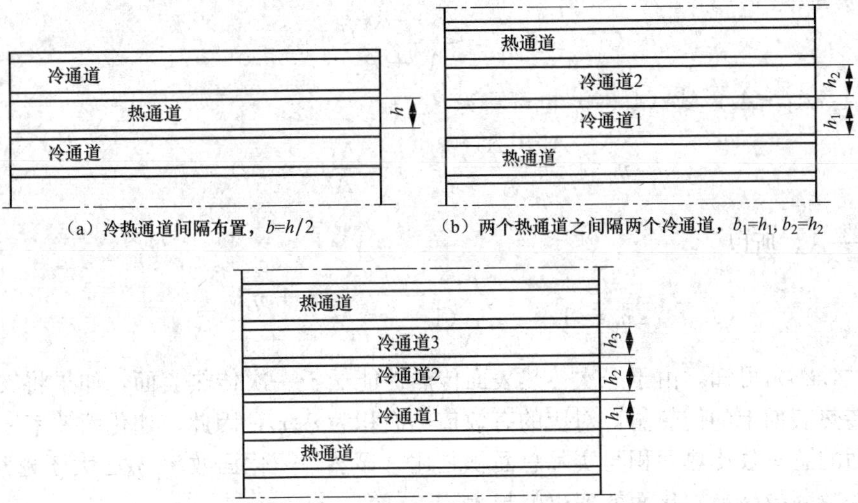

（a）冷热通道间隔布置，$b=h/2$

（b）两个热通道之间隔两个冷通道，$b_1=h_1$, $b_2=h_2$

（c）两个热通道之间隔三个冷通道，$b_1=h_1$, $b_2=(h_1+h_2+h_3)/2$, $b_3=h_3$

图 4.36　几种典型布置时 b 的确定

b 值是影响翅片效率的主要因素，b 越小，即翅高 h 越小，翅片表面平均温度越接近于翅基温度，则翅片效率 η_f 越高，因此，流道单叠布置时（即一个冷通道与一个热通道间隔布置）翅片效率比复叠布置时（即两个冷或热通道间隔几个热或冷通道的布置）高。另外，翅片越厚，沿翅片高度方向导热面积就越大，热阻就越小，因此，η_f 也越大。

在板翅式换热器设计中，选择翅片时应根据流体工作压力、传热能力、允许压降、流体性能、换热特征等因素综合考虑。当流体之间传热温差较大时，可选用平直翅片，温差较小时应选用锯齿形翅片；若流体的黏度较大，如油等，应选用锯齿形翅片以增加扰动；如流体中含有固体悬浮物，则应选用平直翅片；如在传热过程中存在相变，如冷凝、蒸发等，宜选用平直或多孔翅片。

为了有效发挥翅片强化传热作用，使其具有较高的翅片效率或传递更多的热量，当对流换热表面传热系数较大时，应选用低而厚的翅片；当表面传热系数较小时，应选用高而薄的翅片。当两种换热流体的表面传热系数相差较大时，除了遵循上述原则外，还应该在表面传热系数小的一侧 A 布置两个通道，在表面传热系数大的一侧 B 布置一个通道，即采用 AABAABAAB…的复叠布置方式。

（2）翅化面效率。翅化面效率 η_0 定义为翅化表面的实际传热量和翅化表面温度都为翅根温度 t_w 时最大可能传热量之比，因此，翅化面效率是针对整个翅化表面而言的。

对于仅有两流体参与换热的板翅式换热器，当一个热通道和一个冷通道间隔布置时，总传热量即为一次表面传热量和二次表面传热量，即

$$\Phi = hA_1(t_w - t_f) + hA_2\eta_f(t_w - t_f) \tag{4.24}$$

按定义，则有

$$\eta_0 = \frac{hA_1(t_w - t_f) + hA_2\eta_f(t_w - t_f)}{h(A_1 + A_2)(t_w - t_f)}$$

所以

$$\eta_0=\frac{A_1+A_2\eta_f}{A_1+A_2} \tag{4.25}$$

因为 $A=A_1+A_2$，式（4.30）也可写为

$$\eta_0=\frac{A_1+A_2\eta_f}{A}=1-\frac{A_2}{A}(1-\eta_f) \tag{4.25a}$$

因 $A_2=\frac{y}{x+y}A$，所以

$$\eta_0=1-\frac{y}{x+y}(1-\eta_f)=\frac{x+\eta_f y}{x+y} \tag{4.25b}$$

由式（4.25）可知，由于二次传热表面传热性能低于一次传热表面，如果将其传热量折算到一次传热表面上的传热量，对应的有效传热面积为 $A_2\eta_f$，因此，翅化面效率 η_0 也可理解为翅化表面的总有效传热面积与实际总面积之比。显然，翅化面效率 η_0 必大于翅片效率 η_f，而且，翅片效率越高，翅化面效率也就越大。

如果一个流体 A 通道与两个流体 B 通道间隔布置，即采用 ABBABBABB…布置时，翅化面效率的计算式与冷、热流体通道单叠布置时不同。因为两个 B 通道布置在一起，一次传热表面中有一半（即两个 B 通道之间的一次传热面）的传热相当于二次传热面，需要乘以效率 η_{f1}'。因此，总的有效传热面积为

$$A_e=A\eta_0=\frac{A_1}{2}+\frac{A_1}{2}\eta_{f1}'+A_2\eta_{f2}=\frac{A_1}{2}(1+\eta_{f1}')+A_2\eta_{f2} \tag{4.26}$$

令 $\eta_{f1}=(1+\eta_{f1}')/2$，则此时翅化面效率为

$$\eta_0=\frac{A_1\eta_{f1}+A_2\eta_{f2}}{A}=\frac{x\eta_{f1}+y\eta_{f2}}{x+y} \tag{4.27}$$

式中：η_{f1} 为 B 通道一次传热面的效率。

η_{f1}'、η_{f1} 和 η_{f2} 可按下述关系计算，

$$\eta_{f1}'=\frac{1}{\mathrm{ch}(mb)} \tag{4.28}$$

$$\eta_{f1}=\frac{1}{2}\left[1+\frac{1}{\mathrm{ch}(mb)}\right] \tag{4.29}$$

$$\eta_{f2}=\frac{\mathrm{th}(mb)}{mb} \tag{4.30}$$

当冷热流道采用其他复叠布置方式时，必须根据具体情况、具体分析。

3. 传热系数计算

从传热系数计算的角度看，板翅式换热器有两个特点，一是两侧都设置了翅片，且面积的扩展程度不同；二是翅片很薄，导热热阻可忽略不计。因此，以冷、热流体侧不同的换热面积为基准的传热系数计算式为

$$K_1=\frac{1}{\frac{1}{h_1\eta_{01}}+\frac{1}{h_2\eta_{02}}\frac{A_1}{A_2}} \tag{4.31a}$$

$$K_2=\frac{1}{\frac{1}{h_1\eta_{01}}\frac{A_2}{A_1}+\frac{1}{h_2\eta_{02}}} \tag{4.31b}$$

式中：h_1 和 h_2 分别为两侧表面传热系数；η_{01} 和 η_{02} 分别为两侧翅化面效率。

4. 表面传热系数计算

(1) 单相介质强迫对流表面传热系数。在板翅式换热器中，对于单相介质强迫对流传热过程，其表面传热系数 h 常采用斯坦顿数（St），而不是努塞尔数（Nu）来计算，其相互关系为

$$St = \frac{Nu}{Re \cdot Pr} = \frac{h}{\rho w c_p} \tag{4.32}$$

由柯尔朋类比律得传热因子 j_H 为

$$j_H = St \cdot Pr^{2/3} = \frac{h \cdot Pr^{2/3}}{\rho w c_p} \tag{4.33}$$

由此可得

$$h = \rho w c_p \cdot St = \frac{j_H \rho w c_p}{Pr^{2/3}} \tag{4.34}$$

式中：w 为流体平均流速。

柯尔朋传热因子 j_H 通常都是采用实验方法确定，如图 4.37 所示。需要说明的是，即使是同一种翅片，由于加工条件的不同，其特性曲线也会存在差异，因此，设计时应根据厂方提供的具体翅片的传热因子与 Re 关系线图进行计算。

(2) 相变换热表面传热系数。对于板翅式换热器内的相变对流传热过程，还没有公认的表面传热系数的统一计算公式，一般应用单管的计算公式近似计算板翅式换热器中冷凝、沸腾和多组分系统的表面传热系数。例如，对于液体的核态沸腾过程，其表面传热系数可按下式计算：

$$h = 0.262 C_s \left(\frac{c_{pl} q}{r}\right)^{0.69} \left(\frac{p \lambda_l}{\sigma}\right)^{0.31} \left(\frac{\rho_l}{\rho_v} - 1\right)^{0.33} \tag{4.35}$$

式中：p 为换热器运行（绝对）压力；σ 为流体表面张力；q 为热流密度；r 为流体汽化潜热；C_s 为表面校正系数，对于钢和铜，$C_s = 1.0$，对于不锈钢、铬和镍，$C_s = 0.7$，对于磨光表面，$C_s = 0.4$。

5. 流动阻力计算

在板翅式换热器中，引起流体流动阻力的因素很多，包括流体特性、翅片结构、封头形式、导流片结构等。为了简化计算，通常将板翅式换热器总流动阻力分成三部分，即入口端阻力 Δp_1、板束阻力 Δp_2 和出口端阻力 Δp_3，如图 4.38 所示，因此有

$$\Delta p = \Delta p_1 + \Delta p_2 - \Delta p_3 \tag{4.36}$$

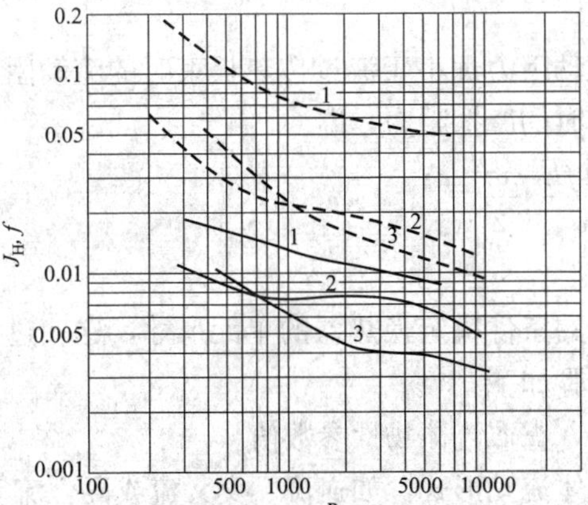

图 4.37　板翅式换热器翅片特性曲线

实线—J_H；虚线—f_o；1—锯齿形；2—多孔形；3—平直形

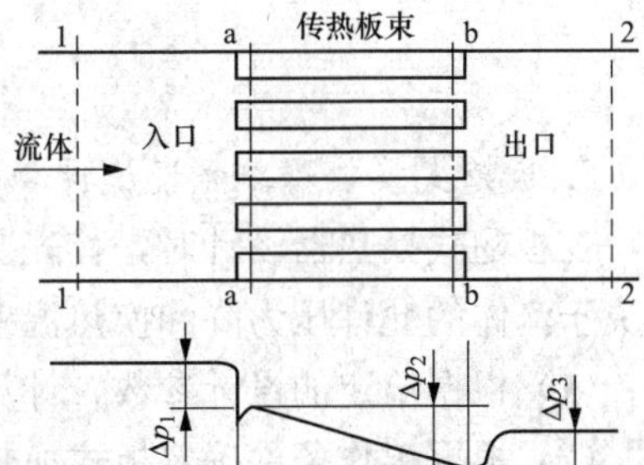

图 4.38　板翅式换热器流动阻力

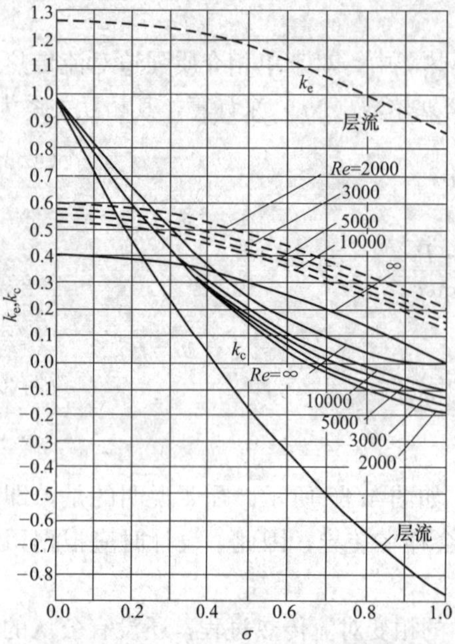

图 4.39　收缩、扩展阻力系数

(1) 入口端阻力 Δp_1。入口端阻力 Δp_1 是由于流体在入口处由于流通截面急剧收缩造成的，可按下式计算：

$$\Delta p_1 = \frac{\rho_i w_i^2}{2}(1-\sigma_i^2) + k_c \frac{\rho_i w_i^2}{2} \tag{4.37}$$

式中：下标 i 表示进口处的值；σ 为板束中流体流通截面积与集气管最大截面积之比；k_c 为收缩阻力系数，可查图 4.39 确定。

(2) 板束阻力 Δp_2。换热板束阻力包括传热面的形状阻力和摩擦阻力两部分，但这两部分不能分开，可看成是作用于总面积上的等效摩擦切应力。如果将板束内的流动等效成通过当量直径为 d_e 的圆管内的流动，则换热板束阻力为

$$\Delta p_2 = \frac{\rho_i w_i^2}{2}\left[2\left(\frac{\rho_i}{\rho_o}-1\right)+\frac{4fL}{d_e}\frac{\rho_i}{\rho_m}\right] \tag{4.38}$$

式中：下标 o 为出口处的值；m 为板束内的平均值；f 为摩擦系数，按图 4.37 确定；L 为换热器芯子长度（即板束内通道长度）。

式（4.37）中第一项表示由于流体的密度变化引起流体加速（减速）产生的流体动量损失，第二项为流体在板束中的摩擦损失。

(3) 出口端阻力 Δp_3。出口端阻力 Δp_3 是由于流体在出口处由于流通截面急剧扩展造成的，可按下式计算：

$$\Delta p_3 = \frac{\rho_o w_o^2}{2}(1-\sigma_o^2) - k_e \frac{\rho_o w_o^2}{2} \tag{4.39}$$

式中：k_e 为扩展阻力系数，也可查图 4.39 确定。

(4) 总流动阻力 Δp。将式（4.42）～式（4.44）代入式（4.41）整理可得

$$\Delta p = \frac{\rho_i w_i^2}{2}\left[(1-\sigma_i^2+k_c)+2\left(\frac{\rho_i}{\rho_o}-1\right)+\frac{4fL}{d_e}\frac{\rho_i}{\rho_m}-(1-\sigma_o^2-k_e)\frac{\rho_i}{\rho_o}\right] \tag{4.40}$$

通常情况下，流体在入口端和出口端的流动阻力远小于流过传热板束时的流动阻力，因此，为了简化起见，可以只计算流体流过板束时的摩擦阻力，即

$$\Delta p = \frac{4fL}{d_e}\frac{\rho w^2}{2} \tag{4.41}$$

6. 板翅式换热器单元设计计算步骤

在板翅式换热器设计时，首先要根据给定的条件决定换热器的单元尺寸，这一过程主要取决于流体的允许压力降和换热温差，具体步骤如下：

(1) 根据给定的设计参数，计算定性温度，查取流体物性参数值。

(2) 根据工作条件确定板式换热器中的流体流动形式，如逆流、交叉流或混合流等。

(3) 选定翅片形式及其几何参数。

(4) 选定一个单元体翅片的有效宽度，计算一排通道的截面积、每排通道的换热面

积等。

（5）根据允许流动压降，确定流体流速和换热通道数。

（6）根据流体质量流量相对大小，确定通道布置方式。

（7）计算各流体表面传热系数 h。

（8）计算翅片效率和翅化面效率。

（9）计算传热系数。

（10）计算平均传热温差。

（11）计算传热面积。

（12）确定板翅式传热单元的理论长度和实际长度。

（13）进行流动阻力校核计算。如超过允许值，则重新调整流速，重复计算。如仍不满足，则需要重选翅片形式或几何参数。不断反复，直至满足为止。

（14）确定板翅式换热器芯体实际尺寸。

第5章 蓄热式换热器

在蓄热式换热器中，冷、热流体交替地流过同一固体传热面及其所形成的通道，依靠构成传热面固体的热容量来吸热或放热，从而实现冷、热流体之间的传热。与间壁式换热器相比，虽然都需要固体传热面，但在间壁式换热器中，热量是在同一时刻通过固体壁由一侧的热流体传递给另一侧的冷流体。

蓄热式换热器适用于流量大的气-气之间的换热，其在动力、冶金、建材、石油化工等工业领域得到了广泛的应用。

5.1 概 述

5.1.1 回转型蓄热式换热器

回转型蓄热式换热器主要由圆筒形蓄热体（常称转子）及风罩两部分组成，它又分为转子回转型和外壳回转型。转子就是一个蓄热体，在转子回转型中，转子转动而风罩不动。转子回转时，按照一定的周期不断交替地通过冷、热流体通道。假定转子某部分在某一时刻通过热流体通道，转子上的蓄热体就吸收并积蓄热量；到下一时刻，转子该部分到达冷流体通道，把所储蓄的热量传递给冷流体。对于外壳回转型，转子不动，外壳（即风罩）在转动，同样可以达到换热的目的。

回转型蓄热式换热器具有结构紧凑、布置方便、体积小、金属耗量少、可承受较高的温度等优点；其主要缺点是漏风量偏大，密封难度大，特别是在结构设计、制造和安装工艺上存在缺陷时，漏风量会迅速增加。

回转型蓄热式换热器两个典型的应用实例是电厂锅炉中使用的回转式空气预热器和制冷空调系统中使用的回转式全热换热器。在转子回转型空气预热器中，转子的中心轴支承在上、下轴承上，转子周界上装有环形长齿条，电机带动主动齿轮并通过齿条使转子以一定转速绕中心轴转动。圆形转子从上到下被径向隔板隔成互不通气的若干个大扇形格，每个大扇形格又被许多块横向和径向短隔板规则地分为许多小格仓，小格仓中放满预先叠扎好的蓄热板。工作时烟气从上方通过烟道和转子截面的一部分从下方流出，空气从另一侧下方进入，经风道和转子截面的另一部分从上方流出。转子每转一圈，蓄热板吸、放热各一次，使烟气和冷空气之间实现热交换。由于烟气体积流量比空气大，故烟气的通流截面要比空气大。在烟气和空气的通流截面之间设置了过渡区（也称密封区），其中无气流流过，起隔离烟气和空气的作用，使两者互不渗混。

对于制冷空调系统中使用的回转式全热换热器，在旋转过程中让排风和新风以逆流方式流过转轮蓄热体，通过蓄热体完成传热。其主要特点是，能有效回收空调系统排出的气体能量，减少新风的能量消耗；在能量回收过程中，既能回收显热，也能回收潜热；新风和排风交替逆向流过转轮，对蓄热体流道具有自洁作用，并能通过转速控制，以适应室内外空气参数的变化。

5.1.2　阀门切换型蓄热式换热器

图 5.1 为阀门切换型蓄热式换热器原理，它由两个相同的充满蓄热体的蓄热室所构成。当双通阀门处于图示位置时，冷空气从蓄热室乙流过，蓄热体释放热量使冷空气受热，热烟气则同时流过蓄热室甲，将甲中蓄热体加热而烟气本身被冷却。在一定时间间隔后，将双通阀门转动 90°，则使冷空气改向流过甲，热烟气流过乙。如此定期地不断切换双通阀就可完成冷、热气体之间的热交换。

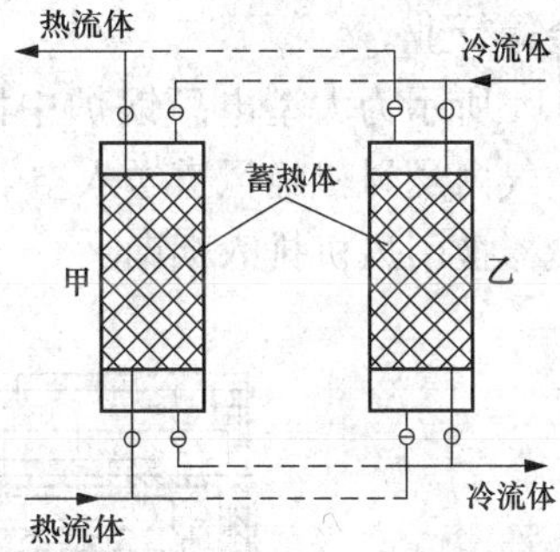

图 5.1　阀门切换型蓄热式换热器工作原理

蓄热室中的蓄热体大多由耐火砖砌成的“格子砖”构成。为了连续运行，都具有至少两个蓄热室。这种阀门切换型常用于玻璃窑炉、冶金工业中高炉的热风炉等。图 5.2 所示为一玻璃窑炉中使用的阀门切换型蓄热式换热器。从玻璃加热池上排出的高温烟气进入蓄热式格子体时温度为 1100～1300℃，通过蓄热室后温度为 400～600℃，进入蓄热室的空气温度100～120℃，排出时达到 900～1100℃，然后进入加热池内供燃油用。

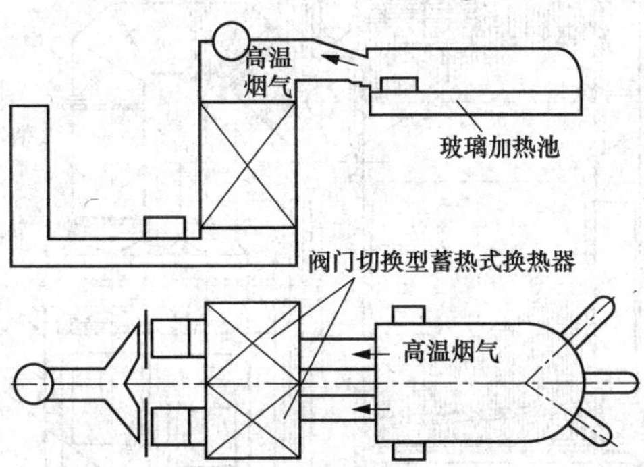

图 5.2　玻璃窑炉示意

阀门切换型蓄热式换热器还用于空分装置的蓄冷器，常用卵石或铝波纹片作蓄热体。近年来也应用于太阳能空气集热系统，这时在蓄热室中蓄热体也常常是卵石而不是格子砖。

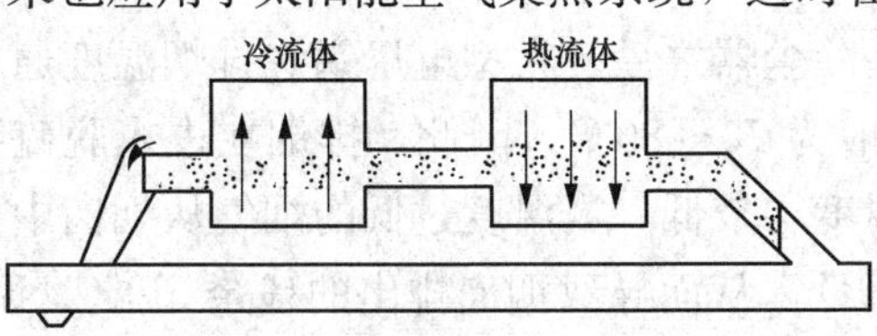

图 5.3　蓄热体颗粒移动型换热器工作原理

除以上两种蓄热式换热器在工业上应用较广外，还有一种蓄热体颗粒移动型换热器。在这种换热器中，蓄热体颗粒靠自重作用先通过热流体室吸收热量，继而流过冷流体室放出热量，以此实现把热流体热量传给冷流体。蓄热体颗粒通过冷流体室后又被送回热流体室上部，开始下一个工作周期，如图 5.3 所示。

5.2　回转式空气预热器

早期的回转式空气预热器主要用于电厂锅炉，近年来开始应用于环保、制冷、化工、石油和冶金等行业。

图 5.4 所示为大型电厂锅炉中回转式空气预热器布置示意。空气预热器布置在尾部烟道，冷空气由送风机经风道送入空气预热器中，加热后送入燃烧器，锅炉排烟经空气预热器后经除尘器被引风机排入烟囱。

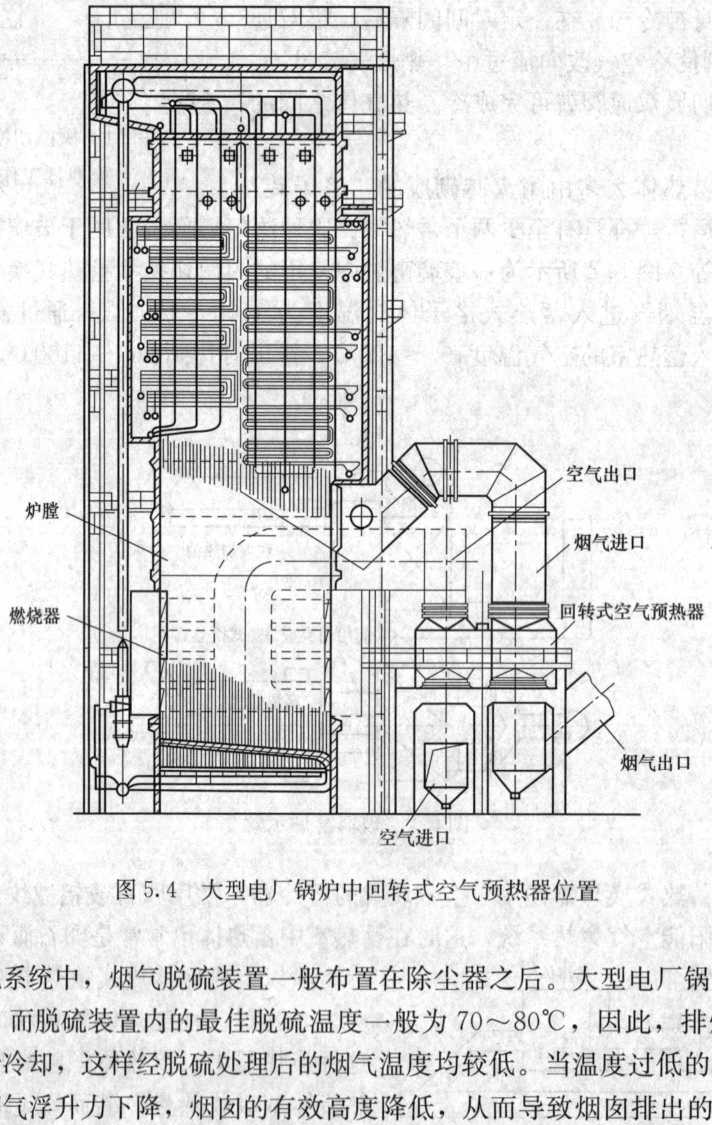

图 5.4 大型电厂锅炉中回转式空气预热器位置

在排烟脱硫系统中，烟气脱硫装置一般布置在除尘器之后。大型电厂锅炉排烟温度通常为 125～150℃，而脱硫装置内的最佳脱硫温度一般为 70～80℃，因此，排烟在进入脱硫装置前需要进一步冷却，这样经脱硫处理后的烟气温度均较低。当温度过低的烟气从烟囱中排出时，将会使烟气浮升力下降，烟囱的有效高度降低，从而导致烟囱排出的残余 SO_x、NO_x 和粉尘不能充分地扩散，因此，在进入烟囱前必须将烟气温度提高到 130～140℃。回转式换热器在烟气脱硫系统中的布置如图 5.5 所示。

5.2.1 工作过程

回转式空气预热器结构如图 5.6 所示，它主要由转轴、转子、外壳、传动机构和密封装置组成。转子内部用隔板分成一系列小格仓，隔仓中布满了用 0.5～1.25mm 钢板制成的受热面。转子由电动机经减速器带动，以 1.5～4.0r/min 的转速旋转。转子由上、下轴承支持，轴承固定在横梁上。外壳由侧圆筒、上下端板和上下扇形板组成。上下端板留有烟气通道的开孔以备与烟风道连接。上下端板烟风道开孔的中间为装有上下扇形板的密封区。在预热器的整个横截面上烟气流通截面积占 40%～50%，空气流通截面积占 30%～45%，密封区为 8%～17%。空气和烟气流过预热器的当地流速为 8～12m/s，漏风系数为 0.1～0.2。

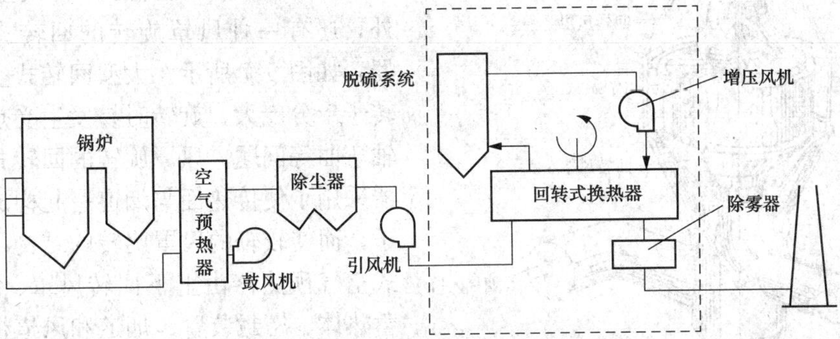

图 5.5　烟气脱硫系统中的回转式换热器

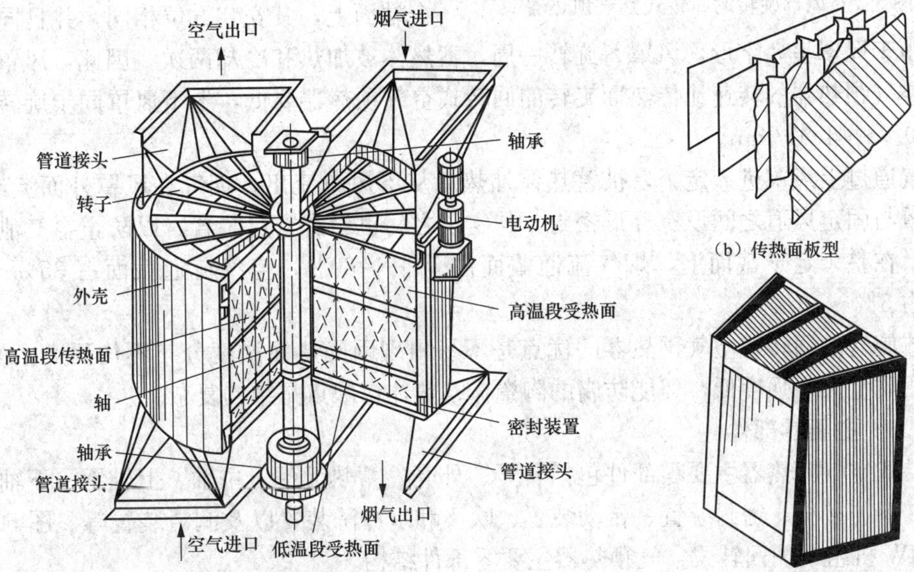

图 5.6　回转式空气预热器结构简图

高温烟气从烟气进口进入空气预热器，在转子的一个扇形区域内穿过波纹板之间的空隙，然后由出口流出。烟气在穿过转子流动的过程中，将热量传给温度较低的蓄热板，使蓄热板的温度逐渐升高。当蓄热板随转子转到即将脱离烟气加热区而进入密封区时，温度达到最高值。经过密封区后，进入空气区。蓄热板在空气区受到冷空气的冲刷，温度逐渐降低，将从高温烟气带来的热量传给低温空气。于是空气被加热，然后从出口流出。

转子在沿周向方向装有高度与其相同的径向隔板。转子被径向隔板分隔成角度相同的径向隔仓，烟气和空气各占据若干个隔仓。密封区设置的目的是为了分隔烟气和空气，防止它

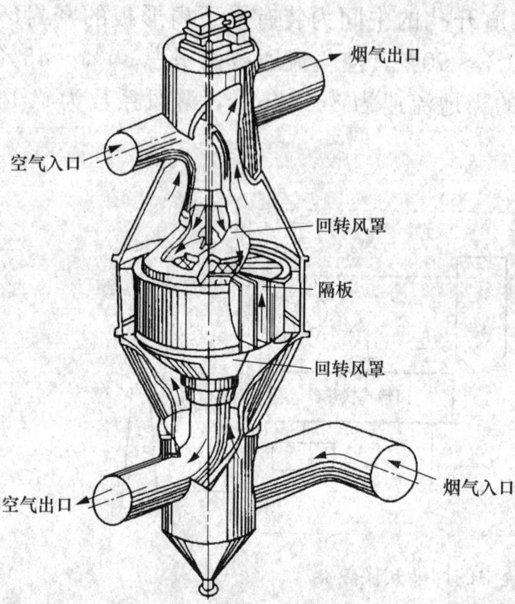

图 5.7　风罩旋转的回转式空气预热器

们相互混合。在这种结构的空气预热器中，蓄热体的连续加热过程是通过转子的旋转来实现的，因此，又称为传热面旋转的回转式空气预热器，也称容克式空气预热器。

除了传热面旋转的回转式空气预热器外，还有一种风罩旋转的回转式空气预热器，如图 5.7 所示。大型回转式空气预热器转子十分庞大，旋转时易发生受热面变形及轴弯曲等问题。风罩旋转的回转式空气预热器采用了使传热面与烟道一起构成坚固的定子，而使较轻的风罩旋转的结构。这种回转式空气预热器由上下回转风罩、传动装置、蓄热体、密封装置、烟道和风道构成，蓄热板装在固定的定子内部。一端为 8 字形，另一端为圆柱形的两个风罩盖在定子的上下两个端面上，其安装方位相同，并且同步绕轴旋转。由于风罩呈 8 字形，风罩每旋转一周，蓄热体被加热和冷却两次，因此，风罩旋转的回转式空气预热器的转速比传热面旋转的回转式空气预热器要低，上下风罩同步旋转的速度一般为 0.75～1.4r/min。

空气通过上风罩进入定子，被蓄热体加热后从下风罩流出，烟气在风罩外面流经定子。回转风罩与固定风道之间设有环形密封，与定子之间也设有密封装置，以防止空气泄漏到烟气中去。在整个定子截面上，烟气流通截面占 50%～60%，空气流通截面占 35%～45%，密封区占 5%～10%。

风罩旋转的回转式空气预热器的优点是不易出现因受热面温度分布不均而产生的变形，且可使用质量大、强度低，但能防腐的陶瓷作蓄热体，缺点是结构复杂。

5.2.2　主要零部件

回转式空气预热器主要零部件包括转子、外壳、蓄热元件、主轴、上轴承、下轴承、上连接板、下连接板、密封装置、传动装置、吹飞和水冲洗装置以及润滑装置等。图 5.8 给出了 600MW 机组锅炉回转式空气预热器主要零部件结构。

1. 转子

转子是装载传热元件并旋转的圆筒形部件，其外形似转鼓。为了减轻质量、便于运输，同时提高制造和安装工艺质量，转子采用组合式结构。它主要由空心转轴、扇形模块框架及传热元件所组成。

转子的圆筒体采用了分仓结构，根据圆心角被分成若干等分，将圆筒体分成数个独立的扇形部分，每个扇形块沿径向又被分割成几个隔仓，在每个隔仓的空间内放置蓄热元件。转子圆心角等分度数以及每个扇形块沿径向分割成的隔仓数依据转子大小而定，径向隔板和横向隔板数量确定原则是使由它们构成的梯形隔仓具有足够的刚度，同时蓄热板组件应有高的材料利用率，同时外形尺寸不应过大。

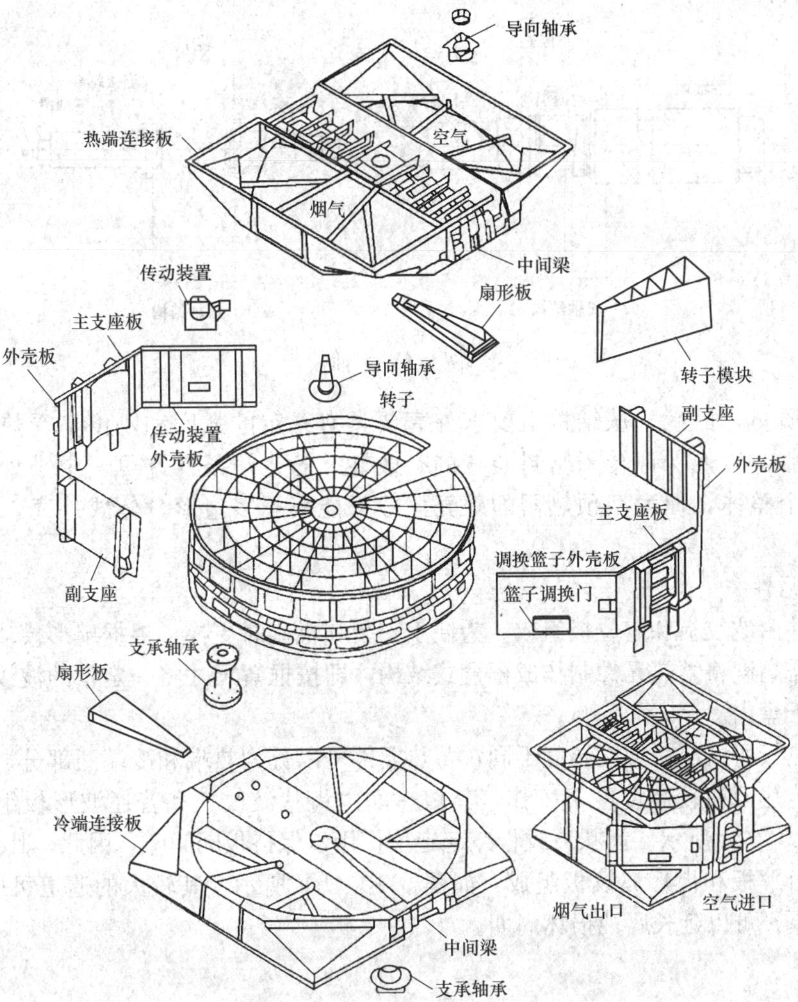

图5.8　600MW机组锅炉回转式空气预热器零部件结构简图

转子外壳上装有由销轴构成的围带。转子经上、下轴端，由处于上梁中心的导向轴承及置于下梁中心的推力向心轴承支承，由减速器上的齿轮通过围带驱动转子。转子的中部是一个长圆柱的中心筒，其与外壳之间的径向隔板连接成一个刚性体，同时与主轴相连，转子的质量通过中心筒传到主轴上。

2. 主轴

主轴是转子的传动轴，起支承转子质量并将转子质量传到轴承上的作用。主轴有长轴和短轴两种形式，如图5.9所示。长轴贯穿整个转子，为了减小质量，轴的中段采用钢管，两端与轴颈对接焊，焊完经消除应力后再进行机加工。短轴则是将两根带端部法兰的轴段用螺栓与转子中心筒的上、下端连接。使用短轴及空心结构，不仅有利于节省金属、减小质量、便于加工，而且对安全经济运行也是有利的。

3. 外壳

回转式空气预热器外壳除了起密封和连接上、下连接板作用外，还要承担支承梁、连接

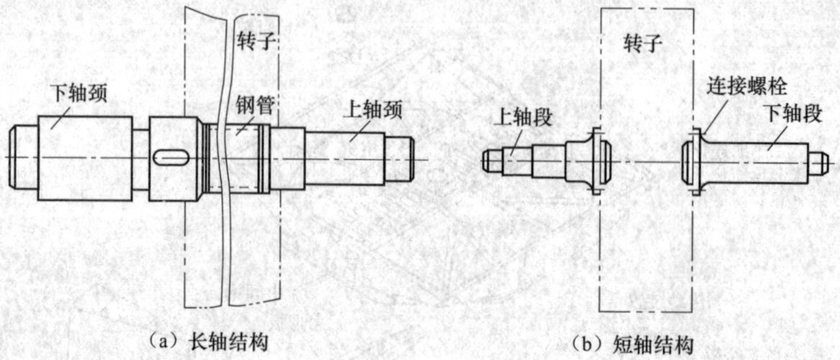

图 5.9 主轴

板和转子的质量，因此，从结构上要求外壳要具有一定的强度和刚度，受热后在径向方向能均匀膨胀，以便保证转子密封装置的有效性。若运输条件许可，中小型预热器外壳可以制成一个整体，但大型预热器的外壳一般只能采用多边形分体式外壳，然后在现场组装。

4. 蓄热元件

蓄热元件由波纹板和定位板组成。为便于安装和检修时更换，根据扇形模块各隔仓的截面尺寸及所需高度将蓄热元件制作成框盒式结构，即按框盒尺寸将一定量的波纹板和定位板隔叠扎牢置于盒内。

根据传热板所处部位烟气温度不同，蓄热元件可以分为热端和冷端两部分。回转式空气预热器热端传热面在较高温度下工作，其传热面由齿状波纹板和普通波形板组成，相隔排列，如图 5.10 (a) 所示。齿状波纹板兼起定位作用以保持板间间隙，因此，其传热性能好。冷端传热面由平板和齿形波纹板组成，如图 5.10 (b) 所示。其较大的通道可以减少积灰，同时钢板较厚，可以延长腐蚀损坏周期。

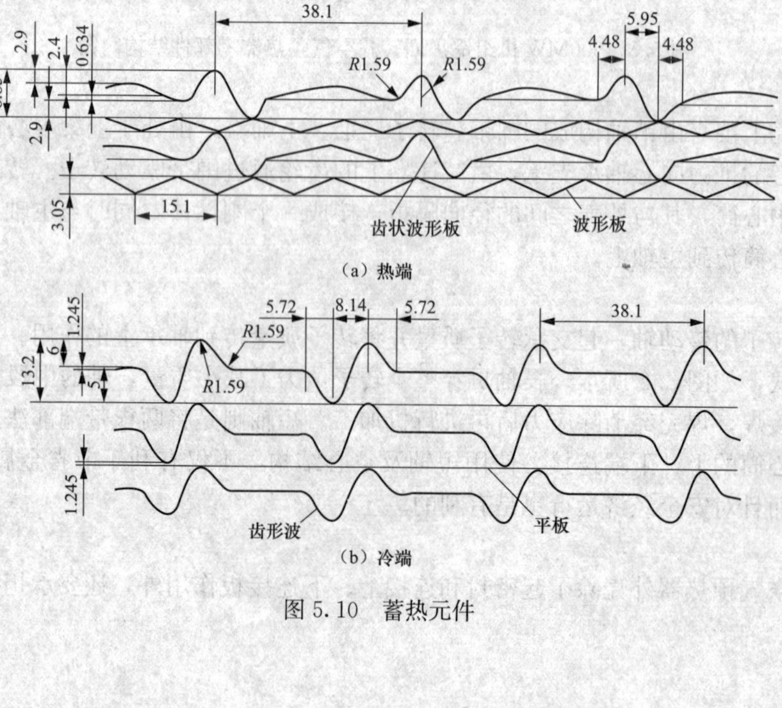

图 5.10 蓄热元件

5. 上、下连接板

连接板与转子相邻一面的外侧做成多边形的法兰面，以便与多边形的外壳连接；内侧是圆形，与转子断面外圈吻合。连接板的另一面则是被中间支承梁隔开的两个烟气和空气接口，分别与烟道和风道连接。在中间支承梁与连接板的外壳之间，焊有大直径无缝钢管制成的撑条，用于加强烟道和风道接口的刚性。另外，由于撑条受到烟气与空气的冲刷而使温度升高，这样就可以使接口在径向均匀膨胀。中间支承梁由端板、侧板及加强肋板构成，中间是安装轴承座的孔。

6. 轴承

在水平轴回转式空气预热器中，冷端和热端均采用双列向心球面滚子轴承。两端轴承的外壳与轮毂的配合条件不同，冷端较紧、热端较松，这样，当受热膨胀时，热端轴承可随主轴在轮毂中滑动。

在垂直轴回转式空气预热器中，下轴承采用推力向心球面滚子轴承以承受转子的质量，上轴承采用双列向心球面滚子轴承，它可以随主轴的热膨胀在轮毂中滑动。回转式空气预热器的轴承工作条件有三个特点，即重载、低速和高温。因此，轴承除了要保证充分的润滑外，在热端轴承的外面还应加冷却水套，以避免轴承温度过高而受到损坏。

7. 密封装置

按空气漏向烟气或外界的途径进行分类，密封装置可分为径向密封、周向密封和轴向密封。

(1) 径向密封。径向密封装置的主要作用是防止和减少预热器中空气沿转子上、下端面通过径向间隙漏到烟气区，它主要由密封扇形板、径向密封装置及间隙调节装置等组成。

回转式空气预热器工作时，转子受热后会膨胀产生“蘑菇状”变形，主要原因是烟气自上而下流经转子，而空气是自下而上流过，因此，在上端面径向隔板温度比下端面处要高。由于转子上下端径向隔板温度不同，其径向膨胀量也不一样，上端膨胀量比下端大，从而使预热器转子产生向下的弯曲变形，其形似蘑菇状，故称蘑菇状变形。转子产生变形时，径向密封片也随之产生变形，使得密封间隙增大，漏风量增加。

为了减小漏风量，扇形板可做成弯曲结构。运行中由传感器机构跟踪转子的变形，并通过连杆装置使扇形板产生与转子变形相吻合的弯曲变形，以使径向密封间隙始终维持在很小的范围内，从而有效地减少因转子变形而增加的漏风量，如图 5.11 所示。

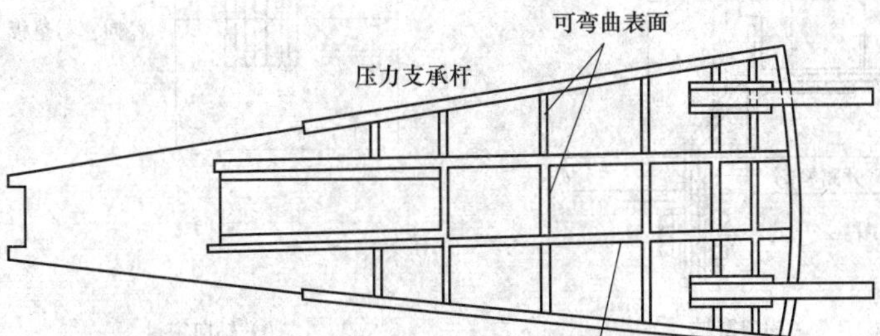

(a) 顶视图

图 5.11　可弯曲扇形板结构（一）

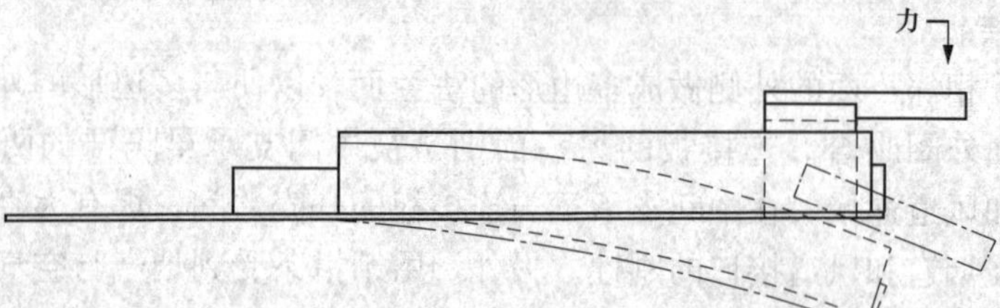

（b）侧视图

图 5.11 可弯曲扇形板结构（二）

（2）周向密封。周向密封装置包括转子外周上、下端处的旁路密封和中心筒密封两部分，如图 5.12 所示。旁路密封装置用来减小转子与机壳之间通过的烟气和空气旁流量，即不经转子传热面而直接从转子与机壳之间间隙流过的部分烟气和空气，同时，对减小轴向密封和径向密封的漏风量也起到一定作用。

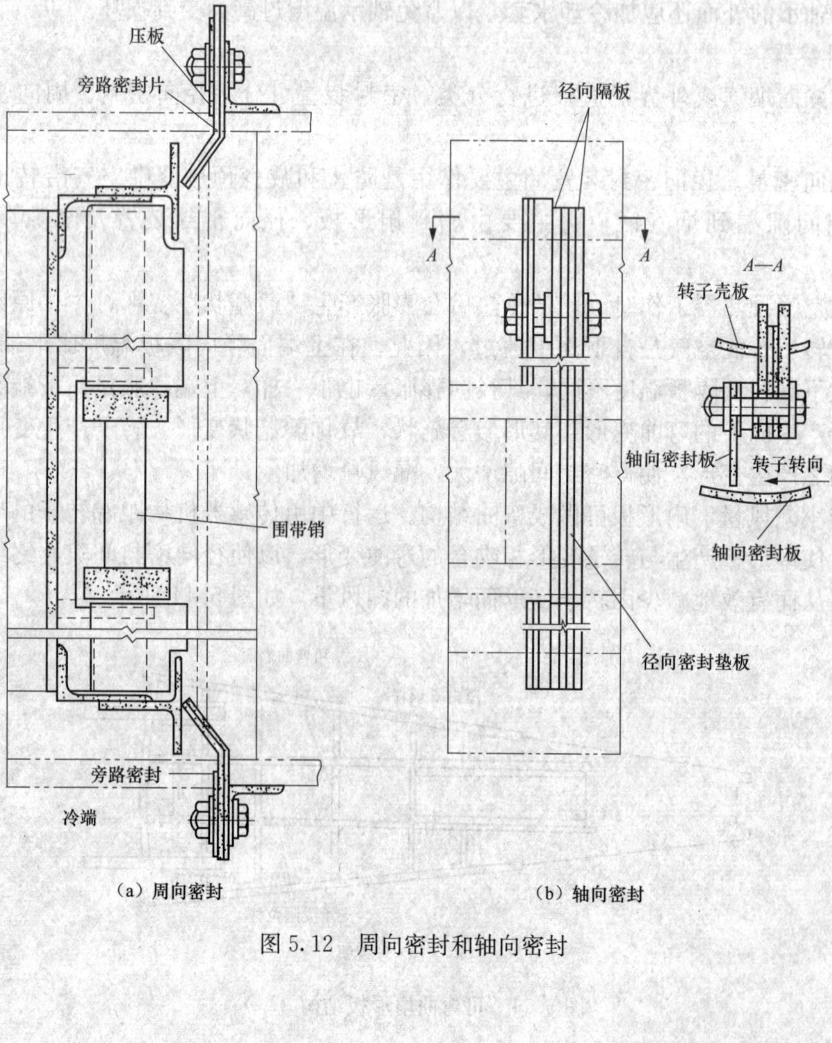

（a）周向密封　　（b）轴向密封

图 5.12 周向密封和轴向密封

中心筒密封片固定在转子中心筒的热端和冷端端板的圆周上，如图 5.13 所示，它随转子一起旋转。密封片与固定在机壳环形密封盘或密封盖凸缘之间保持一定的间隙。中心筒密封装置可以看成是径向密封在转子中心部分的延伸，用以防止空气由此泄漏到烟气中。

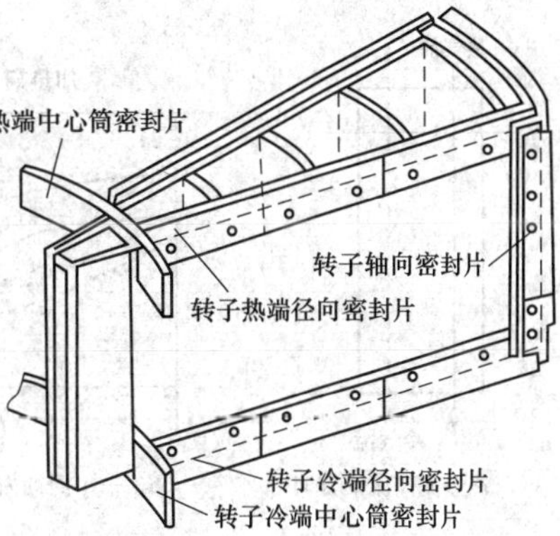

图 5.13　转子中心筒密封片

(3) 轴向密封。回转式空气预热器转子外圆周与机壳之间有较大的空间，如果不采取密封措施，空气就会漏到烟气中去。为了减小空气在转子周围漏入烟气区，需要设置轴向密封装置，如图 5.12 所示。轴向密封装置主要由轴向密封片和轴向密封板构成，轴向密封间隙可在预热器运行条件下从机壳外部进行调整。

5.3 传热过程分析

由于蓄热式换热器中的热量传递是依靠蓄热体的热容量及冷、热流体交替流过蓄热体来实现的，因此，蓄热式换热器中传热面及流体温度变化与间壁式换热器中的温度变化不同。显然，蓄热体的壁面温度在整个工作周期中不断变化，而且在加热期间的变化过程与冷却期间的变化过程也不相同。与此同时，除了在蓄热式换热器的冷、热气体进口处之外，冷、热气体的温度也随时间不断变化。

为了说明蓄热体壁面温度和流体温度的变化特征，在蓄热式换热器高度方向取某一截面，例如图 5.14 (a) 中 A—A 截面，在一个周期内，该处蓄热体壁面及气体温度变化规律如图 5.14 (b) 所示。在加热期内，热气体不断把热量传给蓄热体，随着时间的增加，沿换热器高度各处蓄热体的温度不断升高（A—A 处，$t_{w,1}$）。由于热气体的进口温度是不变的，从而使得进口截面处热气体和蓄热体之间传热温差越来越小，因而进口截面处热气体的温度下降速度越来越小，A—A 截面处热气体的温度 t_1 也随之上升。在冷却期内，冷气体不断冷却蓄热体，使得沿换热器高度各处蓄热体壁面温度随时间增加而降低（A—A 处，$t_{w,2}$）。由于冷气体进口温度也是不变的，使得进口处蓄热体与冷气体之间传热温差越来越小，因而进口截面处冷气体温升速度越来越小，A—A 截面处冷气体的温度 t_2 随之下降。正是由于这种变化，常常使得加热和冷却期内蓄热体的温度不沿同一条曲线变化。相反，在间壁式换热器内，工况稳定时，各处传热面及流体温度均是稳定不变的。应该指出的是，蓄热体壁面温度和流体温度的这种变化具有周期性，即每经过一个周期后这些温度变化又重复一次。

由于蓄热体壁面温度和流体温度都具有周期性，因此，可用周期为单位来考虑蓄热式换热器中的热量平衡及传热过程，这样，就可以采用类似于稳定工况下的间壁式换热器中的简单公式来计算蓄热式换热器中的传热过程。

以图 5.15 所示的逆流间壁式换热器和蓄热式换热器为例，假设气体 1 的温度高于气体 2 的温度，若以蓄热式换热器一个循环周期为单位，对间壁式与蓄热式两种形式换热器，都根据流体的温度变化来计算传热量，则在间壁式换热器中

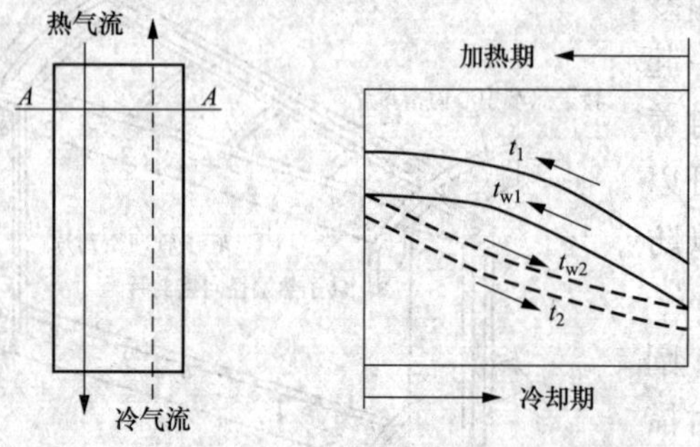

（a）冷热流体流动方向 （b）一个周期内的温度变化

图 5.14 蓄热式换热器中流体及蓄热体的温度变化

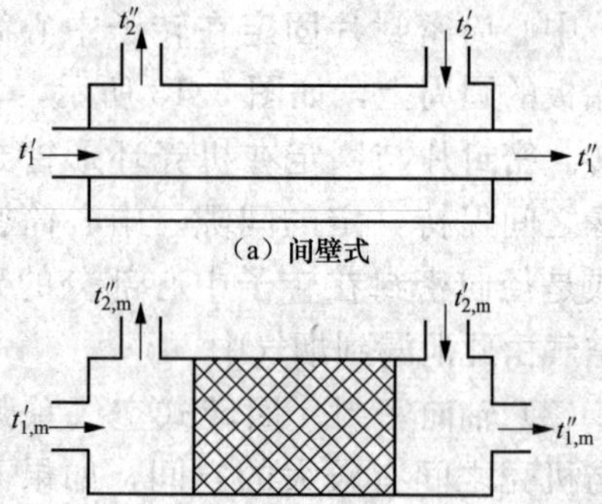

（a）间壁式

（b）蓄热式

图 5.15 在逆流下的间壁式和蓄热式换热器

气体 1 所放出的热量为

$$\Phi_1 = q_{m1} c_{p1} (t_1' - t_1'') \tag{5.1}$$

气体 2 所吸收的热量为

$$\Phi_2 = q_{m2} c_{p2} (t_2'' - t_2') \tag{5.2}$$

式中：q_{m1} 和 q_{m2} 分别为流过的气体 1、2 的质量流量；c_{p1} 和 c_{p2} 分别为气体 1 和 2 的比定压热容。

当忽略散热损失时，间壁式换热器中的热平衡关系为

$$q_{m1} c_{p1} (t_1' - t_1'') = q_{m2} c_{p2} (t_2'' - t_2') \tag{5.3}$$

对蓄热式换热器而言，气体 1 所放出的热量为

$$\Phi_1 = q_{m1} c_{p1} (t_{1,m}' - t_{1,m}'') \tag{5.4}$$

气体 2 所吸收的热量为

$$\Phi_2 = q_{m2} c_{p2} (t_{2,m}'' - t_{2,m}') \tag{5.5}$$

式中：$t_{1,m}$ 和 $t_{2,m}$ 分别为气体 1 和 2 在一个周期内的平均温度。

如忽略对外热损失，则得热平衡式为

$$q_{m1} c_{p1} (t_{1,m}' - t_{1,m}'') = q_{m2} c_{p2} (t_{2,m}'' - t_{2,m}') \tag{5.6}$$

比较式（5.3）和式（5.6）可见，当以一个周期为单位来考虑蓄热式换热器的传热量时，在定义了一个周期中的气体平均温度后，它的热平衡关系在形式上与间壁式换热器相似。

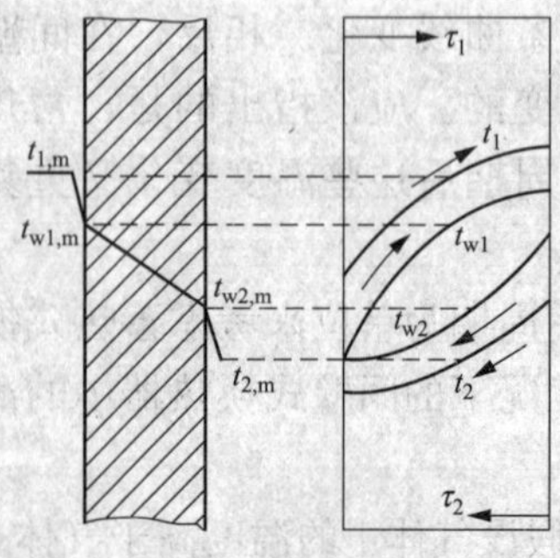

图 5.16 蓄热式换热器中通过假想间壁传热过程

下面以一个周期为单位，分别对蓄热式及间壁式换热器的传热过程进行计算。如果以蓄热体及进、出口流体在加热期及冷却期的平均温度作为间壁式换热器的间壁及流体的进、出口温度，即可在一个周期内，将蓄热式换热器内的传热过程假想为通过间壁式换热器的传热过程，如图 5.16 所示。

设换热器的传热面积为 A，加热时间为 τ_1，冷却时间为 τ_2，循环周期为 $\tau_0 = \tau_1 + \tau_2$，则蓄热式换热器中的传热量也可按传热方程计算，即

$$\Phi = KA(t_{1,m} - t_{2,m}) \tag{5.7}$$

式中：$t_{1,m}$ 和 $t_{2,m}$ 分别为蓄热式换热器中气体 1 和 2 在一个周

期内的平均温度；K 为对应于 $t_{1,m}$ 和 $t_{2,m}$ 下蓄热式换热器中的传热系数，W/(m^2 · K)。

传热量 Φ 也可由热气体 1 与蓄热体表面之间的对流传热量来计算，即

$$\Phi = h_1 A\int_0^{\tau_1}(t_1 - t_{w1})\mathrm{d}\tau/\tau_0 = h_1 A(t_{1,m} - t_{w1,m})\tau_1/\tau_0 \tag{5.8}$$

式中：h_1 为加热期内热气体与蓄热体表面间的对流传热表面传热系数；$t_{w1,m}$ 为加热期内蓄热体壁面被加热过程中的平均壁温。

冷气体 2 与蓄热体间对流传热量也可表示为

$$\Phi = h_2 A\int_0^{\tau_2}(t_{w2} - t_2)\mathrm{d}\tau/\tau_0 = h_2 A(t_{w2,m} - t_{2,m})\tau_2/\tau_0 \tag{5.9}$$

式中：h_2 为冷却期内冷气体与蓄热体表面间的对流传热表面传热系数；$t_{w2,m}$ 为冷却期内蓄热体壁面被冷却过程中的平均壁温。

联立式（5.7)～式（5.9）可得蓄热式换热器的传热系数计算式为

$$K = \frac{1}{\dfrac{1}{h_1\dfrac{\tau_1}{\tau_0}} + \dfrac{1}{h_2\dfrac{\tau_2}{\tau_0}}}\left[1 - \frac{t_{w1,m} - t_{w2,m}}{t_{1,m} - t_{2,m}}\right] \tag{5.10}$$

如 $\tau_1 = \tau_2$，则式（5.10）可简化为

$$K = \frac{1}{\dfrac{2}{h_1} + \dfrac{2}{h_2}}\left[1 - \frac{t_{w1,m} - t_{w2,m}}{t_{1,m} - t_{2,m}}\right] \tag{5.11}$$

引入非稳态传热修正系数 C_n，即

$$C_n = 1 - \frac{t_{w1,m} - t_{w2,m}}{t_{1,m} - t_{2,m}} \tag{5.12}$$

则式（5.10）可改写为

$$K = \frac{C_n}{\dfrac{1}{h_1\dfrac{\tau_1}{\tau_0}} + \dfrac{1}{h_2\dfrac{\tau_2}{\tau_0}}} \tag{5.13}$$

非稳态传热修正系数 C_n 反映了蓄热式换热器中非稳态温度波动对传热过程的影响，显然，$C_n < 1$。在极端情况下，如果蓄热式换热器的换热周期 $\tau_0 \to 0$ 时，则图 5.16 中曲线 t_{w1} 与 t_{w2} 将变成同一直线，因而 $t_{w1,m} = t_{w2,m}$，则 $C_n = 1$，这说明在其他条件相同时，此时蓄热式换热器传热能力最强。另外，如果蓄热材料导热系数非常大，则在加热期和冷却期壁面温度都可近似认为随时间呈线性变化，此时也有 $t_{w1,m} = t_{w2,m}$，故 $C_n = 1$。表明达到了所能传递的最大热量。其数值与同样条件下间壁式换热器所能传递的热量相同。但是实际上 $\tau_0 > 0$，$(t_{w1,m} - t_{w2,m}) > 0$，使 $C_n < 1$，这表明蓄热式换热器的传热量总是小于在相同条件下间壁式换热器所传递的热量。所以，从单位传热表面积的传热量方面，看不出采用蓄热式换热器的优点。

与间壁式换热器相比，蓄热式换热器主要在结构方面有以下三个优点：

(1) 紧凑性好。如采用 20～50 目的金属网板作蓄热体时，每立方米容积可能容纳的传热面积为 2296～6560m^2，而在间壁式换热器中，即使紧凑性最高的板翅式换热器一般也只有 2000m^2/m^3 左右。

(2) 单位传热面积的价格要比间壁式便宜得多，而且易于采用耐腐蚀、耐高温的材料（如陶瓷）作传热面。

(3) 有一定的自洁作用。因为传热面周期性地受到参与换热气体相反方向的流动，与间壁式相比就不易存在永久性的流动停滞区，并且传热面上积灰较易自动去除。

蓄热式与间壁式相比的主要缺点是：

(1) 因为同一蓄热体交替地作为冷、热气体的通道和受热面，因而在回转型蓄热式换热器中，势必导致一通道中的气体带入另一通道。若两气体通道间的密封不严，将会造成冷、热气体发生某种程度的混合。在阀门切换型蓄热式换热器中，也将由于阀门的切换而使冷、热气体发生不同程度的混合。

(2) 对于回转型蓄热式换热器来说，密封问题比较困难，因而会造成较大的漏风，特别是在高温和低温气体之间压差很大时。例如，在回转型空气预热器中，空气向烟气中的泄漏量占流过的空气量的 5%～10%。

5.4 热 力 计 算

由于蓄热式换热器始终处于不稳定传热工况下工作，换热流体或传热面的温度都随时间和位置而变化，所以传热系数和传热量也随时间而变。为了解决这一困难，在计算中常把加热期和冷却期合在一起作为一个循环周期来考虑，即传热系数为一个循环周期内的平均值。这样，就可以像普通间壁式换热器那样进行热力计算，下面以回转式空气预热器为例进行详细说明。

5.4.1 传热计算

回转式空气预热器传热计算的主要目的是计算传热面积，最终确定转子高度。具体计算步骤如下。

1. 烟气和空气冲刷份额

在回转式空气预热器中，烟气和空气冲刷转子的份额是不同的，因为烟气温度高，体积流量大，因此，冲刷的份额要大一下。通常采用的方案有两个。

(1) 烟气冲刷 180°范围，空气冲刷 120°范围，过渡区为 2×30°，此时，烟气冲刷份额为 $x_y=1/2$，空气冲刷份额为 $x_k=1/3$。

(2) 烟气冲刷 200°范围，空气冲刷 100°范围，过渡区为 2×30°，此时，烟气冲刷份额为 $x_y=5/9$，空气冲刷份额为 $x_k=5/18$。

2. 转子转速

回转式空气预热器转子转速 n 一般取 1～8r/min，转子直径小时取较高值，转子直径大时取较低转速。

3. 转子直径

选择转子内直径 D_n，计算烟气和空气流通面积 A_y 和 A_k，即

$$A_y = 0.785D_n^2 x_y C_h C_b \tag{5.14a}$$

$$A_k = 0.785D_n^2 x_k C_h C_b \tag{5.14b}$$

式中：C_h 为考虑隔板、横挡板和中心管等占据流通面积的修正系数，按表 5.1 选取；C_b 为考虑蓄热板占据流通面积的修正系数，按表 5.2 选取，表中的蓄热板结构尺寸如图 5.17 所示。

表 5.1　　考虑隔板、横挡板和中心管等占据流通面积修正系数 C_h

转子直径 D_n(m)	4	5	6	7	8	10
系数 C_h	0.865	0.886	0.903	0.915	0.922	0.832

表 5.2　　考虑蓄热板占据流通面积修正系数 C_b

板型	结构简图	板厚 δ(mm)	当量直径 d_e(mm)	单位体积传热面 $\Phi/(m^2/m^3)$	系数 C_b	备注
(a)	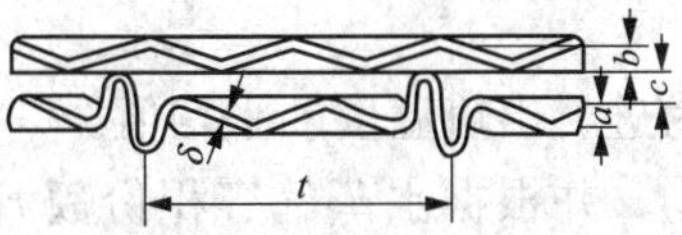	0.50	9.32	396	0.912	国产板型
(b)	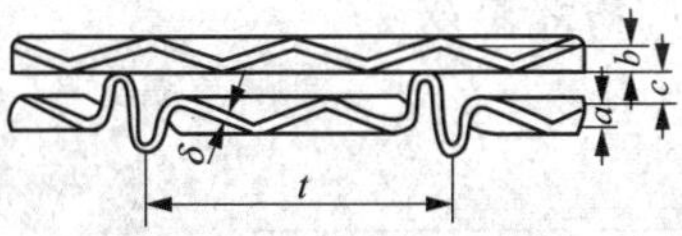	0.63	9.60	365	0.890	—
(c)	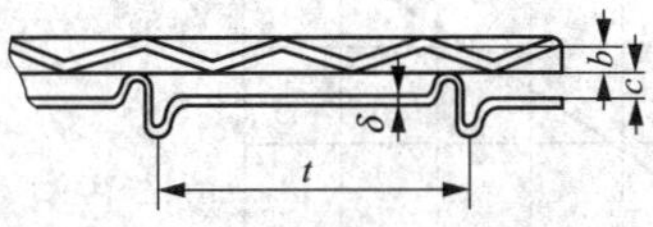	0.63	7.80	440	0.860	—
(d)	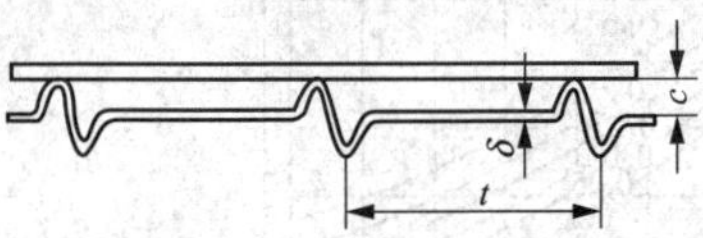	1.20	9.80	325	0.810	用于低温段

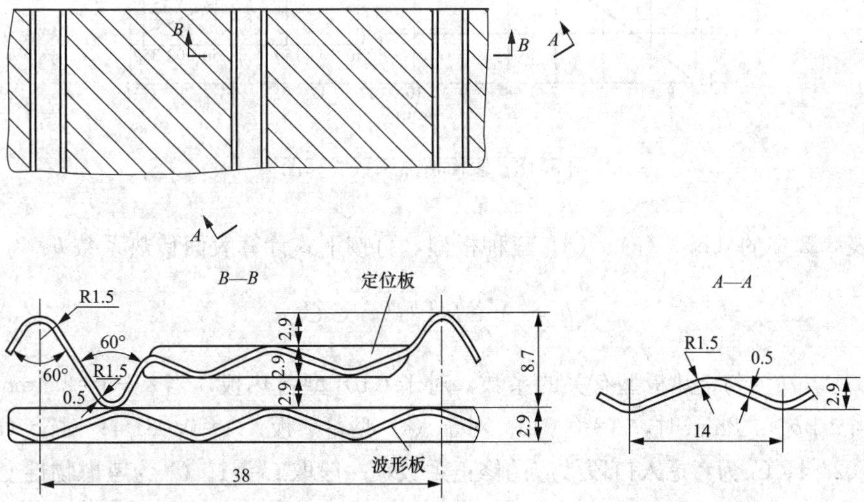

图 5.17　蓄热板结构尺寸

4. 流体速度

当流通面积确定后，烟气和空气流速 w_y 和 w_k 可分别按下式计算：

$$w_y = \frac{B_j V_y}{A_y}\left(1+\frac{t_y}{273}\right) \tag{5.15a}$$

$$w_k = \frac{B_j \beta V_k^0}{A_k}\left(1+\frac{t_k}{273}\right) \tag{5.15b}$$

式中：B_j 为锅炉计算燃料消耗量；V_y 为标准烟气量；V_k^0 为理论空气量；β 为过量空气系数；t_y 和 t_k 分别为烟气和空气平均温度。

烟气和空气流速应控制为 8～12m/s，若流速过低，应减小转子直径；若流速过高，应增大转子直径。

5. 表面传热系数

当 $Re>1000$ 时，对于国产蓄热板，表面传热系数可按下式计算：

$$h = 0.03\frac{\lambda}{d_e}Re^{0.83}Pr^{0.4} \tag{5.16}$$

式中：d_e 为流道当量直径，见表 5.2；式中定性温度为进、出口温度的平均值。

工程上为了方便起见，也可直接查图 5.18 确定 h_0，并根据水蒸气容积份额 r_{H2O} 查取考虑水蒸气含量的修正系数 C_w，然后按下式计算实际表面传热系数 h：

$$h = C_w h_0 \tag{5.17}$$

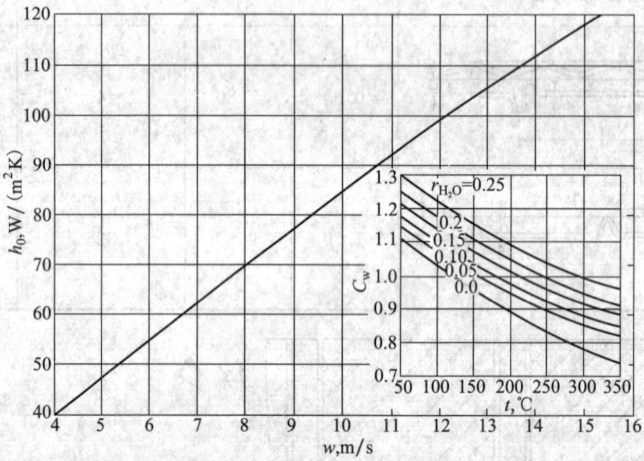

图 5.18 表面传热系数线算图

对于表 5.2 中的（b）、（c）、（d）三种板型，可按下式计算表面传热系数 h：

$$h = A\frac{\lambda}{d_e}Re^{0.8}Pr^{0.4}C_tC_l \tag{5.18}$$

式（5.18）中，A 为与蓄热板型有关的系数，对于（b）型蓄热板，当 $a+b=2.4$mm 时，$A=0.0314$，当 $a+b\geqslant4.8$mm 时，$A=0.043$；对于（c）型蓄热板，$A=0.031\,4$；对于（d）型蓄热板，$A=0.024\,4$。C_l 为考虑入口段效应的修正系数，一般取 $C_l=1$。C_t 为考虑物性变化的修正系数，烟气侧取 $C_t=1$，空气侧按下式计算，

$$C_t = \left(\frac{T_k}{T_w}\right)^{0.5} \tag{5.19}$$

蓄热板平均绝对温度 T_w 按下式计算：

$$T_w = \frac{T_y x_y + T_k x_k}{x_y + x_k}$$

6. 传热系数

基于式（5.13），回转式空气预热器传热系数可按下式计算：

$$K=\varepsilon\cdot C_{\mathrm{n}}\frac{1}{\dfrac{1}{x_{\mathrm{y}}h_{\mathrm{y}}}+\dfrac{1}{x_{\mathrm{k}}h_{\mathrm{k}}}} \tag{5.20}$$

式中：ε 为综合考虑烟气对蓄热板表面的灰污以及烟气和空气对传热面未能冲刷完全及漏风等因素对传热系数影响的利用系数，一般取 $\varepsilon=0.8\sim0.9$，当空气预热器漏风系数为 $\Delta a=0.2\sim0.25$ 时取小值，当 $\Delta a=0.15$ 时取高值；C_{n} 为考虑非稳定导热影响的修正系数，其值主要与转速有关，当蓄热板厚度为 $\delta=0.6\sim1.2\mathrm{mm}$ 时，可按表 5.3 确定。

表 5.3　回转式空气预热器非稳态导热修正系数 C_n

转速 n（r/min）	0.5	1.0	≥1.5
非稳态导热修正系数 C_{n}	0.85	0.97	1.0

式（5.20）中烟气和空气冲刷转子的份额 x_{y} 和 x_{k} 与流通面积和加热、冷却时间的关系为

$$x_{\mathrm{y}}=\frac{\tau_1}{\tau_0}=\frac{A_{\mathrm{y}}}{A},\quad x_{\mathrm{k}}=\frac{\tau_2}{\tau_0}=\frac{A_{\mathrm{k}}}{A}$$

7. 传热面积

传热系数确定后，可根据传热方程计算所需传热面积 A

$$A=\frac{B_{\mathrm{j}}\beta V_{\mathrm{k}}^{\circ}Q}{K\Delta t_{\mathrm{m}}} \tag{5.21}$$

式中：B_{j} 为锅炉计算燃料消耗量；Q 为单位质量空气吸热量；Δt_{m} 为平均传热温差，按逆流公式计算。

8. 转子有效高度

传热面积确定后，就可以计算出转子有效高度 h，两者的关系为

$$A=0.95\times0.785D_n^2C_h\Phi h \tag{5.22}$$

式中：0.95 为考虑蓄热板充满程度的修正系数；Φ 为单位体积的蓄热体中布置的传热面积，按表 5.2 确定。

5.4.2　阻力计算

回转式空气预热器中流动阻力与蓄热板的结构形式、腐蚀与积灰程度等因素有关。目前，我国常用的蓄热板有三种，即波形板与平面定位板、平面板与平面定位板和波形板与波形定位板，其中，以第三种形式居多。

烟气或空气流经回转式空气预热器时的阻力 Δp 可按下式计算：

$$\Delta p=\lambda\frac{h}{d_{\mathrm{e}}}\frac{\rho w^2}{2} \tag{5.23}$$

式中：h 为转子有效高度；d_{e} 为蓄热体内流道当量直径，按表 5.2 确定；λ 为流道摩擦阻力系数，与蓄热板形式有关。

当考虑进口阻力和传热面腐蚀与积灰程度时需对式（5.23）进行适当修正。

对于波形板与平面定位板

当 $Re\geqslant1.4\times10^3$ 时，$\lambda=0.6Re^{-0.25}$

$$当\ Re<1.4\times10^3\ 时，\lambda=33Re^{-0.8}$$

对于平面板与平面定位板

$$当\ Re\geqslant1.4\times10^3\ 时，\lambda=0.35Re^{-0.25}$$

$$当\ Re<1.4\times10^3\ 时，\lambda=90/Re$$

对于波形板与波形定位板

$$当\ Re>2.8\times10^3\ 时，\lambda=0.78Re^{-0.25}$$

$$当\ Re\leqslant2.8\times10^3\ 时，\lambda=5.7Re^{-0.5}$$

第6章　翅片管换热器

翅片管换热器是一种带翅片的管式换热器，它可以有壳体也可以没有。翅片管换热器在动力、化工、制冷等行业中得到了广泛的应用。随着工业的发展，特别是水资源的匮乏和节能减排的需求，使得翅片管换热器的应用更加引起人们的重视。

6.1　概　　述

翅片又称为肋片，它是依附于基础表面的一种扩展表面。翅片管又称为肋片管，通常是指在管外表面上加装了各种翅片的强化传热管。

6.1.1　翅片强化传热原理

翅片主要用于强化单相介质对流传热过程。假定某单相对流传热过程表面传热系数为 h，传热面积为 A_0，则传热量可按牛顿冷却公式计算，即

$$\Phi = hA_0(t_{w0} - t_f) = hA_0\Delta t_m \tag{6.1a}$$

显然，当表面传热系数 h 一定时，对流传热量 Φ 与传热面积和平均传热温差成正比，即传热面积越大，总的传热量就越多。

在原表面上加装翅片后，假定传热面积由 A_0 增大到 A_t，则传热量为

$$\Phi_t = hA_t(t'_{w0} - t_f) = hA_t\Delta t'_m \tag{6.1b}$$

由于翅片表面温度比原表面更接近流体温度，因此，加装翅片后整个传热表面平均传热温差会减小，但是，由于翅化面传热面积的增加幅度远大于平均传热温差的减小幅度，因此，通常总的传热量会增加。

对流传热过程的总热阻可表示为

$$R_c = \frac{1}{hA} \tag{6.2}$$

因此，随着传热面积的增大，对流传热热阻一定减小。

由此可知，翅片管是通过扩展传热表面、减小对流传热热阻来强化对流传热过程的，面积扩展的程度越大，强化传热效果就越好。

6.1.2　翅片管应用条件

换热器内进行的是一种流体将热量传给另一种流体的过程，因此，在换热器设计中是否选择采用翅片管作为传热元件取决于两种流体表面传热系数的相对大小。

当管内、外流体表面传热系数相差较大时，应让表面传热系数较小的流体在管外流动，并在管外加装翅片对对流传热过程进行强化。例如，对于空气冷却器，管内为被冷却液体，管外为空气，通过翅片强化空气侧的对流传热；对于省煤器，管内为锅炉给水，管外为烟气，翅片也是加在烟气侧。

当管内、外流体表面传热系数都很小时，为了强化传热、提高传热系数，必须对两侧都进行强化，此时，管外可以加装翅片，管内采用各种插入件或低翅片进行强化；如果在结构

布置上存在困难，可直接采用光管，例如管式空气预垫器。也可通过热管或中间热媒将表面传热系数都很小的对流传热过程转化到管外，然后通过翅片进行强化，如热管换热器和中间热媒式换热器。

当管内、外流体表面传热系数都很大时，没有必要采用翅片管。

6.1.3 翅片管分类

翅片管的分类方法很多，从结构上分可以分为轴向（纵向）翅片管和径向翅片管两种；按加工制造方法来分，可以分为整体翅片管、机械加工翅片管、焊接翅片管和套装翅片管等；按用途分，可以分为与空气换热翅片管、与烟气换热翅片管和与有机介质换热翅片管等。下面主要介绍应用最多的两种翅片管。

1. 与空气换热翅片管

空气是一种理想的介质，因此，与空气换热的翅片管的应用领域非常广泛，如热力发电厂空气冷凝器、炼油厂各种油品空气冷却器、提供烘干用热风的空气加热器、制冷空调用蒸发器和冷凝器等。

对于与空气换热的翅片管而言，因为空气比较干净，不易在传热面上积灰，更不会对传热面产生腐蚀，因此，翅片多采用铝翅片，且翅片间距小，翅化比高。另外，空气的温度变化不是很大，通常为－30～＋150℃，因此，不会因为温度的波动使接触热阻增加很大。考虑到上述两个特点，常用的翅片管形式主要有以下五种。

（1）双金属复合轧制翅片管。双金属复合轧制翅片管是应用最为广泛的一种与空气换热的翅片管，其制造工艺是先将一定厚度的铝管紧套在基管上，然后将铝管轧制成螺旋形翅片，从而形成结构紧凑的双金属复合轧制翅片管，如图 6.1 所示。

这种翅片管的主要特点是接触热阻小，结构可靠，寿命长；翅片表面光滑，基管与换热介质完全隔离，不易结垢，易于清洗，能长期保持良好的传热性能。基管的材质可采用碳素钢、不锈钢、紫铜等。

（2）整体轧制铝翅片管。整体轧制铝翅片管是由厚壁铝管轧制而成的，因此，翅片与基管为一整体，不存在接触热阻，传热效率高。但由于基管是铝，强度较低，且不适宜焊接。这种翅片管仅适用于管内介质压力和温度都较低时的传热过程。

（3）L 形翅片管。L 形翅片管是一种套装型翅片管，将带有 L 弯边的环形翅片套装在基管外表面上，如图 6.2 所示。为了减小接触热阻，提高传热性能，翅片和基管之间要保持过盈配合，也可以对加工后的外表面镀锌处理。

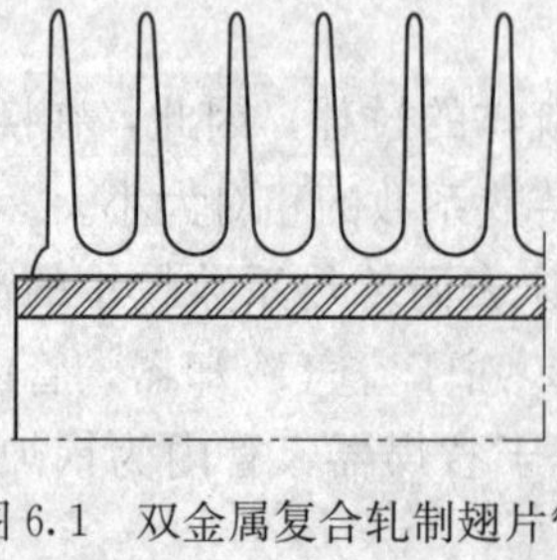

图 6.1 双金属复合轧制翅片管

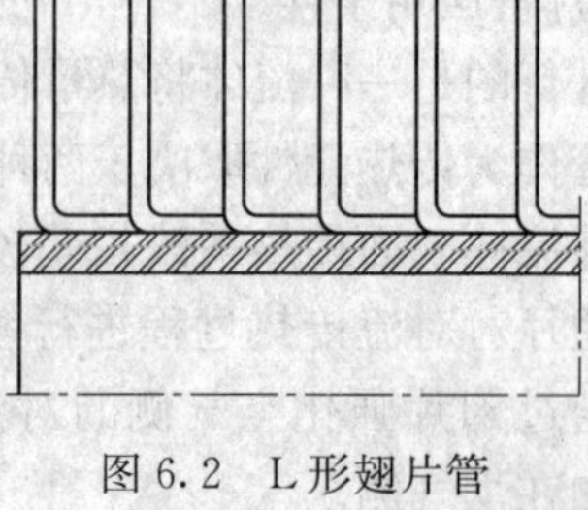

图 6.2 L 形翅片管

L 形翅片管加工简单，但由于存在接触热阻，且随着运行时间的增长，接触热阻会增大，故逐渐被整体轧制翅片管代替。

(4) 镶嵌式绕片管。铝翅片嵌入钢管表面被挤压在深 0.25～0.5mm 的螺旋槽中，同时，将槽中挤出的金属用滚轮压回翅片根部。这种翅片的最大优点是传热性能好，工作温度可达 350～400℃；其缺点是不耐腐蚀，如果压接不良，接触热阻很大，传热性能会急剧下降。

(5) 板式翅片管。板式翅片管的翅片为一整体平板。基管插入平板上的管孔后，经过胀管和表面镀锌处理而使平板翅片和基管紧密接触。在板式翅片管中，为便于胀管，基管材质多为紫铜。例如，用于冷风机中的翅片管基管为 $\phi16$ 的紫铜管，翅片由铝板制成，如图 6.3 所示。为了防止冷风中的凝结水在管表面结冰而堵塞空气流道，一般都采用顺排布置，并选用较大的翅片间距，同时为了强化翅片表面上的对流传热过程，板式翅片也可冲压成各种波纹形状。

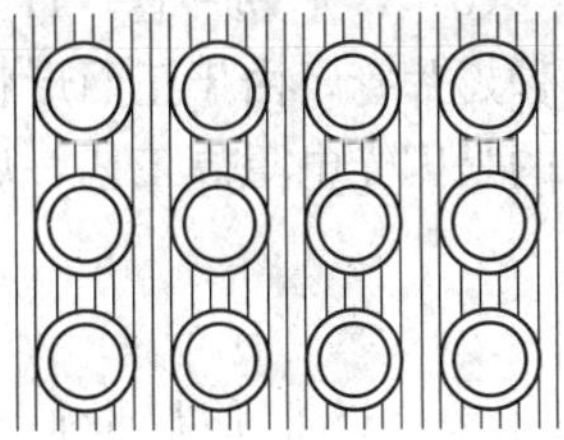

图 6.3　板式翅片管

需要说明的是，具有独立方形或矩形板状翅片的翅片管也属于板式翅片管。

2. 与烟气换热翅片管

由于烟气温度高、含尘量大，且存在腐蚀性气体，因此，要求与烟气换热的翅片管必须采用高强度的重金属材料，如碳素钢、不锈钢或耐腐蚀性钢。同时，基管与翅片必须加工成一个整体，一般都是采用焊接或者整体轧制而成。此外，为了避免积灰和腐蚀，翅片厚度一般为 1～3mm 范围，翅片间距为 5～10mm，翅片高度不易太高，一般为 15mm 左右，因此，翅化比为 5～10。

与烟气换热的翅片管主要用于各种锅炉的省煤器、热管换热器和钢铁、建材等行业的余热回收设备中，其形式很多，主要包括以下几种。

(1) 高频焊接螺旋翅片管。高频焊接螺旋翅片管是采用高频焊接工艺将基管和在管外表面上旋转的带状翅片焊接在一起而成的螺旋环形翅片管，由于其生产效率高，传热性能好，因此，是使用最广泛的一种翅片管。

常用高频焊接螺旋翅片管主要尺寸：基管外直径为 25～168mm，基管壁厚为 1～10mm，翅片厚度为 0.8～2.5mm，翅片高度为 8～20mm，翅片间距为 4～10mm，如图 6.4 所示。

图 6.4　高频焊接螺旋翅片管

(2) 整体型钢制螺旋翅片管。整体型钢制螺旋翅片管是以锅炉用钢管为基管，采用热滚压轧制工艺一次成型。翅片与基管为一个整体，无需焊接。热滚压轧制工艺提高了金属组织的硬度和致密度，因此，耐磨性提高，所以，特别适用于流化床锅炉内磨损非常严重的场合。

常用的整体型钢制螺旋翅片管尺寸规格：基管内径为 25～36mm，管壁厚度为 3～6mm，翅片间距为 8～13mm，翅片厚度为 2.5～3.5mm，翅片高度为 8～12mm，如图 6.5 所示。

(3) H 形翅片管。H 形翅片管是将两片中间有圆弧的钢片对称地焊接在基管上而形成的一种翅片管，由于正面形状像字母“H”，故称 H 形翅片管，如图 6.6 所示。H 形翅片管采用的是闪光电阻焊工艺，焊缝熔合率高，抗拉强度大，具有良好的传热性能。

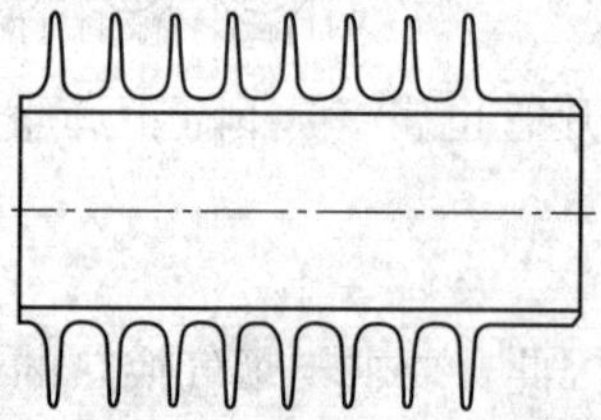

图 6.5 整体型钢制螺旋翅片管

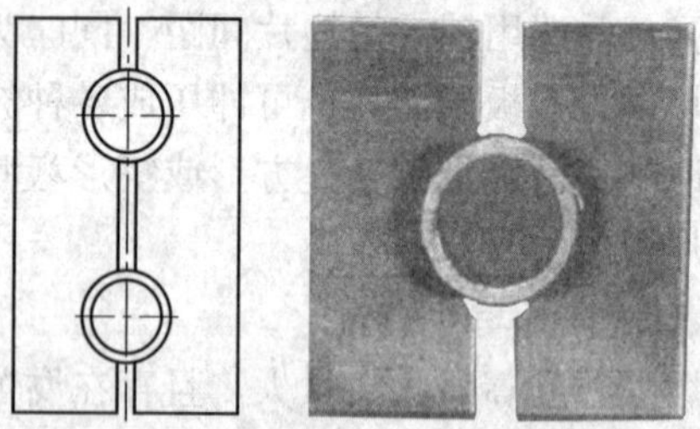

图 6.6 H 形翅片管

H 形翅片管一般制造成含双排管的双 H 形，该结构刚性好，可以应用于换热管较长的场合。H 形翅片管的应用特点是，各排管一对一地立式顺排布置，烟气从上向下冲刷，在两翅片间有气流的直接通道，由于 H 形翅片管的这种特殊结构，使其具有良好的抗积灰、抗磨性的特性，因而被广泛应用于大型燃煤锅炉省煤器中。

常用 H 形翅片管的结构尺寸：基管外直径为 38～45mm，基管厚度为 4～8mm，翅片间距为 20～30mm，翅片厚度为 2～3mm，翅化比为 5～7。

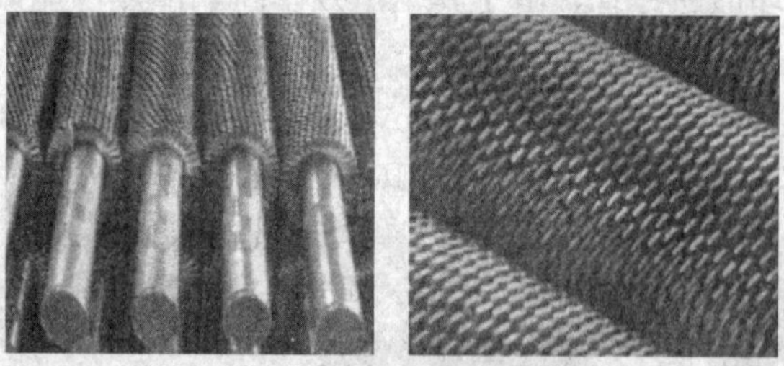

图 6.7 开齿型翅片管

(4) 开齿型翅片管。开齿型翅片管是高频焊接翅片管的一种特殊形式，其将作翅片的钢带在焊接前，按一定的深度和高度开口，在基管上缠绕并焊接过程中，就会形成开齿型翅片管，如图 6.7 所示。这种翅片管主要特点是，开齿型翅片加强了对气流的扰动，使传热增强，并有利于积灰的排除。

(5) 钉头形翅片管。钉头形翅片管是先将圆柱形状的钉头按螺旋线排列，然后密集地焊接在基管外表面上而形成的翅片管，如图 6.8 所示。这种翅片管因为扩张表面是独立的钉头，不但具有良好的传热性能，而且不易积灰，主要用在含灰量很大的余热回收换热器中。

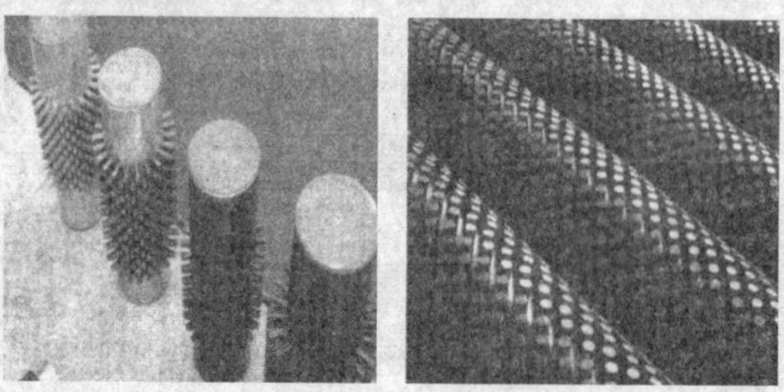

图 6.8 钉头形翅片管

6.1.4 翅片管性能

翅片管主要是通过扩张换热面积来强化表面传热系数较低的气体的对流传热过程，其主要性能表现在以下几个方面。

1. 传热能力强

与光管相比，翅片管可使传热面积增加 2～10 倍，同时，由于翅片对气流的扰动作用，表面传热系数也可提高 1～2 倍，因此，其传热能力比光管强得多。

2. 结构紧凑

由于翅片间距小，单位体积内布置的传热面积大大增加，同时，表面传热系数也增大，从而，使得传递相同热量时的换热器体积大大减小，结构更为紧凑。

3. 防止传热面积灰或结垢

在翅化表面侧，由于传热能力增强，因此，与光管相比，传热温差会减小，传热面上积灰或结垢速度会降低。另外，在翅化表面上不会形成均匀的整体灰层或垢层，而是沿翅片边缘形成平行的灰层或垢层，或在管外表面翅根间形成断续的灰层或垢层，这种灰层或垢层会在翅片管的胀缩作用下自动脱落。

4. 临界热流密度提高

对于有机工质的沸腾传热过程，由于其汽化潜热小，表面传热系数低，也可以采用翅片管进行强化传热。与光管相比，翅片管可以提高沸腾传热时的临界热流密度，推迟传热危机的发生。

6.2 翅片管传热计算

设计翅片管换热器时的热力计算方法与间壁式换热器相同，其基本方程仍然是传热方程和热平衡方程。翅片管的传热计算主要包括翅片效率的确定、表面传热系数和流动阻力的计算等。

6.2.1 翅片性能参数

在翅片的传热分析与计算中，经常用三个参数描述翅化表面的性能，即翅化比、翅片效率和翅化面效率。

1. 翅化比

翅化比是指在原表面积上加装翅片后总的传热表面扩展的程度，因此，又称翅化系数，用 β 表示。如图 6.9 所示，假定在某一面积为 A_0 的管外表面上加装环形或螺旋形翅片，翅片表面积为 A_f，无翅处的原管外表面积为 A_r，则加装翅片后的总面积为 $A_t=A_r+A_f$，因此，翅化比 β 为

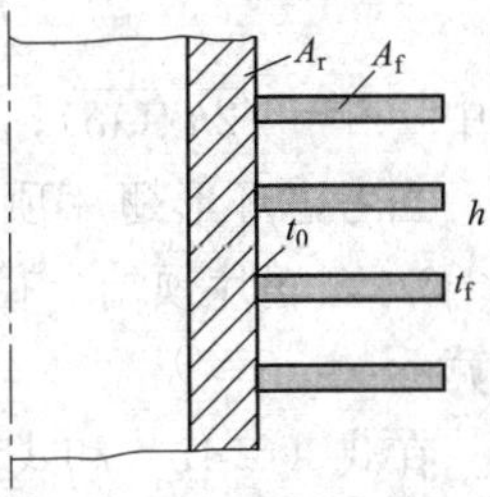

图 6.9 翅化表面

$$\beta=\frac{A_t}{A_0}=\frac{A_r+A_f}{A_0} \tag{6.3}$$

显然，翅化比越大，传热面积的扩展程度就越大，对流传热能力就越强。提高翅化比的最简单的方法是减小翅片间距、增加翅片高度。但是，减小翅片间距会使流动阻力增大、表面传热系数降低、表面积灰加剧，增加翅片高度也会使表面传热系数降低，还会使材料利用率下降，因此，翅片间距、翅片高度和厚度都存在一个最佳值。

2. 翅片效率

由于翅片表面与流体之间的传热温差总是小于没有加装翅片的原表面积上表面与流体之间的传热温差，因此，翅化表面上单位面积上的传热量总是小于原表面积单位面积上的传热量，这种差异可以通过翅片效率 η_f表示。

翅片效率定义为翅片实际传热量 Φ_f 与整个翅片都处于翅基（即原表面）温度 t_0 下的传热量 Φ_{f0}之比，即

$$\eta_f = \frac{\Phi_f}{\Phi_{f0}} \tag{6.4a}$$

对于不同的翅片，其翅片效率的计算方法也不相同。例如，对于等截面直翅片，当不考虑翅片顶端传热时，其翅片效率可按下式计算：

$$\eta_f = \frac{\mathrm{th}(mH)}{mH} \tag{6.4b}$$

式中：H 为翅片高度。

参数 mH 可写为

$$mH = \sqrt{\frac{2h}{\lambda\delta H}}H^{3/2} = \sqrt{\frac{2h}{\lambda A_L}}H^{3/2}$$

式中：δ 为翅片厚度；λ 为翅片导热系数；$A_L=\delta H$ 为翅片纵剖面积。

当考虑翅片顶端的传热时，可以将顶端传热面积折算到翅片表面，仍按式（6.4b）计算，但翅片高度 H 为折算高度 H'。例如，对于厚度为 δ 的直翅片，$H'=H+\delta/2$，对于直径为 d 的钉头形翅片，$H'=H+d/4$。

对于等厚度环形翅片，若翅基半径为 r_1，翅片顶端半径为 r_2，翅片厚度为 δ，当不考虑翅片顶端传热时，其翅片效率可按下式计算：

$$\eta_f = \frac{2}{mH(1+r_2/r_1)}\frac{\mathrm{J}_1(mr_2)\mathrm{K}_1(mr_1)-\mathrm{J}_1(mr_1)\mathrm{K}_1(mr_2)}{\mathrm{J}_1(mr_2)\mathrm{K}_0(mr_1)+\mathrm{J}_0(mr_1)\mathrm{K}_1(mr_2)} \tag{6.5}$$

式中：$m=\sqrt{2h/(\lambda\delta)}$；J 和 K 为贝塞尔函数。

当考虑环形翅片顶端传热时，也可按式（6.5）计算，但翅片高度应为折算高度 $H'=H+\delta/2$，翅片顶端半径应为折算半径 $r'_2=r_2+\delta/2$。对于螺旋形翅片，也可按式（6.5）计算。

在式（6.4b）和式（6.5）中，都涉及特殊函数的计算，且计算式比较复杂，工程计算中希望将上述理论计算结果用一组线算图表示，如图 6.10 和图 6.11 所示。

如果知道了翅片效率 η_f，则可以很容易计算出翅片的实际传热量

$$\Phi_f = \eta_f\Phi_{f0} = \eta_f A_f h(t_0 - t_f) \tag{6.6}$$

3. 翅化面效率

翅化面效率定义为翅化表面实际传热量 Φ 与整个翅化表面都处于翅基温度 t_0 下的传热量 Φ_0 之比，用 η_0表示，即

$$\eta_0 = \frac{\Phi}{\Phi_0} \tag{6.7}$$

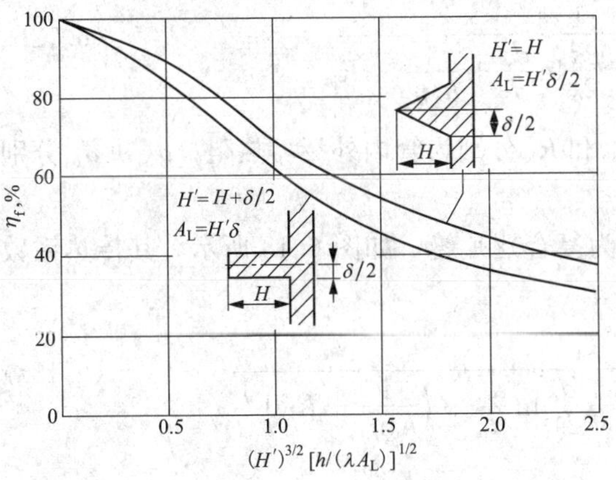

图 6.10　等截面和三角形截面翅片效率曲线

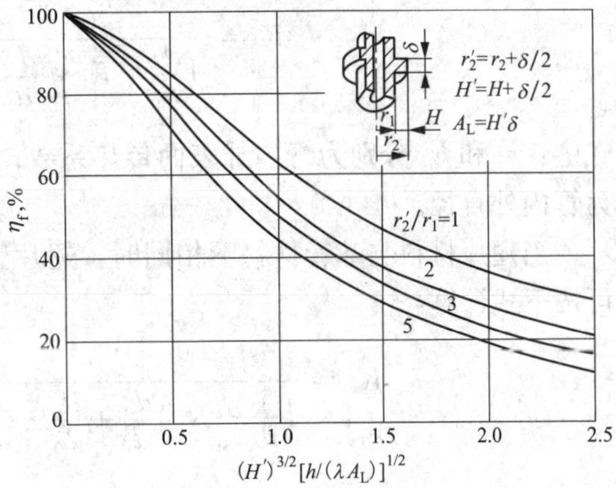

图 6.11　环形翅片效率曲线

其中

$$\Phi = \eta_f A_f h(t_0 - t_f) + A_r h(t_0 - t_f)$$

$$\Phi_0 = (A_f + A_r)h(t_0 - t_f)$$

因此，式（6.7）可写为

$$\eta_0 = \frac{\eta_f A_f + A_r}{A_f + A_r} \tag{6.8}$$

因为 $\eta_f<1$，所以翅化面效率总是大于翅片效率。但是，通常情况下，$A_r \ll A_f$，因此，可近似认为 $\eta_0=\eta_f$。

如果知道了翅化面效率，则翅化面总传热量可表示为

$$\Phi = \eta_0(A_f + A_r)h(t_0 - t_f) = \eta_0 \beta A_o h(t_0 - t_f) \tag{6.9}$$

故翅化表面总的对流热阻为

$$R_c = \frac{\Delta t}{\Phi} = \frac{1}{\eta_0 \beta A_o h} \tag{6.10}$$

6.2.2　翅片管传热系数

通过翅片管的传热量可由传热方程计算，即

$$\Phi = K_o A_o \Delta t_m = K_t A_t \Delta t_m \tag{6.11}$$

式中：K_o 和 K_t 分别为基于翅片管光管外表面积 A_o 和翅片表面总传热面积 A_t 的传热系数；Δt_m 为对数平均传热温差，按第二章方法计算。

由式（6.11）可知，以不同的面积作为基准，其传热系数的值是不一样的。假设物性为常数，流动和传热过程都处于稳定状态，对于单层翅片管（见图 6.12），采用热路分析法可导出传热系数计算式（6.12a）和式（6.12b），即

$$K_o = \frac{1}{\left(\frac{1}{h_i} + R_{fi}\right)\frac{d_o}{d_i} + \frac{d_o}{2\lambda}\ln\frac{d_o}{d_i} + \left(\frac{1}{h_o \eta_0} + R_{fo}\right)\frac{1}{\beta}} \tag{6.12a}$$

$$K_t=\frac{1}{\left(\frac{1}{h_i}+R_{fi}\right)\beta\frac{d_o}{d_i}+\frac{\beta d}{2\lambda}\ln\frac{d_o}{d_i}+\frac{1}{h_o\eta_0}+R_{fo}} \tag{6.12b}$$

式中：h_i 和 h_o 分别为管内外表面传热系数；R_{fi} 和 R_{fo} 分别为管内外污垢热阻；d_i 和 d_o 分别为管内外直径。

当翅片材料与基管材料不相同时，翅片管为复合翅片管，如图 6.13 所示，其传热系数可按下式计算：

$$K_o=\frac{1}{\left(\frac{1}{h_i}+R_{fi}\right)\frac{d_o}{d_i}+\frac{d_o}{2\lambda}\ln\frac{d_o}{d_i}+\frac{d_o}{2\lambda_f}\ln\frac{d_b}{d_o}+\left(\frac{1}{h_o\eta_0}+R_{fo}\right)\frac{1}{\beta}} \tag{6.13a}$$

$$K_t=\frac{1}{\left(\frac{1}{h_i}+R_{fi}\right)\beta\frac{d_o}{d_i}+\frac{\beta d_o}{2\lambda}\ln\frac{d_o}{d_i}+\frac{\beta d_o}{2\lambda_f}\ln\frac{d_b}{d_o}+\frac{1}{h_o\eta_0}+R_{fo}} \tag{6.13b}$$

式中：λ_f 为翅片导热系数；d_b 为翅片基部直径。

为统一起见，工程上一般都以光管外表面积为基准计算传热系数。

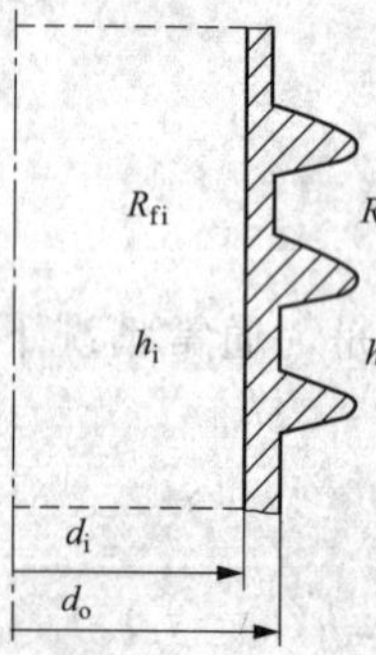

图 6.12 单层翅片壁面

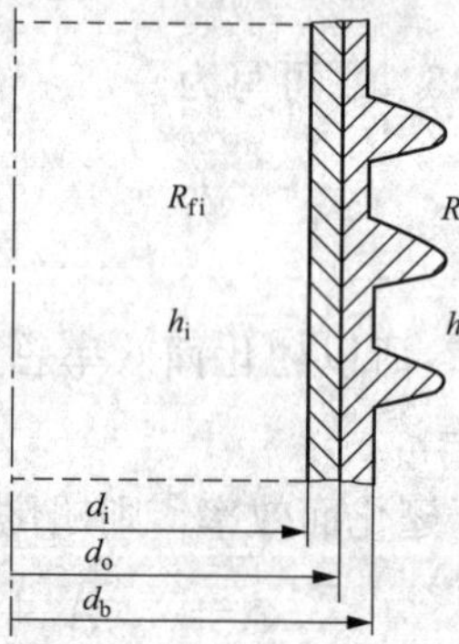

图 6.13 复合翅片管

6.2.3 翅片管束表面传热系数

由上述各计算式可知，要确定通过翅片管的传热系数，必须要先计算气体介质横掠翅片管束时的表面传热系数。由于翅片结构的复杂性和多样性，使得翅片周围的流场和温度场非常复杂，因此，难以从理论上确定表面传热系数，通常都是采用实验方法获取相应的传热关联式供工程计算。

1. 气体横掠光管管束

为了与光管管束传热性能进行比较，这里先讨论气体横掠光管管束时的传热关联式。气体横掠光管管束时的传热相对比较简单。由于其在工程上的应用非常广泛，因此，目前已进行了比较充分的研究，得到了不同条件下的各种传热关联式，其基本形式为

$$Nu=\frac{hd_o}{\lambda}=CRe^nPr^m(Pr/Pr_w)^{0.25} \tag{6.14}$$

式中：λ 为气体导热系数；下标 w 代表壁面温度下的值；系数 C、指数 m 和 n 由实验确定。

式 (6.14) 的定性温度是气体横掠管束的平均温度，特征长度是管外直径。

对于气体而言，Pr 数随温度变化不大，故（Pr/Pr_w）$^{0.25}$ 项可近似为 1。在常用的雷诺数范围内（Re=1000～2×10^5），式（6.14）为

错排管束

$$Nu = 0.35Re^{0.6}Pr^{0.36}(s_1/s_2)^{0.2} \tag{6.15}$$

顺排管束

$$Nu = 0.27Re^{0.63}Pr^{0.36} \tag{6.16}$$

式中：s_1 为横向管间距；s_2 为纵向管间距，如图 6.14 所示。

工程上最常用的管束排列方式是正三角形错排，此时，$s_2=0.866s_1$，则 $(s_1/s_2)^{0.2}=1.029$，式（6.15）变为

$$Nu = 0.36Re^{0.6}Pr^{0.36} \tag{6.17}$$

应该注意，上几式中雷诺数里面的特征速度是指气体介质在管束内最窄截面处的流速，最窄截面面积与迎风面积之比为 $(s_1-d_o)/s_1$。

为了兼顾较好的传热性能和较低的流动阻力，在常用的雷诺数范围内，按上几式计算出的表面传热系数为 50～100W/(m^2·K)。

2. 气体横掠错排翅片管束

目前工程上应用最多的是环形翅片管或螺旋形翅片管，因此，这种翅片管的传热关联式受到了极大的关注。当采用正三角形排列时，如图 6.15 所示，常采用 Briggs 和 Young 提出的传热关联式计算，分述如下。

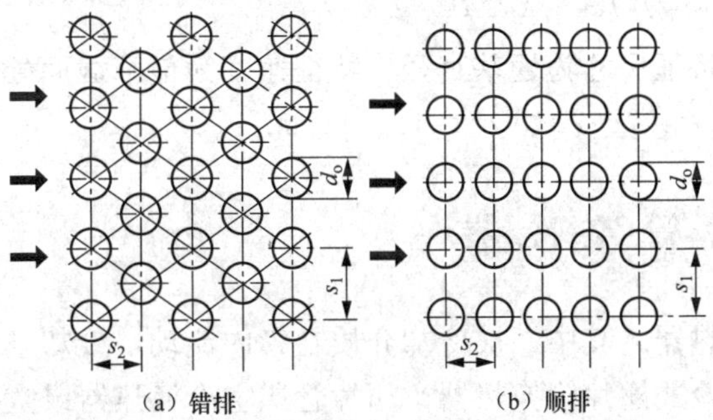

图 6.14　管束排列方式

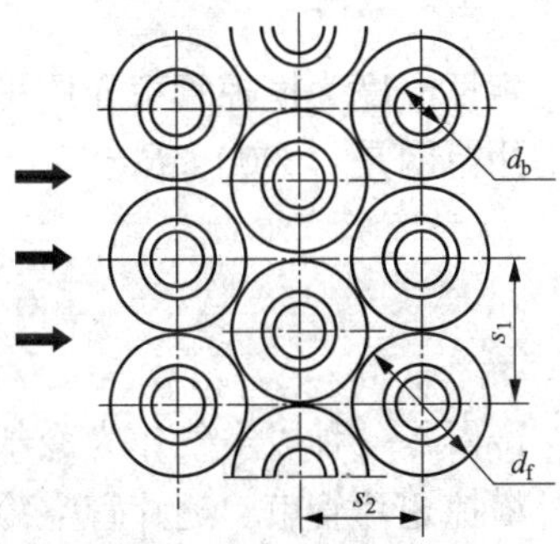

图 6.15　环形翅片管束正三角形错排

对于低翅片管束，即 d_f/d_b=1.2～1.6，d_b=13.5～16mm，这里，d_f 为翅片外直径，d_b 为翅片基部直径，传热关联式为

$$Nu = 0.150\,7Re^{0.667}Pr^{1/3}\left(\frac{s_f}{H}\right)^{0.164}\left(\frac{s_f}{\delta_f}\right)^{0.075} \tag{6.18}$$

式中：s_f 和 δ_f 分别为翅片间距和翅片厚度；H 为翅片高度。

对于高翅片管束，即 d_f/d_b=1.7～2.4，d_b=12～41mm，传热关联式为

$$Nu = 0.137\,8Re^{0.718}Pr^{1/3}\left(\frac{s_f}{H}\right)^{0.296} \tag{6.19}$$

上两式中的定性温度为横掠管束流体平均温度，特征尺寸为翅基直径，特征速度为最窄截面处流速，适应范围是 2000<Re<10 000。

从式（6.18）和式（6.19）可以看出，影响表面传热系数的最大因素是雷诺数，即最窄截面处流速。虽然式中没有包含翅片管束间距，但管间距可通过改变最窄截面处流速来影响

表面传热系数。

3. 气体横掠顺排翅片管束

对于烟气横掠顺排环形翅片管束的换热过程，可采用下述关联式计算：

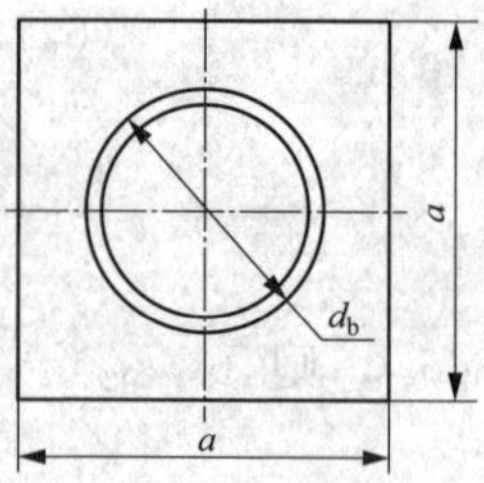

图 6.16 方形翅片

$$Nu = 0.104Re^{0.72}\left(\frac{s_f}{d_b}\right)^{0.54}\left(\frac{s_f}{H}\right)^{0.14} \tag{6.20}$$

式中：定性温度为横掠管束烟气的平均温度，特征尺寸为翅基直径，特征速度为最窄截面处的流速。

在锅炉省煤器中，经常采用顺排方形翅片管束，如图 6.16 所示，其传热关联式与式 (6.20)类似，即

$$Nu = 0.095Re^{0.72}\left(\frac{s_f}{d_b}\right)^{0.54}\left(\frac{s_f}{H}\right)^{0.14} \tag{6.21}$$

式中：H 为翅片折算高度，$H=(a-d_b)/2$，其中 a 为方形翅片边长。

6.2.4 翅片管束流动阻力

介质横掠翅片管束的流动阻力 Δp 可按下式计算：

$$\Delta p = f\frac{Nq_m^2}{2\rho} \tag{6.22}$$

式中：N 为流动方向管排数；q_m 为最窄截面质量流量；ρ 为介质密度；f 为阻力系数。

对于环形翅片管束，当采用错排时，阻力系数 f 为

$$f = 37.86Re^{-0.316}\left(\frac{s_1}{d_b}\right)^{-0.927}\left(\frac{s_1}{s_2}\right)^{0.515} \tag{6.23}$$

式中，定性温度为横掠管束介质平均温度，特征尺寸为翅基直径，特征速度为最窄截面处流速。适用范围是：$2000<Re<50\ 000$，$d_f/d_b=1.7\sim2.4$，$d_b=12\sim41\text{mm}$。

6.3 翅片管空冷器

空冷器是一种以空气作为冷却介质的换热器，其中，被冷却介质在管内流动，冷却空气在管外横掠翅片管束。翅片管空冷器又称空冷式翅片管换热器、翅片管式空冷换热器或空冷式换热器等。

6.3.1 空冷器特性

空气和水是两种最常用的冷却介质，但是和水相比，空气的比热容和密度都较小，因此，传热能力差，相同条件下其表面传热系数远小于水。当用空气作为冷却介质时，必须要对空气的传热过程进行强化。其中，翅片是一种强化空气对流传热的最有效方法，所以，空冷器中都采用翅片管。

空冷和水冷各有优劣，因此，在选择冷却介质时，需要根据具体情况确定。如果水源受限且对环境的要求很高，应该选用空冷器；如果水源充足且场地和空间都受到限制，则应该选择结构更紧凑的水冷器。随着对环境保护要求的不断提高，水资源的逐步匮乏，应该尽可能地采用空冷器。

空冷的最大优点是对环境污染小、运行费用低；缺点是占地面积大，一次性投资高，受到介质和环境温度的限制。水冷的最大优点是结构紧凑，安装费用低，但运行费用高，对环境存在污染。具体的比较结果见表 6.1。

表 6.1　空冷和水冷性能比较

	空冷	水冷
优点	• 对环境污染小 • 空气可随意取用 • 选址不受限制 • 腐蚀性小，设备使用寿命长 • 空气侧压降小，运行维护费用低 • 一旦风机电源被切断，仍有 20%～40%自然冷却能力 • 无二次水冷却问题	• 能使工艺流体冷却到低于环境空气温度 2～3℃，且循环水在却冷塔中可被冷却到接近环境湿球温度 • 对环境温度变化不敏感 • 结构紧凑，换热面积比空冷器小得多 • 采用常规管壳式换热器即可 • 噪声小
缺点	• 空气比热容小，冷却效果差 • 大气温度波动大，对空冷器性能影响大 • 表面传热系数低，换热面积大 • 不能紧靠大的障碍物，以避免热风循环 • 要求用特殊工艺制造翅片管 • 噪声大	• 对环境污染严重 • 受水资源限制，需设置管线及泵房 • 有腐蚀性，为避免结垢需预处理 • 阻力大，运行能耗高 • 设备多，易于结垢，需常清洗 • 一旦停电，全部停产

6.3.2　空冷器分类

空冷器形式很多，其分类方法也很多。常用的分类方法有三种，即按管束布置方式、按通风方式和按冷却方式进行分类。

1. 按管束布置方式分

翅片管空冷器中管束的布置形式很多，常见的是水平式、斜顶式、立式和圆筒式三种。

(1) 水平式空冷器。水平式空冷器中管束为水平布置，如图 6.17 (a) 所示。但作为冷凝器时，为防止冷凝液停留在管中，翅片管应向冷凝液出口方向有 1%的倾斜。百叶窗置于管束上方，风机置于管束下方（鼓风式）或上方（引风式），如图 6.18 所示。水平布置的特点：管子布置清晰且整齐，适用于多单元组合；传热面积及管束长度不受限制，成本略低于斜顶式；管内被冷却流体和管外空气分布比较均匀。

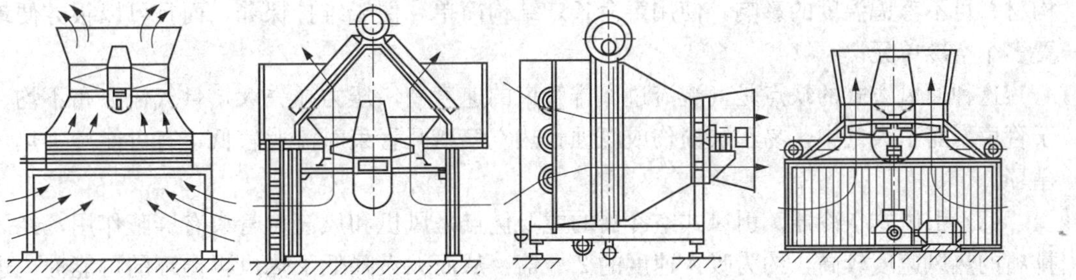

(a) 水平式　(b) 斜顶式　(c) 立式　(d) 圆环式

图 6.17　空冷器基本结构形式

(2) 斜顶式空冷器。斜顶式空冷器中管束斜置呈人字形，其夹角一般为 60°左右，百叶窗也斜放呈人字形置于翅片管束外侧，风机置于管束下方空间的正中央，如图 6.17 (b) 所示。这种布置方式的优点是，占地面积比水平布置少 40%～50%，结构紧凑；缺点是管内介质和管外空气分布不够均匀，热空气容易形成热风再循环，成本也较高。这种布置方式常用作电厂汽轮机冷凝器，与立式管束配合，用于干、湿联合空冷，如图 6.19 所示。

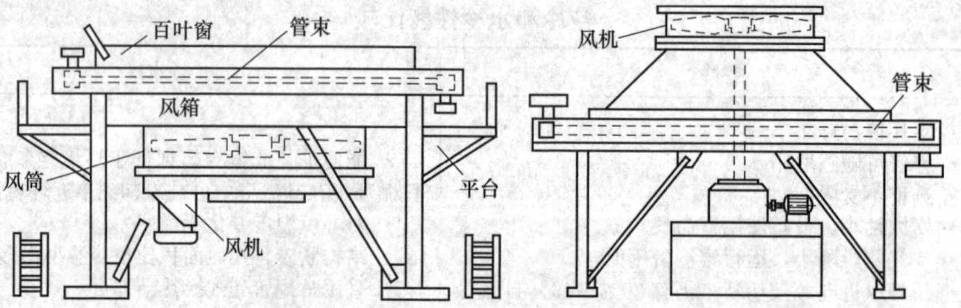

（a）鼓风式　（b）引风式

图 6.18　水平式空冷器

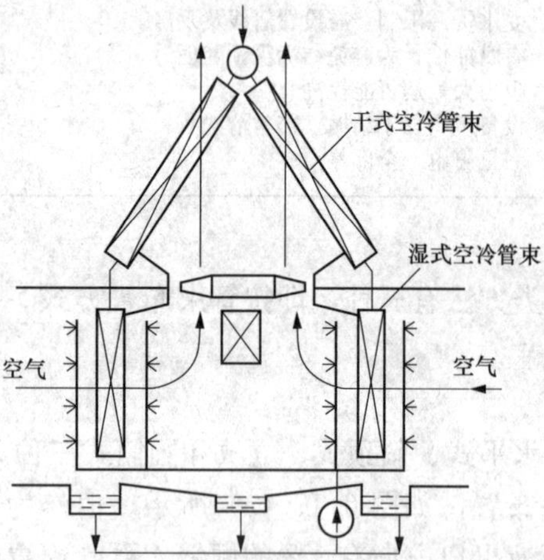

图 6.19　干、湿联合空冷器

（3）立式空冷器。管束立放，如图 6.17（c）所示。这种布置方式的优点是结构紧凑，占地面积小，但管束中空气分布不均匀，易受外界自然风的影响，且管束不宜过长。因此，这种空冷器主要用在湿空冷、联合空冷或小型冷却装置中。

（4）圆环式空冷器。圆环式空冷器中，多排管束立放排成圆环形，风机置于上部中央，如图 6.17（d）所示。这种布置方式结构紧凑，特别适合安装在塔顶作冷凝器，不占用场地，但风机容量受限，空气流速变化范围窄，灵活性差。

2. 按通风方式分

最简单的空冷器是自然通风冷却，它不消耗动力、无噪声，但热负荷小，散热效率低，因此，现代空冷器都设置风机。按通风方式分有鼓风式和引风式两种。

（1）鼓风式空冷器。鼓风式空冷器的主要优点是风机和传动机构不与热空气接触，其结构材料可不考虑温度的影响，使用寿命长；结构简单，便于维护保养，而且可以很方便地设置多个空冷单元。

这种通风方式的缺点是气流流过底排管束的速度高，压力损失大，且气流分布不均；由于管束暴露于大气中，易于被损伤或腐蚀；热空气离开管束时流速较低，有可能产生热风再循环。

（2）引风式空冷器。引风式空冷器的主要优点是风机和风筒对管束有屏蔽作用，经风机排出的热风速度较高，约为吸入速度的 2.5 倍，从而大大降低了热风再循环的可能性；进入管束的气流分布较均匀，同时，风筒具有一定的抽吸力，因此流动压降减小，动力消耗降低；由于风机布置位置较高，噪声较低，且管束下部空间可安装其他设备，以减小占地面积。

这种通风方式的缺点是风机直接受热空气加热，叶片和轴承都需要较好的耐热性，一般要求风机出口温度不能超过 120℃；为防止空载时的超负荷，风机要留有一定的余量；由于风机布置位置较高，风机及传动机构的维修保养较为麻烦。

3. 按冷却方式分

（1）干式空冷器。干式空冷器仅依靠空气的温升带走热量，采用翅片管和风机来强化空气的对流传热过程。这种空冷器操作简单，使用方便，但由于其冷却温度取决于空气的干球温度，其接近温差（热流体出口温度和空气进口温度之差）高于 15～20℃经济性才好，因此，只能将管内热流体冷却到高于环境温度 15～20℃。

(2) 湿式空冷器。湿式空冷器在依靠空气温升带走热量的同时，还采用喷水增湿降温来强化空气侧的传热过程。在传热过程中，伴随着少量水的蒸发，传热能力大大增强。湿式空冷器综合了空冷和水冷的优点，弥补了干式空冷器的缺陷。

根据喷水方式的不同，湿式空冷器可分为增湿型、喷淋型和表面蒸发型三种，不论哪种类型，都可以把热流体出口温度冷却到接近环境湿球温度。

增湿型空冷器原理如图 6.20 (a) 所示，其在空气进口处喷入水雾，使干燥的空气增湿到接近湿饱和状态，温度降低。增湿后的低温空气经挡水板除去水滴后，再横掠翅片管束。干空气相对湿度越小，增湿后降温就越多，冷却效果也越显著，因此，这种空冷器主要用于相对湿度低于 50%的干燥炎热地区。

喷淋型空冷器原理如图 6.20 (b) 所示，它直接向翅片管喷水雾，由于水的蒸发和空气被增湿降温而强化传热。它同时具有增湿空冷器的优点，是目前应用较多的一种湿式空冷器。当喷淋水量为水冷器的 2%～3%时，空气侧表面传热系数可提高一倍。

表面蒸发式空冷器主要利用管外的水膜蒸发来强化传热，因此，传热能力强，故换热管束为光管。

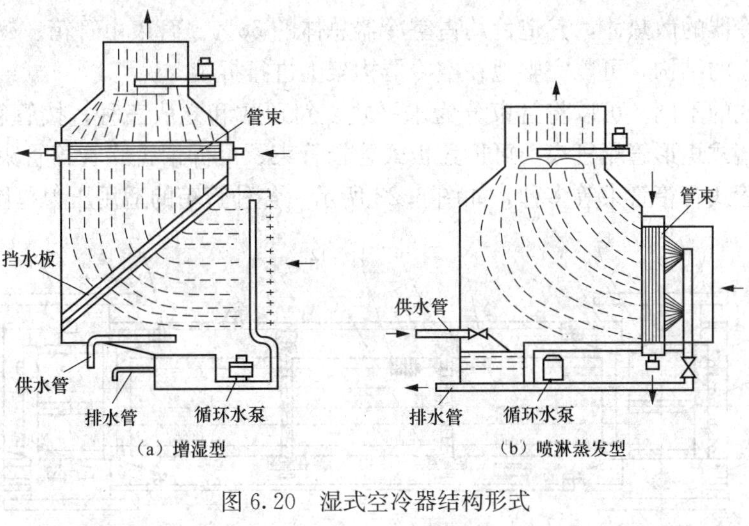

图 6.20　湿式空冷器结构形式

(3) 干湿联合空冷器。干湿联合空冷器就是将干式空冷器和湿式空冷器组合在一起，不同的组合方式会产生不同的结构形式，但组合的原理是相同的，即在被冷却流体高温区域用干式空冷器，在低温区域用湿式空冷器。

在联合空冷器中，管束可垂直布置，也可水平布置，如图 6.21 所示。管束垂直布置时，喷水系统介入两管束之间，热流体先经过干式空冷器，被冷却后再进入湿式空冷器继续冷却。由于干、湿式空冷器并列，所以结构紧凑，但热流体的流动不理想，流动阻力较大。管束水平布置时，喷水系统也是介入两管束之间，但喷水方向与空气流动方向相反。这种布置结构紧凑、占地面积小。

为了综合上述两种布置方式的优点，也可使干式空冷器管束水平放置、湿式空冷器管束垂直放置，如图 6.22 所示。管内热流体先经过干式空冷器，然后进入湿式空冷器继续冷却。

环境空气经过喷水降温增湿后，即使再横向掠过湿式空冷器管束，其温度一般仍低于环境空气干球温度，所以仍可以保证干式空冷器的冷却效率。这种结构是最常用的一种组合式空冷器。

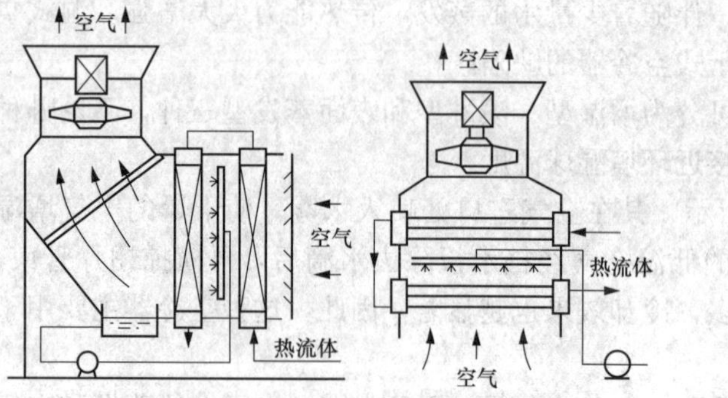

（a）管束垂直放置　（b）管束水平放置

图 6.21　联合空冷器

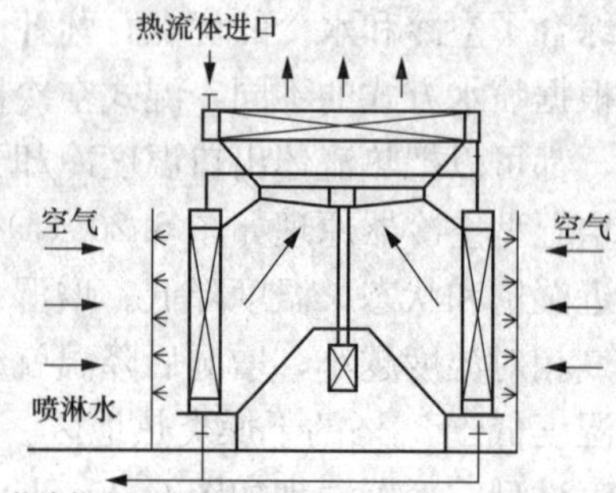

图 6.22　垂直和水平布置共存的联合空冷器

6.3.3　基本结构

空冷器一般由管束、构架、风机和百叶窗等基本零部件组成，对湿式空冷器还有喷水雾化系统，对蒸发式空冷器还有喷淋循环水系统。

管束是空冷器的散热体，其造价约占空冷器总体的 60%。管束由管箱、翅片管及框架组成，是一个独立的结构，可以完整地在空冷器构架上进行拆装。

按排放形式的不同，可以将管束分为水平式、斜顶式和立式三种；按管箱形式的不同，管束可分为丝堵式矩形管箱管束、可拆盖板式管箱管束、可拆帽盖式管箱管束、集合管式管箱管束及半圆管式管箱管束等多种，如图 6.23 所示，各种管箱的适用压力范围见表 6.2。

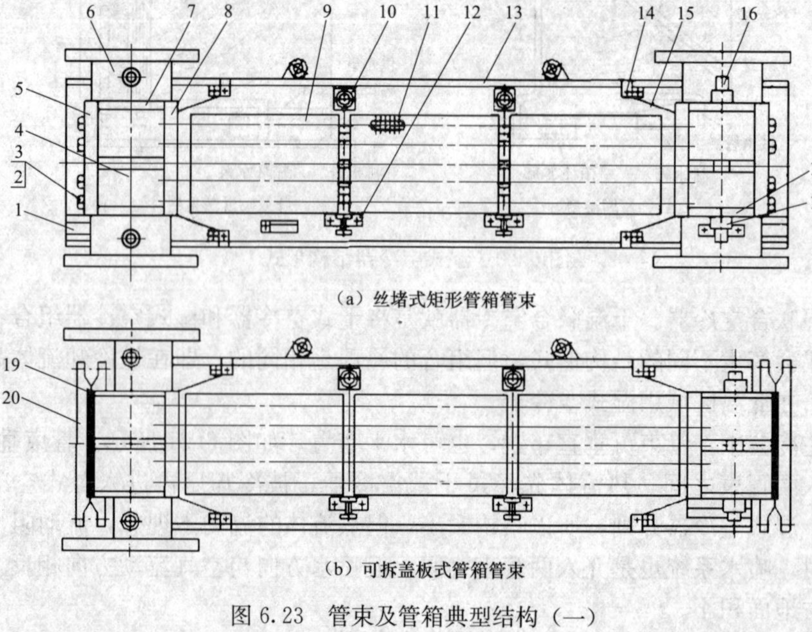

（a）丝堵式矩形管箱管束

（b）可拆盖板式管箱管束

图 6.23　管束及管箱典型结构（一）

1—管箱座；2—丝堵；3—丝堵垫片；4—端板；5—丝堵板；6—接管；7—顶板；8—管板；9—挡风板；10—上横梁；11—翅片管；12—支持梁；13—管束侧梁；14—挡风梁；15—管箱挡风板；16—排气口；17—底板；18—排液口；

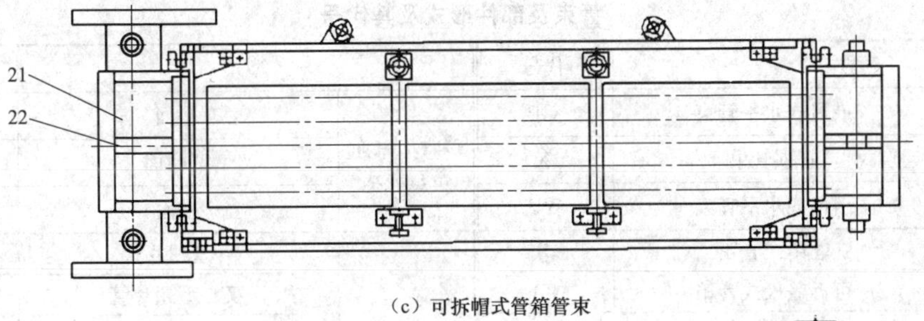

（c）可拆帽式管箱管束

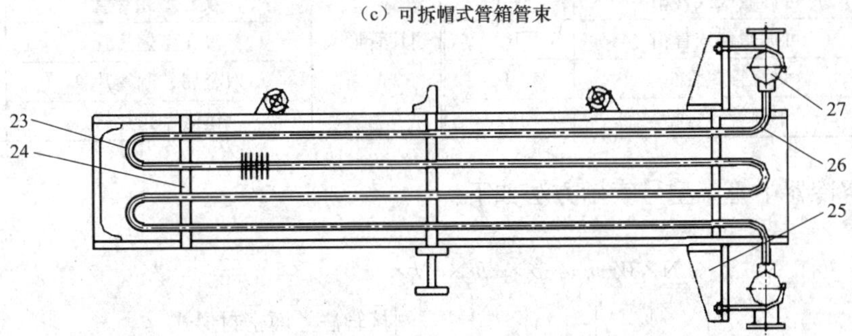

（d）集合管式管箱管束

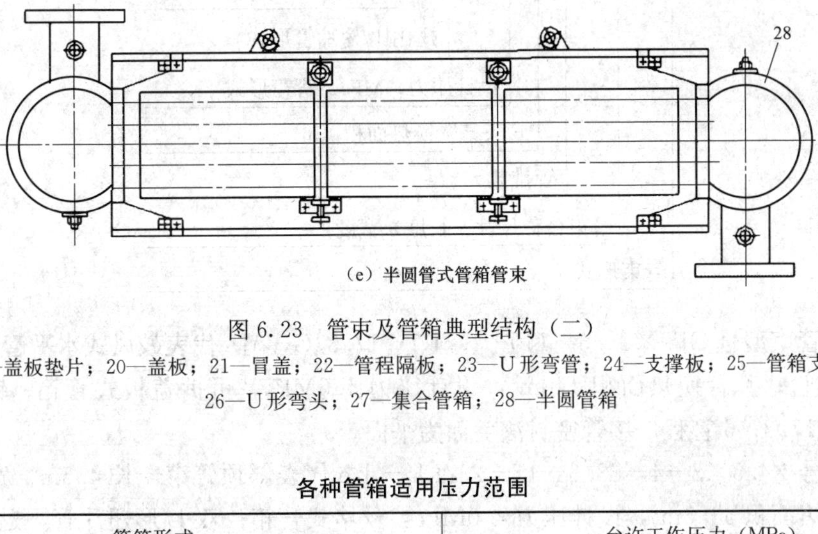

（e）半圆管式管箱管束

图 6.23　管束及管箱典型结构（二）

19—盖板垫片；20—盖板；21—冒盖；22—管程隔板；23—U 形弯管；24—支撑板；25—管箱支架；26—U 形弯头；27—集合管箱；28—半圆管箱

表 6.2　**各种管箱适用压力范围**

管箱形式	允许工作压力（MPa）
可拆盖板式、可拆帽盖式和半圆管式管箱	6.4
丝堵式矩形管箱	20
集合管式管箱	35

管束已成为标准化的系列产品，名义长度一般为翅片管长度，其范围为 3～15m。通常情况下，管束越长越经济。管束宽度范围为 0.2～3.6m，我国常用的管束宽度为 2.5m 和 3m。管排数一般为 4～8 排。除此而外，管束基本参数还包括管束型式、设计压力、翅片管型式和规格、管箱型式、管束长度和宽度、管排数、管程数和接管法兰密封面型式。其中，管束型式、管箱型式、翅片管型式和接管法兰密封面型式代号见表 6.3。

表 6.3 **管束及部件形式及其代号**

型式		代号	型式		代号
管束形式	鼓风式水平管束	GP	接管法兰面密封形式	平面	a
	斜顶管束	X		凹凸面	b
	引风式水平管束	YP		槽面	c
管箱形式	丝堵式管箱	S	翅片管形式	L 型翅片管	L
	可拆盖板式管箱	K1		双 L 型翅片管	LL
	可拆帽盖式管箱	K2		滚花型翅片管	KL
	集合管式管箱	J		双金属轧制翅片管	DR
	半圆管式管箱	D		镶嵌型翅片管	G

翅片管空冷器中管束型号表示方法如下：

$$\times LN\times W-n_t-A-p_t\times-\beta/\times-N_t\times$$

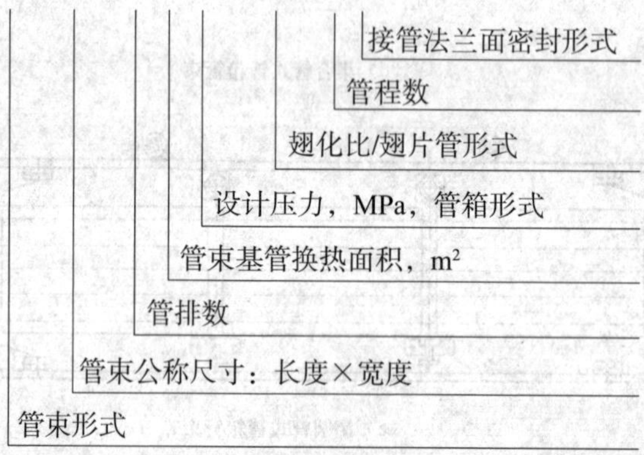

例如，管束型号 GP9×2－6－140－1.6K1－17.3/G－Ⅵa 代表鼓风式水平管束，长 9m、宽 2m，6 排管；基管换热面积 $140m^2$，设计压力 1.6MPa，可拆盖板式管箱；镶嵌式翅片管，翅化比 17.3；6 管程，接管密封法兰面为平面。

管束型号 X4.5×3－4－63.6－4S－23/LL－Ⅰb 代表斜顶管束，长 4.5m、宽 3m，4 排管；基管换热面积 $63.6m^2$，设计压力 4.0MPa，丝堵式管箱；双 L 形翅片管，翅化比 23.0；单管程，接管密封法兰面为凹凸面。

6.3.4 设计计算程序

翅片管空冷器设计计算方法与管壳式换热器相同，采用的主要方程仍然是传热方程和热平衡方程。

1. 设计步骤

空冷器设计计算主要包括四步，即总体考虑、估算、选型设计和精确计算。

(1) 总体考虑。首先需要根据给定条件，对用空冷还是水冷进行比较分析，要有充分理由才能选定空冷方式。然后，选择空冷器结构形式，如鼓风式还是吸风式，水平式、斜顶式还是直立式等。最后，选定流程，如空冷器与水后冷器或湿式空冷器的组合等。

(2) 估算。根据工艺条件，进行总的传热量 Φ 的计算，同时，根据当地气象资料，选定设计气温。结合管内流体传热特征，初选传热系数 K_0，然后按下式计算空气温升：

$$t_2''-t_2'=0.00102\alpha K_0\left(\frac{t_1'+t_1''}{2}-t_2'\right) \tag{6.24}$$

式中：α 为空气温升校正系数，可查图 6.24 确定。

空气出口温度确定后，就可以计算空冷器对数平均传热温差 Δt_m，然后按照传热方程估算传热面积 A_0，并根据此面积选取定型的空冷器。

（3）选型设计。根据初选传热系数和流体进口温度，计算 $(t_1'-t_2')/K_0$，然后按图 6.25 选择最佳管排数 n_t。

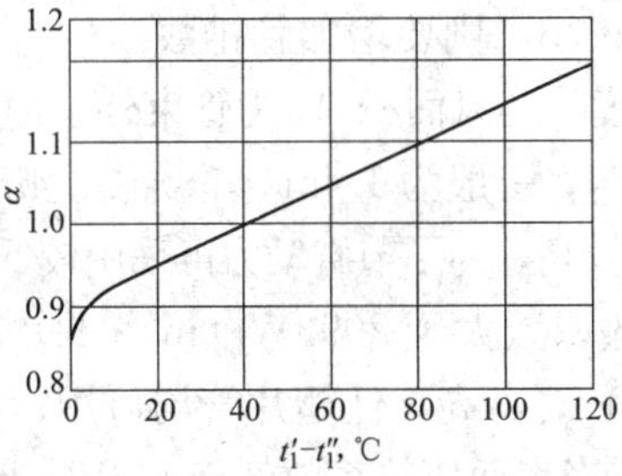

图 6.24　空气温升校正系数

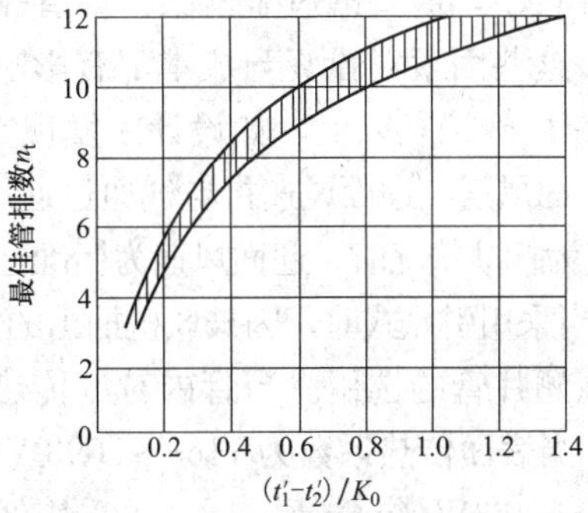

图 6.25　最佳管排数

通过管束的标准迎面风速是一个非常重要的技术指标，流速太高，压降太大，风机功耗高；流速太低，表面传热系数太低，所需换热面积大。根据管排数 n_t 推荐的迎风面风速 w_0，见表 6.4。

表 6.4　管排数与迎风面风速的关系

n_t	3	4	5	6	7	8	9	10	11	12
w_0(m/s)	3.16	3.00	2.83	2.75	2.58	2.5	2.33	2.25	2.16	2.08

迎风面风速确定后，可根据传热量计算迎风面积 A_0，即

$$A_0=\frac{\Phi}{w_0\rho c_p(t_2''-t_2')} \tag{6.25}$$

迎风面积 A_0 确定后，可选取管束，确定管程数 N_t，并计算流动压降，选择相应风机。

（4）精确计算。精确计算即是对上述选型设计中选定的空冷器进行准确的传热和流动阻力计算，看初选的传热系数是否合理，根据初选的传热系数计算出的传热面积是否满足要求。

2. 空冷器设计中的主要参数

（1）管内流体温度。空冷器中热流体入口温度一般要求为 120～130℃或以下。入口温度过高，虽然传热温差大，传热性能好，但需要被空气带走的热量过多，热负荷大。如温度低于 60～80℃，则以采用水冷或湿式空冷器为宜。

热流体出口温度是决定采用干式空冷器是否经济的一个重要指标。现大多采用所谓“接近温差”，即热流体出口温度和设计空冷器入口空气温度之差，作为选取和确定热流体出口温度的依据。对炼油厂使用的空冷器接近温差最好大于 20～25℃，至少要大于 15℃，否则不经济；电站使用的空冷器，大多数为 25～35℃，个别甚至达 40℃。

(2) 设计气温。设计气温是指空冷器设计时所采用的入口空气温度，它是空冷器设计的最重要参数。如果设计气温高于实际气温，则空冷器的设计过于保守，甚至会将工艺流体冷却到比所希望的温度还要低；如低于实际气温，传热面积就显得偏小，空冷器将不能达到所要求的热负荷。设计气温的选取方法有多种，根据我国情况，建议所选用的设计气温值为每一年中只允许有 5 天时间的实际气温会超过它，即其他天数内出现的实际气温不会比它高。

(3) 管排数。目前通用的管排数是 2、4、6 排和 8 排，以 4 排和 6 排居多，管排数对经济效果影响很大，管排数少，传热效果好，但单位传热面积造价高，占地面积大，同时由于空气的温升较小，需要的风量就大。如管排数太多，对数平均温差降低，面积增大，气流阻力也增加。这些因素对投资与成本都有影响，所以要合理选择。经过经济比较，认为一般空气温升应在 15～20℃以上，如设计中发现空气温升较小，则要增加管排数。

(4) 迎面风速。迎面风速指空气通过迎风面的速度。迎风面积 A_0 为管束外框内壁以内的面积。当空气为标准状况时，迎面风速为标准迎面风速 w_0，一般为 $1.4\text{m/s}\leqslant w_0\leqslant 3.4\text{m/s}$，可按表 6.4 选用。当采用引风式时，因被风机抽出的空气温度较高，为了节省动力可采用较低迎面风速。

(5) 高翅片管的选用。当管内对流传热表面传热系数大于 2093W/(m^2·K) 时，可采用高翅片管；当表面传热系数为 1163～2093W/(m^2·K) 时，高、低翅片管均可用；当表面传热系数为 116～1163W/(m^2·K) 时，可采用低翅片管；当表面传热系数低于 116W/(m^2·K) 时，用光管比翅片管经济，或采用在管子内表面装有翅片的管子。

6.3.5 电厂空冷器

空冷器在发电厂中的应用已有 60 多年的历史，主要用作汽轮机的排汽冷凝器，可分为直接空冷系统和间接空冷系统两种。

1. 直接空冷系统

在这种系统中，汽轮机排汽经过较大直径的管道送到空气冷凝器管束中进行凝结，凝结水由凝结水泵送回锅炉给水系统，经锅炉加热后循环使用，如图 6.26 所示。为了节省占地面积，缩短真空下排汽管道的长度，空气冷凝器一般布置在汽轮机房的屋顶上或室外平台上。直接空冷系统有三种典型形式。

(1) GEA 型空气冷凝器。这种空气冷凝器的基本结构如图 6.27 所示。管束采用镀锌矩形翅片椭圆管，纵向排列，一般为斜顶式。为了防止空气漏入真空系统，翅片管与管箱采用焊接连接。冷凝器分为主冷凝器管束和辅助冷凝器管束两部分，采用汽水顺流和逆流混合冷却方式。

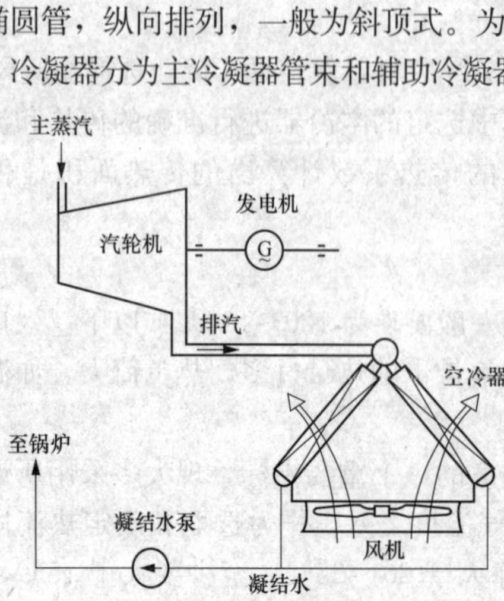

图 6.26 直接空冷系统

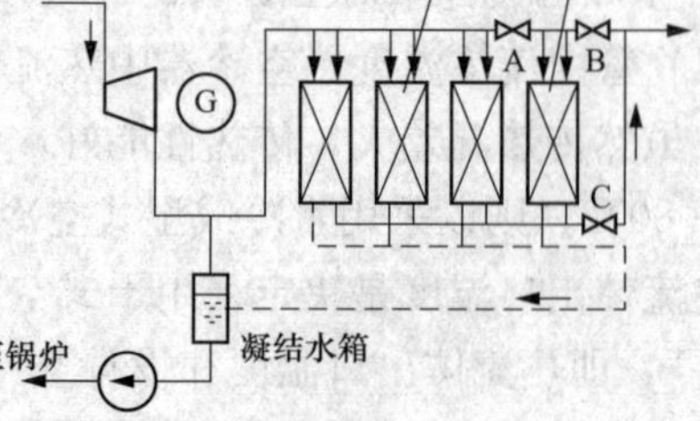

图 6.27 GEA 型空气冷凝系统

主冷凝器以汽水顺流方式运行，辅助冷凝器根据环境空气温度变化和汽轮机负荷的大小来决定运行方式。在低温、低负荷下，关闭阀门A和C，开启阀门B，即逆流运行；反之则开启A和C，关闭B，辅助冷凝器就被切换成顺流运行了，此时，辅助冷凝器起主冷凝器作用。主冷凝器和辅助冷凝器换热面积之比一般为67∶33。

这种斜顶式冷凝器在冷凝过程中，各排翅片管间的热负荷不均匀，在低温的底排管凝结水容易冻结。为了避免这种现象，可对各排管采用不同的翅化比，即沿空气流动方向各排翅化比逐渐增大，甚至在同一根管子上的蒸汽进口段、蒸汽凝结段和凝结水出口段也采用不同的翅化比。

(2) Hudson型空气冷凝器。这种冷凝器中的翅片管也是纵向排列，翅片管束也分主、辅冷凝器管束两部分，如图6.28所示。主冷凝器管束为汽水顺流方式，每个管束最上排四根管子组成辅助冷凝管束，采用汽水逆流方式。由于辅助冷凝管束位于管束的上部，接触的是被前几排加热后的空气，因此，不易发生凝结水冻结现象。

另外，该冷凝器出口管箱接管被分成相应的间隔，互不相通，每排管束分别在不同的压力和温度下运行，其凝结水分别进入凝结水收集罐中，然后引入凝结水箱。没有凝结的余汽和空气混合物进入上排管的余汽冷凝器，余下的空气由抽气器排除。

(3) Lummus型空气冷凝器。这种空气冷凝器为斜顶式，采用U形管束，管子水平排列，如图6.29所示。蒸汽在管束中被冷凝后，凝结水靠重力经过环形密封流入凝结水箱。管束也被分成主、辅两部分冷凝管束，其换热面积之比为95∶5。辅助冷凝器管束的作用是抽气前对空气中所含蒸汽进行最大限度的冷凝。这种结构可在极寒冷的条件下使用时也不会冻结，且占地面积小，管束可适当加长，其缺点是结构复杂，制造成本高。

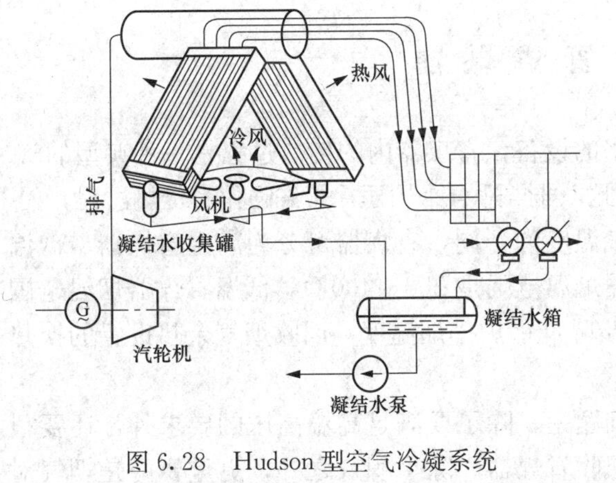

图6.28　Hudson型空气冷凝系统

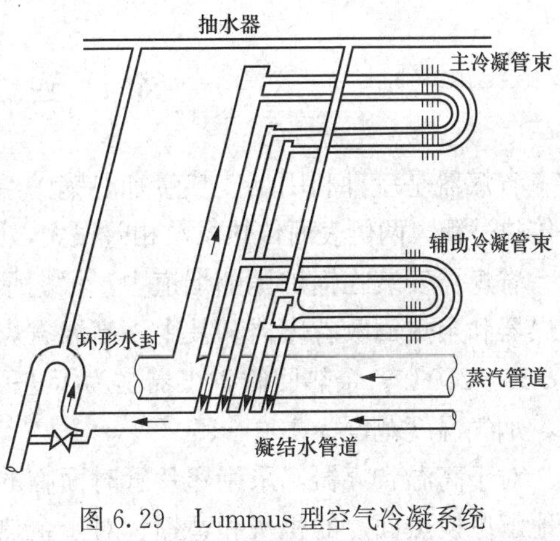

图6.29　Lummus型空气冷凝系统

2. 间接空冷系统

间接式空冷系统有三种形式，即混合式凝汽器系统、表面式凝汽器系统和冷却剂凝汽器系统。

(1) 混合式凝汽器系统。这种系统将汽轮机蒸汽排入混合式凝汽器并与水混合凝结，凝结水的一部分由凝结水泵送入锅炉给水系统，大部分由循环水泵送到冷水塔中进行冷却，如图6.30所示。其主要特点是，混合式凝汽器布置在汽轮机下部，使得汽轮机排气管很短，故真空系统容积减小，保持了水冷的特点，但系统复杂，设备多，布置也较困难。系统中用的冷却水相当于锅炉给水的30倍，这就需要大量的、与锅炉给水水质相同的水，因此，冷凝水的处理费用将大大增加。

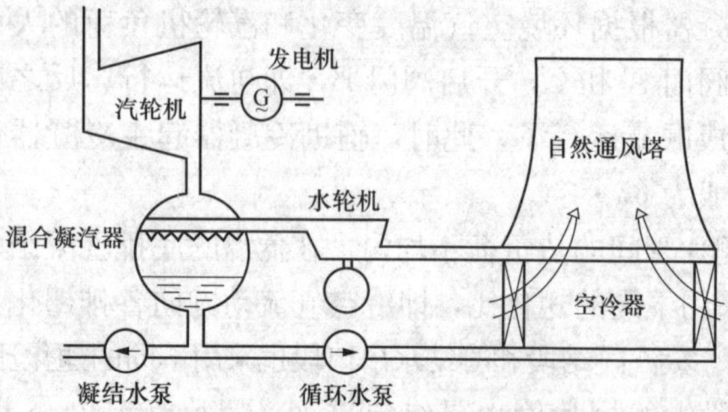

图 6.30　混合式凝汽器系统

（2）表面式凝汽器系统。该系统用表面式凝汽器代替了混合式凝汽器，如图 6.31 所示。其特点是对循环水质要求不高，大大降低了水处理费用，系统简单，设备少，布置也较容易。但冷却水必须进行两次热交换，传热效果差，投资相应增加。

（3）冷却剂凝汽器系统。这种系统用冷却剂代替水作为中间介质，如图 6.32 所示。常用冷却剂有氟利昂、氨甲基丙二醇和丁二醇等，其主要特点是利用了低沸点冷却剂与空气进行换热。系统比较简单，传热性能好，可省掉循环水泵，但冷却剂价格昂贵。

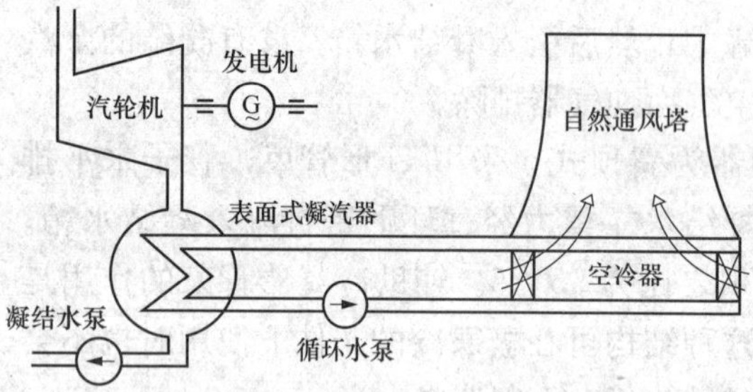

图 6.31　表面式凝汽器系统

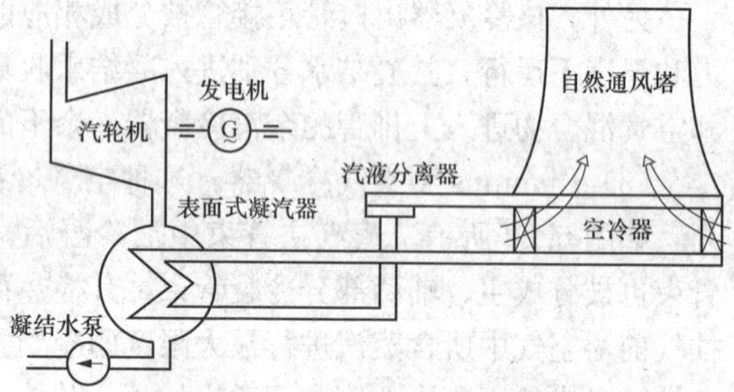

图 6.32　表面式凝汽器系统

6.4　翅片管省煤器

省煤器是一种利用烟气热量加热锅炉给水的设备，省煤器内的传热过程是一种典型的气-液传热过程，两侧表面传热系数相差很大，因此，非常适合采用翅片管来强化其传热过程。

省煤器安装在锅炉尾部烟道中，根据烟气温度的不同，省煤器可分为高温省煤器、低温省煤器和余热回收省煤器。其中，高温省煤器烟温范围是 250～400℃，低温省煤器烟温范围是 150～250℃。余热回收省煤器是为了进一步降低锅炉排烟温度、回收烟气余热设置的换热器，烟气温度范围为 100～150℃。

对于高温省煤器，采用翅片管时面临的问题是，除了要满足高温高压的要求外，还要很好地解决换热面上的积灰和磨损；对于余热回收省煤器，除了积灰之外，更重要的是烟气对换热面的低温腐蚀。因此，在设计翅片管省煤器时，除了要合理地选择翅片管形式外，还需要合理地选择设计参数和设计方案。表 6.5 为省煤器常用翅片形式和主要结构参数。

表 6.5　省煤器常用翅片形式和主要结构参数

项目	高温省煤器	低温省煤器	余热回收省煤器
烟气温度范围（℃）	250～400	150～250	100～150
管内水压力（MPa）	10～30	1.0～10	0.1～1.0
主要问题	强度、积灰、腐蚀	积灰、腐蚀	积灰、腐蚀
翅片管形式	H 形翅片管	环形翅片管	环形翅片管

续表

项目	高温省煤器	低温省煤器	余热回收省煤器
基管及翅片材质	碳钢/不锈钢	碳钢/ND 钢	碳钢/不锈钢/ND 钢
布置形式	烟气垂直冲刷	垂直或水平冲刷	垂直或水平冲刷
翅片管基管尺寸（mm）	(ϕ38～ϕ42)×(4～7)	(ϕ30～40)×(3～5)	(ϕ30～ϕ40)×(2～4)
翅片高度/厚度（mm）	(15～30)/(2～4)	(10～18)/(0.8～1.2)	(10～16)/(0.8～1.2)

6.4.1　高温省煤器

高温省煤器采用的翅片管是 H 形翅片管，其主要特点是防积灰、抗磨损、耐高温，因此，已在大型电厂锅炉中得到了广泛应用。

为了充分发挥 H 形翅片管的性能，在设计中必须使 H 形翅片立式放置。如图 6.33 所示，烟气自上而下横向冲刷翅片管束，而管内介质则沿管程自下而上地流动，即采用总趋势为逆流的多次交叉流动。

H 形翅片管束采用顺排方式布置，且全部采用悬挂方式支承管束，所有悬挂板都吊装在省煤器上部的管箱上。这种吊装方式不仅安装、拆卸方便，而且允许管束受热后产生一定的膨胀和变形。

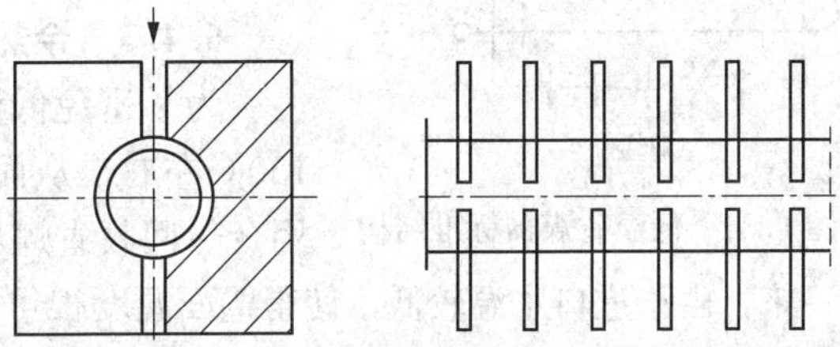

图 6.33　H 形翅片管的布置

烟气横掠 H 形翅片管束的表面传热系数根据相应的传热关联式计算，H 形翅片的翅片效率计算比较复杂，常将其等效成环形翅片后，采用等厚度环形翅片的公式计算。将 H 形翅片等效成环形翅片的基本原则是，保证翅片表面的传热面积相等，保证翅片与基管的接触周长相等。

6.4.2　低温省煤器

低温省煤器已广泛应用于各种工业锅炉中，已成为一种标准化的系列产品，表 6.6 为典型省煤器系列产品参数，可供在选型设计时参考，图 6.34 为省煤器的标准结构图。

表 6.6　典型省煤器系列产品参数

项目	SMQ-10	SMQ-20	SMQ-40	SMQ-60	SMQ-90
锅炉蒸发量（t/h）	10	20	40	60	90
烟气量（m^3/h，标态下）	12 355	24 710	49 420	74 130	111 200
烟气温度（℃）	200→150	200→150	200→150	200→150	200→150
传热量（kW）	240	484	969	1453	2180
水温（℃）	50→80	50→80	50→80	50→80	50→80
迎风面积尺寸（m^2）	1.23×0.9	2.0×1.1	3.0×1.48	4.0×1.66	5.6×1.78
基管尺寸/翅高（mm）	ϕ38×3.5/15	ϕ38×3.5/15	ϕ38×3.5/15	ϕ38×3.5/15	ϕ38×3.5/15
翅片间距/翅厚（mm）	8/1	8/1	8/1	8/1	8/1
横向/纵向管间距（mm）	86/90	86/90	86/90	86/90	86/90
横向管排数	12	14	18	20	21
光管传热面积（m^2）	14.0	26.7	51.6	76.4	112.3
纵向管排数	8	8	8	8	8
翅片管总数	96	112	144	160	168
翅片管长度（m）	1.23	2.0	3.0	4.0	5.6

续表

项目	SMQ-10	SMQ-20	SMQ-40	SMQ-60	SMQ-90
翅片管单重（kg）	7.0	11.4	17.1	22.8	31.9
省煤器总重（t）	1.2	2.0	4.0	5.8	8.5
省煤器长/宽/高（m）	1.2/1.2/0.9	2.2/1.2/0.9	3.2/1.6/0.9	4.2/1.8/0.9	5.8/2.0/0.9
给水流程数	8	8	8	8	8
烟侧阻力（Pa）	约200	约200	约200	约250	约250

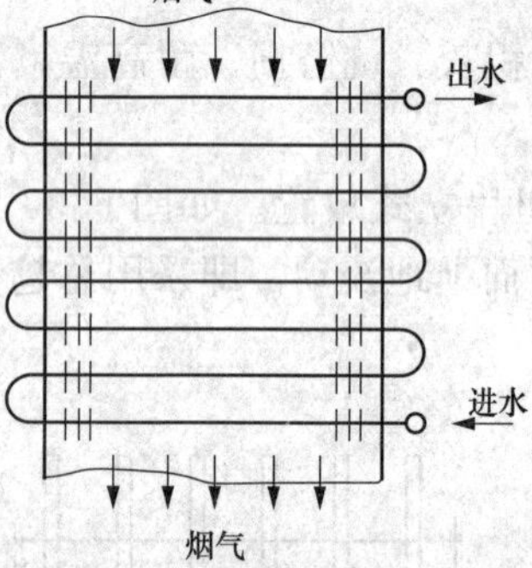

图 6.34 低温省煤器标准结构

需要说明的是，由于运行条件千变万化，实际参数会偏离表中给出的值，因此，在完成选型后，必须进行校核计算。在校核计算中，一般取烟气迎风面质量流速为 4.0kg/(m²·s)，且迎风面长宽比为 2∶1 左右。考虑到工业锅炉运行条件的变化，所取安全系数都较大，保证实际传热面积应比计算传热面积高 40%。

6.4.3 余热回收省煤器

为了避免低温腐蚀，燃煤锅炉的排烟温度设计值通常为 150℃左右，从而使得排烟热损失较大。为了回收余热，可采用余热回收省煤器使烟气温度进一步降低至 100～110℃，这样一来，由于进口水温较低，使得壁面温度很可能低于烟气酸露点温度，极易产生低温腐蚀。因此，在余热回收省煤器设计中，可采用下述两种方案来提高壁面温度，避免低温腐蚀。

（1）利用单相流体作为中间媒介进行换热，如图 6.35 所示。在省煤器翅片管束中利用循环水进行闭式循环，该循环水具有较高的进出口温度，因此，可以有效地提高省煤器壁温，避免低温腐蚀。循环水从烟气中吸收的热量通过另一台管壳式换热器传给低温外供水，供工艺生产用。在该系统中，翅片管束壁面温度可通过调节循环水和外供水的流量来控制。由于增加了一台水-水换热器，且省煤器内烟气与中间媒介水之间的平均传热温差减小，因此，投资成本会增加。

（2）采用集成式相变省煤器，如图 3.36 所示。该省煤器由两部分组成，下部是工作介质蒸发器，是一个由翅片管束组成的换热器，工作介质在内部吸热汽化，产生的蒸汽进入上部的冷凝器。在冷凝器内布置外供水管束，蒸汽在管外凝结加热管内的外供水。工作介质凝结产生的凝结液在重力作用下重新回流至下部蒸发器，开始下一工作循环。在这种系统中，翅片管壁温度可通过调节外供水的流量来控制。如果管壁温度下降，可减小外供水流量，相应的传热量也会减小，工作介质的相变温度升高，从而使壁面温度回升。

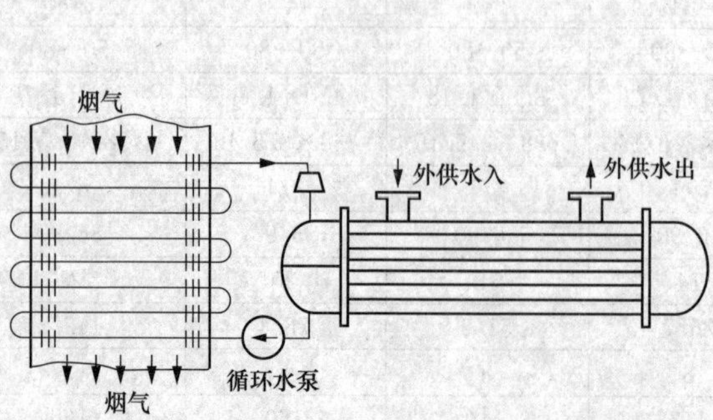

图 6.35 采用中间媒介的省煤器

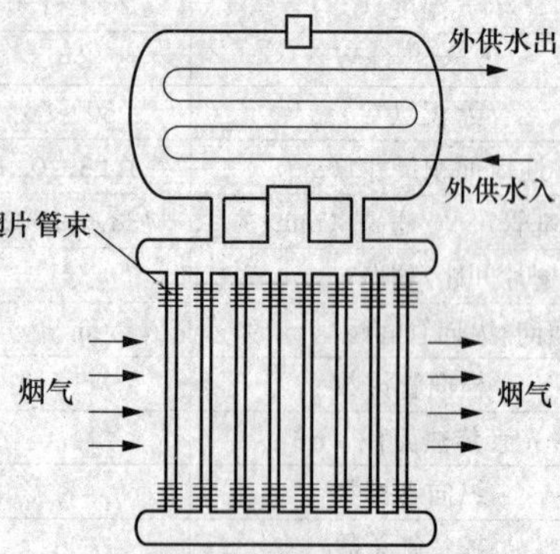

图 6.36 集成相变省煤器

第7章 热管换热器

以热管作为传热元件的换热器称为热管换热器，它虽属于间壁式换热器中的一种，但传热过程与间壁式换热器完全不同。由于热管换热器具有许多优良的性能，因此，已在余热回收、航空航天、石油化工、电子工业和新能源等领域得到了广泛的应用。

7.1 热管工作原理

7.1.1 热管的构成及工作过程

1. 热管的构成

热管主要由管壳、管芯（毛细多孔材料）和工作液组成，如图7.1所示。

(1) 管壳。管壳是受压容器，因此，要求它不仅要具有较高的导热系数，而且要能承受高温高压。在选择管壳材料时，必须要保证所选材料与使用工质之间具有很好的相容性，即要求热管在长期运行中管壳不被腐蚀，工质与管壳间不会发生化学反应，不产生不凝性气体。

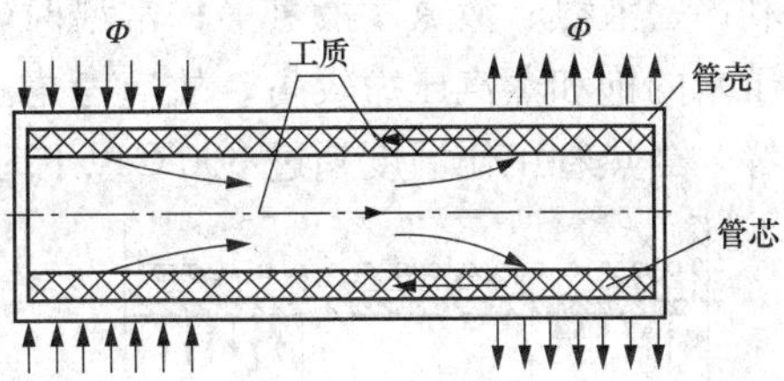

图7.1 热管的构成

可供选择的管壳材料很多，其中以碳素钢、不锈钢、铜、铝、镍等居多，也可用贵重金属铌、钽或玻璃、陶瓷等。管壳的作用是将热管的工作区域封闭起来，在热端和冷端分别吸收和放出热量，并承受管内外压力不等时所产生的压差。

(2) 管芯。管芯是一种紧贴管壳内壁的毛细多孔结构，一般用多层金属丝网或纤维、布等以衬里形式紧贴在内壁，也可由多孔陶瓷或金属粉末烧结而成。管芯的主要作用是促使工作液回流，因此，除了要求其具有足够大的毛细抽吸压力外，还应具有较小的液体流动阻力，即有较高的渗透率，同时，也应具有良好的传热特性，即较小的径向热阻。

管芯的结构形式很多，最常见的有以下几种：

1) 紧贴管壁的单层及多层网芯，如图7.2 (a) 所示。

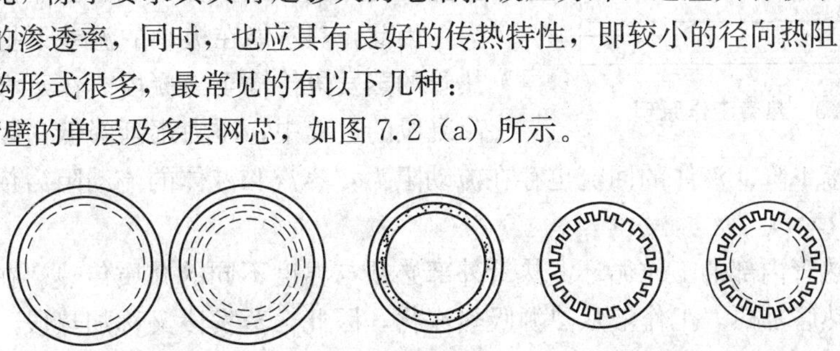

图7.2 常见热管管芯

2) 烧结金属粉末管芯，如图7.2 (b) 所示。它是由一定目数的金属粉末或金属丝网烧结在管内壁面而成。

3）轴向槽道管芯，如图 7.2（c）所示。它在管壳内壁沿轴向开很多细槽，以提供毛细压头促使液体回流，并成为液体回流的通道。槽的截面形状可以是矩形、梯形等。

4）组合管芯，这类管芯包含两部分，一部分起毛细抽吸作用，另一部分起液体回流通道作用，因而能同时兼顾较大的毛细抽吸力及较高的渗透率两方面的要求。组合管芯形式很多，图 7.2（d）所示为一种槽道覆盖丝网的组合管芯，它在轴向槽道管芯表面覆盖一层细孔丝网，槽道成为低阻力的液体回流通道，细孔丝网提供毛细抽吸压力。

（3）工作液。热管工作液的主要作用是通过工作液不断地汽化和凝结传输热量，因此，对工作液的基本要求是要有较高的汽化潜热和导热系数，合适的饱和压力及沸点，较低的黏度及较好的稳定性。同时，为了保证工作液正常回流，还应具有较大的表面张力和润湿毛细结构的能力，使毛细结构能对工作液产生较大的毛细力。

为了保证热管长期稳定的工作性能，工作液与毛细结构和管壁之间不能发生任何反应，否则，被溶解的物质将集聚在蒸发段，破坏毛细结构，产生的不凝气体会聚集在冷凝段而使凝结换热表面传热系数大大降低。

热管工作液的选择主要取决于热管工作温度。低温时，常采用的工作液有乙醇、丙酮、氟利昂、液氨、液氮、液氢等；常温时，工作液一般为水；当热管工作温度高于 280℃时，由于水的饱和蒸汽压力较高，故应考虑选择具有较低饱和蒸汽压力的工作液体如联苯、萘、汞等，当热管工作温度超过 600℃以上时，可选用钾、钠或钾钠合金等液态金属作为工作液。

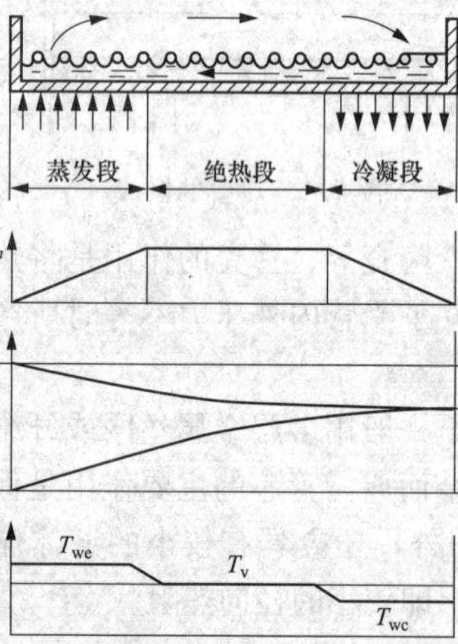

图 7.3　热管工作原理

2. 热管的工作过程

在热管的正常工作过程中，根据内部传热特征的不同，沿热管轴向方向可分为蒸发段、传输段和冷凝段三部分，如图 7.3 所示。热管内部的工作循环包括四个工作过程，在蒸发段，工作液吸热汽化变成蒸汽，然后在压差的驱动下从蒸发段流向冷凝段，蒸汽在冷凝段凝结变成液体，最后，在毛细吸液芯的作用下从冷凝段回流至蒸发段，从而完成工作过程。如此不断循环，就可以将热量源源不断地由热管的一端传递至另一端。由于工作液汽化潜热大，因此，热管能在极小的温差下把大量的热量从热管的蒸发段传输至冷凝段。在蒸汽从蒸发段流向冷凝段的过程中，压力逐渐降低，因此，对应的饱和温度也会逐渐下降。液体的回流也存在流动阻力，蒸汽和液体的流动阻力依靠毛细压差来克服。

为了维持热管内部的工作循环，热管外部必须与温度不同的介质传热。在蒸发段，一定是外部热源对热管加热，工作液从热源吸热汽化，因此，蒸发段又称加热段。在冷凝段，一定是冷源对热管冷却，蒸汽凝结成液体，因此，冷凝段又称冷却段。从外部看，传输段与外界是绝热的，因此，又称绝热段。

7.1.2　热管的分类

由于热管的种类和形式较多，再加上热管在结构、材料和工作液等方面的不同，使得其分类方法也很多。最常见的分类方法有以下几种。

1. 按工作液回流驱动力分

按不同的热管工作液回流驱动力分类时，可以将热管分为吸液芯热管、两相闭式热虹吸管、重力辅助热管、旋转热管、电流体动力热管和磁流体动力热管等。其中，吸液芯热管依靠毛细吸液芯提供的毛细力使工作液从冷凝段回流到蒸发段；两相闭式热虹吸管又称重力热管，主要依靠重力使工作液回流；重力辅助热管是依靠毛细力和重力的联合作用促使工作液回流；旋转热管中的回流力是旋转产生的离心力的轴向分力，后两种使用较少。

2. 按工作温度分

按热管内部工作温度分类时，可以将热管分为低温热管（－273～0℃）、常温热管（0～250℃）、中温热管（250～450℃）和高温热管（450～1000℃）等。其中，以常温热管应用得最多。

3. 按管材和工作液组合方式分

工程上习惯于按热管管壳材料和工作液组合方式进行分类，可以把热管分为钢-水热管、铜-水热管、复合铜钢-水热管、铝-丙酮热管、碳钢-萘热管及不锈钢-钠热管等。

4. 按结构形式分

按热管的结构形式可以分为普通热管、分离型热管、毛细泵回路热管、微型热管、平板热管和径向热管等。其中，普通热管结构简单，是热管换热器中常用的传热元件。

5. 按用途分

按热管的不同用途可以将热管分为传热热管、热二极管、热开关和热控制用热管等。

7.1.3 热管的相容性

热管是一个封闭的压力容器，热管的相容性是指在热管的设计使用寿命内，工作液与管壳材料间不发生明显的物理化学反应，或即使存在反应但不足以影响热管的工作性能。热管的相容性对热管的正常工作非常重要，只有相容性良好的热管，才能保证稳定的传热性能。如果工作液与管壳材料不相容，会对热管的工作过程产生一系列的影响，主要表现在以下三个方面。

(1) 产生不凝结气体。工作液与壳体材料发生化学反应或电化学反应时会产生不凝结气体，这些不凝结气体会被蒸汽携带至冷凝段，并聚集起来形成气塞，从而占据冷凝传热面积，并使凝结传热表面传热系数减小，因此，热管传热性能会急剧下降。例如，对于常用的钢-水热管，就会发生以下反应而产生不凝性的氢气，所以，在钢-水热管生产过程中，必须要对表面进行处理，并在水中加入缓蚀剂。

$$Fe + 2H_2O \xlongequal{} Fe(OH)_2 + H_2\uparrow$$

$$Fe + 4H_2O \longrightarrow Fe_3O_4 + 4H_2\uparrow$$

$$Fe(OH)_2 \longrightarrow Fe_3O_4 + H_2O + H_2\uparrow$$

(2) 工作液物性恶化。对于某些有机工质而言，在一定温度范围内会发生分解，从而改变工质的物理化学性能，进而影响热管的传热特性。例如，对于用甲苯、烷类或烃类有机工质做工作液的热管，就极易发生这种不相容现象。

(3) 管壳材料被腐蚀、溶解。当工作液在管壳内连续流动并发生相变过程时，由于存在温差及杂质等，有可能使管壳材料发生溶解或腐蚀，流动阻力增大，管壳强度降低，甚至会使热管完全失效。在碱金属热管中常发生这类不相容现象。

在热管设计中，必须合理地选择管壳材料和工作液，以保证两者具有很好的相容性。通过大量的实验和实践，常用热管的工作温度范围及工作液和相容的管壳材料见表7.1。

表 7.1　　常用热管工作温度范围及工作液和相容的管壳材料

热管类型	工作液	工作温度范围,℃	相容壳体材料
低温热管	氨	−60～100	铝、不锈钢、低碳钢
	氟利昂-21	−40～100	铝、铁
	氟利昂-11	−40～120	铝、不锈钢、铜
	氟利昂-112	−10～100	铝、铜
常温热管	乙烷	0～100	黄铜、不锈钢
	丙酮	0～120	铝、铜、不锈钢
	乙醇	0～130	铜、不锈钢
	甲醇	10～130	铜、不锈钢、碳钢
	甲苯	0～290	不锈钢、低碳钢、低合金钢
	水	30～250	铜、碳钢（内壁经化学处理）
中温热管	萘	147～350	铝、不锈钢、碳钢
	联苯	147～300	不锈钢、碳钢
	导热姆-A	150～395	铜、不锈钢、碳钢
	导热姆-E	147～300	不锈钢、碳钢、镍
	汞	250～650	奥氏体不锈钢
高温热管	钾	400～1000	不锈钢
	铯	400～1100	钛、铌
	钠	500～1200	不锈钢、因康镍合金
	锂	1000～1800	钨、钽、钼、铌
	银	1800～2300	钨、钽

7.1.4 热管的基本特性

热管是依靠内部工作液的不断蒸发和凝结来传递热量的，由于相变传热具有很高的表面传热系数，从而使得热管具有许多独特的性质。

1. 导热性能优

由于热管内部的蒸发和凝结传热热阻很小，因此，使得热管具有很高的导热能力。若把一根热管与相同尺寸下导热性能良好的紫铜棒相比，热管的当量导热系数比紫铜高至少三个数量级。应该指出的是，热管的高导热性能也不是无限的，会受到各种传热极限的限制。

2. 等温性能好

热管内部的蒸汽总是处于饱和状态，因此，压力的变化决定着饱和温度的变化。由于饱和蒸汽从蒸发段流向冷凝段的压差很小，根据 Clausuis-Clapeyron 方程可知，对应的温差也很小，因此，热管具有优良的等温性能。根据热管的这一特性，研制出了均温性能良好的多井热管均温炉，如图 7.4 所示。

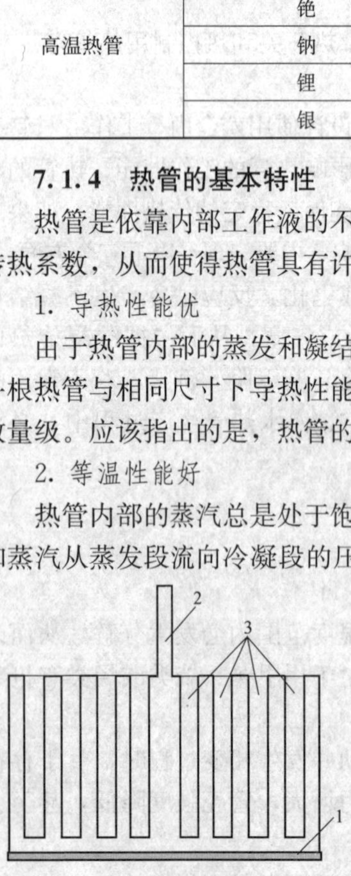

图 7.4　多井热管均温炉

1—加热段；2—冷凝段；3—均温井

3. 热流密度可变

由于热管的蒸发段和冷凝段是彼此独立的，其传热面积可以任意调整，因此，可以按需要改变热流密度。如图 7.5 所示，由于蒸发段和冷凝段总的传热量相同，当加热段传热面积较大时，对应的加热段热流密度较小；相反，当冷却段传热面积较大时，对应冷却段热流密度较小。

4. 传热方向可逆

传热方向可逆是吸液芯热管独有的特性。由于热管内部蒸发段和冷凝段结构完全相同，液体回流力是毛细力，因此，对于水平放置的吸液芯热管，任一端被加热即成为蒸发段，另一端被冷却即成为冷凝段，因此，热量传递的方向取决于外部换热条件，即从高温向低温传热。可根据此特点利用热管使宇宙飞船和人造卫星空间温度更均匀，也可用于房间空调换气过程中的余热回收。如图 7.6 所示，在夏季换气时，室内温度低于室外温度，排气侧成为冷却段，进气侧成为加热段，因此，可以利用排气冷量使进入的空气降温，如图中实线所示；在冬季换气时，室内温度高于室外温度，排气侧成为加热段，进气侧成为冷却段，因此，可以利用排气热量加热进入的空气，从而节约供暖热量，如图中虚线所示。

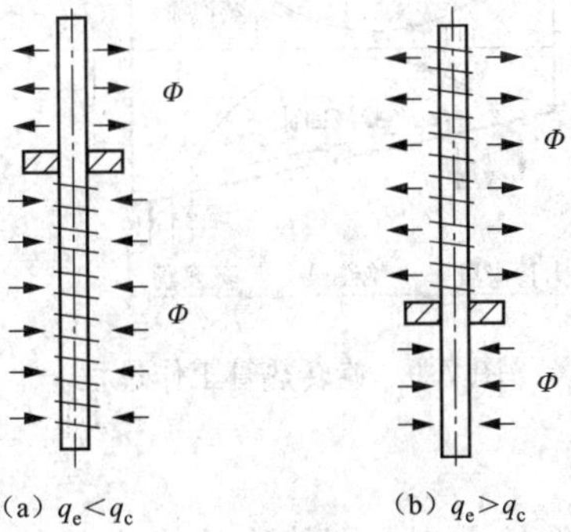

图 7.5　热流密度的可变性

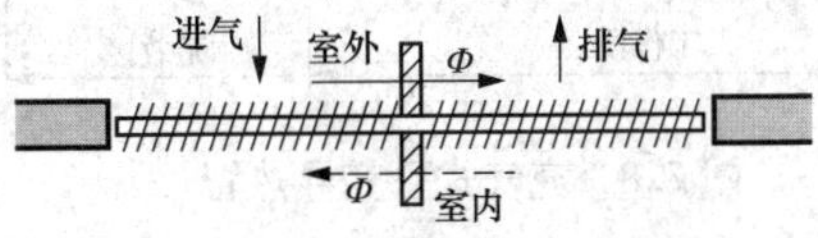

图 7.6　利用热管传热方向可逆特性的余热回收装置

5. 单向传热

利用热管可以只允许一个方向的传热发生，而相反方向的传热被禁止，相当于一个热二极管。例如，对于重力热管，热量的传递只能从下部传递到上部，而从上向下的传热因工作液不能回流而不可能发生，如图 7.7 所示。例如，冻土层用保护热管、煤堆和粮仓用散热热管等都利用了热管的这一特性，即只允许从内部向外部传热，而反向传热不会发生。

热管还可以被用作热开关，即当热源温度高于工作液的凝固点温度时，热管开始工作，低于这一温度时，热管就停止工作。

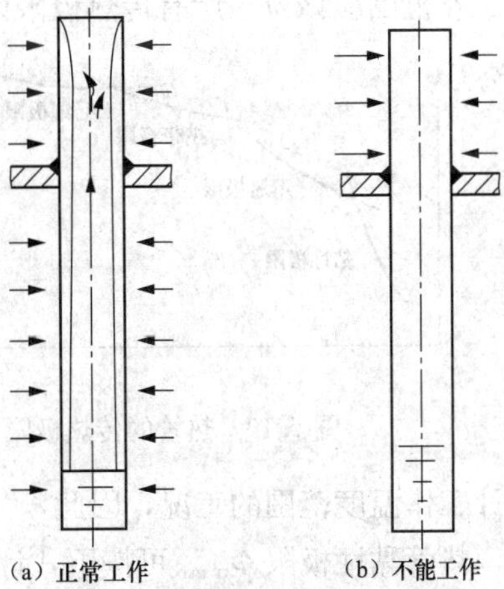

图 7.7　重力热管单向传热原理

6. 恒温特性

普通热管各部分热阻基本不随传热量的变化而改变，因此，当热管传热量发生变化时，各部分温度，特别是工作温度也会随之变化。为了在传热量变化时保持热管工作温度基本不变，研制出了一种新型的充气式可变导热管，又称可控热管，即在热管内充入一定量的稀有（惰性）气体，如图 7.8 所示。当热管传热量增加时，冷凝段长度增加，热阻减小；相反，当传热量减小时，冷凝段长度减小，热阻增加，这样就能够保证在传热量变化时，蒸汽温度基本不变，这一特性就是热管的恒温特性。

7. 适应性强

热管的适应性非常强，例如，从几何形状看，可以适应于各种不同结构的热源和冷源；从传热距离看，即可用于近距离传热，也可用于远距离传热；从重力条件看，既可在重力条件下使用，也可在微重力条件下使用。另外，热管既可在静止部件上应用，也可在旋转的转轴、叶片、钻头和手术刀等上使用，图 7.9 所示为一个用于转轴的旋转热管的工作过程。

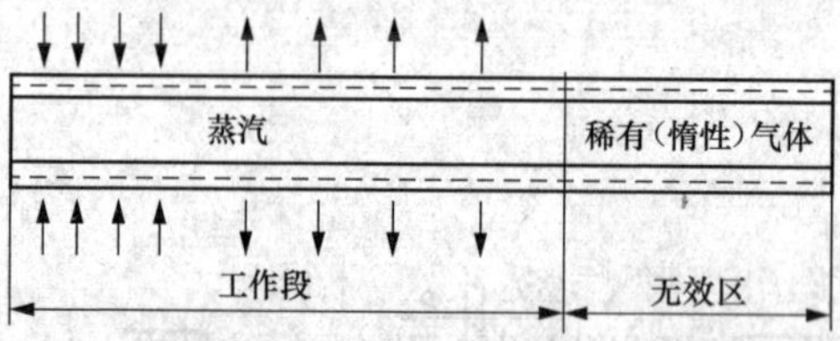

图 7.8　充气式可变导热管

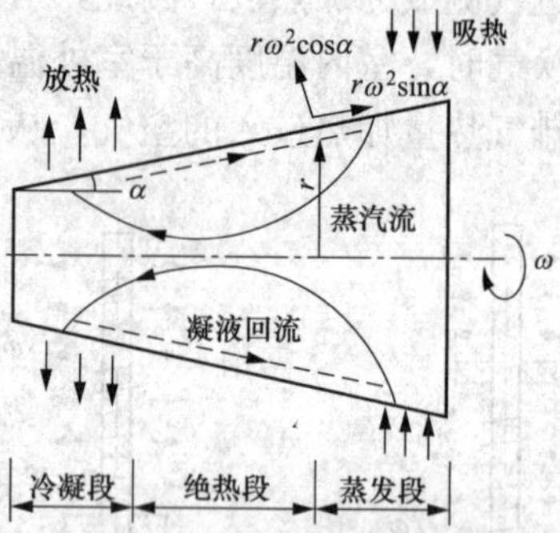

图 7.9　旋转热管工作过程

7.1.5　热管的传热极限

虽然热管具有很强的传热能力，但也会受到各种条件的限制，即热管的传热存在一系列的传热极限。所谓传热极限是指保证热管正常工作循环的最大传热量 Φ_{max}，典型的吸液芯热管常见的传热极限包括黏性极限、声速极限、携带极限、毛细极限和沸腾极限等。热管的正常工作范围应该位于所有传热极限以下的区域，如图 7.10 所示。

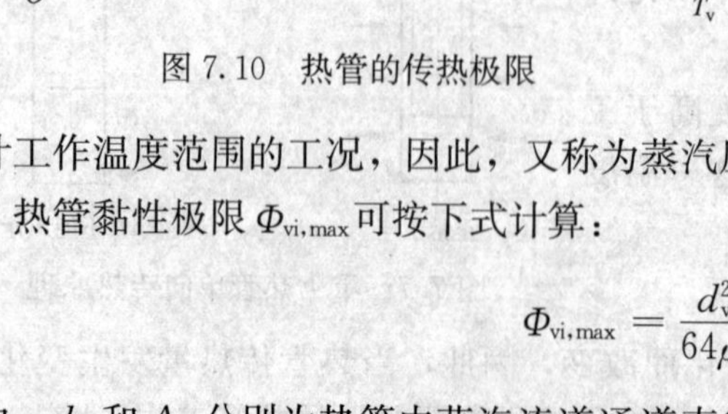

图 7.10　热管的传热极限

1. 黏性极限

当热管正常工作时，蒸汽会在压差的驱动下从蒸发段流向冷凝段。当热管工作温度较低时，蒸汽密度较小，流速较高，因此，流动压降较大，有可能会使热管冷凝段末端蒸汽压力降为零，此时热管的轴向传热量即为热管的黏性极限 $\Phi_{vi,max}$。显然，热管的黏性极限主要发生在热管工作温度很低且低于设计工作温度范围的工况，因此，又称为蒸汽压力极限。

热管黏性极限 $\Phi_{vi,max}$ 可按下式计算：

$$\Phi_{vi,max} = \frac{d_v^2 h_{fg}}{64\mu_v l_{eff}} \rho_v p_{v0} A_v \tag{7.1}$$

式中：d_v 和 A_v 分别为热管内蒸汽流道通道直径和截面积；ρ_v 和 p_{v0} 分别为热管蒸发段蒸汽密度及压力；l_{eff} 为热管有效长度，$l_{eff}=l_a+(l_e+l_c)/2$（l_e、l_a 和 l_c 分别为热管蒸发段、绝热段和冷凝段长度）。

由式（7.1）可知，黏性极限只与工质物性、热管长度和蒸汽腔直径三个因素有关，与吸液芯结构和形状无关。

2. 声速极限

在热管的蒸发段，由于工质不断蒸发变为蒸汽，因此，沿蒸发段长度方向蒸汽量会不断增加，蒸汽流速加快，在蒸发段出口处，蒸汽流速达到最大值。当蒸发段出口处蒸汽流速达到当地声速时，继续增加蒸发段与冷凝段间的温差或增加热管蒸发段长度，通过蒸发段出口处的蒸汽量不再变化，此时的最大轴向传热量称为热管的声速极限 $\Phi_{s,max}$。

热管的声速极限 $\Phi_{s,max}$ 可按下式计算：

$$\Phi_{s,max} = A_v \rho_v h_{fg} \sqrt{\frac{\gamma_v R_0 T_v}{2M(\gamma_v + 1)}} \tag{7.2}$$

式中：R_0 为通用气体常数；M 为工质摩尔质量；γ_v 为蒸汽比热容比，对单原子蒸汽为 5/3，双原子蒸汽为 7/5，多原子蒸汽为 4/3。

当热管工作温度较低时，比较容易达到声速极限。当热管工作在声速极限或接近声速极限时，沿热管轴向的温差和压差都会增大，从而降低热管的传热能力。虽然热管的声速极限不像其他传热极限危害那么大，但会降低传热性能，因此，也必须尽量避免。

3. 携带极限

在热管内部，蒸汽的流动和工作液的回流是典型的气液逆向两相流动，两者直接接触，流动方向相反。当气液两相流速相差较大时，在气液界面上黏性剪切力的作用下，回流的工作液会被蒸汽重新夹带至冷凝段，因此，起不到传热的作用。当被夹带的液体足够多时，回流至蒸发段的液体不能满足蒸发要求，从而导致蒸发段出现干涸现象，此时的最大轴向传热量称为热管的携带极限 $\Phi_{e,max}$。

热管的携带极限 $\Phi_{e,max}$ 可按下式计算：

$$\Phi_{s,max} = A_v h_{fg} \sqrt{\frac{\rho_v \sigma}{2r_e}} \tag{7.3}$$

式中：σ 为工作液的表面张力；r_e 为毛细吸液芯的水力当量半径，不同的吸液芯结构，其水力当量半径不同。对于丝网吸液芯，r_e 等于细丝间距的 1/2；对于槽道式吸液芯，r_e 等于槽道的宽度；对于填充球吸液芯，r_e 等于 0.41 乘以球半径。

4. 毛细极限

毛细吸液芯热管正常工作时，工作介质的循环是依靠工作液在毛细吸液芯结构内产生的毛细抽吸力来维持的。由于毛细抽吸力有限，因此，回流的工作液也是有限的，从而限制了热管的轴向传热能力，这种限制称为毛细极限或流体动力学极限。

热管内工作介质正常循环的必要条件为

$$\Delta p_{c,max} \geqslant \Delta p_l + \Delta p_v \pm \Delta p_g \tag{7.4}$$

式中：Δp_l 和 Δp_v 分别为工作液和蒸汽的流动阻力，如图 7.3 所示；$\Delta p_{c,max}$ 为吸液芯最大抽吸压头。

$\Delta p_{c,max}$ 的计算式为

$$\Delta p_{c,max} = \frac{2\sigma}{r_c} \tag{7.5}$$

式中：r_c 为吸液芯内有效毛细半径。

显然，毛细吸液芯结构不同，有效毛细半径计算方法也不一样。几种常用毛细吸液芯有效半径计算方法见表 7.2。

表 7.2 几种常用毛细吸液芯有效半径 r_c

吸液芯结构	有效毛细半径 r_c	备注
圆柱形毛细孔	$r_c=r$	r 为毛细孔半径
矩形沟槽	$r_c=W$	W 为沟槽宽度
三角形沟槽	$r_c=W/\cos\beta$	W 为沟槽宽度，β 为 1/2 顶角
圆形沟槽	$r_c=W$	W 为沟槽宽度
平行丝网芯	$r_c=W$	W 为线间距
丝网芯（多层）	$r_c=(W+d)/2$	W 为丝网间距，d 为丝网直径
填充球（烧结芯）	$r_c=0.41r_s$	r_s 为颗粒半径

5. 沸腾极限

当热管蒸发段径向热流密度较小时，壁面热量会以导热和自然对流方式传递至气液界面，工作液在气液界面上吸热汽化。然而，当径向热流密度增大到某一临界值时，会使热管吸液芯内的工作液沸腾，产生大量的气泡堵塞毛孔，从而减弱或破坏毛细抽吸作用，致使回流的工作液不能满足蒸发要求，在蒸发段内就会出现干涸现象，此时的径向热流密度称为热管的沸腾极限。为统一起见，沸腾极限常被定义为蒸发段总的传热量 $\Phi_{b,max}$。

在毛细吸液芯内，工作液的核态沸腾机理非常复杂，产生的气泡从壁面上脱离的难易程度与吸液芯结构有关。如采用使气泡容易逸出的吸液芯结构，则即使在沸腾时热管也能正常工作，因此，沸腾传热极限常以使气泡不能逸出吸液芯，即壁面开始产生气泡作为标准，由此导出的沸腾传热极限时最大传热量为

$$\Phi_{b,max}=\frac{2\pi l_e\lambda_e T_v}{h_{fg}\rho_v\ln(r_i/r_v)}\left(\frac{2\sigma}{r_b}-\Delta p_c\right) \tag{7.6}$$

式中：λ_e 为浸满液体的吸液芯有效导热系数；r_i 为热管壁面内半径；r_v 为蒸汽腔半径；r_b 为生成气泡临界半径，对于一般热管可取 $r_b=2.54\times10^{-7}$m。

7.2 两相闭式热虹吸管

两相闭式热虹吸管又称重力热管，如图 7.11 所示。两相闭式热虹吸管的工作原理与普通热管类似，也是利用工质的蒸发和凝结来传递热量的，不同的是热管内壁没有吸液芯，工作液依靠重力作用从冷凝段回流至蒸发段，因此，两相闭式热虹吸管的传热具有方向性，蒸发段必须位于冷凝段的下方。

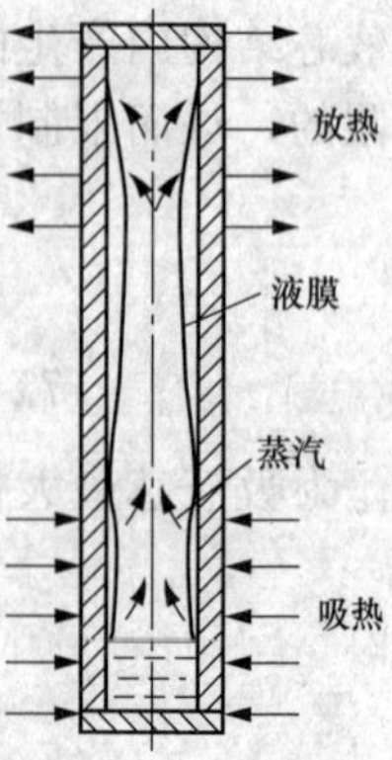

图 7.11 两相闭式热虹吸管

由于两相闭式热虹吸管内没有吸液芯，因此，与普通热管相比，其结构简单、制造方便、成本低廉，且工作可靠。目前，在地面上使用的热管换热器中，都使用两相闭式热虹吸管作为基本传热元件，特别是在低温余热回收和热能综合利用中，两相闭式热虹吸管将发挥越来越重要的作用。

7.2.1 传热分析

两相闭式热虹吸管内除同时进行着蒸发沸腾、凝结传热外，还存在典型的逆向两相流动过程，因此，其传热机理比较复杂。

1. 冷凝段传热

在冷凝段，由于热管内壁黏附液膜厚度远小于热管管径，因此，其凝结传热系数可按

Nusselt 膜状凝结理论计算，故冷凝段局部表面传热系数可表示为

$$h_z=\frac{\lambda_l}{\delta_z}=\left[\frac{\rho_l g\lambda_l^3 h_{fg}}{4\mu_l(T_s-T_w)z}\right]^{1/4} \tag{7.7}$$

式中：λ_l 为液膜导热系数；δ_z 为液膜厚度；z 为从冷凝段顶端向下的轴向长度。

如果用无因次参数表示，则

$$Nu_z=\frac{h_z}{\lambda_l}\left[\frac{g}{\nu_l^2}\left(\frac{\rho_l-\rho_v}{\rho_l}\right)\right]^{-1/3}=0.693Re_l^{-1/3} \tag{7.8}$$

式中：ν_l 为凝结液动量扩散率；Re_l 为冷凝段局部雷诺数，即

$$Re_l=\frac{\bar{w}_l\delta_z}{\nu_l}=\frac{g\rho_l(\rho_l-\rho_v)\delta_z^3}{3\mu_l^2}=\frac{\Phi}{\pi d_c\mu_l h_{fg}} \tag{7.9}$$

式中：Φ 为冷凝段顶端至 z 处总传热量；d_c 为冷凝段内直径。

整个冷凝段平均表面传热系数为

$$h=\frac{1}{l_c}\int_0^{l_c}h_z dz=0.943\left[\frac{\rho_l g\lambda_l^3 h_{fg}}{\mu_l l_c(T_s-T_w)}\right]^{1/4} \tag{7.10}$$

上式也可用无因次准则数表示，即

$$Nu=0.925Re_{l,\max}^{-1/3} \tag{7.11}$$

式中：$Re_{l,\max}=\Phi_c/(\pi d_c\mu_l h_{fg})$；$\Phi_c$ 为冷凝段总传热量。

当两相闭式热虹吸管倾斜布置时，下降液膜会偏向管子下方，其平均表面传热系数会有所增加，式（7.11）仍然适用，但雷诺数应修正为

$$Re_\phi=Re_{l,\max}f_\phi \tag{7.12}$$

式中：ϕ 为热管与竖直方向的夹角；f_ϕ 为考虑倾斜布置影响的修正系数。

2. 蒸发段传热

两相闭式热虹吸管蒸发段的传热比较复杂，从传热特征上看，可以分为两个区域：①蒸发段底部液池区域，当热流密度较小时，液池内属于自然对流传热，工作液在液池表面蒸发；当热流密度较大时，属于液池内的核态沸腾。②蒸发段液池上部液膜区域：当热流密度较小时，属于冷凝液膜的层流膜状蒸发；当热流密度较大时，属于冷凝液膜内的核态沸腾。

假定竖直两相闭式热虹吸管内液膜分布均匀且蒸发段底部液膜厚度为零，则可按照 Nusselt 膜状理论计算。当液膜处于层流区域（$Re_l<7.5$）时，表面传热系数可直接按照式（7.8）或式（7.11）计算；当液膜处于波动层流区（$7.5<Re_l<325$）时，可按下式计算：

$$Nu_z=0.604Re_l^{-0.22} \tag{7.13}$$

当液膜处于湍流区（$Re_l>500$）时，则按下式计算：

$$Nu_z=6.62\times10^{-3}Re_l^{0.4}Pr^{0.65} \tag{7.14}$$

需要说明的是，在两相闭式热虹吸管的实际运行过程中，即使是垂直布置，也很难保证液膜沿周向是均匀分布的，都很可能破裂为溪流，故实际表面传热系数都要比式（7.14）计算结果偏大。

7.2.2 传热极限

由于两相闭式热虹吸管内的传热过程与吸液芯热管有所不同，因此，容易发生的传热极限也不一样，主要包括携带极限、干涸极限和沸腾极限。

1. 携带极限

携带极限又称液阻极限，比较容易出现在充液量和轴向传热量均较大的工况，它主要由

两相闭式热虹吸管内逆向流动的蒸汽和回流工作液在气液界面上的相互作用引起，机理与普通热管内机理相同。随着气液两相间相对速度的增大，气液界面上的黏性剪切力会阻碍工作液从冷凝段回流到蒸发段，从而使得蒸发段由于不断的蒸发而出现干涸，管壁温度飞升。

两相闭式热虹吸管携带极限的预测通常采用基于实验的半经验式，常用的计算式为

$$\Phi_{e,max} = C_K^2 \frac{\pi d_i^2}{4} h_{fg} [g\sigma(\rho_l - \rho_v)]^{1/4} (\rho_l^{-1/4} + \rho_v^{-1/4})^{-2} \tag{7.15}$$

式中：d_i 为热管内直径；C_K 为无因次参数。

C_K 的计算式为

$$C_K = \sqrt{3.2}\,\mathrm{th}(0.5Bo^{1/4})$$

其中，$Bo = d_i\sqrt{\dfrac{(\rho_l - \rho_v)g}{\sigma}}$。

2. 沸腾极限

沸腾极限主要发生在蒸发段的液池沸腾中，通常在充液量较大且径向热流密度很大的工况下发生，又称为烧毁极限。在蒸发段的液池沸腾传热过程中，随着径向热流密度的增加，沸腾越来越剧烈，产生的气泡数也越来越多，从而使得相邻气泡合体形成紧贴在壁面上的汽膜，将液体和壁面隔离开来，导致壁面温度突然升高，此时的热流密度即为沸腾极限。

在两相闭式热虹吸管中，当工作介质为水、乙醇和氟利昂 113 时，沸腾极限对应的最大径向热流密度可按下式计算：

$$\frac{q_{max}}{q_{max,\infty}} = C^2 \left[0.4 + 0.012 r_i \sqrt{\frac{(\rho_l - \rho_v)g}{\sigma}}\right]^2 \tag{7.16}$$

式中：r_i 为热管内半径；$q_{max,\infty}$ 为池沸腾临界热流密度；C 为系数。

$q_{max,\infty}$ 和 C 的计算式为

$$q_{max,\infty} = 0.14 h_{fg} [g\sigma(\rho_l - \rho_v)\rho_v^2]^{1/4}, \quad C = A(d_i/l_c)^{-0.44}(d_i/l_e)^{0.55}\Omega^n$$

式中：A 和 n 分别为系数和指数；Ω 为热管充液率，即工质处于液相时标准状态下的体积与热管内部总容积之比，当 $\Omega \leqslant 35\%$ 时，$A=0.538$，$n=0.13$，当 $\Omega > 35\%$ 时，$A=3.54$，$n=-0.37$。

式（7.16）的适用范围是：与垂直方向的夹角 $0° \leqslant \phi \leqslant 86°$，充液率为 $0.029 \leqslant \Omega \leqslant 0.60$，不凝性气体充气率为 $0.006 \leqslant \psi \leqslant 1.0$，且满足

$$1.0 \leqslant r_i \sqrt{\frac{(\rho_l - \rho_v)g}{\sigma}} \leqslant 30$$

3. 干涸极限

干涸极限主要发生在充液量很少且径向热流密度也相对较小的工况。在这种情况下，来自冷凝段的下降液膜仍能回流到蒸发段，但蒸发段底部液膜厚度接近于零，即充液量只能满足热管的工作循环，蒸发段底部无液池存在。此时，如果蒸发段热流密度增加，在蒸发段底部就会出现干涸区域，且干涸区域会随着热流密度的增加而扩展，壁面温度也会随之上升，因此，当蒸发段底部液膜厚度接近于零时的热流密度即为干涸极限。

7.2.3 充液量和倾角的影响

在实际的热管换热器中，受场地空间的限制，热管都是倾斜布置，此时，影响热管传热性能的两个最重要的参数是热管充液率 Ω 和倾角 ϕ。

1. 充液量的影响

当热管垂直布置时，最小充液量是保证蒸发段底部液膜厚度刚好为零时的充液量。借助于 Nusselt 理论，可以导出最小充液量 $G_{\min}$ 与热管传热量 Φ 之间的关系为

$$G=\left(\frac{4}{5}l_{c}+l_{a}+\frac{4}{5}l_{e}\right)\left(\frac{3\mu_{l}\rho_{l}\pi^{2}d_{i}^{2}}{h_{fg}g}\Phi\right)^{1/3} \tag{7.17}$$

由此可知，最小充液量与热管的几何尺寸和工质物性有关，且与传热量的 1/3 次方成正比。此充液量为最小充液量，若实际充液量小于最小充液量，将会出现干涸极限。应该指出的是，由于逆向气液两相流动，气液界面剪切力会使液膜增厚，同时，蒸汽腔内也存在气液混合物，因此，按式（7.17）计算的结果会偏小。

通常情况下，蒸发段底部液池内的沸腾传热系数较高，因此，为了提高蒸发段传热性能，热管的实际充液量总是大于按式（7.17）计算出来的值。但充液量也不能过大，否则，既会引起传热不稳定，也会影响传热性能，因此，存在一个最佳的充液率。显然，最佳充液率取决于热管尺寸、工作介质种类等，通常为 0.18～0.33。

2. 倾角的影响

热管倾角 φ 指热管轴线与水平线的夹角。若充液率一定，当倾角较小时，传热性能随倾斜角的增大迅速上升，当超过某一倾角后，传热性能的变化就趋于平坦，其定性的变化规律如图 7.12 所示。

倾角对热管的传热极限也有重要的影响。如图 7.13 所示，其中，传热极限比是指热管倾斜布置时的传热极限与垂直时的传热极限之比，充液比为标准状态下工作液体积与蒸发段容积之比。显然，随着热管倾角的增加，传热极限比先增大，后减小，其最大值出现在 $\varphi=40°\sim60°$时；而且当倾角大于某个值后，倾斜布置时的传热极限高于垂直布置时的传热极限，即传热极限比大于 1.0。

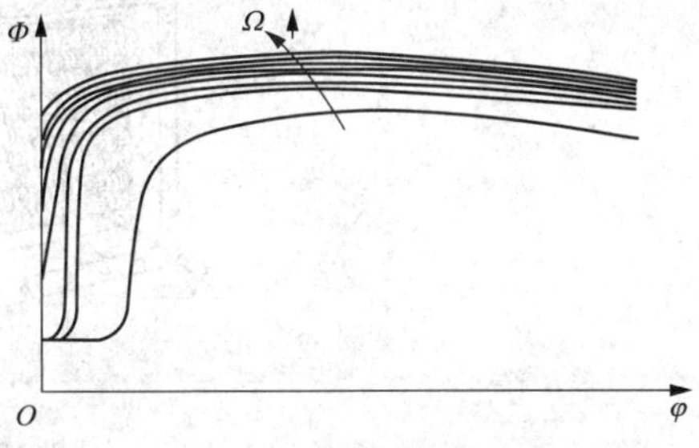

图 7.12　热管倾角对传热性能的影响

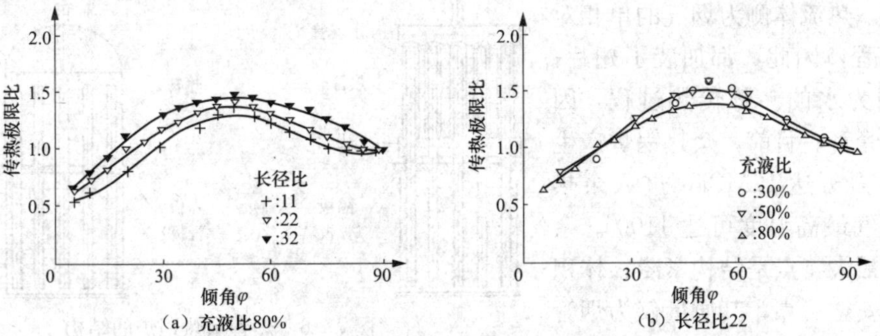

图 7.13　热管倾角对传热极限的影响（工作介质为 R113；内径为 14mm）

7.3　热管换热器类型与结构

热管换热器属于间壁式换热器，但其传热过程与间壁式换热器有本质的不同，典型的热管换热器结构如图 7.14 所示。热管换热器的主要优点：①结构简单、换热效率高、运行安

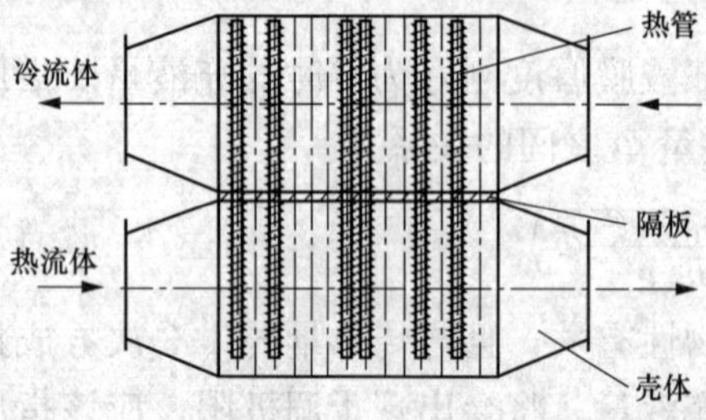

图 7.14 典型热管换热器结构

全可靠。②传热性能好，相同传热量时金属耗量比其他换热器少。③冷、热流体被热管和中间隔板隔离，每根热管都是相互独立的。因此，即使某根热管失效，也几乎不会对冷热流体的隔离和传热带来影响。④由于热管加热段和冷却段彼此独立，因此，冷热流体两侧的传热面积可以任意调整，从而可以通过提高壁温来有效地避免低温腐蚀。

按照冷、热流体的种类，可以将热管换热器分为气-气式、气-液式和液-液式三种；按照热管换热器的结构，可以将热管换热器分为整体式、分离式、回转式和组合式四种。

7.3.1 整体式热管换热器

整体式热管换热器主要由热管元件、隔板和外壳等组成，热管数量的多少主要取决于传热量的大小。图 7.15 为热管空气预热器原理，它是一种典型的整体式热管换热器，由于冷、热流体都是气体，因此，为了提高热管的传热性能，往往在热管加热段和冷却段都加装翅片，以便减少热管的数量。

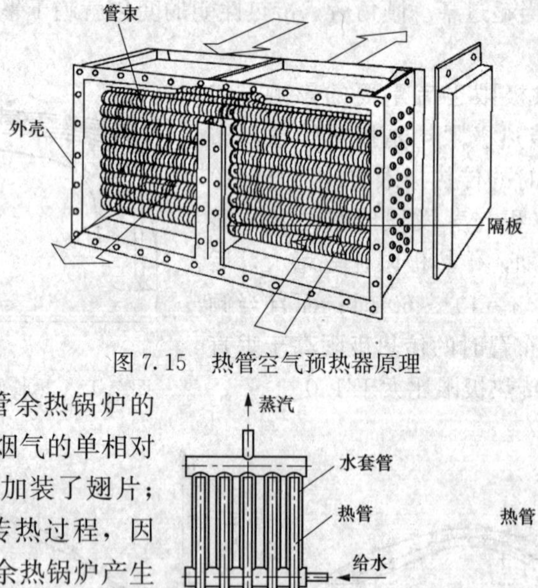

图 7.15 热管空气预热器原理

图 7.16 所示为热管余热锅炉的两种结构。热流体侧为烟气的单相对流传热过程，因此，都加装了翅片；冷流体侧为水的沸腾传热过程，因此，都为光管。目前，余热锅炉产生的蒸汽压力可达 12MPa，进入余热锅炉的烟气最高温度可达 1100°。余热锅炉的最大特点是结构紧凑、体积小，运行安全可靠，其质量仅为烟管式余热锅炉的 1/5～1/3，外形尺寸仅为烟管式余热锅炉的 1/3～1/2。不仅如此，由于结构紧凑，烟气流过余热锅炉的压力损失仅为20～60Pa，故引风机电耗也小。

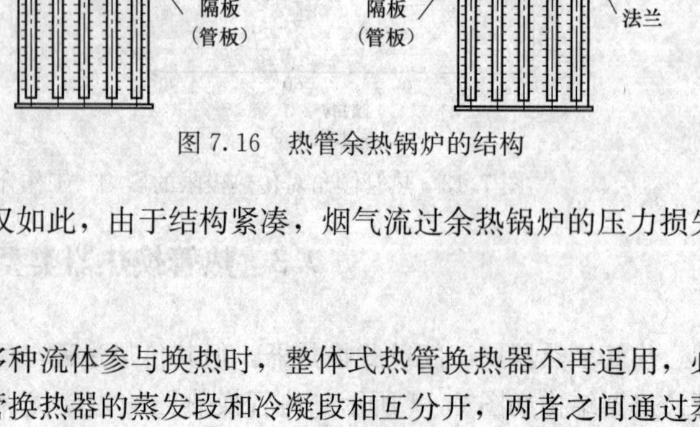

图 7.16 热管余热锅炉的结构

7.3.2 分离式热管换热器

当冷、热流体流道相距较远或有多种流体参与换热时，整体式热管换热器不再适用，必须采用分离式热管换热器。分离式热管换热器的蒸发段和冷凝段相互分开，两者之间通过蒸汽上升管和冷凝液下降管连接成一个循环回路，如图7.17所示。分离式热管的循环驱动力仍是重力，因此，也属于重力热管，故冷凝段必须位于蒸发段上方，两者之间存在一个维持内部工作循环的最小高度差 H_{min}，实际分离式热管换热器冷凝段和蒸发段的高度差必须大于 H_{min}。

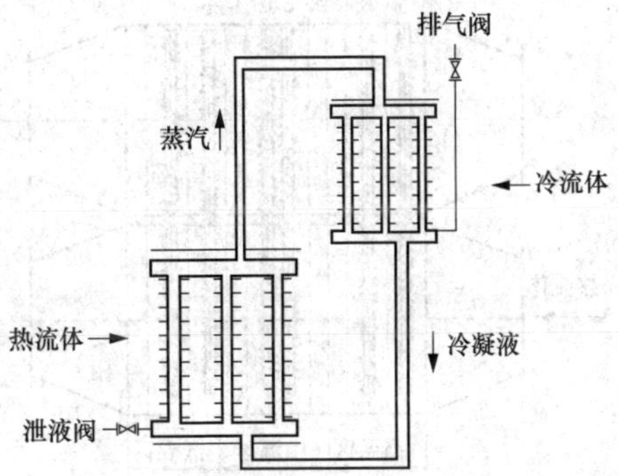

图7.17 分离式热管换热器原理

与整体式热管换热器相比，分离式热管换热器的主要优点：①可根据现场实际情况，灵活布置蒸发段和冷凝段；②能实现多种流体之间的传热，例如，用一种热流体（烟气）同时加热两种冷流体（空气和煤气），如图7.18所示；③可通过改变蒸汽上升管和冷凝液下降管的连接次序，调整管排内的温度，如图7.19所示，这样既可以避免高温侧因管内工作温度过高造成的压力过高所引起的安全性问题，也可以避免低温侧因温度过低带来的露点腐蚀问题。

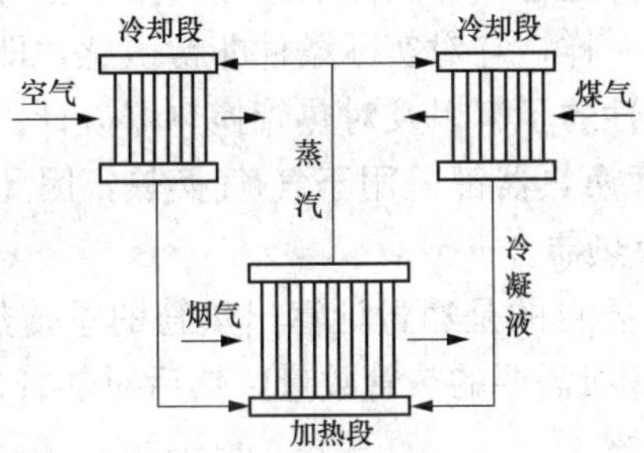

图7.18 三流体换热的分离式热管换热器

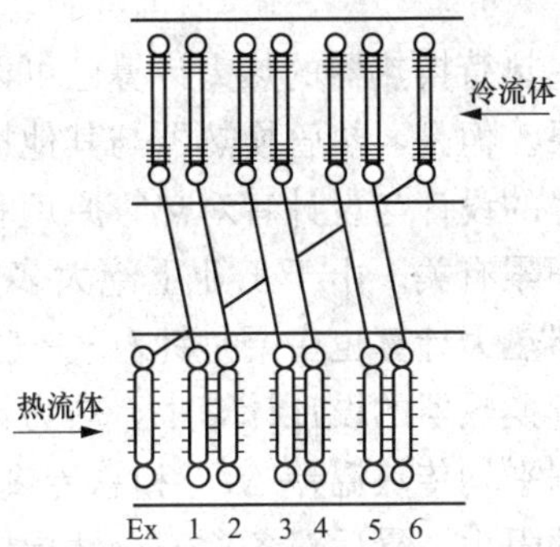

图7.19 分离式热管换热器温度调整

7.3.3 回转式热管换热器

回转式热管换热器中的热管元件可以依靠重力，也可以依靠旋转产生的离心力来维持热管内部的工作循环，同时，旋转的热管还能强化热管加热段和冷却段与流体之间的传热，提高传热性能，有时还兼有送风机功能。回转式热管换热器因增加了转动机构，从而使得结构复杂，动力消耗增加。根据旋转轴的不同，回转式热管换热器可分为离心式和轴流式两种，如图7.20所示。

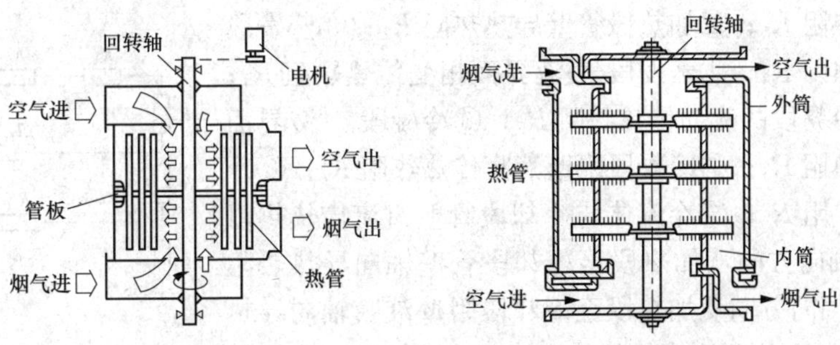

图7.20 回转式热管换热器

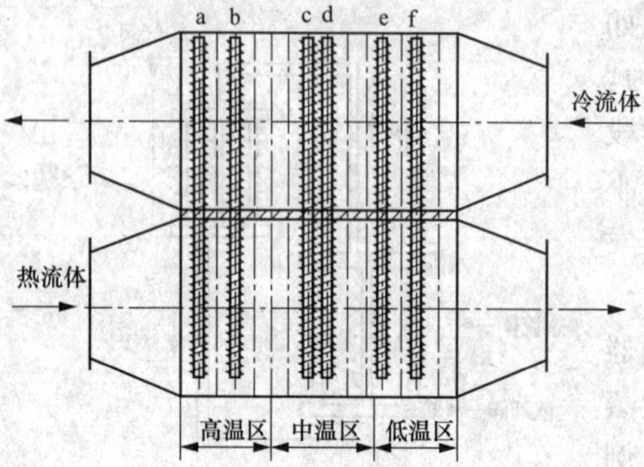

图 7.21 组合式热管换热器

7.3.4 组合式热管换热器

这种换热器由同一类热管构成，但在换热器的不同温区所采用的工作介质不同，或者即使是同一种工作介质，在不同温区热管的充气量不同。图 7.21 所示为一种典型的组合式热管换热器，其中，a、b、c、d、e 和 f 代表六组热管，a 组和 b 组处于高温区，可采用不锈钢-液态金属钠或钾热管，c 组和 d 组可采用常规的钢-水热管，e 组和 f 组处于低温区，可采用铝-氟利昂热管，即从高温到低温，选择在该温区内最适宜的热管。

7.4 热管换热器热力计算

目前，热管换热器的热力计算已可以通过软件进行，即只需输入原始数据就可以得到热力计算结果。但是，热管换热器与其他换热器不一样，它对实际条件非常敏感，即通用性不强，一个好的设计与设计者对热管原理和热管特性的了解以及对热管换热器设计、调试和运行的经验积累有关。由于工业上绝大多数的热管换热器都是用于气-气换热，因此，这里的热管换热器热力计算也主要是针对气-气式热管换热器。

在热管换热器的设计计算中，热力计算的主要目的是通过计算出热管的总传热系数 K，然后，根据平均传热温差 ΔT_m 和总传热量 Φ 计算所需要的热管数量，然后对热管进行排列，计算出流动阻力，最后对各项安全性指标进行校核。

热管换热器热力计算模型有三种，即连续间壁式模型、离散模型和定壁温模型。连续间壁式模型是将整个热管换热器看成热阻很小的连续间壁，因而可以采用常规的间壁式换热器设计计算方法计算。离散模型认为通过每排热管的流体温度和传热量不是连续的，而呈阶梯式变化，因而可以通过离散方法建立每排热管的传热模型来进行设计计算。定壁温模型的基本思想是将各排热管，特别是在烟气出口侧的热管壁面温度控制在烟气露点温度以上，以避免露点腐蚀及因结露而形成的堵灰。下面主要介绍基于连续间壁式模型的热管换热器热力计算方法。

7.4.1 热阻计算

以两相闭式热虹吸管内的传热过程为例，其主要传热热阻包括：①热流体与热管加热段外壁对流传热热阻 R_1；②加热段管壁导热热阻 R_2；③蒸发段附壁液膜传热热阻 R_3；④蒸发段气-液界面相变传热热阻 R_4；⑤从蒸发段到冷凝段的流动传热热阻 R_5；⑥冷凝段气-液界面蒸汽凝结相变热阻 R_6；⑦冷凝段附壁液膜传热热阻 R_7；⑧冷却段管壁导热热阻 R_8；⑨冷流体与冷却段管壁对流传热热阻 R_9；⑩沿热管轴向方向从加热段至冷却段管壁轴向导热热阻 R_{10}；⑪沿热管轴向方向从加热段至冷却段附壁液膜轴向导热热阻 R_{11}。上述所有热阻构成的从热流体至冷流体的传热热阻如图 7.22 所示。

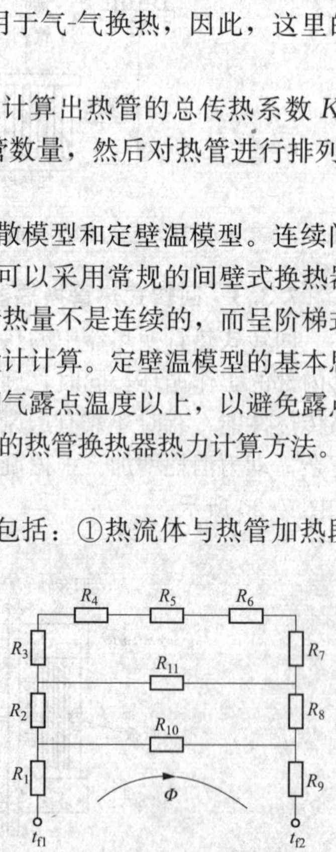

图 7.22 热管传热热路图

由于热管管壁和热管内的附壁液膜都很薄，而且沿轴向方向导热路径很长，因此，和其他热阻相比，R_{10}和R_{11}要大得多，故沿管壁和液膜的轴向导热可以忽略不计。这样一来，通过热管的传热就可以处理成一条串联热阻，传热量可以表示为

$$\Phi = \frac{\Delta t}{R_t} = \frac{t_{f1} - t_{f2}}{\sum_{i=1}^{9} R_i} \tag{7.18}$$

式中：R_t 为热管总传热阻力，$R_t = R_1 + R_2 + R_3 + R_4 + R_5 + R_6 + R_7 + R_8 + R_9$。

在这 9 个分热阻中，R_1 和 R_9 反映的是热管与外部冷、热流体间的传热能力，与热管本身的特性无关，因此，又称为外阻；$R_2 \sim R_8$ 反映了热管元件本身的传热性能，称为热管内阻。

1. 热流体与热管间传热热阻 R_1

热流体与热管加热段间的传热热阻 R_1 取决于外部换热方式及条件。通常情况下，外部传热可能是单相介质对流传热、辐射传热或者复合传热，也可能是与固体热源间的接触导热等，热管外壁可能是光管，也可能加装了各种翅片进行强化传热。

如果热流体与加热段外壁间是对流传热，且外壁为光管，则

$$R_1 = \frac{1}{h_1 A_{e,o}} \tag{7.19}$$

式中：h_1 为热流体与管壁间表面传热系数；$A_{e,o}$为热管加热段外表面积，$A_{e,o} = \pi d_{o,e} l_e$（$d_{o,e}$为加热段热管外直径）。

如果热管外壁加装了翅片，则

$$R_1 = \frac{1}{h_1 \pi d_{o,e} l_e \beta_e \eta_{0,e}} \tag{7.20}$$

式中：β_e 为加热段翅化比；$\eta_{0,e}$为加热段翅化面总效率。

2. 加热段管壁导热热阻 R_2

可按圆筒壁导热热阻式计算，即

$$R_2 = \frac{1}{2\pi\lambda_e l_e} \ln \frac{d_{o,e}}{d_{i,e}} \tag{7.21}$$

式中：λ_e 为加热段管壁导热系数；$d_{i,e}$和 $d_{o,e}$分别为加热段管壁内、外直径。

3. 热管蒸发段液膜传热热阻 R_3

通过液膜的传热除了导热外，也存在对流传热，对于吸液芯热管，通过吸液芯-液体组合层的传热更为复杂。为方便起见，可通过引进一个当量导热系数 λ_{eff}，按通过圆筒壁的导热公式计算，即

$$R_3 = \frac{1}{2\pi\lambda_{eff} l_e} \ln \frac{d_{i,e}}{(d_{i,e} - 2\delta_e)} \tag{7.22}$$

式中：δ_e 为蒸发段液膜平均厚度或吸液芯管芯层厚。

4. 蒸发段液-汽界面相变热阻 R_4

蒸发段气-液界面相变传热热阻可按下式计算：

$$R_4 = \frac{RT_s^2 \sqrt{2\pi RT_s}}{p_v h_{fg}^2 \pi d_{v,e} l_e} \tag{7.23}$$

式中：p_v 为蒸汽饱和压力；T_s 为蒸汽的饱和温度；R 为工质的气体常数；$d_{v,e}$为蒸发段蒸汽腔直径。

5. 蒸汽流动传热热阻 R_5

由于蒸发段和凝结段之间存在流动阻力，产生汽相压差 Δp_v，根据饱和蒸汽压力与温度间的对应关系，蒸发段和凝结段之间也存在相应的温度差 ΔT_v，从而可导得蒸汽流动传热热阻为

$$R_5 = \frac{\Delta T_v}{\Phi} = \frac{RT_v^2 \Delta p_v}{\Phi p_v h_{fg}} \tag{7.24}$$

式中：T_v 为热管的平均工作温度；Φ 为热管传热量。

6. 凝结段汽-液界面相变热阻 R_6

冷凝段气-液界面蒸汽凝结相变热阻 R_6 可按照与式（7.23）类似的式子计算，即

$$R_6 = \frac{RT_s^2 \sqrt{2\pi RT_s}}{p_v h_{fg}^2 \pi d_{v,c} l_c} \tag{7.25}$$

式中：$d_{v,c}$为凝结段蒸汽腔直径。

7. 冷凝段附壁液膜传热热阻 R_7

与 R_3 类似，也可认为热量的传递主要依靠导热，则

$$R_7 = \frac{1}{2\pi\lambda_{eff} l_c} \ln \frac{d_{i,c}}{d_{i,c} - 2\delta_c} \tag{7.26}$$

式中：δ_c 为凝结段液膜平均厚度或吸液芯管芯层厚；$d_{i,c}$为凝结段热管内直径。

8. 凝结段管壁导热热阻 R_8

与 R_2 类似，也按通过圆筒壁导热公式计算，即

$$R_8 = \frac{1}{2\pi\lambda_c l_c} \ln \frac{d_{o,c}}{d_{i,c}} \tag{7.27}$$

式中：λ_c 为凝结段管壁导热系数；$d_{o,c}$和 $d_{i,c}$分别为凝结段管壁的内、外直径。

9. 冷流体与冷却段管壁对流传热热阻 R_9

冷流体与冷却段管壁对流传热热阻可按下式计算：

$$R_9 = \frac{1}{h_2 \pi d_{o,c} l_c \beta_c \eta_{0,c}} \tag{7.28}$$

式中：h_2 为冷流体与热管冷却段外壁间表面对流传热系数；$d_{o,c}$为冷却段光管外直径；β_c 为冷却段翅化比；$\eta_{0,c}$为冷却段翅化面总效率。

7.4.2 热管工作温度

热管工作温度是指蒸汽腔内的平均温度，它是选择热管材质和工作介质的主要依据。热管工作温度 t_v可以根据热流体温度 t_{f1}、冷流体温度 t_{f2}以及各传热环节的热阻计算。若忽略蒸汽流动传热热阻 R_5，则蒸发段总热阻 R_e 和冷凝段总热阻 R_c 分别为

$$R_e = R_1 + R_2 + R_3 + R_4 \tag{7.29a}$$

$$R_c = R_6 + R_7 + R_8 + R_9 \tag{7.29b}$$

在稳态条件下，按照热路分析法有

$$\Phi = \frac{t_{f1} - t_v}{R_e} = \frac{t_v - t_{f2}}{R_c}$$

可解得

$$t_v = \frac{R_c t_{f1} + R_e t_{f2}}{R_e + R_c} \tag{7.30a}$$

或者

$$t_v=\frac{1}{2}(t_{f1}+t_{f2})+\frac{1}{2}\Phi(R_c-R_e) \tag{7.30b}$$

由此可知

$$R_c>R_e, t_v>\frac{1}{2}(t_{f1}+t_{f2})$$

$$R_c=R_e, t_v=\frac{1}{2}(t_{f1}+t_{f2})$$

$$R_c<R_e, t_v<\frac{1}{2}(t_{f1}+t_{f2})$$

从上述关系式可以看出，热管的工作温度可以通过改变热阻的相对大小进行调整，这为充分发挥热管的优良传热性能、合理选择工作介质和热管材料提供了可能。

7.4.3　安全性校核计算

为了保证热管工作安全可靠，在热管换热器热力计算中，还必须进行各种安全性校核计算。

1. 热管工作温度核算

在热管换热器中，既要核算热管平均工作温度 t_v，也要核算热管可能达到的最高工作温度 $t_{v,max}$ 和最低工作温度 $t_{v,min}$。

热管换热器中平均工作温度 t_v 的计算式为

$$t_v=\frac{R_c}{R_t}t_{f1m}+\frac{R_e}{R_t}t_{f2m} \tag{7.31}$$

式中：t_{f1m} 和 t_{f2m} 分别为热流体和冷流体平均温度。

为了增大平均传热温差，热管换热器通常都采用逆流布置，此时，最高工作温度 $t_{v,max}$ 出现在热流体进口侧的第一排热管，最低工作温度 $t_{v,min}$ 出现在冷流体进口侧的第一排热管，即

$$t_{v,max}=\frac{R_c}{R_t}t'_{f1}+\frac{R_e}{R_t}t''_{f2} \tag{7.31a}$$

$$t_{v,min}=\frac{R_c}{R_t}t''_{f1}+\frac{R_e}{R_t}t'_{f2} \tag{7.31b}$$

式中：t'_{f1} 和 t''_{f1} 分别为热流体进出口温度；t'_{f2} 和 t''_{f2} 分别为冷流体进出口温度。

也可按下述公式计算：

$$t_{v,max}=t'_{f1}-\Phi_{s,f}R_e \tag{7.32a}$$

$$t_{v,min}=t''_{f1}-\Phi_{s,e}R_e \tag{7.32b}$$

式中：$\Phi_{s,f}$ 和 $\Phi_{s,e}$ 分别为首排热管及末排热管的单管传热量。

在热管换热器设计中，要求热管工作温度应处于工作介质的液-固凝结点和液-汽临界点之间，且不过分地接近哪一点，以保证热管工作循环正常进行。更为重要的是，热管工作温度下的饱和压力（即工作压力）必须小于管材的许用压力。实用上，常常用不同材料组合的热管的本身许用温度 t_{max} 来限制其工作温度，即

可能达到的最高工作温度 $t_{v,max}$ < 最高许用温度 t_{max}

可能达到的最低工作温度 $t_{v,min}$ > 最低许用温度 t_{min}

对于常用的钢铜复合管-水热管，$t_v<250$℃；铜-水热管，$t_v<200$℃；碳钢-水热管，$t_v<320$℃。

2. 单管热负荷计算

单根热管的最大传热量 $\Phi_{s,max}$ 必须小于热管的工作极限。对于吸液芯热管，最容易发生的是毛细极限 $\Phi_{c,max}$，因此，应满足

$$\Phi_{s,max} < \Phi_{c,max} \tag{7.33a}$$

对于两相闭式热虹吸管，即重力热管，最容易发生的是携带极限 $\Phi_{c,max}$，因此，应满足

$$\Phi_{s,max} < \Phi_{e,max} \tag{7.33b}$$

热管换热器中单根热管的最大传热量 $\Phi_{s,max}$ 可按下式计算：

$$\Phi_{s,max} = \frac{\Delta t_{max}}{R_t} \tag{7.34}$$

式中：Δt_{max} 为热管换热器大的端差。

3. 壁温计算

热管换热器加热段的最低壁温 $t_{p,min}$ 至少应高于管外烟气的水蒸气露点温度 t_c，即 $t_{p,min} > t_c$，以避免积灰、结垢及严重的低温腐蚀。其中，最低壁面温度 $t_{p,min}$ 可按下式计算：

$$t_{p,min} = t''_{f1} - \Phi_{s,e} R_1 \tag{7.35}$$

7.4.4 热管换热器的热力计算程序

热管换热器热力设计的主要任务是根据两种流体的参数及选定的热管元件进行换热面的布置和压降计算，然后，参照给定的约束条件进行安全性校核，最终选择一个最优的换热面布置方案。因此，在热管换热器热力设计之前，首先必须进行热管元件设计，包括热管形式的选择、工作温度的计算、工作介质及管材的确定等。对于用于气-气换热的热管换热器，还必须确定热管外壁的翅片形式及翅片参数等。

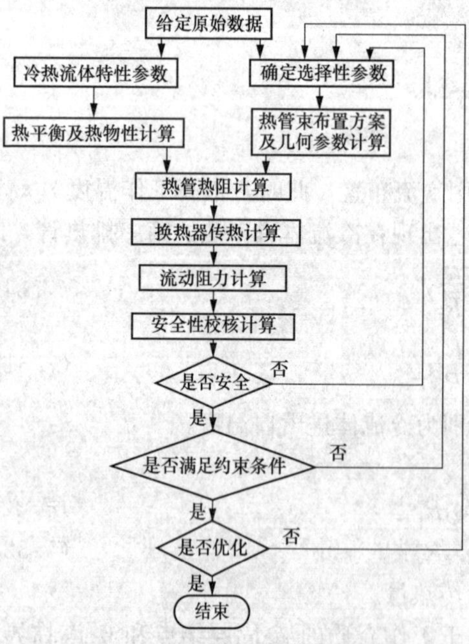

图 7.23 热管换热器热力计算程序

采用连续间壁式模型进行热管换热器热力计算的主要流程如图 7.23 所示，下面以一台小型热管空气预热器为例进行详细说明。

1. 原始数据

锅炉燃料为天然气，烟气流量为 $V_{01} = 8000\text{m}^3/\text{h}$（标态下），排烟温度为 $t'_1 = 240℃$；空气流量为 $V_{02} = 7200\text{m}^3/\text{h}$（标态下），空气温度为 $t'_1 = 20℃$。场地不受限制，原有引、送风机富裕压头较大。

2. 结构参数的确定

(1) 热管元件。因为是地面条件下使用的热管空气预热器，因此，选用常用的 $\phi25 \times 2$ 碳钢-水热虹吸管。为强化管外气体的传热过程，管外绕制了高频焊螺旋翅片。因为锅炉燃料为天然气，烟气中含尘量不大，故选择的冷、热流体两侧翅片参数相同，即翅片外直径 $d_f = 50\text{mm}$，翅片高度 $l_f = 12.5\text{mm}$，翅片厚度 $\delta_f = 1.0\text{mm}$，翅片间距 $s_f = 6\text{mm}$。

热管元件的翅化比 β 为

$$\beta=\frac{(d_f^2-d_o^2)/2+d_f\delta_f+d_o(s_f-\delta_f)}{d_o s_f}$$
$$=\frac{(50^2-25^2)/2+50\times1+25\times(6-1)}{25\times6}=7.42$$

(2) 换热器主要参数。换热器热管管束采用正三角形错排，其管间距分别取为：横向管间距 $S_T=1.3d_f=65(\text{mm})$，纵向管间距 $S_L=56.3(\text{mm})$，则气流阻断系数为

$$\psi=\frac{d_o+2l_f\delta_f/s_f}{S_T}=\frac{25+2\times12.5\times1/6}{65}=0.449$$

流体流速直接决定了表面传热系数和流动阻力的大小，在热管换热器中，通常推荐的迎风速度为 $w_o=2\sim3\text{m/s}$（标态下）。在本设计计算中，取烟气侧迎风速度 $w_{o1}=2.0\text{m/s}$，空气侧迎风速度 $w_{o2}=2.5\text{m/s}$（标态下）。

烟气侧和空气侧迎风面积分别为

$$A_{01}=\frac{V_{01}}{3600w_{01}}=\frac{8000}{3600\times2.0}=1.11(\text{m}^2)$$
$$A_{02}=\frac{V_{02}}{3600w_{02}}=\frac{7200}{3600\times2.5}=0.80(\text{m}^2)$$

为了便于与外部烟、风管道连接并保证气流速度分布的均匀性，烟气侧和空气侧流通截面都应设计成正方形或接近正方形。取换热器宽度为 $B=0.92\text{mm}$，则烟气侧和空气侧热管换热长度分别为

$$l_e=\frac{A_{01}}{B}=\frac{1.11}{0.92}=1.21(\text{m})$$

$$l_c=\frac{A_{02}}{B}=\frac{0.8}{0.92}=0.87(\text{m})$$

考虑到中间隔板厚度 $l_a=30\text{mm}$，上下各预留 $l_s=35\text{mm}$ 安装段高度，则热管元件总长度为

$$l=l_e+l_c+l_a+2l_s=2180(\text{mm})$$

热管元件加热段和冷却段外光管面积分别为

$$A_{oe,s}=\pi d_o l_e=3.14\times0.025\times1.21=0.0950(\text{m}^2)$$
$$A_{oc,s}=\pi d_o l_c=3.14\times0.025\times0.87=0.0683(\text{m}^2)$$

3. 传热计算

(1) 热平衡与热物性。取热管换热器烟气出口温度为 $t_1''=160℃$，则烟气定性温度为

$$t_{f1}=\frac{1}{2}(t_1'+t_1'')=200(℃)$$

根据定性温度可查得烟气物性参数如下：密度 $\rho_1=0.748\text{kg/m}^3$，比定压热容 $c_{p1}=1.097\text{kJ/(kg·K)}$，导热系数 $\lambda_1=0.0401\text{W/(m·K)}$，黏度 $\mu_1=24.5\times10^{-6}\text{kg/(m·s)}$，普朗特数 $Pr_1=0.67$。

标准状态下烟气密度为 $\rho_{01}=1.295\text{kg/m}^3$，故烟气放热量为

$$\Phi_1=\rho_{01}V_{01}c_{p1}(t_1'-t_1'')/3600=252.55(\text{kW})$$

假定热管换热器热损失系数为2.5%，则空气吸热量为

$$\Phi_2=(1-0.025)\Phi_1=246.24(\text{kW})$$

标准状态下空气密度为 $\rho_{02}=1.293\text{kg/m}^3$，取空气平均比定压热容为 $c_{p2}=1.008\text{kJ/(kg·K)}$，则由热平衡关系式可得空气出口温度为

$$t_2''=t_1'+\frac{\Phi_2}{\rho_{02}V_{02}c_{p2}}=113.2(℃)$$

由此可得空气定性温度为

$$t_{f2}=\frac{1}{2}(t_2'+t_2'')=66.6(℃)$$

根据定性温度可查得空气物性参数如下：密度 $\rho_2=1.04\text{kg/m}^3$，比定压热容 $c_{p2}=1.008\text{kJ/(kg}\cdot\text{K)}$，导热系数 $\lambda_2=0.0294\text{W/(m}\cdot\text{K)}$，黏度 $\mu_2=20.43\text{kg/(m}\cdot\text{s)}$，普朗特数 $Pr_2=0.695$。

（2）表面传热系数。热管管束内最窄截面处烟气和空气流速分别为

$$w_1=\frac{\rho_{01}V_{01}/3600}{\rho_1 l_e B(1-\psi_1)}=\frac{1.295\times 8000/3600}{0.849\times 1.21\times 0.92\times(1-0.449)}=5.52$$

$$w_2=\frac{\rho_{02}V_{02}/3600}{\rho_2 l_c B(1-\psi_2)}=\frac{1.293\times 7200/3600}{1.04\times 0.87\times 0.92\times(1-0.449)}=5.64$$

最窄截面处雷诺数为

$$Re_1=\frac{w_1 d_o\rho_1}{\mu_1}=\frac{5.52\times 0.025\times 0.849}{22.45\times 10^{-6}}=5218$$

$$Re_2=\frac{w_2 d_o\rho_2}{\mu_2}=\frac{5.64\times 0.025\times 1.04}{20.43\times 10^{-6}}=7178$$

流体横掠螺旋翅片管束的表面传热系数可按 Briggs 公式计算，即

$$Nu_f=0.137\,8Re_f^{0.718}Pr_f^{1/3}\left(\frac{s_f}{l_f}\right)^{0.296}$$

将上述所有数据代入可得，$Nu_1=45.52$，$Nu_1=57.65$。按定义，可得两侧的表面传热系数分别为

$$h_1=Nu_1\frac{\lambda_1}{d_o}=45.52\times\frac{0.035\,7}{0.025}=65.0[\text{W/(m}^2\cdot\text{K)}]$$

$$h_2=Nu_2\frac{\lambda_2}{d_o}=57.65\times\frac{0.029\,4}{0.025}=67.8[\text{W/(m}^2\cdot\text{K)}]$$

（3）热阻计算。在计算热管外部热阻前，首先必须确定翅化面总面积效率 η_0。取碳钢导热系数为 $\lambda_s=40$ [W/(m·K)]，则

$$\xi=\left(l_f+\frac{1}{2}\delta_f\right)^{3/2}\left[\frac{h}{\lambda_s(l_f+\delta_f/2)\delta_f}\right]^{1/2}$$

由此可得，$\xi_1=0.524$，$\xi_2=0.535$，又半径比为 $r_f'/r_o=25.5/12.5=2.04$，故查环形翅片效率曲线图可得 $\eta_{f1}\approx\eta_{f2}=0.79$。

翅化面总面积效率 η_0 为

$$\eta_0=\frac{[(d_f^2-d_o^2)+2d_f\delta_f]\eta_f+2d_o(s_f-\delta_f)}{(d_f^2-d_o^2)+2d_f\delta_f+2d_o(s_f-\delta_f)}$$

故 $\eta_{01}\approx\eta_{02}=0.81$。

取烟气侧和空气侧灰污系数 ε 分别为 0.9 和 1.0，则每根热管外部热阻 R_1 和 R_9 分别为

$$R_1=\frac{1}{h_1\pi d_o l_e\beta\eta_{01}\varepsilon_1}=\frac{1}{65\times 3.14\times 0.025\times 1.21\times 7.42\times 0.81\times 0.9}=0.03(\text{K/W})$$

$$R_9=\frac{1}{h_2\pi d_o l_c\beta\eta_{02}\varepsilon_2}=\frac{1}{67.8\times 3.14\times 0.025\times 0.87\times 7.42\times 0.81\times 1.0}=0.035\,9(\text{K/W})$$

通过管壁的导热热阻 R_2 和 R_8 分别为

$$R_2=\frac{1}{2\pi\lambda_s l_e}\ln\frac{d_o}{d_i}=\frac{1}{2\times3.14\times40\times1.21}\ln\frac{25}{21}=0.000\,574(\text{K/W})$$

$$R_8=\frac{1}{2\pi\lambda_s l_c}\ln\frac{d_o}{d_i}=\frac{1}{2\times3.14\times40\times0.87}\ln\frac{25}{21}=0.000\,798(\text{K/W})$$

在两相闭式热虹吸管的蒸发段，通过液膜的传热和气液界面相变传热以及液池内的沸腾传热往往难以区分，因此，将其综合在一起，用蒸发段表面传热系数 h_e 表示，取 $h_e=5000\text{W/(m}^2\cdot\text{K)}$，则

$$R_{3+4}=\frac{1}{h_e\pi d_i l_e}=\frac{1}{5000\times3.14\times0.021\times1.21}=0.002\,51(\text{K/W})$$

同理，在冷凝段，取表面传热系数 $h_c=5000\text{W/(m}^2\cdot\text{K)}$，则

$$R_{6+7}=\frac{1}{h_c\pi d_i l_c}=\frac{1}{5000\times3.14\times0.021\times0.87}=0.003\,49$$

由于热管绝热段长度 l_a 很短，因此，蒸汽流动传热阻力很小，可忽略不计，即 $R_5=0$。由此可得，单根热管的总热阻为

$$R_t=\sum_{i=1}^{9}R_i=0.073\,3(\text{K/W})$$

(4) 单根热管传热量。热管换热器流型为逆流，因此，平均传热温差为

$$\Delta t_{m,N}=\frac{(t_1'-t_2'')-(t_1''-t_2')}{\ln\dfrac{t_1'-t_2''}{t_1''-t_2'}}=\frac{(240-113.2)-(160-20)}{\ln\dfrac{240-113.2}{160-20}}=133.3(℃)$$

则平均单根热管传热量 Φ_s 为

$$\Phi_s=\frac{\Delta t_{m,N}}{R_t}=\frac{133.3}{0.073\,3}=1818(\text{W})$$

由于空气进口侧传热温差最大，因此，单管可能最大传热量发生在空气进口处第一排热管，即

$$\Phi_{max,s}=\frac{\max(\Delta t'+\Delta t'')}{R_t}=\frac{140}{0.073\,3}=1910(\text{W})$$

(5) 热管数量及排数。为完成总传热量，所需的计算热管数 N_j 为

$$N_j=\frac{\Phi_1+\Phi_2}{2\Phi_s}=\frac{249.33+243.1}{2\times1.818}=135$$

热管管束采用正三角形错排，奇数管排布置热管 14 根，偶数管排布置热管 13 根，各 5 排，因此，总排数为 $N_L=10$ 排，则换热器沿流动方向长度为

$$L=N_L S_L=10\times56.3=563(\text{mm})$$

4. 流动阻力计算

流体横掠螺旋翅片管束的流动阻力按下述公式计算：

$$\Delta p=f_s\frac{N_L q_{m,max}^2}{2\rho}$$

$$f_s=37.86Re^{-0.316}\left(\frac{S_T}{d_o}\right)^{-0.927}\left(\frac{S_T}{S_L}\right)^{0.515}$$

式中：$q_{m,max}$ 为管束内最大质量流率，$q_{m,max}=\dfrac{\rho_0 V_0}{3600lB(1-\psi)}$

将已知数据代入可得烟气侧和空气侧最大质量流率分别为 $q_{m,\max,1}=4.69\text{kg}/(\text{m}^2\cdot\text{s})$ 和 $q_{m,\max,2}=5.86\text{kg}/(\text{m}^2\cdot\text{s})$，流动阻力系数分别为 $f_{s1}=1.124$ 和 $f_{s2}=1.017$，流动压降分别为 $\Delta p_1=150\text{Pa}$ 和 $\Delta p_2=168\text{Pa}$。

5. 安全性校核

(1) 热管工作温度校核。热管平均工作温度为

$$t_v=\frac{1}{2}(t_{1m}+t_{2m})+\frac{1}{2}\Phi_s(R_c-R_e)$$
$$=\frac{1}{2}(200+67.3)+\frac{1}{2}\times1842(0.04019-0.03178)=141.4(℃)$$

热管可能的最高工作温度位于烟气进口侧，按下式计算：

$$t_{v,\max}=t_1'-\frac{t_1'-t_2''}{R_t}R_e=240-\frac{240-114.5}{0.072}\times0.03178=184.6(℃)$$

热管可能的最低工作温度位于空气进口侧，按下式计算：

$$t_{v,\min}=t_1''-\frac{t_1''-t_2''}{R_t}R_e=160-\frac{160-20}{0.072}\times0.03178=98.2(℃)$$

因此，热管工作温度范围为 $t_v=98.2\sim184.6℃$，当水为工作介质时，对应的工作压力范围是 $p_v=(0.9\sim11.19)\times10^5\text{Pa}$，符合使用要求。

(2) 传热极限校核。在两相闭式热虹吸管中，最容易发生的是携带极限。由热管平均工作温度 $t_v=141.4℃$ 查得工质饱和状态参数分别为 $\rho_l=924.8\text{kg/m}^3$，$\rho_v=2.0483\text{kg/m}^3$，$h_{fg}=2139.8\text{kJ/kg}$，$\sigma=0.05043\text{N/m}$。

由此可得

$$Bo=d_i\sqrt{\frac{(\rho_l-\rho_v)g}{\sigma}}=0.021\times\sqrt{\frac{(924.8-2.0483)\times9.806}{0.05043}}=8.8954$$

$$C_K=\sqrt{3.2}\text{th}(0.5Bo^{1/4})=\sqrt{3.2}\text{th}(0.5\times8.8954^{1/4})=1.247$$

则由式（7.15）可得两相闭式热虹吸管的携带极限为

$$\Phi_{e,\max}=C_K^2\frac{\pi d_i^2}{4}h_{fg}[g\sigma(\rho_l-\rho_v)]^{1/4}(\rho_l^{-1/4}+\rho_v^{-1/4})^{-2}=3976(\text{W})$$

由此可见，$\Phi_{\max,s}>\Phi_{e,\max}$，故热管工作安全。

(3) 最低壁温校核。热管换热器中最低壁面温度出现在空气进口处第一排热管，其值按式（7.35）计算，即

$$t_{p,\min}=t_{f1}''-\Phi_{s,e}R_1=160-1944\times0.0287=104.2(℃)$$

因为燃料为天然气，此温度远高于烟气中水露点温度，故安全。

7.5 热管换热器的应用

由于热管元件具有传热性能好、适应能力强等优点，因此，热管换热器已在动力、化工、冶金、建材等行业得到了广泛的应用。

7.5.1 气-气式热管换热器

由于气体的换热能力弱，表面传热系数较小，因此，需要对气体的传热过程进行强化，

因此，热管换热器特别适合用于气体与气体间的传热过程。气-气式热管换热器的主要特点：①在热管换热器中，冷、热气体都在管外横向冲刷管束，因此，可以很方便地采用翅片进行强化传热，故传热效率高、体积紧凑、流动阻力小。例如，与传统的管式空气预热器和回转式空气预热器相比，热管空气预热器不仅体积小，而且阻力损失小，可大大节约引风机动力消耗。另外，还可通过调整翅片参数来控制热管工作温度，保证管壁温度在烟气露点温度之上，避免低温腐蚀和堵灰。②热管加热侧的热流体和冷却侧的冷流体被中间隔板分隔开，热管与隔板间密封可靠，因此，热流体和冷流体间泄漏的可能性很小，大量的实践结果表明，热管空气预热器的漏风系数接近于零。③热管的传热是通过封闭的热管内工作介质的相变进行的，每根热管各是一个独立的传热单元，因此，当某根热管的一侧因为磨损或腐蚀穿孔时，另一侧热管壁仍能保证两种流体不会串通，因此，可大大减小漏风的可能性。同时，对于损坏的热管，更换也很方便。

气-气式热管换热器的典型代表是热管空气预热器，除此而外，在其他很多领域也得到了很广泛的应用，以下介绍几个典型的应用实例。

1. 封闭腔体内的散热

为了防止外界环境中灰尘、腐蚀性气体及雨水的侵蚀，很多电子器件都需要放置在一个封闭的密封壳体内，此时，电子器件散发出来的热量必须及时排除，以保证封闭环境的温度恒定。根据发热量大小的不同，散热方式也不同。

当发热量较小时，可以通过密封壳体内的自然对流和壳体的导热传给周围环境，随着发热量的增大，这种自然对流散热方式不能满足要求，必须要采用强制对流，通过热管散热。其工作原理是在壳体内部安装小型风扇，使发热元件产生的热量以强制对流方式传给周围气体，然后传给热管换热器的蒸发段，通过热管到达冷凝段，最终以强制对流方式散失到环境中去。用于密闭空间散热的小型热管换热器有单管组合式和分离式两种。

单管组合式热管换热器可以安装在密闭空间顶部，也可安装在侧壁，图 7.24（a）为顶置式密闭空间散热用单管组合式热管换热器。在密闭空间内，热管蒸发段进口处安装了一台小型风扇，促使内部气流循环，通过热管将热量不断传给热管冷凝段的冷却流体中。这种热管散热器产品已经系列化，表 7.3 为几种典型顶置式热管散热器规格尺寸，其散热性能如图 7.24（b）所示。为了提高散热能力，方便布置，也可采用分离式热管换热器，如图 7.25 所示。

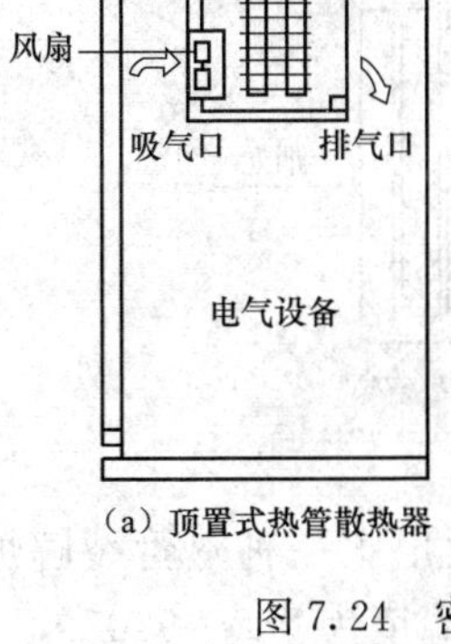

（a）顶置式热管散热器

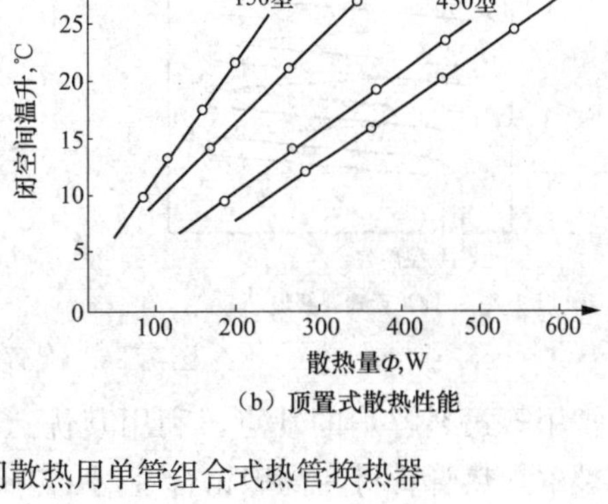

（b）顶置式散热性能

图 7.24　密闭空间散热用单管组合式热管换热器

表 7.3 顶置式热管散热器规格尺寸

规格	150 型	350 型	450 型	550 型
高（mm）	146	157.2	157.2	157.2
宽（mm）	154	182	182	182
厚（mm）	75	75	110	144
热管排列	2×4	2×4	3×4	4×4
热管数量	8	8	12	16
质量（kg）	3.5	3.8	5.5	5.7

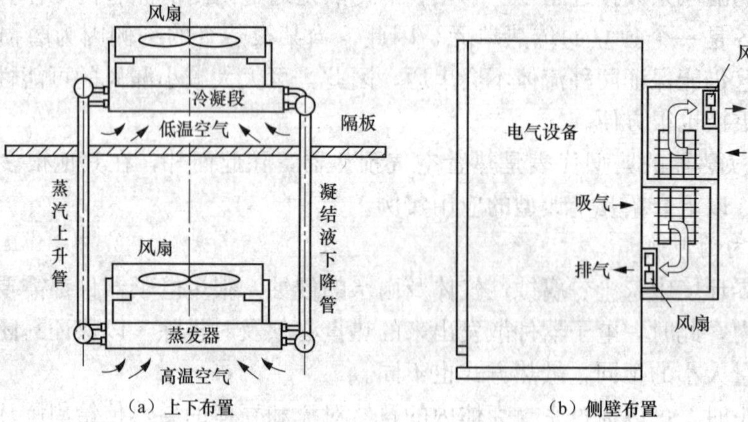

图 7.25 密闭空间散热用分离式热管换热器

2. 热管裂解炉

烃类热裂解是石油化工生产中的重要工艺过程，其特点是温度高（750℃以上）、吸热强。对裂解炉的要求是温度分布均匀，物料在炉内的停留时间短，烃的分压低。裂解炉的形式很多，常用的是管式炉，如图 7.26（a）所示，其优点是结构简单、操作容易，且能连续生产；缺点是管壁受热不均，裂解反应在非等温条件下进行，且管内裂解气流动阻力大，影响了烃的分压，对提高其产品收率不利。

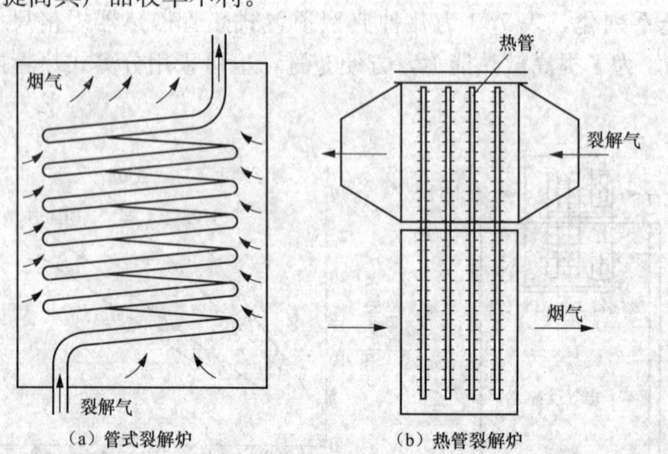

图 7.26 裂解炉

为了克服常用管式裂解炉的缺点，利用其优点，开发出了一种热管裂解炉，如图 7.26（b）所示。该裂解炉热管管材为高镍铬合金钢，热管工作温度为 750～900℃，工作介质为液态金属钠，单管传热量达 40kW 以上。高温烟气（1000～1100℃）从裂解炉下部直接加热热管蒸发段，然后通过液态金属钠的工作循环将热量传递至热管上部，上部热管冷却段温度（720～750℃）分布均匀，从而可以保证在均匀分布温度下裂解。

热管裂解炉的主要优点是：①裂解温度均匀；②裂解气流动阻力小，有利于提高裂解率；③结构紧凑，体积小；④根据裂解过程前后反应所需温度不同，可以通过改变热管长度和翅片尺寸灵活地调整温度；⑤可以通过调整气体流通截面来调整裂解气裂解停留时间。

相同条件下，传统管式裂解炉和热管裂解炉性能比较见表 7.4。其中，管式裂解炉裂解管为螺旋盘管，管长 117m，换热面积为 $19m^2$，而热管裂解炉只需 22 根长 2m 的热管，其换热面积为 $22m^2$。

表 7.4　两种裂解炉性能对比

炉型	盘管式	热管式
加热源	燃油或电	燃油或燃煤
温度场	不均匀	均匀
沿程温度	不可调	可调
流动阻力	大	小
停留时间	长	可按要求调整
换热面积	$19m^2$	$22m^2$
能耗	高	低
金属耗量	ϕ65×5 换热管，长 117m	ϕ65×5 换热管，长 44m 加部分翅片

7.5.2　气-汽式热管换热器

气-汽式热管换热器又称热管蒸汽发生器或热管余热锅炉，通常是用烟气或高温工艺气体的热量生产蒸汽。根据高温气体与热管间的冲刷方式不同，热管蒸汽发生器的形式有三种，即气体纵向冲刷管束、横向冲刷管束和倾斜冲刷管束，如图 7.27 所示。从提高传热性能的角度来看，横向冲刷最佳，倾斜冲刷次之，纵向冲刷最差；从减小磨损的角度来看，纵向冲刷最佳，倾斜冲刷次之，横向冲刷最差；从避免积灰的角度来看，倾斜冲刷最佳，纵向冲刷次之，横向冲刷最差。

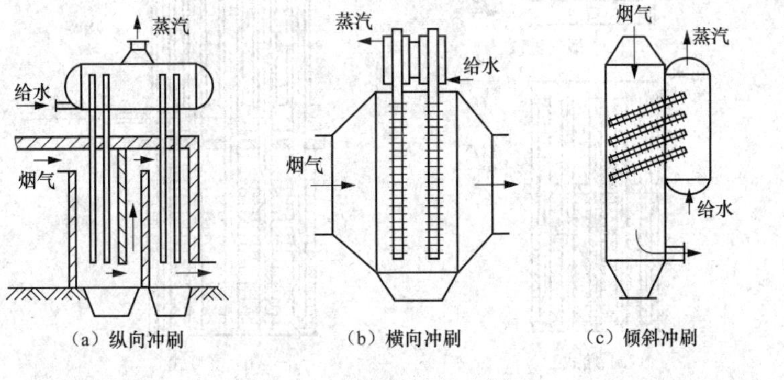

图 7.27　热管蒸汽发生器

由于管束的磨损速度与气流速度的 3 次方成正比，因此，烟气流速越低，磨损速度就越慢，但传热性能会降低，此时，可以通过在管外加装翅片的方法来强化传热，因此，热管蒸汽发生器常采用横向冲刷或倾斜冲刷的形式。

我国工业锅炉量大面广，且多以燃煤为主。由于工业锅炉容量小、参数低，故运行热效率低，排烟温度高，节能潜力巨大，此时，如装热管余热锅炉，则可大大降低排烟温度，节约能源。例如，某化工厂一台 6.5t/h 蒸汽锅炉，由于省煤器和空气预热器效率低，锅炉出口排烟温度一直在 220℃左右，排烟热损失大。为了回收余热，在锅炉出口烟道内安装了一台热管余热锅炉，可以将烟气温度降低至 140℃以下，然后经引风机送入烟囱，如图 7.28 所示。为了避免因壁温过低引起的低温腐蚀，余热锅炉给水温度为 90℃，产生的 0.25MPa 饱和蒸汽可送工艺使用。

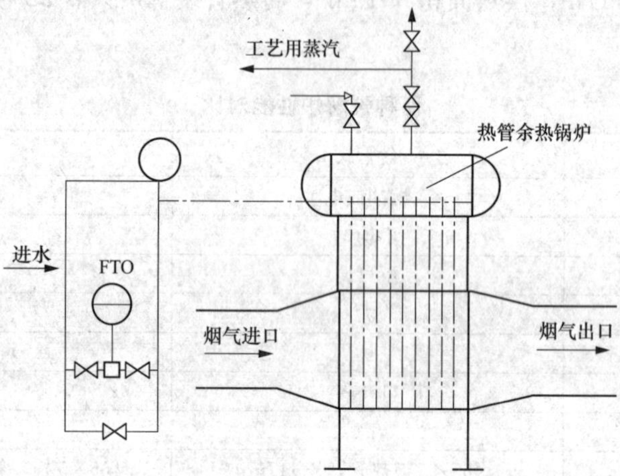

图 7.28　余热回收流程

7.5.3　气-液式热管换热器

最常见的气-液式热管换热器是热管省煤器，即用烟气热量加热给水，如图 7.29 所示，水侧有箱式和套管式两种结构形式，其中，箱式主要用于常压工况，而套管式主要用于有压工况。

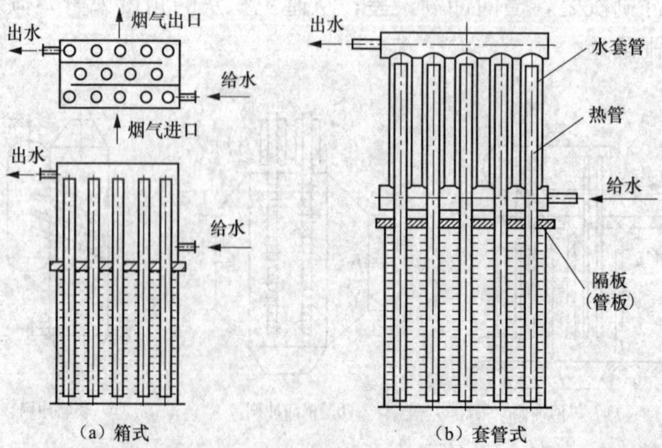

图 7.29　气-液式热管换热器

需要特别说明的是，对于气体和液体间的传热过程，采用翅片管式换热器具有比较高的传热效率，而且结构简单、使用方便，因此，气-液式热管换热器应用较少。

7.5.4　固-气式热管换热器

这类热管换热器主要用于各种固体发热元件的散热冷却，如电脑 CPU 的散热和大功率电子元件的散热等。

用于笔记本电脑散热的热管属于小型热管，其外径一般为 3～5mm、内径为 2.6～4mm，长为 300mm，可以制成各种形状，其安装方法及散热方式随散热量的大小而定。当散热量在 6W 以下时，一般被安装在键盘以下，利用键盘板作为对外散热的手段，如图 7.30（a）所示。当散热量达到 7～10W 时，必须采用铰链式或强制对流散热。在铰链式散热方式中，首先用一根热管将 CPU 发热量传至盒盖（显示屏）与盒体的连接铰链块上，另一根热管则将传至铰链块上的热量再传至显示屏背后的铝板上，如图 7.30（b）所示。实验结果表明，当 CPU 温度与环境温度相差 60℃时，这种散热方式散热量可达 10W。强制对流散热方式如图 7.30（c）所示，首先将 CPU 热量传至一块铝板上，然后通过一扁平微型热管将热量传至带有很多薄翅片的铝板散热器上，在该铝板散热器前方设有一微型风扇，通过强制对流将热量散失环境中。当 CPU 温度与环境温度相差 60℃时，这种散热方式散热量可达 12W。

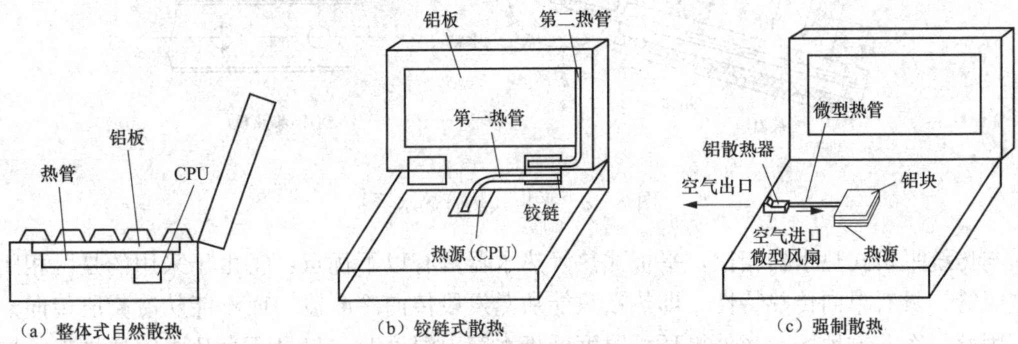

（a）整体式自然散热　（b）铰链式散热　（c）强制散热

图 7.30　笔记本电脑用热管散热器

对于台式电脑、服务器及工作站 CPU 而言，需要散热的负荷达 50～100W，单个微型热管已不能满足散热要求，此时，可采用如图 7.31（a）所示的热管，这种热管由于采用强制冷却，因此，散热效果与冷却风速密切相关，如图 7.31（b）所示。

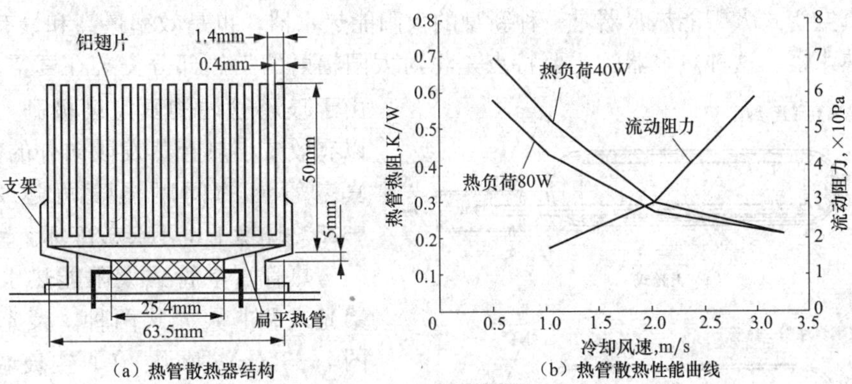

（a）热管散热器结构　（b）热管散热性能曲线

图 7.31　大功率 CPU 热管散热器

7.5.5　热管太阳能热水器

由于热管本身具有众多优点，如均温性、热流密度可变性及单向传热特性等，使其在太阳能利用中具有极为广泛的应用前景。目前，热管太阳能技术的开发主要集中在三个方面：①民用太阳能集热器，如热水供应、取暖、太阳能制冷和太阳能灶等；②农业和工业用太阳能集热器，如海水淡化、物料干燥和太阳能暖房等；③太阳能发电。

我国的民用太阳能集热器已广泛采用热管技术，下面介绍两种典型的热管太阳能热水器。

1. 平板式热管太阳能热水器

在平板式热管太阳能热水器中，用热管代替了传统平板式热水器中的水管，其结构如图 7.32 所示。热管工作介质可选用能防冻的液体，热管加热段两侧焊接有纵向翅片，为了提高对太阳辐射的吸收比，在翅片和热管加热段外表面都涂有选择性涂料，热管冷却段被直接插入水箱中。当太阳辐射投射到热管加热段时，热管内部的工作介质吸热汽化，蒸汽流动到热管冷凝段并放出热量，加热水箱中的水。蒸汽凝结后的冷凝液在重力作用下重新回流至蒸发段，然后再次吸热汽化，如此反复循环。

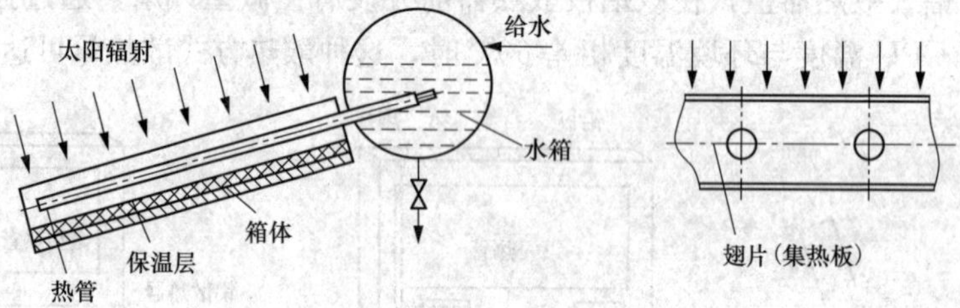

图 7.32 平板式热管热水器

与传统平板式热水器相比，平板式热管热水器具有以下优点：①由于采用的是两相闭式热虹吸管，具有单向传热特性，即热量只能从蒸发段传向冷凝段，而不能从冷凝段传向蒸发段。因此，在北方地区，当外界环境温度低于水箱内温度时，热量不会从水箱通过热管散失到环境中去。②由于采用防冻液作为热管的工作介质，因此，在北方寒冷地区可以避免由于夜晚温度过低而冻破热管。③每根热管都是独立的传热单元，如果某根热管损坏，对系统无影响，且安装维修方便，使用寿命长。

2. 热管真空管式太阳能集热器

热管真空管式太阳能热水器是一种新型的太阳能热水器，也是效率最高和最有前途的一种太阳能热水器。这种热水器的主要特点是将对太阳辐射的集热部分安装在真空玻璃管内。由于玻璃管内的真空度极高，因此，可以有效减小热管蒸发段向外的散热损失。真空管内的闷晒温度可达 250℃，在 −25℃环境下也不会被冻坏。

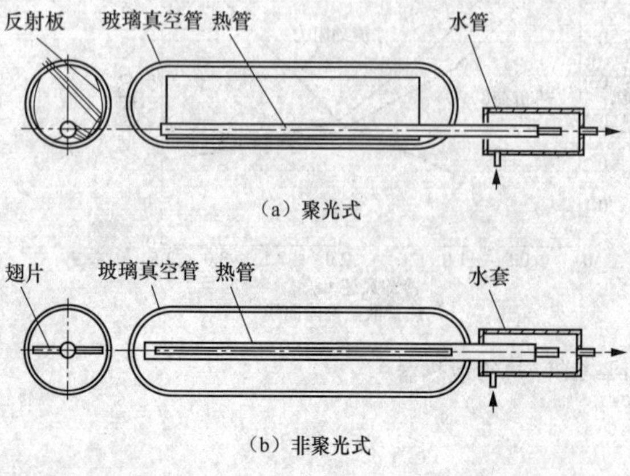

图 7.33 热管真空管式太阳能热水器

热管真空管式太阳能热水器可分为聚光式和非聚光式两种。聚光式结构如图 7.33 (a) 所示，在真空玻璃管内装有特殊形状铝反射板，可以将任意角度的太阳辐射聚集到热管上，其效率比非聚光式热管太阳能热水器高。非聚光式结构如图 7.33 (b) 所示，位于真空玻璃管内的热管和平板式热管太阳能热水器内的热管形式类似，在热管的两侧都焊接有翅片，并涂有选择性涂料。

7.5.6　均温热管

热管的一个重要特点就是均温性，这一特点在航天技术中得到了很好的利用。例如，航天飞行器内部的某些仪器设备需要散热，而另一些仪器又需要加热，在这种情况下可以通过热管来实现各部分的热量均衡。对于航天飞机机翼前沿及各种飞行器导向罩的尖端，在进入或重返大气层时都会由于超声速飞行而产生非常高的温度，此时也可用热管进行冷却和均温。

近期开发出的超声速热管机翼均温原理如图 7.34（a）所示，热管为平板式并将其弯曲成机翼形状，弯曲的顶端部相当于机翼的前沿。高速飞行时，因与空气摩擦产生局部高温，这里相当于热管的蒸发段，而前沿向后部分则相当于热管的冷凝段，热管将前沿的局部高温散布到机翼后部，起到了均温的作用。图中的实线为与空气高速摩擦产生的温度分布，虚线为经热管均温后的温度分布，显然，热管能大大提高机翼温度分布的均匀性，从而减小结构内部的局部热应力，延长结构材料的使用寿命。热管机翼的典型结构如图 7.34（b）所示，热管壳体材料为镍基耐热合金钢，工作介质为液态锂，机翼材料为石墨和碳纤维组成的复合材料。

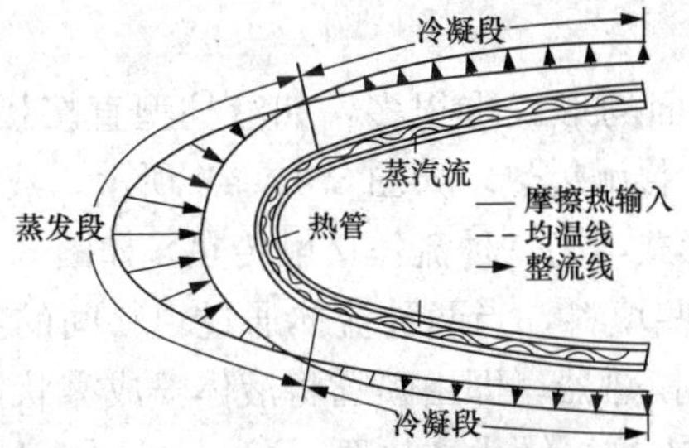

（a）热管机翼均温原理

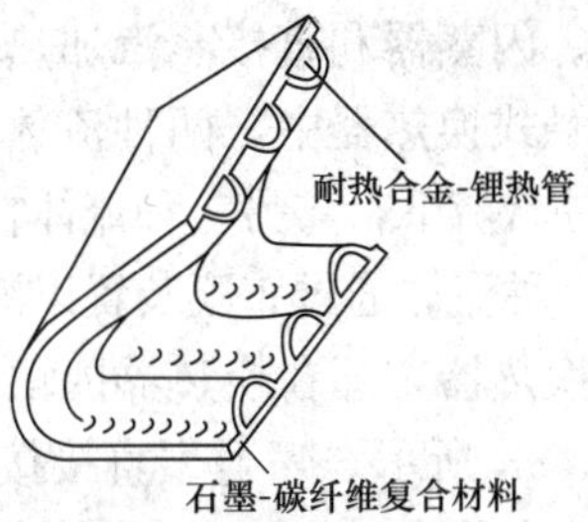

（b）热管结构

图 7.34　超声速热管机翼

第 8 章　其 他 换 热 器

由于实际生产过程中换热条件千差万别，因此，满足不同条件的换热器形式也非常多，除了前面介绍的管壳式换热器、板式换热器、蓄热式换热器、翅片管式换热器和热管换热器外，本章再介绍几种在特殊条件下使用的换热器。

8.1　直接接触式换热器

直接接触式换热器是指两种互不溶解的流体通过直接接触进行传热的换热器，因此，与间壁式换热器相比，传热效率高，单位体积传热量大，结构简单，材料消耗量小，因而设备紧凑、制造维护方便，而且不存在过热、结垢和腐蚀等问题。但是，这种换热器不适合两种流体不允许混合或混合后不易分离的流体间的换热。

直接接触式换热器形式很多，按两种换热流体状态分，有液-液直接接触式换热器、气-液直接接触式换热器和混合气-液直接接触式换热器三种。按工艺用途来分，有直接接触冷凝器、冷却塔、闪蒸器和直接蒸汽加热等。

在直接接触式换热器中，两种流体接触面的形式也很多，如液柱型直接接触式换热器，即一种流体呈柱状流下，与另一种流体在柱面接触传热，如图 8.1（a）所示。液膜型直接接触式换热器，即一种流体通过布膜装置以液膜形式与另一种流体接触传热，如图 8.1 所示。填充型直接接触式换热器，即在换热器内填充一些填料，当两种流体通过填料间的空隙时接触传热，如图 8.1（e）所示。喷射型直接接触式换热器，即由喷嘴将液体喷成雾状，再与另一种流体接触传热，如图 8.1（f）所示。喷洒型直接接触式换热器，即一种流体以液滴形式与另一种流体接触传热。

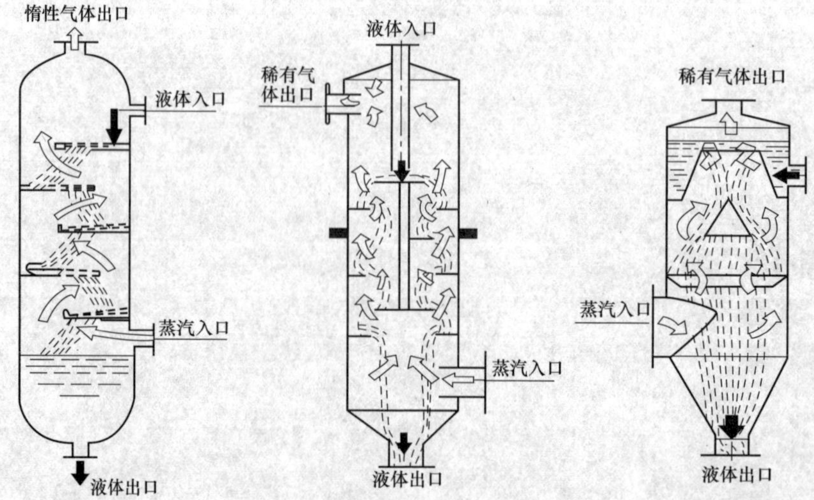

（a）液柱式冷凝器　（b）液膜式冷凝器　（c）液膜式冷凝器

图 8.1　常见直接接触式换热器形式（一）

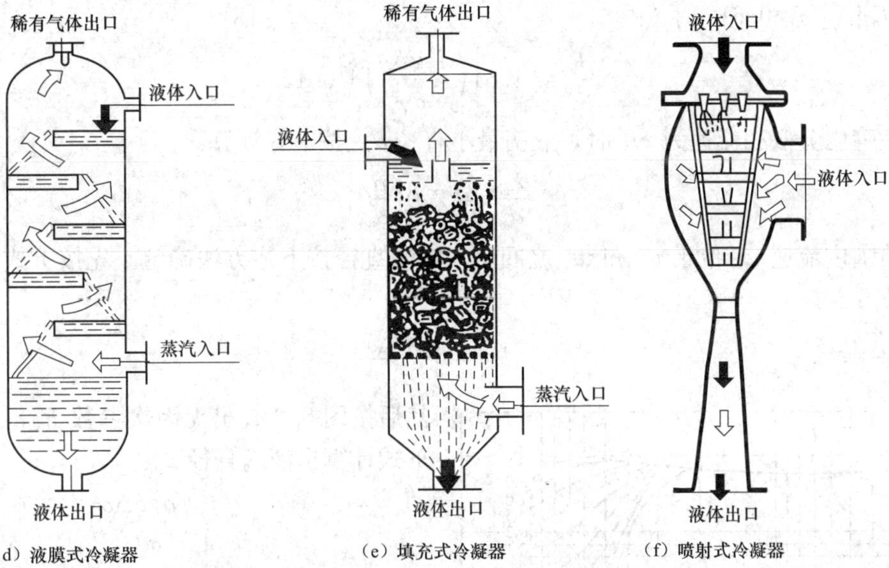

图 8.1　常见直接接触式换热器形式（二）

8.1.1　液-液直接接触式换热器

1. 液滴特性

在液-液直接接触式换热器中，两种流体分别以连续相和分散相的形式进行接触。连续相从换热器顶部流入、底部流出，而分散相则从底部上升、经汇合后由顶部流出。分散相液滴的尺寸主要取决于分散器喷嘴内流体的流速。随着流速的增加，液滴的生成可以分为单一滴化、层流滴化、湍流滴化和喷洒滴化四个阶段。

在单一滴化阶段，喷嘴内流速较低，产生的液滴直径较大，传热性能较差；在湍流滴化和喷洒滴化阶段，虽然液滴直径较小，但有可能成膜状或线状，而且喷嘴内喷射分散相所消耗的动力较大。在层流滴化阶段，液滴直径较小，且分布较均匀，传热效率高，因此，在实际液-液接触式换热器设计中，分散相滴化过程都控制在此阶段。

进入层流滴化时，喷嘴内分散相的最低流速 w_j 可按下式计算：

$$\frac{w_j^2 \rho_d d_n}{\rho_e} = 4\left[1 - 0.55\left(\frac{d_n^2 g \Delta\rho}{\sigma F_c}\right)^{1/3}\right] \tag{8.1}$$

式中：ρ_d 和 ρ_e 分别为分散相和连续相密度，$\Delta\rho = \rho_e - \rho_d$；$d_n$ 为喷嘴直径；σ 为连续相和分散相间的界面张力；F_c 为修正系数。

当喷嘴内分散相流速超过 w_j 后，随着流速的增加，喷嘴的喷射长度增加，产生的液滴直径减小。当流速达到某一速度（w_T）时，喷射长度达到最大值，液滴直径达到最小值。超过该流速后，进入湍流滴化阶段。

$$w_T = 2.69\left(\frac{d_j}{d_n}\right)^2 \left(\frac{\sigma/d_j}{0.5137\rho_d + 0.4719\rho_e}\right)^{1/2} \tag{8.2}$$

式中，d_j 为喷射直径，按下式计算：

当 $d_n^2 g\Delta\rho/\sigma < 0.616$ 时

$$\frac{d_n}{d_j} = 0.485\left(\frac{d_n^2 g \Delta\rho}{\sigma}\right) + 1 \tag{8.3a}$$

当 $d_n^2 g\Delta\rho/\sigma > 0.616$ 时

$$\frac{d_n}{d_j} = 1.51\left(\frac{d_n^2 g\Delta\rho}{\sigma}\right) + 0.12 \tag{8.3b}$$

当喷嘴内分散相流速为 w_T 时，液滴最小直径 d_{min} 按下式计算：

$$\frac{d_{min}}{d_n} = 2.0\left(\frac{d_j}{d_n}\right) \tag{8.4}$$

当喷嘴内流速 w_n 位于 w_j 和 w_T 之间时，液滴直径按下述方法确定。先按下式计算无因次参数 F_2：

$$F_2 = \frac{d_n^2 g\Delta\rho}{\sigma} \tag{8.5}$$

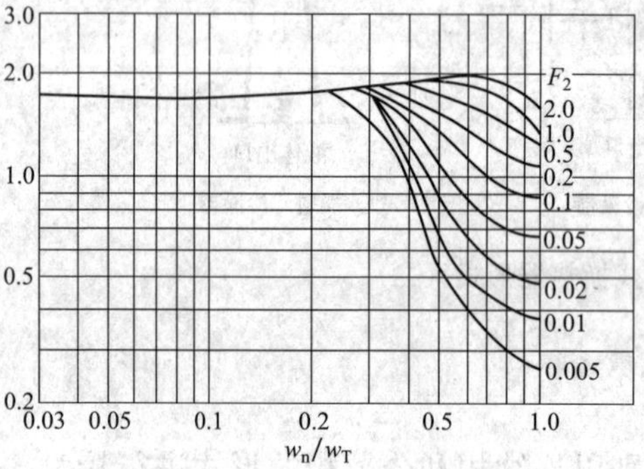

图 8.2　液滴直径计算线图

然后按图 8.2 查出无因次参数 F_1，之后再按下式计算出液滴直径 d_p：

$$F_1 = \left(\frac{d_p^3 g\Delta\rho}{\sigma d_n}\right)^{1/3} \tag{8.6}$$

在直接接触式换热器中，分散相液滴是成群地与连续相接触，通常将接触区域中连续相占据的容积份额称为连续相的滞液率，又称空隙率，用 ε_c 表示，将分散相占据的容积份额称为分散相的滞液率，又称填充率，用 ε_d 表示，即

$$\varepsilon_c = \frac{V_c}{V_c + V_d} \tag{8.7a}$$

$$\varepsilon_d = \frac{V_d}{V_c + V_d} = 1 - \varepsilon_c \tag{8.7b}$$

式中：V_c 和 V_d 分别为连续相和分散相容积。

换热器中单位容积内所有液滴的表面积称为比表面积，用 A_s 表示，故

$$A_s = \frac{6}{d_p}(1 - \varepsilon_c) \tag{8.8}$$

连续相的绝对速度 w_c 和分散相的绝对速度 w_d 分别为

$$w_c = \frac{q_{V,c}}{\varepsilon_c F_k} \tag{8.9a}$$

$$w_d = \frac{q_{V,d}}{(1 - \varepsilon_c) F_k} \tag{8.9b}$$

式中：$q_{V,c}$ 和 $q_{V,d}$ 分别为连续相和分散相体积流量；F_k 为换热器截面积。

如果连续相和分散相为逆流，则两相间的相对速度为

$$w_r = w_d + w_c = \frac{q_{V,d}}{(1 - \varepsilon_c) F_k} + \frac{q_{V,c}}{\varepsilon_c F_k} \tag{8.10}$$

2. 传热系数

对单个液滴而言，如果其表面积为 A_p，连续相和液滴温度分别为 t_c 和 t_d，则连续相和液滴之间的传热量 Φ_p 可按传热方程计算，即

$$\Phi_p = K_p A_p (t_c - t_d) \tag{8.11}$$

式中：K_p 为传热系数。

从连续相到液滴的传热过程包含两个环节，即从连续相到液滴表面的传热和从液滴表面到连续相内部的传热，其表面传热系数分别用 h_o 和 h_i 表示，则有

$$\frac{1}{K_p}=\frac{1}{h_o}+\frac{1}{h_i} \tag{8.12}$$

上式也可写为

$$\frac{K_p d_p}{\lambda_d}=\frac{1}{\frac{\lambda_d}{\lambda_c}\frac{1}{Nu_o}+\frac{1}{Nu_i}} \tag{8.13}$$

式中：λ_d 和 λ_c 分别为液滴和连续相导热系数；Nu_o 和 Nu_i 分别为液滴外部和内部传热努塞尔数。

Nu_o 和 Nu_i 可分别按下式计算：

$$Nu_o=2+0.9Re_c^{1/2}Pr_c^{1/2} \tag{8.14}$$

$$Nu_i=0.00375\frac{Re_d Pr_d}{1+\mu_d/\mu_c} \tag{8.15}$$

式中：Pr_d 和 Pr_c 分别为液滴和连续相普朗特数；μ_d 和 μ_c 分别为液滴和连续相动力黏度，Re_d 和 Re_c 分别为液滴和连续相相对雷诺数。

Re_c 和 Re_d 按下式计算：

$$Re_c=\frac{w_r\rho_c d_p}{\mu_c},Re_d=\frac{w_r\rho_d d_p}{\mu_d} \tag{8.16}$$

对于由刚体球填充的固定床，刚体球表面与外部流体间传热努塞尔数按下式计算：

$$Nu_o=2+\frac{0.67}{\varepsilon_c^{1/2}}Re_c^{1/2}Pr_c^{1/3} \tag{8.17}$$

刚体球内部的传热为导热，因此有

$$Nu_i=\frac{2\pi^2}{3}=6.5 \tag{8.18}$$

对于喷洒式换热器，基本传热方程为

$$\Phi=K_p A_s F_k L_w \Delta t_m/\phi \tag{8.19}$$

式中：L_w 为传热部分有效长度；Δt_m 为对数平均传热温差；ϕ 为校正系数，根据连续相空隙率 ε_c 和参数 S 查图 8.3 确定。

S 按下式计算：

$$S=\frac{1}{2+0.08\frac{q_{V,c}L_w}{\varepsilon_c F_k w_r d_p}}\frac{t_c'-t_c''}{t_d''-t_d'} \tag{8.20}$$

8.1.2　气-液直接接触式换热器

这种换热器的典型代表是气-液直接接触式冷凝器，即让蒸汽与液体直接接触而凝结的换热器。由于不存在金属传热表面，所以结构简单，成本低。常用的气-液直接接触式冷凝器有液柱式冷凝器、液膜式冷凝器和填充塔式冷凝器等。

1. 液柱式冷凝器

液柱式冷凝器结构如图 8.4 所示，在其内部安装了很多多孔塔板，使冷却水通过塔板上的小孔后以液柱形式向下流动，从而增大了冷却水与蒸汽的接触面积。

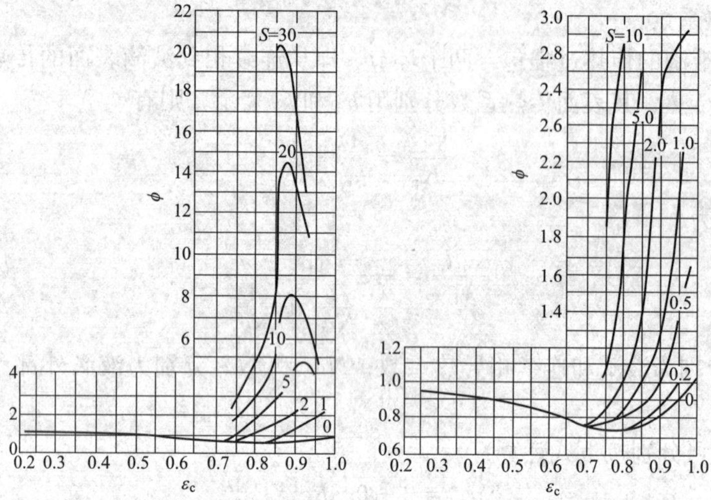

（a）0≤S≤30　（b）0≤S≤10

图 8.3　传热校正系数

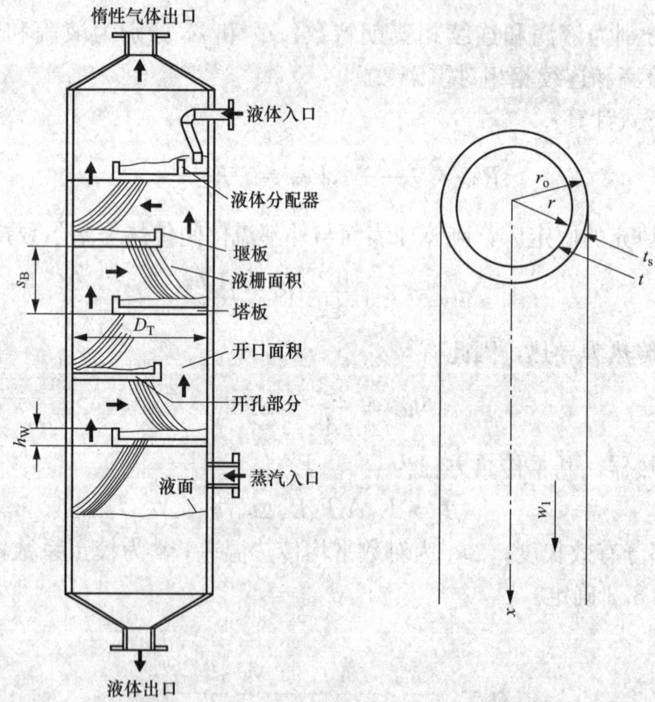

（a）结构简图　（b）传热计算模型

图 8.4　液柱式冷凝器结构简图及传热计算模型

在液柱式冷凝器中，蒸汽在液柱表面上的凝结问题与在固体表面上的凝结不同。蒸汽在固体表面上凝结时，由于固体表面满足无滑移条件，气液界面处的剪切力会使液膜中产生速度梯度，且凝结释放的潜热是通过过冷固壁表面传出，因此，凝结传热量与固壁表面大小直接相关；而蒸汽在液柱表面上凝结时，界面剪切力较小，液柱内的速度梯度可忽略不计，同时，凝结释放的潜热被液柱带走，使液柱温度升高，因此，冷却液体流量决定了凝结传热量的大小。

由于汽化潜热远大于液柱因温升带走的显热，因此，凝结产生的凝结液流量远小于液柱冷却流体流量，可以认为凝结过程中液柱流量为定值，其半径 r_o 不变，等于塔板上小孔半径。同时，蒸汽为饱和蒸汽，液柱表面温度即为蒸汽凝结时的饱和温度 t_s，液柱流经塔板小孔时温度 t_i 均匀，若物性为常数，液柱均匀向下流速为 w_l，液柱内沿流动方向的轴向导热可忽略，则液柱内的无因次温度分布 Θ 为

$$\Theta = \frac{t_s - t}{t_s - t_i} = \sum_{n=1}^{\infty} A_n \exp\left(\frac{-\lambda_n^2 \alpha x}{w_l r_o^2}\right) J_0\left(\lambda_n \frac{r}{r_o}\right) \tag{8.21}$$

式中：α 为液柱的热扩散率；λ_n 为特征值，由特征方程确定，A_n 为常数。

根据液柱进口温度条件按下式计算 A_n：

$$A_n = \frac{2J_1(\lambda_n)}{\lambda_n\{[J_0(\lambda_n)]^2 + [J_1(\lambda_n)]^2\}} \tag{8.22}$$

液柱任意 x 截面平均无因次温度为

$$\bar{\Theta} = \frac{t_s - \bar{t}}{t_s - t_i} = \sum_{n=1}^{\infty} \frac{2A_n J_1(\lambda_n)}{\lambda_n} \exp\left(-\frac{\lambda_n^2 \alpha x}{w_l r_o^2}\right) \tag{8.23}$$

取任意轴向微元长度 dx，由局部热平衡关系可定义局部表面传热系数 h_x，即

$$2\pi r_o dx h_x (t_s - \bar{t}) = \rho_l c_{pl} w_l \pi r_o^2 dx \left(\frac{d\bar{t}}{dx}\right)$$

由此可得，液柱表面凝结传热的局部努塞尔数为

$$Nu_x = \frac{h_x d_o}{\lambda_l} = \frac{\sum_{n=1}^{\infty} A_n \lambda_n J_1(\lambda_n) \exp\left(-\frac{\lambda_n^2 \alpha x}{w_l r_o^2}\right)}{\sum_{n=1}^{\infty} \frac{A_n J_1(\lambda_n)}{\lambda_n} \exp\left(-\frac{\lambda_n^2 \alpha x}{w_l r_o^2}\right)} \tag{8.24}$$

式中：d_o 为液柱直径。

液柱式冷凝器中，在塔板开口面积处蒸汽速度不能太高，必须低于下述允许流速：

$$w_{al} = 630 \sqrt{\frac{\rho_l - \rho_v}{\rho_v}} \tag{8.25}$$

设塔板上开口面积与塔截面面积之比为 ε_F，通常情况下 $\varepsilon_F < 50\%$，如果蒸汽质量流量为 $q_{m,v}$，则所需塔直径 D_T 为

$$D_T = \sqrt{\frac{4q_{m,v}}{\pi \varepsilon_F w_{al} \rho_v}} \tag{8.26}$$

一般在塔板堰板附近开 3 排以上的孔，第一排孔距堰板的距离为 10～20mm，所有孔呈正三角形排列，间距为孔径的 2～4 倍，孔径为 5～10mm，如图 8.5 所示。

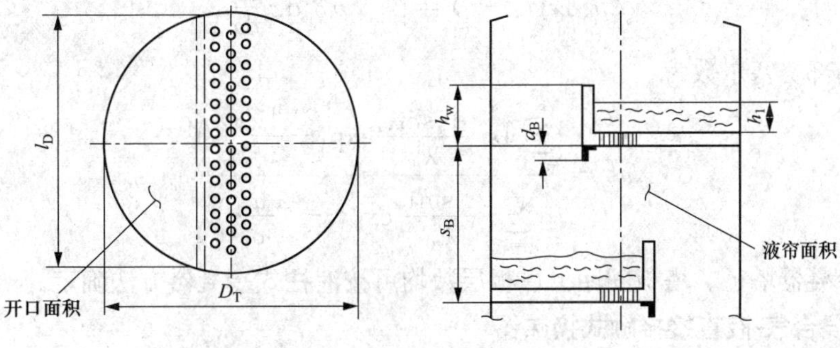

图 8.5　塔板结构

为了保证液体不越过堰板而是完全通过塔板孔向下流动，塔板上的液层高度 h_l 通常应低于堰板高度 h_w 一半以上。堰板高度为 20～50mm 的塔板上孔数 n 可按下式计算：

$$n=\frac{4q_{V,l}}{0.6\pi d_o^2\sqrt{2gh_l}} \tag{8.27}$$

式中：$q_{V,l}$为液体体积流量；d_o 为塔板孔直径。

两块塔板间的间距 s_B 应满足如下要求：

$$s_B\geqslant\frac{q_{m,v}}{\rho_v w_{a2} l_D}+h_w+d_B \tag{8.28}$$

式中：l_D 为堰宽；d_B 为塔板支撑板高；w_{a2}为液帘上蒸汽允许流速。

w_{a2}按下式计算：

$$w_{a2}=1260\sqrt{\frac{\rho_l-\rho_v}{\rho_v}} \tag{8.29}$$

塔板数根据液体进出口温度确定。

2. 液膜式冷凝器

在液膜式冷凝器中，冷却液体呈液膜状向下流动，蒸汽在液膜上凝结。同样，假定液膜厚度 δ_o 不变，蒸汽为饱和蒸汽，液膜表面温度为蒸汽凝结饱和温度 t_s，液膜顶部温度 t_i 均匀，物性为常数，液柱均匀向下流速为 w_l，如图 8.6 所示，则液膜内的无因次温度分布 Θ 为

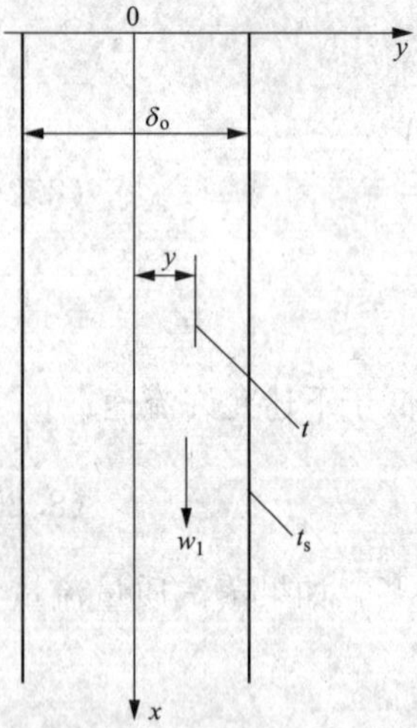

图 8.6　均匀厚度液膜

$$\Theta=\frac{t_s-t}{t_s-t_i}=\sum_{n=1}^{\infty}A_n\exp\left(-\frac{4\lambda_n^2\alpha x}{w_l\delta_o^2}\right)\cos\frac{2\lambda_n y}{\delta_o} \tag{8.30}$$

式中：λ_n 为特征值，由特征方程确定；A_n 为常数，根据液膜顶端，即 $x=0$ 处边界条件确定。

A_n 的计算式为

$$A_n=\frac{2\sin\lambda_n}{\lambda_n+\sin\lambda_n\cos\lambda_n}$$

任意 x 截面处液膜内平均温度为

$$\bar{\Theta}=\frac{t_s-\bar{t}}{t_s-t_i}=\sum_{n=1}^{\infty}\frac{A_n\sin\lambda_n}{\lambda_n}\exp\left(-\frac{4\lambda_n^2\alpha x}{w_l\delta_o^2}\right)$$

由于液膜两面都发生凝结传热，因此，任意 x 处局部热平衡方程为

$$2h_x\mathrm{d}x(t_s-\bar{t})=\rho_l c_{pl} w_l\delta_o^2\mathrm{d}x\frac{\mathrm{d}\bar{t}}{\mathrm{d}x}$$

由此可导得局部努塞尔数为

$$Nu_x=\frac{\sum_{n=1}^{\infty}4\lambda_n^2\frac{A_n\sin\lambda_n}{\lambda_n}\exp\left(-\frac{4\lambda_n^2\alpha x}{w_l\delta_o^2}\right)}{\sum_{n=1}^{\infty}\frac{A_n\sin\lambda_n}{\lambda_n}\exp\left(-\frac{4\lambda_n^2\alpha x}{w_l\delta_o^2}\right)} \tag{8.31}$$

液膜式冷凝器塔径、塔板间距、塔板层数均可按液柱式冷凝器方法确定。

8.1.3　混合气-液直接接触式换热器

将可凝性蒸汽与不凝性气体组成的混合气体直接与冷却液体相接触，使混合气体被冷

却，同时，将部分蒸汽凝结，这种形式的换热器称为混合气体直接接触式冷却冷凝器。

混合气体直接接触式冷却冷凝器有填充式冷却冷凝器、喷淋塔式冷却冷凝器和旋风泡沫式冷却冷凝器等多种形式。无论哪种形式，在发生传热过程的同时总是伴随着传质过程，即显热和蒸汽同时从混合气体向冷却液体传递。根据蒸汽传递速度和显热传递速度的快慢，混合气体可能是处于过热状态，也可能是处于过冷状态而产生雾滴。例如，对于由苯、丁醇和甲苯等扩散速度慢的蒸汽和空气组成的混合气体，在冷凝冷却器中由于蒸汽的传递速度慢，而显热的传递速度快以致产生雾滴，使混合气体成过冷状态。而对水蒸气-二氧化碳混合气体和水蒸气-氦气那样扩散速度快的系统组成的混合气体，在冷凝冷却器中由于蒸汽的传递速度快、显热的传递速度慢而使混合气体呈过热状态。

混合气体直接接触式冷却冷凝器中传热传质相互耦合在一起，计算过程比较复杂。

8.2　流化床换热器

流化床换热器是由流态化技术和换热器技术巧妙结合起来的一种新型换热器，它主要用于固体和流体（气体或液体）之间的传热，目前已在化工、能源、石油、造纸等行业得到了广泛应用。

8.2.1　传热分析

1. 流态化现象

流态化是一项强化颗粒与流体间接触和传热的技术，流态化技术的发展大体经过了两个阶段。第一阶段，以气泡现象为主要特征的鼓泡流态化及液固流态化；第二阶段，以颗粒团聚为主要特征的快速流态化及气固散式流态化。近年来，由于生产实践的推动，气液固三相流态化和外力场下的流态化得到了新的发展，成为引人瞩目的前沿研究领域。

将大量固体颗粒悬浮于运动流体中，使颗粒具有类似于流体的某些表观特性，这种流固接触状态称为固体流态化。流体在低速下向上流过颗粒层，形成固定床；如果流速较大，颗粒就会在流体中悬浮，形成流化床。若流速很高，颗粒就会随流体从系统中带走，进到颗粒输送阶段。从床内流体和颗粒的运动状态来看，存在着两种截然不同的流化现象。当流体的表观速度（空塔流速）w 达到某一临界值 w_{mf}时，颗粒开始流化，该流速称为起始流化速度；若继续增大流速，则进入流化阶段，此时，床层膨胀，颗粒均布于流体中并随机运动，这种流化现象称为散式流化，一般发生在气固系统中。

当表观速度超过起始流化速度而开始流化后，床内就开始出现一些空穴，气体将优先通过这些空穴从床层溢出。就其表观来看，空穴的移动和合并与气泡运动类似，因此，聚式流化床又称鼓泡流化床，此时，床层内存在两个相，即气泡相和乳化相，乳化相内的状态接近于起始流化状态。

聚式流化床的床层上界面不如散式流化那样平稳，而是频繁地起伏波动。界面以上的空间也会有一些固体颗粒。流化床界面以下的区域称为浓相区，界面以上的区域称为稀相区。

流化床中固体颗粒和流体之间的传热传质过程非常剧烈，固体颗粒一般混合很快，因此，流化床常用作换热器或化学反应器。

2. 气固流化床换热器中传热

气固流化床换热器中传热非常复杂，影响传热过程的因素也很多，包括流化速度，颗粒大小、气体热力学性质、传热面几何特性、通过分布器气相流的形态以及颗粒的流动和物性参数等。传热过程主要包括两个，即固体颗粒与流体之间的相际传热和传热表面与流化床之间的传热。

(1) 气体-颗粒之间的传热。气体与颗粒之间的传热分为两个阶段，即气体与颗粒表面之间的传热和颗粒内部的导热。气体与颗粒表面之间的传热主要依靠分子扩散和对流扩散，由于流化床中颗粒粒径很小、湍动强烈，颗粒内的热阻几乎可以忽略不计，故流化床中颗粒与流体间的传热主要由颗粒表面与流体间的传热控制，属于外部传热问题。另外，由于流体与颗粒间的温差小，且固体颗粒之间的相互屏蔽作用，因此，系统中的辐射传热所占比例很小。

(2) 流化床与壁面间的传热。气体流化床中的壁面通常指浸没管表面或容器壁。流化床与壁面间的传热由三部分构成，导热分量 h_{pd}、相间气体对流分量 h_{gc} 和辐射分量 h_r，因此，总的表面传热系数为 $h=h_{pd}+h_{gc}+h_r$，通常情况下，该表面传热系数为 300～600W/(m^2·K)。

导热分量是指通过固体颗粒与壁面接触导热传递的热量。通常情况下，固体颗粒的热容量比气体热容量大得多，能够传递更多的热量。当颗粒首次与传热表面接触时，在传热表面的局部温度梯度很大，此时，颗粒与壁面间的瞬时传热速率很高。随着颗粒在壁面附近停留时间的增加，颗粒本身的温度很快会与壁面温度趋于一致，颗粒与壁面间的传热导致壁面温度梯度变小，瞬时传热速率会很快下降。显然，减小颗粒尺寸可以增大流态化颗粒比表面积，提高传热系数。

气体对流分量是指气体与壁面间以单相介质对流传递的热量。在大颗粒（直径大于 800μm）浓相床和高压流化床中，空隙内气流为湍流或至少处于过渡流，此时，气体的对流传热已成为主要的传热形式，且表面传热系数随颗粒平均直径的增加而增大。

辐射分量是指以辐射传热方式传递的热量。当床层温度高于 600℃且床层与壁面间的传热温差较大时，必须要考虑辐射传热的影响。当颗粒直径较大时，辐射传热量的计算比较简单，因为此时颗粒热容量大，在换热过程中温度变化不大，因此，可以处理成等温表面来计算，而对于小颗粒的情况就比较复杂了。

3. 液固流化床传热

液体流化床中的传热与气体流化床中的传热有本质不同，主要表现在两个方面，一是液体流化床通常是散式的；二是在大气压下，当传热温差相同时，液体传递的热量比气体大得多，故液体对流占据主要地位，而不是颗粒传热。但是，由于固体颗粒不断冲刷边界层，会使得液体与壁面间的传热能力大大增强。

8.2.2 流化床换热器结构

典型的流化床换热器包括进口段、换热管束和出口段三部分。从结构上看，流化床换热器可分为直接利用设备壁面的夹套式换热器、在床层中设置换热管的管式换热器和循环流化床换热器三种。

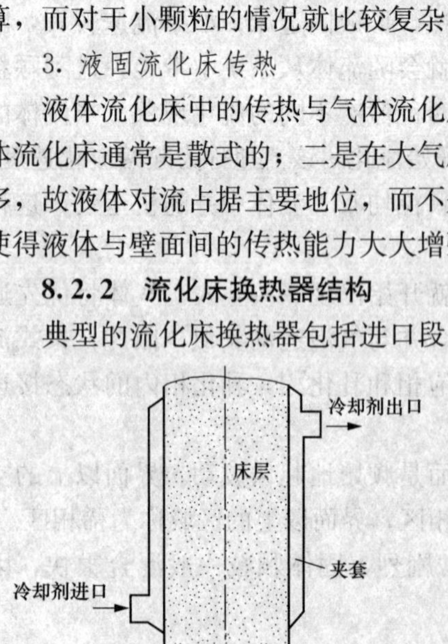

图 8.7 夹套式换热器

1. 夹套式换热器

在这种换热器中，换热介质从夹套中通过，通过内壁与工艺介质进行传热，如图 8.7 所示。这种换热器结构简单，不占据床层空间，不影响流态化的质量。由于夹套换热器受设备尺寸的限制，换热面较小，满足不了工艺要求，因此，在大型装置中都在床层内设置换热面。

2. 管式换热器

管式换热器与夹套式换热器的区别在于其传热面是浸没在床层中。根据浸没于床层中传热管形式和结构的不同，管式换热器又分为单管式、套管式、U 形管式和水平管排式四种形式。

单管式换热器如图 8.8（a）所示，换热介质从底部总管进入，经过连接管到床内垂直换热管，换热介质在管内换热后，由上部连接管引出到床外的集液（集气）管。需要说明的是，当换热介质温差相差较大时，需要考虑热补偿措施。

套管式换热器如图 8.8（b）所示，换热介质从液体分配器管分配进入各中心管，再流入外套管与中心管之间的环隙与床层换热，换热后的传热介质上升进入集液（集气）管。此种结构一端为自由端，因此，可不考虑热补偿问题，但换热管经受不住床内气泡的冲击和换热管内水锤诱导的强烈振动。

U 形管式换热器如图 8.8（c）所示，每排 U 形管在床外都有进、出口阀门，液体分配器和集气管都设置在床外。这种换热器可以有足够大的传热面积，并能改善气固接触状态，起到了垂直构件的作用。同时，还可以在 U 形管上焊接套环来抑制固体返混，提高反应转化率；设备内的支撑必须牢固，但不应影响 U 形端的自由膨胀。

水平管排式换热器如图 8.8（d）所示。在这种形式中，由于上、下换热管之间存在屏蔽效应，其传热效果较垂直管差。由于水平管对流化质量影响较大，这种形式一般用于对流化质量要求不高而传热面要求又很大的场合，例如，在沸腾燃烧锅炉和焙烧工艺中，这种换热器使用最多。

3. 循环流化床换热器

循环流化床换热器可分为内循环和外循环流化床两种。

内循环流化床换热器由进口段、换热管束和出口段三部分组成。进口段又分为液体分布段和固体分布段，采用多孔板作为液体分布器，同时通过在换热管延伸段开边孔以促进固体颗粒的均匀分布。实现流化床换热区的内循环有两种方式，如图 8.9 所示。

图 8.9 所示（a）为一种下降管与上升管分腔设计的结构。颗粒经下降管至分布板下面（入口管箱）与上升流体混合后，通过分布板进入流化室，经过上升管到达顶部（出口管箱的下部）。在出口管箱内，颗粒从流体中分离出来，并通过若干下降管再返回到入口管箱。在实际操作时，要求能将固体颗粒均匀地分布到所有的管子内，从而保证多路并联流化床的稳定性，并阻止固体颗粒离开换热器出口管箱。

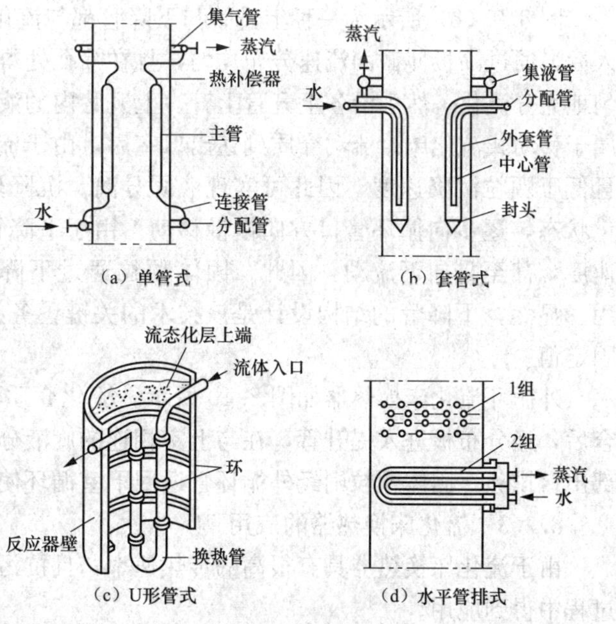

图 8.8　管式换热器

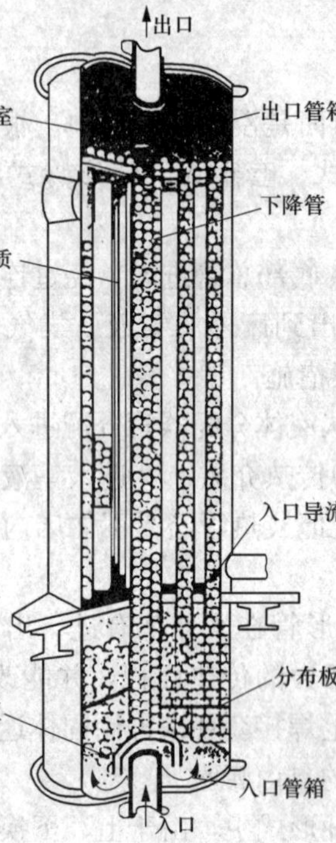

（a）下降管与上升管分腔设计

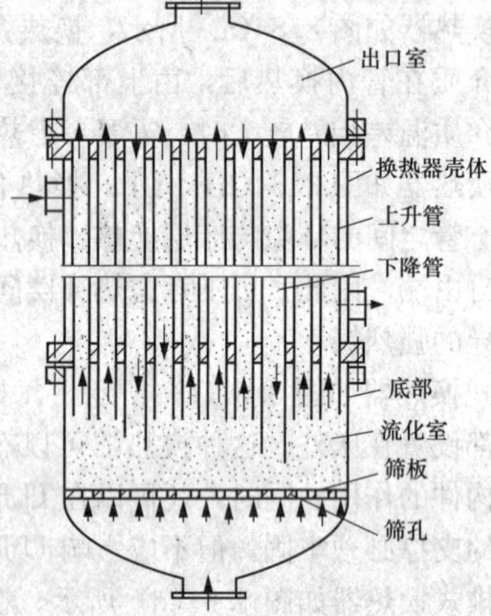

（b）上升管与下降管都与流化室相连

图 8.9 内循环流化床换热器

图 8.9（b）所示为一种上升管与下降管都与流化室相连的一种结构。管程介质从底部进入后，通过筛板使截面流速分布均匀，且在筛孔处得以加速，使整个流化室内固体颗粒被均匀地充分流化，然后沿各上升管上升。上升管内的液体速度高于固体颗粒的沉降速度，因而属于移动式流化床。流动介质到达出口室后，由于流通截面迅速扩大，液体上升速度减慢，且低于颗粒沉降速度，因此可实现液固分离。沉降聚集在出口室内的固体颗粒呈非均匀流化状态，逐步向循环管口方向慢慢移动。由于下降管内的液体流速始终低于固体颗粒沉降速度，甚至是向下流动，因此，固体颗粒通过下降管沉降聚集浓密后回到流化室循环使用。显然，下降管的结构设计是该技术的关键，务必保证下降管流路阻力高于上升管一个固定值。

外循环流化床换热器如图 8.10 所示。流化介质与固体颗粒在下室接触、流化并均匀混合后，经分布板进入提升管，在与上室相连的旋液分离器中实现液固分离，液体从分离器顶部出口排除，固体颗粒则经外循环管返回下室循环使用。

8.2.3 流化床换热器的应用

由于流化床换热器具有很高的传热速率，且抗污垢性能较好，因此，已逐步在实际生产过程中得到应用。

1. 液固流化床换热器

图 8.11 所示为溶剂脱蜡工艺流程中使用的流化床换热器。含蜡原油和溶剂按一定比例混合后，经水冷却器冷却后进入原料缓冲罐，进料泵抽混合原料油并分路进入流化床换热器冷却，达到指定温度后进入过渡机进料罐。在流化床换热器管内预装了一定数量的固体颗

粒，管程介质由底部进入，自下而上流动，管程内颗粒被流化，固体颗粒不停地冲刷管子内壁，从而达到刮蜡的目的，因而具有自动除垢防垢的功能，因此，管内表面传热系数较高。在出口分离室，流通截面急剧扩张，流体上升速度急剧下降，低于固体颗粒沉降速度，从而达到液固分离的目的。与套管式换热器相比，这种流化床换热器传热系数增加了 3～6 倍，单位管长温降增加了 5～8 倍，同时，总的流动阻力略有下降。

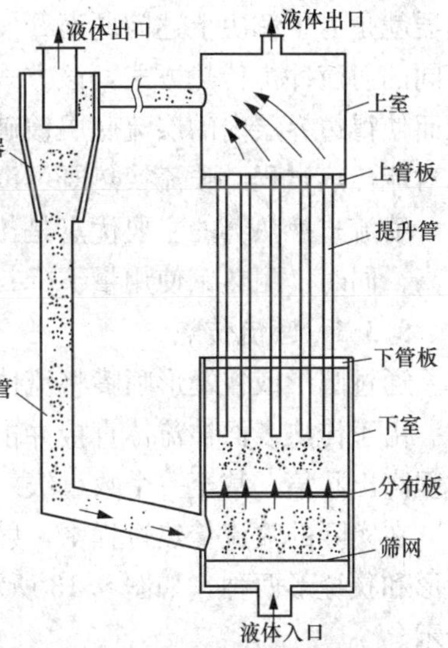

图 8.10　外循环流化床换热器

2. 气固流化床换热器

气固流化床换热器在工程上应用较多，既可作为加热器，也可作为冷却器使用。图 8.12 所示为用于冷却热氧化铝颗粒的流化床冷却器示意，氧化铝颗粒粒径为 40～150mm。由于空气比热容小，带走的热量少，因此，不能作为冷却剂，只能作为流化气体，而管内的水则为冷却剂。

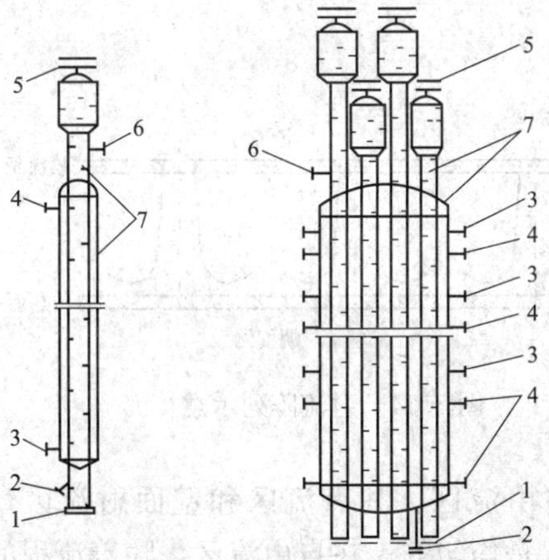

图 8.11　溶剂脱蜡工艺中的流化床换热器

1—油料进口；2—排液口；3—冷剂进口；
4—冷剂出口；5—油料出口兼预装固体颗粒口；
6—固体颗粒高度检测口；7—流化床换热器

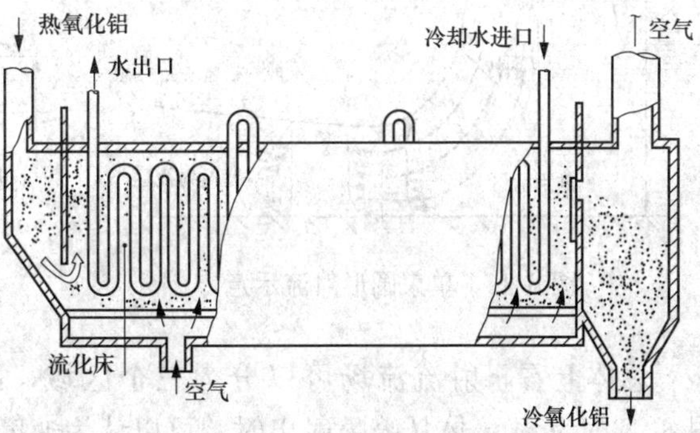

图 8.12　冷却热氧化铝颗粒的流化床冷却器

8.3　喷流式换热器

喷流式换热器是从冶金行业发展起来的一种气-气表面式换热器，换热介质温度可达 1000℃以上，因此又称为高温喷流式换热器。

在冶金行业，经常需要利用高温烟气将空气加热到一个很高的温度，采用传统的换热器，如管式、翅片管式、辐射式等，其传热系数都较低，且金属壁面温度较高，易于受损；采用蓄热式换热器时，不仅传热系数低，而且热惰性大，气密性差，漏风系数大。喷流式换热器就是为了解决上述问题而开发出的一种新型换热器。这种换热器采用了一种与传统方式不同的射流冲击传热方式，该方式使流体通过夹层孔板而形成高速射流并垂直射向传热面，从而使得边界层内的层流底层被破坏，产生的强烈涡旋使层流底层湍流化，这样就可大大强化对流传热过程。喷流换热既可以用于预热空气，也可以用于用高温烟气来加热钢材。

喷流式换热器的主要优点是传热系数高，换热器单位面积和单位体积内的传热量均大大提高，同时，耐热钢使用量下降；其主要缺点是空气和烟气的流动阻力增大。

8.3.1　喷流传热

通过圆形或狭缝形喷嘴将流体直接喷射到固体表面上进行传热是一种有效的强化传热方法。由于传热表面被流体直接冲击，因此流程短，边界层薄，故传热系数比常规的对流传热过程高出几倍，甚至一个数量级。

在实际的喷流传热过程中，射流可以是单束的，也可以是矩阵排列式的。单束射流又分圆形和狭缝形两种，如图 8.13 所示。矩阵排列式射流中喷嘴阵列则由孔板构成，如图 8.14 所示。

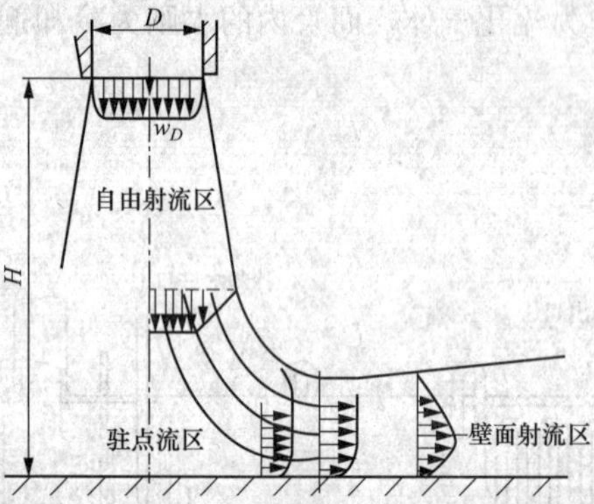

图 8.13　单束圆形射流示意

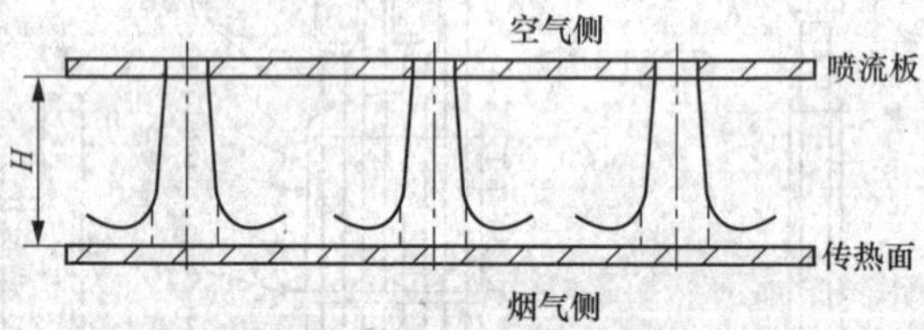

图 8.14　射流阵列示意

总体上看，射流流场可以分为三个区域，即自由流区、驻点流区和壁面射流区，如图 8.13 所示。流体从喷嘴射出时，可以认为速度 w_D 是均匀的。在自由流区，随着流程的增加，射流不断卷积边界层以外的流体，使得射流宽度不断增大，速度剖面逐渐发展为钟形，对于单束圆形射流，其中心处速度为

$$\frac{w(0,z)}{w_D}=\left\{1-\mathrm{erf}\left[-\left(\frac{D/z}{\sqrt{2C}}\right)^2\right]\right\}^{1/2} \tag{8.32}$$

式中：z 为从喷嘴出口算起的沿射流方向的距离；D 为喷嘴出口射流直径；C 为常数。

当自由射流冲击到平壁之后，即转化为驻点区流动和壁面射流。对于层流，可用 Navier-Stokes 方程求解，结果发现，射流的轴向速度和径向速度在驻点区均呈线性变化。由于驻点区径向流动是加速的，因此，流动稳定性很高，并保持层流特征。

当射流为多束射流时，其流场更加复杂，相邻流束的壁面射流相互影响，会形成附加的驻点流动区。

射流冲击传热特性与流场特性直接相关，而且无论是在径向或轴向方向上，局部表面传热系数的变化都是非单调的，从而使得表面传热系数的理论计算非常复杂，常采用基于实验

的传热关联式计算。

对于单束圆形射流，传热关联式为

$$Nu = F(Re)G\left(\frac{r}{D},\frac{H}{D}\right)Pr^{0.42} \tag{8.33}$$

式中：r 为从驻点算起的径向距离；H 为喷嘴至传热面间的距离；特征尺寸为喷嘴直径 D；F 和 G 为函数。

函数 F 和 G 分别表示为

$$F(Re) = 2[Re(1+Re/200)^{0.55}]^{1/2}$$

$$G\left(\frac{r}{D},\frac{H}{D}\right)=\frac{D}{r}\frac{1-1.1(D/r)}{1+0.1(H/D-6)(D/r)}$$

式（8.33）的适用范围是：$200\leqslant Re\leqslant 4\times10^5$，$2.5\leqslant r/D\leqslant 7.5$，$2\leqslant H/D\leqslant 12$。

对于单束平面射流，传热关联式为

$$Nu=\frac{1.53Re^{m(x/B,H/B)}}{(2x/B)+(2H/B)+1.39}Pr^{0.42} \tag{8.34}$$

式中：B 为平面射流狭缝宽度；m 为指数。

m 的表达式为

$$m\left(\frac{x}{B},\frac{H}{B}\right)=0.695-\left[\frac{2x}{B}+\left(\frac{2H}{B}\right)^{1.33}+3.06\right]^{-1}$$

式（8.34）适用范围是：$3000\leqslant Re\leqslant 9\times10^4$，$2\leqslant 2x/B\leqslant 25$，$2\leqslant 2H/B\leqslant 10$。

对于圆形射流阵列，可选用的传热关联式较多。当喷嘴为正方形排列且喷嘴间距为 L 时，可采用下述传热关联式计算：

$$Nu = 0.8\left(\frac{D}{L}\right)^{0.8492}\left(\frac{D}{H}\right)^{0.4358}Re^{0.7042} \tag{8.35}$$

若喷嘴为正三角形排列，则表面传热系数增大 16%。

8.3.2　喷流换热器结构

1. 基本结构

喷流式换热器典型结构如图 8.15 所示，其中，前两种可直接置于烟道，后者即为烟道的一部分。从喷流方式来看，可以从空气侧或烟气侧喷流，也可以从空气侧和烟气侧双面喷流。可以看出，喷流式换热器的结构非常简单。

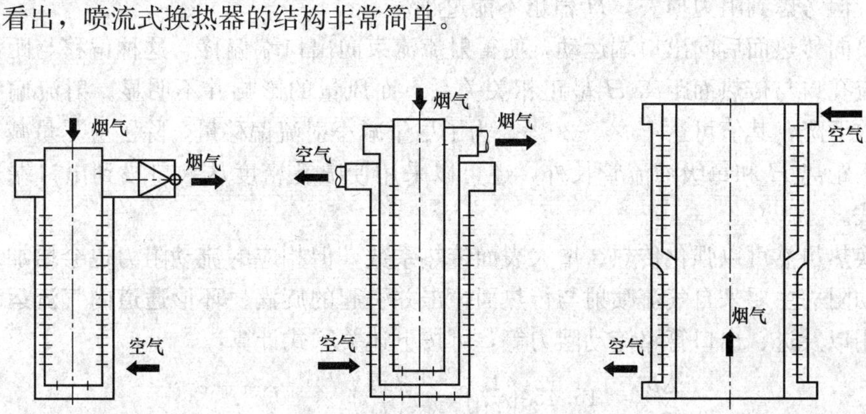

图 8.15　典型喷流式换热器结构

在从烟气到空气的传热过程中，因为通过壁面的导热热阻非常小，因此，总传热系数 K 主要取决于两侧的表面传热系数 h_1 和 h_2，即

$$K=\frac{h_1h_2}{h_1+h_2} \tag{8.36}$$

若烟气温度较高，辐射传热较强，且烟气侧表面也较清洁时，烟气侧可以不喷流；反之，则应采用双侧喷流传热。

图 8.16 所示为双侧喷流换热器的典型结构，包括三根同心套管和两个带法兰的烟气和空气引出箱，各自壁厚约为 5mm。其中，内管和外管为带孔喷流管，中间管子为传热管。烟气经外烟气喷流管上的小孔形成射流列阵，并垂直喷向传热表面，然后经换热器上部排除。冷空气由上部进入换热器，经空气喷流管小孔向外喷向换热管内表面，被加热后的空气也由换热器上部引出。

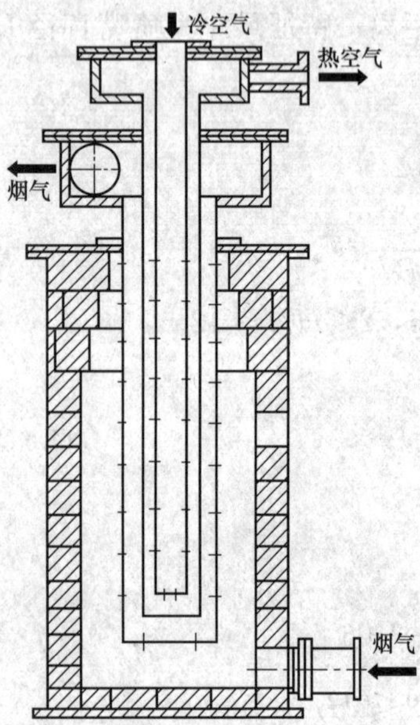

图 8.16 双侧喷流换热器的典型结构

2. 结构参数

喷流换热的主要结构参数包括喷射孔直径 D、孔间距 L、喷流孔口距传热面距离 H 等。

在喷流式换热器设计中，流体直接喷射在传热面上的覆盖率一般小于 50%，这样可以充分利用喷射流束在冲击区附近引起的涡流效应，并减小阻力损失，同时增加有效换热面积。根据轴对称自由沉降射流理论，可以得出换热面处射流区的直径 D_h 为

$$D_h/D=1.0+0.5\frac{H}{D} \tag{8.37}$$

射流离开喷嘴后的平均速度逐渐衰减，但由于传热面的阻挡作用，射流会向回反射，造成射流在换热面上的有效冲击区减小。喷孔相对间距 L/D 的增加对射流冲击区大小影响甚微，但可使喷孔间的反射气流区扩大，较小的相对间距可使表面传热系数增大。喷射孔口与传热表面间的相对距离 H/D 对冲击区大小影响也不大，采用较小的 H/D 可提高冲击强度，强化传热，但考虑到阻力损失，H 值也不能过小。

气流喷向传热面后向出口端运动，使得射流流束向出口端偏移。这种偏移与距入口端的距离和喷流孔口与传热面距离 H 呈正相关关系，而风量的影响并不明显。射流偏移会使表面传热系数下降，其值可达 15%～20%。为了尽量减小射流偏移量，除了应尽量减小喷流孔口与传热面距离 H 和每级喷流管长外，还可以采用使喷孔密度从入口段到出口端逐渐减小的布置方式。

喷流换热虽然可以强化传热、增大表面传热系数，但相应的流动阻力也会增加。喷流换热器的流动阻力主要来自气流喷射与传热面撞击并引起的旋涡、环形通道内气流运动及垂直射流的作用以及进、出口管路流动阻力等，可按下述关联式计算：

$$\frac{\Delta p}{\rho w^2}=15.45\xi\left(\frac{L}{D}\right)^{-2.049}\left(\frac{H}{D}\right)^{-0.7141}Re^{0.3666} \tag{8.38}$$

式中：ξ 为结构修正系数 $\xi=0.5\sim1.0$，对管式单侧喷流式换热器取上限，对辐射喷流式换热器取下限。

采用喷流式换热时，表面传热系数增加，流动阻力也随之增大，因此，设计时必须综合考虑。为了兼顾较高的传热性能和较低的流动阻力，推荐的主要结构参数范围是：$3 \leqslant H/D \leqslant 5$，$6 \leqslant L/D \leqslant 9$。

8.3.3　喷流换热器应用

喷流传热的工业应用可以分为两类，第一类是两种流体之间的传热，即喷流式换热器；第二类是流体通过喷流方式与固体壁面之间进行传热。

图 8.17 所示为某连续加热炉上的喷流式换热器，换热器采用立式布置，高为 1.8m，外管直径 300mm，6 个竖直管组单行交错排列，总传热面积为 $10m^2$。烟气流量为 $6000 \sim 6500m^3/h$（标态下），入口温度为 470～490℃，出口温度为 370～390℃；空气流量为 $3250m^3/h$（标态下），入口温度为 20℃，出口温度为 140～150℃；总传热系数为 $42W/(m^2 \cdot K)$。

图 8.18 所示为流体与固壁间采用喷射传热的一个典型实例。通常在涡轮发动机进口燃气温度高达 1300℃以上，且有继续提高的趋势，因此，在涡轮机首级叶片的前缘将承受很高的热负荷。为了解决首级叶片前缘的有效冷却问题，一般采用表面传热系数很大的喷射传热方式。

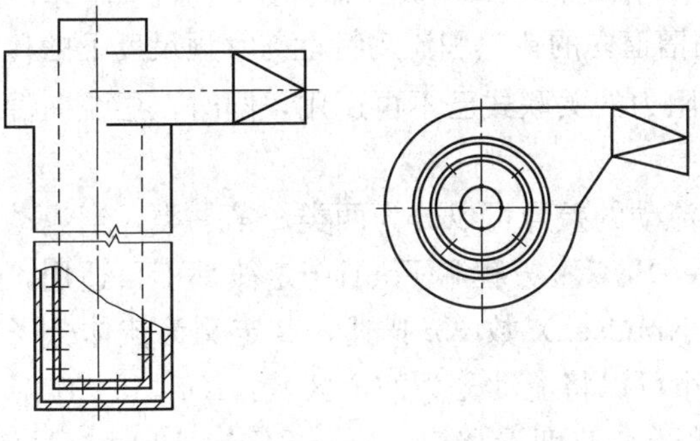

图 8.17　连续加热炉上的喷流式换热器结构

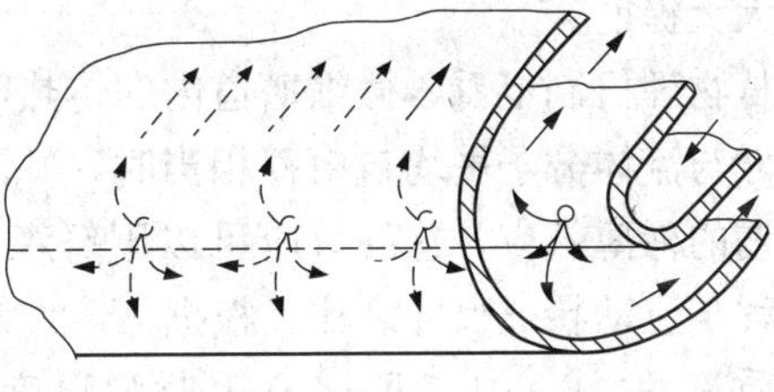

图 8.18　涡轮机叶片前缘的射流冲击冷却

8.4　微 型 换 热 器

微型换热器指体积小、单位体积内传热面积大的换热器，通常也包括微型散热器。自从硅集成电路问世以来，电路的集成度呈几何级数增长，相应地，每个芯片单位体积内产生的热量也大幅增加，从而使得芯片上产生的热流密度达到 $10^7 W/m^2$ 量级，甚至更高。另外，为了确保微电子设备安全可靠运行，其工作温度必须维持在一定范围内，例如，硅器件的正常工作温度一般规定在 130℃以下。这样就使得微电子器件的热控制问题日益突出，并直接影响到微电子器件的发展。在微电子器件的热控制方法中，微槽式散热器是最有效的方法之一。这种换热器可以直接加工在发热元件的基体上，从而避免了接触热阻。

微型换热器除了用于微电子器件的散热外，在航空航天、汽车工程、空调与热泵、材料工业、DNA 检测等领域也得到了越来越广泛的应用。近年来，高新技术的迅猛发展对器件和设备的热控制提出了越来越高的要求，从而使得对新型高效微型换热器的研究和开发成为了传热学研究领域的一个重要研究课题。

与常规换热器相比，微型换热器的主要优点是单位体积内的传热面积很大，从而使得其体积传热系数可达几十到几百 $MW/(m^3 \cdot K)$，比常规换热器高 1、2 个数量级。同时，微型换热器具有短管效应，尽管它一般工作在层流区域，但传热性能却与工作在湍流范围内的常规换热器相当，甚至更强，而且可以避免湍流诱导的振动，增加了系统的稳定性和安全性。另外，微型换热器还具有流量小和材料消耗低等特点。微型换热器的主要缺点是微小流道对结垢非常敏感，因此，对工作流体的纯净度和腐蚀性要求比较高；由于流道的当量直径较小，流动阻力会有所增加。

8.4.1 微槽式微型换热器

微槽式散热器是最早提出的一种微型换热器，其工作原理如图 8.19 所示。当冷却介质为水时，若基片表面温度维持在 130℃以下，则从基片带走的热量可达 $1300\mathrm{W/cm^2}$。这种散热器散热性能好的主要原因在于，一方面充分利用了微细槽道当量直径小、传热能力强的特点；另一方面充分发挥了单位体积内传热面积多的优势。显然，微细槽道内对流传热能力的强弱直接决定了微型换热器的性能。

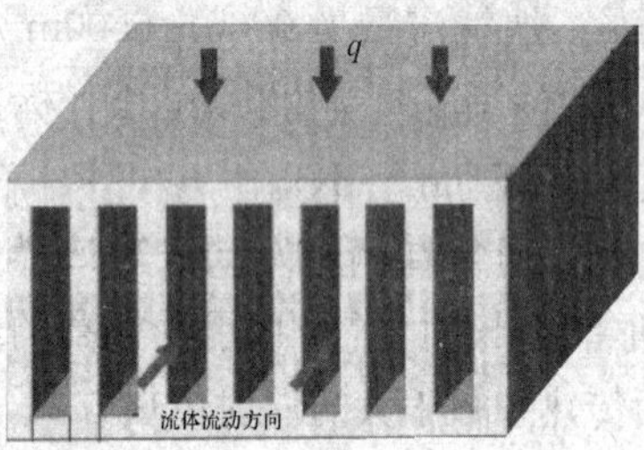

图 8.19 微槽式散热器原理

1. 微细流道内单相对流传热简介

微细槽道内的传热和流动特性与常规尺度下的传热特性不同，主要表现在常规尺度下传热和流动阻力的关联式已不再适用，同时，层流向湍流的过渡大大提前。

从物理机制上看，微细槽道内的传热和流动的差异可以分为两类。第一类，当流动的特征尺寸与流体分子平均自由程相当时，Navier-Stokes 方程和 Fourier 定律都不再适用，这就是所谓的稀薄效应。这种效应可以用努森（Knudsen）数 Kn 描述，其定义为流体分子平均自由程与流动特征尺寸之比。根据 Kn 的大小可以将流动分为四个区域：$Kn<0.001$ 时为连续介质流动，$0.001\leqslant Kn<0.1$ 时为温度跳跃与速度滑移流，$0.1\leqslant Kn<10$ 时为过渡流，$Kn>10$ 时为自由流。第二类，在连续性假设依然成立的条件下，随着特征尺寸的减小，流动和传热过程中的各种影响因素的相对强弱会发生变化，有些在常规尺度下被忽视的因素，如轴向导热、表面张力效应等，在微细尺度下可能变得非常重要。

目前常用的微型换热器的特征尺寸主要在几十微米到 1 毫米，对应 Kn 的范围为 $10^{-4}\sim10^{-3}$，因此，连续性假设依然成立，可以按连续介质处理。此时，微细尺度下的流动和传热的特殊效应主要表现在以下几个方面。

（1）气体的稀薄效应。当 $0.001\leqslant Kn<0.1$ 时，气体在槽道壁上存在温度跳跃和速度滑移。当壁面附近的气体既有速度梯度又有温度梯度时，表面处的速度滑移 w_s 为

$$w_\mathrm{s}=\zeta\left(\frac{\partial w_x}{\partial y}\right)_\mathrm{w}+\frac{3}{4}\left(\frac{\mu}{\rho T}\frac{\partial T}{\partial x}\right)_\mathrm{w} \tag{8.39}$$

式中：ζ 为滑移系数；x 为主流方向；y 为壁面法向方向；下标 w 代表壁面处值。

表面处的温度跳跃（$T_\mathrm{s}-T_\mathrm{w}$）为

$$T_\mathrm{s}-T_\mathrm{w}=\frac{2-a}{a}\frac{\gamma}{\gamma+1}\frac{2}{Pr_\mathrm{w}}\lambda\left(\frac{\partial T}{\partial y}\right)_\mathrm{w}-\frac{3\gamma}{\gamma+1}\frac{w_\mathrm{s}^2}{c_p} \tag{8.40}$$

式中：T_s 为 Knudsen 层外缘处温度；T_w 为壁面温度；a 为热协调系数；γ 为气体比热容比；λ 为温度 T_s 下气体平均自由程长度。

与第一项相比，式（8.40）中右边第二项通常很小，可以忽略不计。

图 8.20 所示为氮气和氦气在深度为 0.51μm 微槽中流动时的流动阻力特性，图中纵坐标 C^* 为对比泊肃叶（reduced Poiseuille）数，其定义为 $C^*=(fRe)_{sy}/(fRe)_{ll}$。由图可见，当不考虑速度滑移时，由 Navier-Stokes 方程得到的压降比由实验测得的实际压降大，尤其在低雷诺数时更为明显。当考虑边界上的速度滑移条件时，理论计算值和实验测试结果吻合很好，C^* 值在 1 附近。

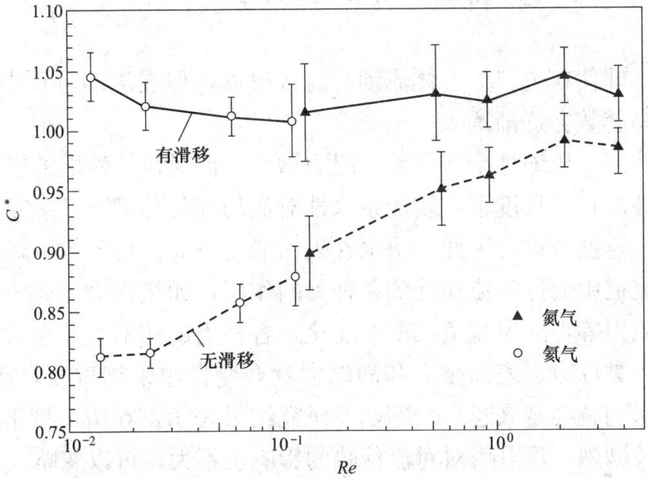

图 8.20　深微槽氮气和氦气流动阻力特性

当考虑边界上的速度滑移和温度跳跃时，在均匀热流密度条件下，微尺度管内对流传热 Nu 为

$$Nu=\frac{4.3636(1+4.1075Kn)^2}{1+10.4556Kn+18.4057Kn^2} \tag{8.41}$$

对于一边绝热、一边为均匀热流密度的二维微槽，则有

$$Nu=\frac{5.3846(1+3.0807Kn)^2}{1+7.1882Kn+12.7756Kn^2} \tag{8.42}$$

均匀热流密度下微尺度管内对流传热 Nu 随 Kn 的变化如图 8.21 所示。显然，随着管道直径的减小，Kn 增大，Nu 逐渐下降。当 $Kn=10^{-4}$ 时，计算得到的 Nu 与常规尺度下的值仅相差 0.1%；当 $Kn=10^{-3}$ 时，偏差增加到 1.0%；当 $Kn=0.1$ 时，偏差达到 9.0%。

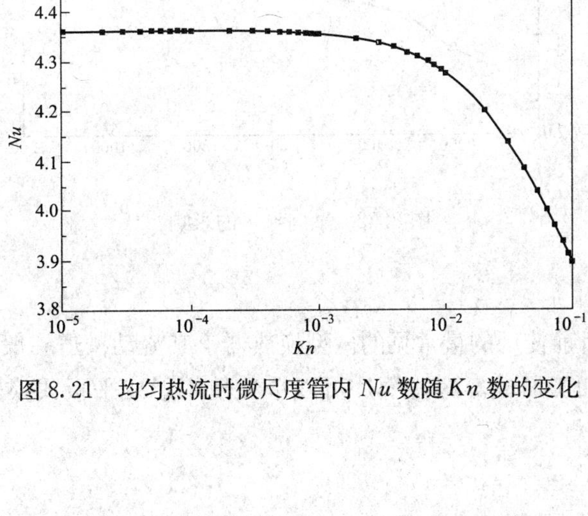

图 8.21　均匀热流时微尺度管内 Nu 数随 Kn 数的变化

（2）流动可压缩性效应。在常规尺度下，当气体流动的马赫数远小于1时，一般可认为流动是不可压缩的，因此，在整个流动过程中气体的密度不变。对于微尺度管内流动，由于沿流动方向的压力梯度较大，气体密度变化显著。因此，气体的可压缩性对流动和传热都会产生较大的影响，不能按不可压缩流动处理。

当考虑到气体的可压缩性时，气体在微尺度管内层流流动的阻力系数 f 为

$$f=\frac{64}{Re}\left(1+\frac{M^2}{1.5-0.66M-1.14M^2}\right) \tag{8.43}$$

式中：M 为马赫数。

需要说明的是，即使在进口处气体流动马赫数很低，但在流动过程中，当考虑到气体的可压缩性时，局部马赫数会逐渐增大。

由此可知，气体的可压缩性会使得流动阻力增大，但对传热性能的影响较小。

（3）表面亲水性。在微尺度下，表面亲水性对流动和传热都有重要影响。带有疏水涂层的表面上更容易产生速度滑移，因此，疏水性表面能使表面传热系数下降，流动阻力减小。

（4）作用力。流道中流体的流动受到各种力的作用，如惯性力、黏性力、浮升力、表面张力、静电力和电磁力等，随着流道尺度的变化，各种力的相对大小会发生变化。显然，随着流道尺度的减小，黏性力、表面张力和静电力就会变得越来越重要，甚至起着主导作用；相反，浮升力等的影响就会越来越小。例如，研究结果表明，在微尺度下，即使超临界压力下流体物性变化比较剧烈，浮升力对对流传热的影响也不大，可以忽略。

（5）轴向导热。在微尺度条件下，受加工工艺条件的限制，壁面厚度和流道直径可能处于同一数量级，甚至壁面厚度更大，这样就使得在对微尺度流道内对流传热的研究中轴向导热不可忽略。图8.22给出了当壁面厚度与槽道当量直径之比为 $R^*=4$ 时某微槽内轴向导热对对流传热 Nu 影响的比较结果，显然，轴向导热的影响很大。

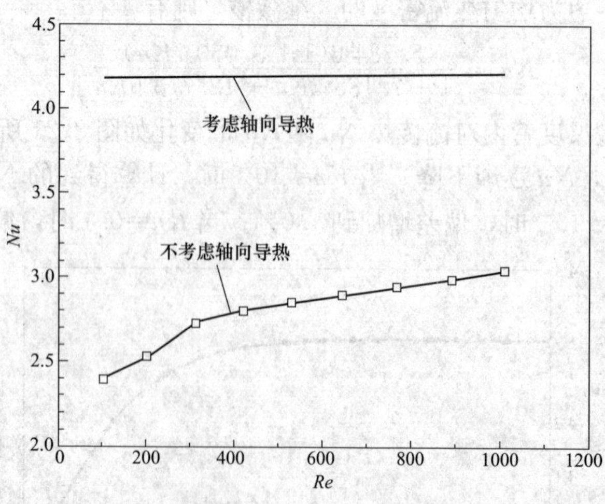

图8.22 轴向导热的影响

2. 微槽式换热器简介

微槽式换热器是目前使用的最常见的微型换热器，其流动槽道一般是在很薄的硅片、金属或其他材料薄片上加工而成。这些薄片可以单独使用形成平板式换热器，又称微槽散热

器，也可以多片焊接在一起形成逆流、顺流或交叉流换热器。由于交叉流在制造和结构布置上都非常方便，因此，在实际中应用较多，如图 8.23 所示。

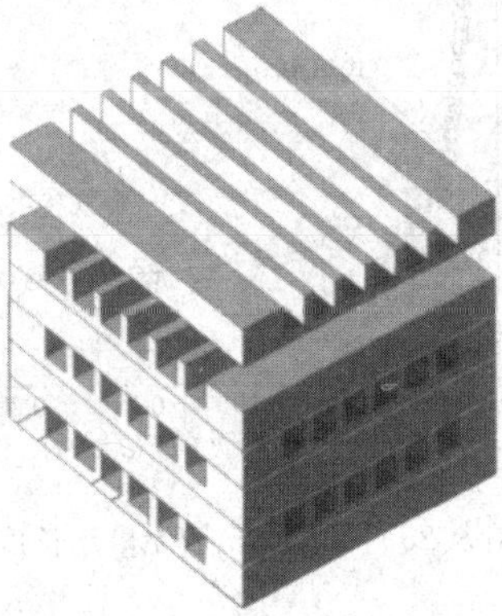

（a）结构图

（b）实例

图 8.23　微槽式微型换热器

微槽式换热器不仅有效地扩展了传热面积，而且由于尺度变小使得对流传热表面传热系数大大增加。例如，对于充分发展区微槽内层流对流传热，其 $Nu=5.35$，若槽道当量直径为 100μm，工质为水，则对应的表面传热系数约为 32000W/(m^2·K)，相当于水的沸腾传热表面传热系数量级。这样，即使在较小的传热温差下，也能带走大量的热量，特别适用于微电子器件的散热冷却过程。

一般情况下，微槽式散热器多采用硅片，且为单片结构，因此槽的深度和宽度比通常大于 1（深槽结构）；微槽式换热器多采用金属片，加工较为困难，且为多片焊接在一起，需要有足够的强度以满足焊接和运行的要求，因此，槽的深度和宽度比通常小于 1（浅槽结构）。另外，当采用浅槽结构时，可以提高换热器紧凑度，减小流道当量直径，提高表面传热系数，但流动阻力也会随之增大。

在微槽式换热器中，阻力系数可按下述实验关联式计算：

$$f=1639/Re^{1.48},\quad Re<600 \tag{8.44a}$$

$$f=5.45/Re^{0.55},\quad 600<Re<2800 \tag{8.44b}$$

图 8.24 所示为上述关联式与实验结果的比较，显然，所有实验点与关联式的偏差都在 ±10%以内。

图 8.25 所示为微槽道内平均 Nu 随无量纲长度 X^+ 的变化规律，显然，与常规尺度下的结果类似，随着无量纲长度 X^+ 的增加，平均 Nu 减小，从 12 下降到约 3.0，而且这种变化存在两个不同规律的区域：当 $X^+<0.05$ 时，平均 Nu 随无量纲长度 X^+ 的增加而急剧下降；当 $X^+>0.05$ 时，下降的速度则缓和的多。根据实验结果，拟合得到的传热关联式为

$$Nu=0.52(Re\cdot Pr\cdot d_e/L)^{0.62},\quad X^+<0.05 \tag{8.45a}$$

$$Nu=2.02(Re\cdot Pr\cdot d_e/L)^{0.31},\quad X^+>0.05 \tag{8.45b}$$

实验点与关联式的偏差都在 ±10%以内。

应该指出的是，由于微槽式换热器采用的材料、结构、尺度，以及流体介质的不同，流动和传热性能的差异也比较大，必须通过具体的实验获取相应的传热关联式。

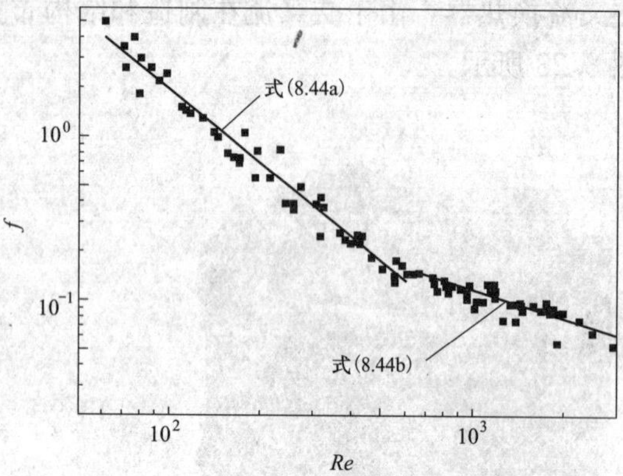

图 8.24 摩擦阻力系数 f 随 Re 数的变化

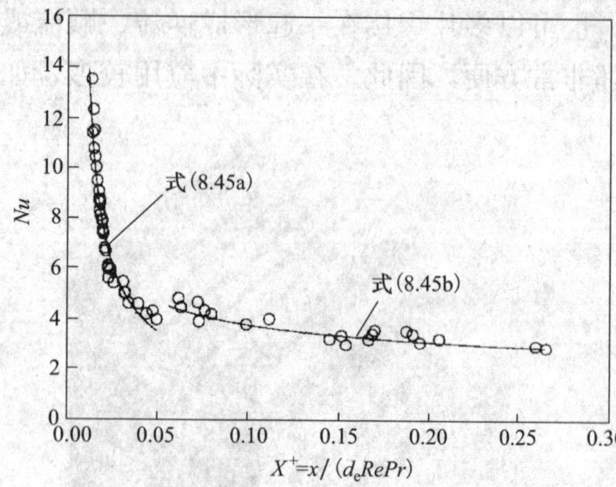

图 8.25 平均 Nu 随无量纲长度 X^+ 的变化

8.4.2 多孔微型换热器

多孔微型换热器是指利用微小金属颗粒烧结或涂敷于金属薄板、管子表面，或者填充于管间，或者利用微尺度泡沫金属或微细板翅结构制成的微型换热器。近年来，通过对多孔介质、泡沫金属、烧结丝网及微细板翅等强化传热机理和技术的研究，结果发现，颗粒堆积床、泡沫金属、烧结丝网及微细板翅等多孔结构都能大大强化传热，但由于结构和尺度的不同，流动和传热性能的差异很大。

1. 多孔介质内流动和传热特性

多孔介质是有固体骨架的多相共存空间。流体可以在多孔介质空隙内流动，在此过程中，各相自身及各相之间的质量、动量和能量传递规律非常复杂。

多孔介质按固体骨架和空隙的分布特性可分为有序多孔介质和随机多孔介质，前者如等直径球体规则排列而形成的多孔颗粒层，后者如土壤、纤维膨化结构等。

由于多孔介质内空隙通道的弯曲性、无定向性和随机性，使得多孔介质内的流动过程非常复杂。除了流速很低的情形外，多孔介质内的流动都显示出非层流的特性。由于受到固体骨架的影响，流体在多孔介质内不停地发生渗混和分离，流速的大小和方向也在不停地改变，从而使得流动阻力大大增加，从层流向湍流的转变也大大提前。

多孔介质中的传热过程包括固体骨架之间的导热、空隙中流体的导热、固体骨架与流体间的传热，以及骨架或气体的辐射等，其中，骨架与流体间的传热可以是强迫对流、自然对流或混合对流，可以是单相传热、沸腾传热或凝结传热。同时，由于多孔介质能引起流体强烈的渗混，从而强化传热过程，即使在很低的流速下也能通过热弥散效应大大改善传热性能。

2. 金属泡沫强化传热

多孔金属泡沫是一种新型功能材料，它具有独特的结构和性能，在工业上具有广阔的应用前景。多孔金属泡沫具有较大的孔径和高孔隙率，是一种利用固体表面的物理特性产生特殊作用的功能材料，其典型结构如图 8.26 所示。

多孔泡沫金属的主要结构参数有孔径、孔隙率、开孔度、通孔率和密度等。多孔泡沫金属孔径较大，一般为 0.5～5.5mm，而孔隙率可高达 40%～90%。由于孔隙率高，因此，金属泡沫的密度仅为金属的 10%～60%，同时，比表面积高达 6～40cm^2/cm^3。

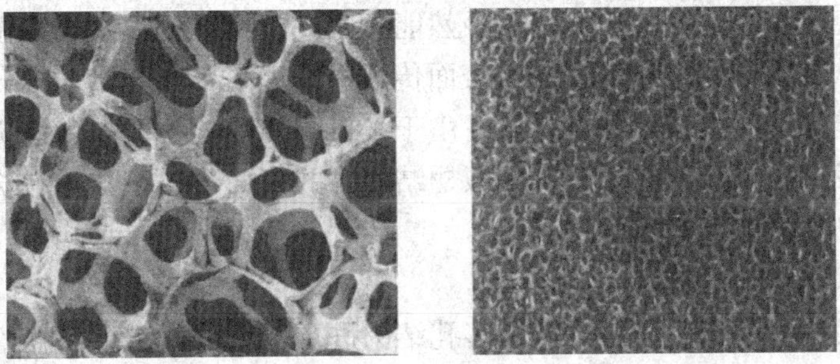

图 8.26　多孔泡沫金属典型结构

由于泡沫金属特殊的物理结构，使得其具有较高的阻尼性能、优良的热物理性能、优异的渗透和通流性能、优异的吸声及电磁屏蔽性能等。泡沫金属的表观导热系数介于金属和隔热材料之间，且随孔隙率的增加而下降。泡沫金属具有较大的比表面积，且使散布于其中的流体产生复杂的三维流动，所以具有良好的散热性能。通孔金属泡沫可用于制作换热器，闭孔泡沫金属可以用作隔热材料。

图 8.27 所示为空气流过孔隙率为 92% 的镍和铜泡沫金属与空通道时表面传热系数的比较结果。可以看出，镍材料泡沫金属使空气的对流传热能力提高了 9～11 倍，而铜材料泡沫金属使空气的对流传热能力提高 6～12 倍。相应地，由于金属泡沫内结构的复杂性也会使流动阻力大大增加。

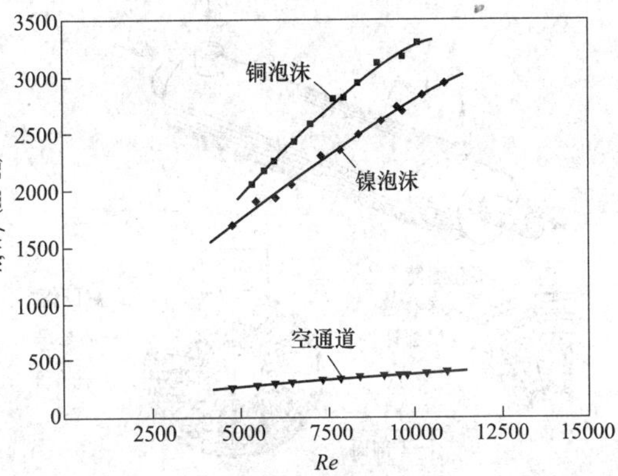

图 8.27　空气对流传热系数的比较

3. 微细板翅结构强化传热

典型的微细板翅结构如图 8.28 所示，它与常规换热器中采用的翅片并无本质区别，只是微细板翅结构尺寸小、排列紧密，更接近于规则排列的微细多孔结构。

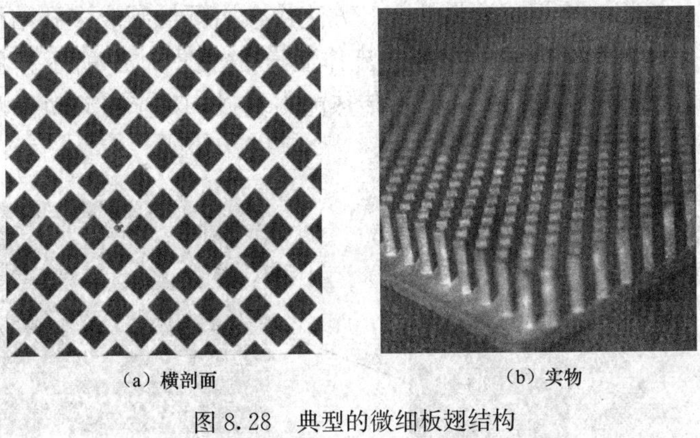

(a) 横剖面　(b) 实物

图 8.28　典型的微细板翅结构

大量实验结果表明，流体在微细板翅结构内的单相对流传热能力比相同材料、相同孔隙率时烧结多孔介质中的传热能力强，但不同流体表面传热系数的增加幅度不同。由于微细板翅结构的有效导热系数远大于烧结多孔介质的有效导热系数，因此，更有利于将热量尽快传递到流体内部，充分发挥翅壁效应。对于换热能力强的流体，例如水，在微细板翅结构内能够将更多的热量从壁面带走，从而使得其表面传热系数远高于在烧结多孔介质内的表面传热系数；对于换热能力差的流体，例如空气，由于其自身传热能力弱，微细板翅结构很强的导热能力不能充分发挥，因此，空气在微细板翅结构内的表面传热系数与在烧结多孔介质内的表面传热系数差别不大。

4. 多孔式微型换热器

多孔式微型换热器是指利用各种微细多孔结构进行传热的微型换热器。根据换热器的不同用途和换热流体特性，它可以制成各种任意形状，目前，以管式多孔换热器和板式多孔微型换热器用得较多。

图 8.29 所示为一种典型的管式多孔换热器结构。其中，一种流体在换热器一端沿轴向进入，流过多孔层内的扁圆管后，在换热器另一端沿径向流出；而另一种流体沿径向流入，依次穿过筛孔圆筒、多孔介质层，再从中心通道流出，因此，这种流体在换热器内径向流动。筛孔圆筒一般用 50×50 网目的铜丝网制成，它的主要作用是防止多孔介质松动脱落。这种换热器单位体积内的换热面积多，传热性能好且压降增加幅度不大。

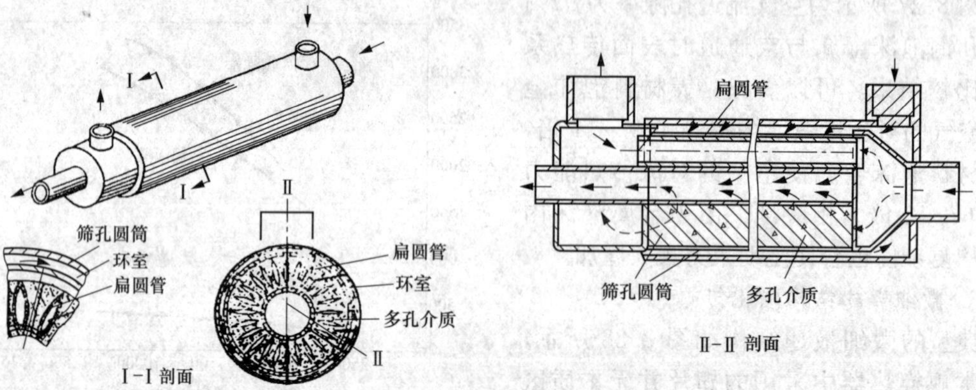

图 8.29 管式多孔换热器结构

多孔换热器也可制成板式，用于两种或两种以上流体之间的传热。板式多孔微型换热器中，一般可用烧结、钎焊、熔焊或涂料粘合等方法将金属颗粒制成多孔结构，并将其连接在实体上，多孔介质之间的细小间隙即为板间流体通道，如图 8.30 所示。和微槽式微型换热器相比，相同条件下，这种多孔微型换热器传热能力更强，对应的流动阻力也更大。

图 8.30 板式多孔微型换热器

附　录

附录1　双曲函数表

x	sh$x$	ch$x$	th$x$	x	sh$x$	ch$x$	th$x$
0.0	0.000 0	1.000 0	0.000 0	3.0	10.017 9	10.067 8	0.995 1
0.1	0.100 2	1.005 0	0.099 7	3.1	11.076 5	11.121 5	0.996 0
0.2	0.201 3	1.020 1	0.197 4	3.2	12.245 9	12.286 6	0.996 7
0.3	0.304 5	1.045 3	0.291 3	3.3	13.537 9	13.574 8	0.997 3
0.4	0.410 8	1.081 1	0.379 9	3.4	14.965	14.999	0.997 8
0.5	0.521 1	1.127 6	0.462 1	3.5	16.543	16.573	0.998 2
0.6	0.636 7	1.185 5	0.537 1	3.6	18.285	18.313	0.998 5
0.7	0.758 6	1.255 2	0.604 4	3.7	20.211	20.236	0.998 8
0.8	0.888 1	1.337 4	0.664 0	3.8	22.329	22.362	0.999 0
0.9	1.026 5	1.433 1	0.716 3	3.9	24.691	24.711	0.999 2
1.0	1.175 2	1.543 1	0.761 6	4.0	27.290	27.308	0.999 3
1.1	1.335 6	1.668 5	0.801 0	4.1	30.162	30.178	0.999 5
1.2	1.509 5	1.810 7	0.833 7	4.2	33.336	33.351	0.999 6
1.3	1.698 4	1.970 9	0.861 7	4.3	36.843	36.857	0.999 6
1.4	1.904 3	2.150 9	0.885 4	4.4	40.719	40.732	0.999 7
1.5	2.129 3	2.352 4	0.902 5	4.5	45.003	45.014	0.999 8
1.6	2.375 6	2.577 5	0.921 7	4.6	49.737	49.747	0.999 8
1.7	2.645 6	2.828 3	0.935 4	4.7	54.967	54.978	0.999 9
1.8	2.942 2	3.107 5	0.946 8	4.8	60.751	60.759	0.999 9
1.9	3.268 2	3.417 7	0.956 2	4.9	67.141	67.149	0.999 9
2.0	3.626 9	3.762 2	0.964 0	5.0	74.203	74.210	0.999 9
2.1	4.021 9	4.144 3	0.970 4	5.1	82.008	82.014	0.999 9
2.2	4.457 1	4.567 9	0.975 7	5.2	90.633	90.639	0.999 9
2.3	4.937 0	5.037 2	0.980 1	5.3	100.166	100.171	1.000 0
2.4	5.466 2	5.557 0	0.983 7	5.4	110.701	110.705	1.000 0
2.5	6.050 2	6.132 3	0.986 6	5.5	122.344	122.344	1.000 0
2.6	6.694 7	6.769 0	0.989 0	5.6	135.211	135.211	1.000 0
2.7	7.406 3	7.473 5	0.991 0	5.7	149.432	149.432	1.000 0
2.8	8.191 9	8.252 7	0.992 6	5.8	165.148	165.148	1.000 0
2.9	9.059 6	9.114 6	0.994 0	5.9	182.517	182.517	1.000 0

附录2 第一和第二类零阶与一阶贝塞尔函数值

x	$I_0(x)$	$I_1(x)$	$(2/\pi)K_0(x)$	$(2/\pi)K_1(x)$
0.0	1.000 0	0.000 0	$+\infty$	$+\infty$
0.2	1.010 0	0.100 5	1.115 8	3.040 5
0.4	1.040 4	0.204 0	0.709 5	1.390 6
0.6	1.092 0	0.313 7	0.495 0	0.829 4
0.8	1.166 5	0.432 9	0.360 0	0.548 6
1.0	1.266 1	0.565 2	0.268 0	0.383 2
1.2	1.393 7	0.714 7	0.202 8	0.276 7
1.4	1.553 4	0.886 1	0.155 1	0.204 3
1.6	1.750 0	1.084 8	0.119 7	0.153 2
1.8	1.989 6	1.317 2	0.092 9	0.116 3
2.0	2.279 6	1.590 6	0.725 1	0.089 0
2.2	2.629 1	1.914 1	0.568 3	0.686 9
2.4	3.049 3	2.298 1	0.447 0	0.533 0
2.6	3.553 3	2.755 4	0.352 7	0.415 6
2.8	4.157 3	3.301 1	0.279 0	0.325 4
3.0	4.880 8	3.953 4	0.221 2	0.255 6
3.2	5.747 2	4.734 3	0.175 7	0.201 4
3.4	6.784 8	5.670 1	0.139 8	0.159 2
3.6	8.027 7	6.702 8	0.111 4	0.126 0
3.8	9.516 9	8.140 4	0.008 9	0.010 0
4.0	11.301 9	9.759 5	0.710 5	0.794 7
4.2	13.442 5	11.705 6	0.568 4	0.632 7
4.4	16.010 4	14.046 2	0.455 1	0.504 4
4.6	19.092 6	16.862 6	0.364 8	0.402 7
4.8	22.793 7	20.252 8	0.292 7	0.321 8
5.0	27.239 9	24.335 6	0.235 0	0.257 5
5.2	32.538 6	29.254 3	0.188 8	0.206 2
5.4	39.008 8	35.182 1	0.151 8	0.165 3
5.6	46.737 6	42.328 3	0.122 1	0.132 6
5.8	56.038 1	50.946 2	0.001 0	0.106 4
6.0	67.234 4	61.341 9	0.792 0	0.000 9
6.2	80.717 9	73.885 9	0.638 2	0.687 9
6.4	96.961 6	89.026 1	0.514 6	0.553 4
6.6	116.537	107.305	0.415 1	0.445 5
6.8	140.136	129.378	0.335 0	0.358 8
7.0	168.593	156.039	0.270 4	0.289 1
7.2	202.921	188.250	0.218 5	0.233 1
7.4	244.341	227.175	0.176 4	0.188 0
7.6	294.332	274.222	0.142 6	0.151 7

续表

x	$I_0(x)$	$I_1(x)$	$(2/\pi)K_0(x)$	$(2/\pi)K_1(x)$
7.8	354.685	331.099	0.115 3	0.142 4
8.0	427.564	399.873	0.000 9	0.000 1
8.2	515.593	483.048	0.754 3	0.799 7
8.4	621.944	583.657	0.610 4	0.645 8
8.6	750.461	705.377	0.494 1	0.522 0
8.8	905.797	852.663	0.400 0	0.422 1
9.0	1093.59	1030.91	0.323 9	0.341 5
9.2	1320.66	1246.68	0.262 4	0.276 3
9.4	1595.28	1507.88	0.212 6	0.223 6
9.6	1927.48	1824.14	0.172 2	0.181 0
9.8	2329.39	2207.13	0.139 6	0.146 5
10.0	2815.72	2670.99	0.113 1	0.118 7

附录3 误差函数表

$$\mathrm{erf}(x)=\frac{2}{\sqrt{\pi}}\int_0^x \mathrm{e}^{-\eta^2}\,\mathrm{d}\eta$$

x	erf(x)	x	erf(x)	x	erf(x)
0.00	0.000 00	0.74	0.704 68	1.48	0.963 65
0.02	0.022 56	0.76	0.717 54	1.50	0.966 11
0.04	0.045 11	0.78	0.730 01	1.52	0.968 41
0.06	0.067 62	0.80	0.742 10	1.54	0.970 59
0.08	0.090 08	0.82	0.743 81	1.56	0.972 63
0.10	0.112 46	0.84	0.765 14	1.58	0.974 55
0.12	0.134 76	0.86	0.776 10	1.60	0.976 35
0.14	0.156 95	0.88	0.786 69	1.62	0.978 04
0.16	0.179 01	0.90	0.796 91	1.64	0.979 62
0.18	0.200 94	0.92	0.806 77	1.66	0.981 10
0.20	0.222 70	0.94	0.816 27	1.68	0.982 49
0.22	0.244 30	0.96	0.825 42	1.70	0.983 79
0.24	0.265 70	0.98	0.834 23	1.72	0.985 00
0.26	0.286 90	1.00	0.842 70	1.74	0.986 13
0.28	0.307 88	1.02	0.850 84	1.76	0.987 19
0.30	0.328 63	1.04	0.858 65	1.78	0.988 17
0.32	0.349 13	1.06	0.866 14	1.80	0.989 09
0.34	0.369 36	1.08	0.873 33	1.82	0.989 94
0.36	0.389 33	1.10	0.880 20	1.84	0.900 74
0.38	0.409 01	1.12	0.886 79	1.86	0.991 17
0.40	0.428 39	1.14	0.893 08	1.88	0.992 16
0.42	0.447 47	1.16	0.899 10	1.90	0.992 79
0.44	0.466 23	1.18	0.904 84	1.92	0.993 38
0.46	0.484 66	1.20	0.910 31	1.94	0.993 92
0.48	0.502 75	1.22	0.915 53	1.96	0.994 43
0.50	0.520 50	1.24	0.920 51	1.98	0.994 89
0.52	0.537 90	1.26	0.925 24	2.00	0.995 32
0.54	0.554 94	1.28	0.929 73	2.05	0.996 26
0.56	0.571 62	1.30	0.934 01	2.10	0.997 02
0.58	0.587 92	1.32	0.938 07	2.15	0.997 64
0.60	0.603 96	1.34	0.941 91	2.20	0.998 14
0.62	0.619 41	1.36	0.945 56	2.25	0.998 54
0.64	0.634 59	1.38	0.949 02	2.30	0.998 86
0.66	0.649 38	1.40	0.952 29	2.40	0.999 31
0.68	0.663 78	1.42	0.955 38	2.50	0.999 59
0.70	0.677 80	1.44	0.958 30	3.00	0.999 98
0.72	0.691 43	1.46	0.961 05	4.00	1.000 00

附录 4　金属材料的密度、比热容和导热系数

材料名称	20℃			导热系数 λ　W/(m·K) 温度　℃									
	密度	比热容	导热系数										
	ρ kg/m³	c_p J/(kg·K)	λ W/(m·K)	−100	0	100	200	300	400	600	800	1000	1200
纯铝	2710	902	236	243	236	240	238	234	228	215			
杜拉铝（96Al～4Cu，微量 Mg）	2790	881	169	124	160	188	188	193					
铝合金（92Al～8Mg）	2610	904	107	86	102	123	148						
铝合金（87Al～13Si）	2660	871	162	139	158	173	176	180					
铍	1850	1758	219	382	218	170	145	129	118				
纯铜	8930	386	398	421	401	393	389	384	379	366	352		
铝青铜（90Cu～10Al）	8360	420	56		49	57	66						
青铜（89Cu～11Sn）	8800	343	24.8		24	28.4	33.2						
黄铜（70Cu～30Zn）	8440	377	109	90	106	131	143	145	148				
铜合金（60Cu～40Ni）	8920	410	22.2	19	22.2	23.4							
黄金	193 00	127	315	331	318	313	310	305	300	287			
纯铁	7870	455	81.1	96.7	83.5	72.1	63.5	56.5	50.3	39.4	29.6	29.4	31.6
阿姆口铁	7860	455	73.2	82.9	74.7	67.5	61.0	54.8	49.9	38.6	29.3	29.3	31.1
灰铸铁（w_c≈3%）	7570	470	39.2		28.5	32.4	35.8	37.2	36.6	20.8	19.2		
碳钢（w_c≈0.5%）	7840	465	49.8		50.5	47.5	44.8	42.0	39.4	34.0	29.0		
碳钢（w_c≈1.0%）	7790	470	43.2		43.0	42.8	42.2	41.5	40.6	36.7	32.2		
碳钢（w_c≈1.5%）	7750	470	36.7		36.8	36.6	36.2	35.7	34.7	31.7	27.8		
铬钢（w_{Cr}≈5%）	7830	460	36.1		36.3	35.2	34.7	33.5	31.4	28.0	27.2	27.2	27.2
铬钢（w_{Cr}≈13%）	7740	460	26.8		26.5	27.0	27.0	27.0	27.6	28.4	29.0	29.0	
铬钢（w_{Cr}≈17%）	7710	460	22		22.0	22.2	22.6	22.6	23.3	24.0	24.8	25.5	
铬钢（w_{Cr}≈26%）	7650	460	22.6		22.6	23.8	25.5	27.2	28.5	31.8	35.0	38	
铬镍钢（18～20Cr/8～12Ni）	7820	460	15.2	12.2	14.7	16.6	18.0	19.4	20.8	23.5	26.3		
铬镍钢（17～19Cr/9～13Ni）	7830	460	14.7	11.8	14.3	16.1	17.5	18.8	20.2	22.8	25.5	28.2	30.9
镍钢（w_{Ni}≈1.0%）	7900	460	45.5	40.8	45.2	46.8	46.1	44.1	41.2	35.7			
镍钢（w_{Ni}≈3.5%）	7910	460	36.5	30.7	36.0	38.8	39.7	39.2	37.8				
镍钢（w_{Ni}≈25%）	8030	460	13.0										
镍钢（w_{Ni}≈35%）	8110	460	13.8	10.9	13.4	15.4	17.1	18.6	20.1	23.1			
镍钢（w_{Ni}≈44%）	8190	460	15.8		15.7	16.1	16.5	16.9	17.1	17.8	18.4		
镍钢（w_{Ni}≈50%）	8260	460	19.6	17.3	19.4	20.5	21.0	21.1	21.3	22.5			
锰钢（w_{Mn}≈12～13%，w_{Ni}≈3%）	7800	487	13.6			14.8	16.0	17.1	18.3				
锰钢（w_{Mn}≈0.4）	7860	440	51.2			51.0	50.0	47.0	43.5	35.5	27.0		
钨钢（w_W≈5%～6%）	8070	436	18.7		18.4	19.7	21.0	22.3	23.6	24.9	26.3		

续表

材料名称	20℃			导热系数λ W/(m·K) 温度 ℃									
	密度	比热容	导热系数										
	ρ kg/m³	c_p J/(kg·K)	λ W/(m·K)	−100	0	100	200	300	400	600	800	1000	1200
铅	113 40	128	35.3	37.2	35.5	34.3	32.8	31.5					
镁	1730	1020	156	160	157	154	152	150					
钼	9590	255	138	146	139	135	131	127	123	116	109	103	93.7
镍	8900	444	91.4	144	94	82.8	74.2	67.3	64.6	69.0	73.3	77.6	81.9
铂	214 50	133	71.4	73.3	71.5	71.6	72.0	72.8	73.6	76.6	80.0	84.2	88.9
银	105 00	234	427	431	428	422	415	407	399	384			
锡	7310	228	67	75	68.2	63.2	60.9						
钛	4500	520	22	23.3	22.4	20.7	19.9	19.5	19.4	19.9			
铀	190 70	116	27.4	24.3	27.0	29.1	31.1	33.4	35.7	40.6	45.6		
锌	7140	388	121	123	122	117	112						
锆	6570	276	22.9	26.5	23.2	21.8	21.2	20.9	21.4	22.3	24.5	26.4	28.0
钨	193 50	134	179	204	182	166	153	142	134	125	119	114	110

附录 5　标准大气压下干空气的热物理性质

t ℃	ρ kg/m^3	c_p kJ/(kg·K)	$\lambda\times10^2$ W/(m·K)	$a\times10^6$ m^2/s	$\mu\times10^6$ kg/(m·s)	$\nu\times10^6$ m^2/s	Pr
−50	1.584	1.013	2.04	12.7	14.6	9.23	0.728
−40	1.515	1.013	2.12	13.8	15.2	10.04	0.728
−30	1.453	1.013	2.20	14.9	15.7	10.80	0.723
−20	1.395	1.009	2.28	16.2	16.2	11.61	0.716
−10	1.342	1.009	2.36	17.4	16.7	12.43	0.712
0	1.293	1.005	2.44	18.8	17.2	13.28	0.707
10	1.247	1.005	2.51	20.0	17.6	14.16	0.705
20	1.205	1.005	2.59	21.4	18.1	15.06	0.703
30	1.165	1.005	2.67	22.9	18.6	16.00	0.701
40	1.128	1.005	2.76	24.3	19.1	16.96	0.699
50	1.093	1.005	2.83	25.7	19.6	17.95	0.698
60	1.060	1.005	2.90	27.2	20.1	18.97	0.696
70	1.029	1.009	2.96	28.6	20.6	20.02	0.694
80	1.000	1.009	3.05	30.2	21.1	21.09	0.692
90	0.972	1.009	3.13	31.9	21.5	22.10	0.690
100	0.946	1.009	3.21	33.6	21.9	23.13	0.688
120	0.898	1.009	3.34	36.8	22.8	25.45	0.686
140	0.854	1.013	3.49	40.3	23.7	27.80	0.684
160	0.815	1.017	3.64	43.9	24.5	30.09	0.682
180	0.779	1.022	3.78	47.5	25.3	32.49	0.681
200	0.746	1.026	3.93	51.4	26.0	34.85	0.680
250	0.674	1.038	4.27	61.0	27.4	40.61	0.677
300	0.615	1.047	4.60	71.6	29.7	48.33	0.674
350	0.566	1.059	4.91	81.9	31.4	55.46	0.676
400	0.524	1.068	5.21	93.1	33.0	63.09	0.678
500	0.456	1.093	5.74	115.3	36.2	79.38	0.687
600	0.404	1.114	6.22	138.3	39.1	96.89	0.699
700	0.362	1.135	6.71	163.4	41.8	115.4	0.706
800	0.329	1.156	7.18	188.8	44.3	134.8	0.713
900	0.301	1.172	7.63	216.2	46.7	155.1	0.717
1000	0.277	1.185	8.07	245.9	49.0	177.1	0.719
1100	0.257	1.197	8.50	276.2	51.2	199.3	0.722
1200	0.239	1.210	9.15	316.5	53.5	233.7	0.724

附录 6　标准大气压下烟气的热物理性质

（烟气中组成成分的质量分数：w_{CO2}＝0.13；w_{H2O}＝0.11；w_{N2}＝0.76）

t ℃	ρ kg/m^3	c_p kJ/(kg·K)	$\lambda\times10^2$ W/(m·K)	$a\times10^6$ m^2/s	$\mu\times10^6$ kg/(m·s)	$\nu\times10^6$ m^2/s	Pr
0	1.295	1.042	2.28	16.9	15.8	12.20	0.72
100	0.950	1.068	3.13	30.8	20.4	21.54	0.69
200	0.748	1.097	4.01	48.9	24.5	32.80	0.67
300	0.617	1.122	4.84	69.9	28.2	45.81	0.65
400	0.525	1.151	5.70	94.3	31.7	60.38	0.64
500	0.457	1.185	6.56	121.1	34.8	76.30	0.63
600	0.405	1.214	7.42	150.9	37.9	93.61	0.62
700	0.363	1.239	8.27	183.8	40.7	112.1	0.61
800	0.330	1.264	9.15	219.7	43.4	131.8	0.60
900	0.301	1.290	10.00	258.0	45.9	152.5	0.59
1000	0.275	1.306	10.90	303.4	48.4	174.3	0.58
1100	0.257	1.323	11.75	345.5	50.7	197.1	0.57
1200	0.240	1.340	12.62	392.4	53.0	221.0	0.56

附录 7　标准大气压下过热水蒸气的热物理性质

T K	ρ kg/m^3	c_p kJ/(kg·K)	$\lambda \times 10^2$ W/(m·K)	$a \times 10^5$ m^2/s	$\mu \times 10^5$ kg/(m·s)	$\nu \times 10^5$ m^2/s	Pr
380	0.586 3	2.060	2.46	2.036	1.271	2.16	1.060
400	0.554 2	2.014	2.61	2.338	1.344	2.42	1.040
450	0.490 2	1.980	2.99	3.07	1.525	3.11	1.010
500	0.440 5	1.985	3.39	3.87	1.704	3.86	0.996
550	0.400 5	1.997	3.79	4.75	1.884	4.70	0.991
600	0.385 2	2.026	4.22	5.73	2.067	5.66	0.986
650	0.338 0	2.056	4.64	6.66	2.247	6.64	0.995
700	0.314 0	2.085	5.05	7.72	2.426	7.72	1.000
750	0.293 1	2.119	5.49	8.33	2.604	8.88	1.005
800	0.273 0	2.152	5.92	10.01	2.786	10.20	1.010
850	0.257 9	2.186	6.37	11.30	2.969	11.52	1.019

附录 8 饱和水的热物理性质

t ℃	$p\times10^{-5}$ Pa	ρ kg/m³	h' kJ/kg	c_p kJ/(kg·K)	$\lambda\times10^2$ W/(m·K)	$a\times10^8$ m²/s	$\mu\times10^6$ kg/(m·s)	$\nu\times10^6$ m²/s	$\alpha_V\times10^4$ 1/K	$\sigma\times10^4$ N/m	Pr
0	0.006 11	999.9	0	4.212	55.1	13.1	1788	1.789	−0.81	756.4	13.67
10	0.012 27	999.7	42.04	4.191	57.4	13.7	1306	1.306	0.87	741.6	9.52
20	0.023 38	998.2	83.91	4.183	59.9	14.3	1004	1.006	2.09	726.9	7.02
30	0.042 41	995.7	125.7	4.174	61.8	14.9	801.5	0.805	3.05	712.2	5.42
40	0.073 75	992.2	167.5	4.174	63.5	15.3	653.3	0.659	3.86	696.5	4.31
50	0.123 35	988.1	209.3	4.174	64.8	15.7	549.4	0.556	4.57	676.9	3.54
60	0.199 20	983.1	251.1	4.179	65.9	16.0	469.9	0.478	5.22	662.2	2.99
70	0.311 6	977.8	293.0	4.187	66.8	16.3	406.1	0.415	5.83	643.5	2.55
80	0.473 6	971.8	355.0	4.195	67.4	16.6	355.1	0.365	6.40	625.9	2.21
90	0.701 1	965.3	377.0	4.208	68.0	16.8	314.9	0.326	6.96	607.2	1.95
100	1.013	958.4	419.1	4.220	68.3	16.9	282.5	0.295	7.50	588.6	1.75
110	1.43	951.0	461.4	4.233	68.5	17.0	259.0	0.272	8.04	569.0	1.60
120	1.98	943.1	503.7	4.250	68.6	17.1	237.4	0.252	8.58	548.4	1.47
130	2.70	934.8	546.4	4.266	68.6	17.2	217.8	0.233	9.12	528.8	1.36
140	3.61	926.1	589.1	4.287	68.5	17.2	201.1	0.217	9.68	507.2	1.26
150	4.76	917.0	632.2	4.313	68.4	17.3	186.4	0.203	10.26	486.6	1.17
160	6.18	907.0	675.4	4.346	68.3	17.3	173.6	0.191	10.87	466.0	1.10
170	7.92	897.3	719.3	4.380	67.9	17.3	162.8	0.181	11.52	443.4	1.05
180	10.03	886.9	763.3	4.417	67.4	17.2	153.0	0.173	12.21	422.8	1.00
190	12.55	876.0	807.8	4.459	67.0	17.1	144.2	0.165	12.96	400.2	0.96
200	15.55	863.0	852.8	4.505	66.3	17.0	136.4	0.158	13.77	376.7	0.93
210	19.08	852.3	897.7	4.555	66.5	16.9	130.5	0.153	14.67	354.1	0.91
220	23.20	840.3	943.7	4.614	64.5	16.6	124.6	0.148	15.67	331.6	0.89
230	27.98	827.3	990.2	4.681	63.7	16.4	119.7	0.145	16.80	310.0	0.88
240	33.48	813.6	1037.5	4.756	62.8	16.2	114.8	0.141	18.08	285.5	0.87
250	39.78	799.0	1085.7	4.844	61.8	15.9	109.9	0.137	19.55	261.9	0.86
260	46.94	784.0	1135.7	4.949	60.5	15.6	105.9	0.135	21.27	237.4	0.87
270	55.05	767.9	1185.7	5.070	59.0	15.1	102.0	0.133	23.31	214.8	0.88
280	64.19	750.7	1236.8	5.230	57.4	14.6	98.1	0.131	25.79	191.3	0.90
290	74.45	732.3	1290.0	5.485	55.8	13.9	94.2	0.129	28.84	168.7	0.93
300	85.92	712.5	1344.9	5.736	54.0	13.2	91.2	0.128	32.73	144.2	0.97
310	98.70	691.1	1402.2	6.071	52.3	12.5	88.3	0.128	37.85	120.7	1.03
320	112.90	667.1	1462.1	6.574	50.6	11.5	85.3	0.128	44.91	98.10	1.11
330	128.65	640.2	1526.2	7.244	48.4	10.4	81.4	0.127	55.31	76.71	1.22
340	146.08	610.1	1594.8	8.165	45.7	9.17	77.5	0.127	72.10	56.70	1.39
350	165.37	574.4	1671.4	9.504	43.0	7.88	72.6	0.126	103.7	38.16	1.60
360	186.74	528.0	1761.5	13.984	39.5	5.36	66.7	0.126	182.9	20.21	2.35
370	210.53	450.5	1892.5	10.321	33.7	1.86	56.9	0.126	676.7	4.709	6.79

附录 9 干饱和水蒸气的热物理性质

t ℃	$p\times10^{-5}$ Pa	ρ'' kg/m³	h'' kJ/kg	h_{fg} kJ/kg	c_p kJ/(kg·K)	$\lambda\times10^2$ W/(m·K)	$a\times10^3$ m²/h	$\mu\times10^6$ kg/(m·s)	$\nu\times10^6$ m²/s	Pr
0	0.006 11	0.004 847	2501.6	2501.6	1.854 3	1.83	7313.0	8.022	1655.01	0.815
10	0.012 27	0.009 396	2520.0	2477.7	1.859 4	1.88	3881.3	8.424	896.54	0.831
20	0.023 38	0.017 29	2538.0	2454.3	1.866 1	1.94	2167.2	8.84	509.90	0.847
30	0.042 41	0.030 37	2556.5	2430.9	1.874 4	2.00	1265.1	9.218	303.53	0.863
40	0.073 75	0.051 16	2574.5	2407.0	1.855 3	2.06	768.45	9.620	188.04	0.883
50	0.123 35	0.083 02	2592.0	2382.7	1.898 7	2.12	483.59	10.022	120.72	0.896
60	0.199 20	0.130 2	2609.6	2358.4	1.915 5	2.19	315.55	10.424	80.07	0.913
70	0.311 6	0.198 2	2626.8	2334.1	1.936 4	2.25	210.57	10.817	54.57	0.930
80	0.473 6	0.293 3	2643.5	2309.0	1.961 5	2.33	145.53	11.219	38.25	0.947
90	0.701 1	0.423 5	2660.3	2283.1	1.992 1	2.40	102.22	11.621	27.44	0.966
100	1.013 0	0.597 7	2676.2	2257.1	2.028 1	2.48	73.57	12.023	20.12	0.984
110	1.432 7	0.826 5	2691.3	2229.9	2.070 4	2.56	53.83	12.425	15.03	1.00
120	1.985 4	1.122	2705.9	2202.3	2.119 8	2.65	40.15	12.798	11.41	1.02
130	2.701 3	1.497	2719.7	2173.8	2.176 3	2.76	30.46	13.170	8.80	1.04
140	3.614	1.967	2733.1	2144.1	2.240 8	2.85	23.28	13.543	6.89	1.06
150	4.760	2.548	2745.3	2113.1	2.314 5	2.97	18.10	13.896	5.45	1.08
160	6.181	3.260	2756.6	2081.3	2.397 4	3.08	14.20	14.249	4.37	1.11
170	7.920	4.123	2767.1	2047.8	2.491 1	3.21	11.25	14.612	3.54	1.13
180	10.027	5.160	2776.3	2013.0	2.595 8	3.36	9.03	14.965	2.90	1.15
190	12.551	6.397	2784.2	1976.6	2.712 6	3.51	7.29	15.298	2.39	1.18
200	15.549	7.864	2790.9	1938.5	2.842 8	3.68	5.92	15.651	1.99	1.21
210	19.077	9.593	2796.4	1898.3	2.987 7	3.87	4.86	15.995	1.67	1.24
220	23.198	11.62	2799.7	1856.4	3.149 7	4.07	4.00	16.338	1.41	1.26
230	27.976	14.00	2801.8	1811.6	3.331 0	4.30	3.32	16.701	1.19	1.29
240	33.478	16.76	2802.2	1764.7	3.536 6	4.54	2.76	17.073	1.02	1.33
250	39.776	19.99	2800.6	1714.4	3.772 3	4.84	2.31	17.446	0.873	1.36
260	46.943	23.73	2796.4	1661.3	4.047 0	5.18	1.94	17.848	0.752	1.40
270	55.058	28.10	2789.7	1604.8	4.373 5	5.55	1.63	18.280	0.651	1.44
280	64.202	33.19	2780.5	1543.7	4.767 5	6.00	1.37	18.750	0.565	1.49
290	74.461	39.16	2767.5	1477.5	5.252 8	6.55	1.15	19.270	0.492	1.54
300	85.927	46.19	2751.1	1405.9	5.863 2	7.22	0.96	19.839	0.430	1.61
310	98.700	54.54	2730.2	1327.6	6.650 3	8.06	0.80	20.691	0.380	1.71
320	112.89	64.60	2703.8	1241.0	7.721 7	8.65	0.62	21.691	0.336	1.94
330	128.63	76.99	2670.3	1143.8	9.361 3	9.61	0.48	23.093	0.300	2.24
340	146.05	92.76	2626.0	1030.8	12.210 8	10.70	0.34	24.692	0.266	2.82
350	165.35	113.6	2567.8	895.6	17.150 4	11.90	0.22	26.594	0.234	3.83
360	186.75	144.1	2485.3	721.4	25.116 2	13.70	0.14	29.193	0.203	5.34
370	210.54	201.1	2342.9	452.0	76.915 7	16.60	0.04	33.989	0.169	15.7
374.15	221.20	315.5	2107.2	0.0	∞	23.79	0.0	44.992	0.143	∞

附录 10 管壳式换热器传热系数估计值

[W/(m^2·K)]

状态	管程流体	壳程流体	传热系数 K
无相变	水，0.9～1.5m/s	净水，0.3～0.6m/s	580～700
	水	水（流速较高时）	820～1160
	冷水	轻有机物，μ<0.5mPa·s	400～820
	冷水	轻有机物，μ<0.5mPa·s	290～700
	冷水	中有机物，μ=0.5～1.0mPa·s	120～400
	盐水	轻有机物，μ<0.5mPa·s	230～580
	有机溶质	有机溶剂，0.3～0.55m/s	200～230
	轻有机物，μ<0.5mPa·s	轻有机物，μ<0.5mPa·s	230～460
	中有机物，μ=(0.5～1.0)mPa·s	中有机物，μ=0.5～1.0mPa·s	120～350
	重有机物，μ>1.0mPa·s	重有机物，μ>1.0mPa·s	60～230
一侧冷凝	水，1.0m/s	水蒸气（有压力）	2300～4600
	水	水蒸气（常压或负压）	1750～3500
	水溶液 μ<2.0mPa·s	水蒸气	1160～4000
	水溶液 μ>2.0mPa·s	水蒸气	580～2900
	轻有机物，μ<0.5mPa·s	水蒸气	580～1160
	中有机物，μ=(0.5～1.0)mPa·s	水蒸气	290～580
	重有机物，μ>1.0mPa·s	水蒸气	120～350
	水	水蒸气及有机物蒸汽	580～1160
	水	重有机物蒸汽（常压）	120～350
	水	重有机物蒸汽（负压）	60～175
	水	饱和有机溶剂蒸汽（常压）	580～1160
	水或盐水	饱和有机溶剂蒸汽（常压有不凝气）	230～460
	水或盐水	饱和有机溶剂蒸汽（常压较多不凝气）	60～230
	水或盐水	饱和有机溶剂蒸汽（负压有不凝气）	175～350
	水或盐水	饱和有机溶剂蒸汽（负压较多不凝气）	60～175
	水	SO_2（凝结）	820～1160
	水	NH_3（凝结）	700～930
	水	氟利昂（凝结）	～760
一侧蒸发	水	冷冻剂（蒸发）	400～820
	轻热煤油	氯（蒸发）	230～350
一侧沸腾，一侧凝结	水蒸气	水（沸腾）	1400～2300
	水蒸气	氨或氯（沸腾）	820～870
	油（沸腾）	水蒸气	290～870
	水蒸气	油（沸腾）	290～870
	氯（凝结）	氟利昂（沸腾）	580～760

附录 11　水的污垢热阻

[$R_f \times 10^5$，$(m^2 \cdot K)/W$]

热流体温度（℃）	<115		115～200	
水温（℃）	≤50		>50	
水速（m/s）	≤1	>1	≤1	>1
蒸馏水	8.6	8.6	8.6	8.6
海水	8.6	8.6	17.2	17.2
干净软水	17.2	17.2	34.4	34.4
自来水	17.2	17.2	34.4	34.4
井水	17.2	17.2	34.4	34.4
洁净湖水	17.2	17.2	34.4	34.4
洁净河水	34.4	17.2	51.6	34.4
一般河水	60.2	34.4	68.8	60.2
冷却塔或洁水池用补充净化水	17.2	17.2	34.4	34.4
冷却塔或洁水池用补充未净化水	51.6	51.6	86.0	68.8
锅炉给水	17.2	8.6	17.2	17.2
锅炉废水	34.4	34.4	34.4	34.4
硬水（>0.25g/L）	51.6	51.6	86.0	86.0
城市河水（极浊）	146.2	146.2	172.0	146.2

附录 12 其他流体污垢热阻

[(m²·K)/W]

种类	介质	$R_f\times10^5$
液体介质	变压器油、机油、煤油、汽油、石脑油等	17.2
	轻有机化合物	17.2
	柴油	34.4～52.0
	重油	86.0
	原油	34.4～114.7
	乙醇	17.2
	乙烯	34.4
	植物油	52.0
	有聚合物沉积的有机物	172.0
	熔融盐	8.6
	冷冻盐液	17.2
气体及蒸汽介质	干燥气体	8.6
	轻有机物蒸气	8.6
	水蒸气（不含油）	8.6～17.2
	常压空气	8.6～17.2
	天然气	17.2
	酸性气体	17.2
	氯化烃蒸气	17.2
	工业用溶剂及有机物载热蒸气	17.2
	压缩空气	34.4
	制冷剂蒸气（含油）	34.4
	焦炉气、柴油机废气等	172.0
	HCl 气	52.0
	潮湿空气	26.5
	烟道气	17.2～52.0

参 考 文 献

[1] 瓦格纳，克鲁泽. 水和蒸汽的性质. 项红卫，译. 北京：科学出版社 2003.
[2] 方彬，王凤兰. 热管换热器及节能减排技术. 北京：化学工业出版社，2015.
[3] 靳明聪，陈远国. 热管及热管换热器. 重庆：重庆大学出版社，1986.
[4] 靳明聪，程尚模，赵永湘. 换热器. 重庆：重庆大学出版社，1989.
[5] 兰州石油机械研究所. 换热器. 2版. 北京：中国石化出版社，2013.
[6] 马小明，钱颂文，朱冬生，等. 管壳式换热器. 北京：中国石化出版社，2010.
[7] 马义伟. 空冷器设计与应用. 哈尔滨：哈尔滨工业大学出版社，1998.
[8] 杨世铭，陶文铨. 传热学. 4版. 北京：高等教育出版社，2006.
[9] 李友荣，吴双应，石万元，等. 传热分析与计算. 北京：中国电力出版社，2013.
[10] 李友荣. 高等传热学. 北京：科学出版社，2013.
[11] 吴金星，韩东方，曹海亮，等. 高效换热器及其节能应用. 北京，化学工业出版社，2009.
[12] 庄骏，张红. 热管技术及其工程应用. 北京：化学工业出版社，2000.
[13] 朱聘冠. 换热器原理及计算. 北京：清华大学出版社，1991.
[14] 史美中，王中铮. 热交换器原理与设计. 5版. 南京：东南大学出版社，2014.
[15] 刘纪福. 翅片管换热器的原理与设计. 哈尔滨：哈尔滨工业大学出版社，2012.
[16] 钱颂文. 换热器设计手册. 北京：化学工业出版社，2006.
[17] 秦叔经，叶文邦，等. 换热器. 北京：化学工业出版社，2003.
[18] 喻九阳，徐建民，郑小涛，等. 列管式换热器强化传热技术. 北京：化学工业出版社，2013.
[19] 余建祖. 换热器原理与设计. 北京：北京航空航天大学出版社，2006.
[20] 沙拉，塞辛利克. 换热器设计技术. 程林，译. 北京：机械工业出版社，2010.